COURS

DE

PHYSIQUE

N. 280 C

COURS DE SCIENCES PHYSIQUES ET NATURELLES
CONFORME AUX PROGRAMMES DE 1902

COURS DE PHYSIQUE

PAR F. G.-M

CLASSE DE SECONDE

PESANTEUR — HYDROSTATIQUE — CHALEUR
ACOUSTIQUE

Ouvrage suivi d'un Recueil de 605 problèmes

TOURS
MAISON A. MAME ET FILS
IMPRIMEURS-LIBRAIRES

PARIS
CH. POUSSIELGUE
RUE CASSETTE, 15

1903

PROGRAMME OFFICIEL DU 31 MAI 1902

(LES NUMÉROS ENTRE PARENTHÈSES INDIQUENT LES PARAGRAPHES DE L'OUVRAGE)

CLASSE DE SECONDE

PHYSIQUE

Divers états de la matière. Exemples familiers de solides, de liquides et de gaz (1 à 8). Un même corps peut prendre les trois états (9).

Notion expérimentale du travail (38 à 43), de la force (17 à 19) et de la puissance (269); exemples familiers et données numériques.
Unités usuelles (25) et unités C. G. S. (26) de travail (42), de force (25, 26) et de puissance (269) [1].

Conservation du travail (44 à 48, 57 à 60). Levier (51). Plan incliné (56). Treuil (55).

Énoncé, sans démonstration, des règles de composition des forces concourantes et parallèles (27 à 36).

Direction de la pesanteur (64).
Centre de gravité (65 à 69).
Poids (22). Usage de la balance (72, 73).
Poids spécifique et densités (74, 75). Méthode du flacon (76, 77).
Indiquer que le poids d'un corps varie avec le lieu (23 et 73).
Notion de masse (20, 23, 25, 73).

ÉQUILIBRE DES LIQUIDES ET DES GAZ

Force exercée sur une portion de paroi; pression [2]; unités usuelles (80 à 82).

---

[1] Sans abandonner les unités usuelles, le professeur habituera dès le début les élèves à l'emploi des unités C. G. S.; il se contentera de les rapporter aux unités usuelles, réservant leur définition pour plus tard.

[2] On admettra comme faits d'expérience que la pression est normale à la paroi, et que sa grandeur est indépendante de l'orientation de la paroi.

Principe de Pascal et variation de la pression avec la profondeur (83 à 87). Applications et exemples (88 à 97).

Pression atmosphérique; baromètre [1]; idée de son application à la mesure des hauteurs (98 à 105).

Manomètre à air libre, manomètre métallique (106). Instruments enregistreurs (105).

Principe d'Archimède (114, 115). Application à la mesure des poids spécifiques (118, 119).
Corps flottants (116, 117).
Aréomètres à poids constant (122 à 124).
Correction de la poussée de l'air dans les pesées de précision [2] (125).
Aérostats (127).

Principe des pompes à gaz et à liquide [3]. Trompes (128 à 137).

Existence des phénomènes de tension superficielle, d'adhérence et de teinture (138 à 148).

CHALEUR

Définition de la température (151).
Principe du thermomètre à gaz à volume constant (157 et 193).
Thermomètre à mercure; détermination des points fixes; déplacement du zéro (152 à 156).

Notion de la quantité de chaleur (158, 159).
Mesure des quantités de chaleur d'origine quelconque : méthode des mélanges (163); calorimètre de Bunsen (210).
Chaleurs spécifiques [4] (160 à 162, 164 et 165).

Dilatation linéaire; principe du comparateur (170 à 172).

Dilatation des liquides; dilatation absolue du mercure [5] (176 à 180).
Existence du maximum de densité de l'eau (181).
Courbes de dilatation (171, 180, 181).
Usages des coefficients de dilatation (172 à 175).
Corrections barométriques (182).

Compressibilité des gaz; loi de Mariotte donnée comme une première approximation (107 à 110).
Mélange des gaz (111 et 112).

---

[1] On donnera le principe des appareils sans entrer dans les détails de construction; si, par exemple, on parle des baromètres à cuvette mobile, on ne décrira pas la cuvette du baromètre de Fortin.

[2] Le professeur saisira toutes les occasions pour montrer aux élèves dans quelles limites de précision une même correction peut être nécessaire ou absurde.

[3] On ne décrira pas les appareils qui n'ont plus qu'un intérêt historique.

[4] On n'étudiera pas la chaleur spécifique des corps gazeux.

[5] On ne fera pas une description détaillée des appareils.

Dilatation des gaz à pression constante (184 et 191).
Variation de pression à volume constant (185 et 192).
Relation : $\frac{pv}{1+\alpha t} = C^{te}$ (187 à 190).
Densité des corps gazeux (197 à 203).

Fusion pâteuse et fusion brusque; point de fusion; chaleur de fusion (205 à 209).

Notions élémentaires sur la vaporisation des liquides (217 à 223) et la liquéfaction des gaz (234 à 236).
Existence d'une température critique [1] (220 et 221).

Pression maxima des vapeurs (217); variation avec la température (231).
Ébullition (224 à 230).
Distillation (235).
Chaleur de vaporisation [2] (232, 233).

Vapeur d'eau dans l'atmosphère; point de rosée, sa détermination (238 à 240).
Nuages et brouillards. Pluie, neige (242, 243).
Mouvements généraux de l'atmosphère (244 à 246).

Notions très sommaires sur la conduction, l'émission et l'absorption de la chaleur, au point de vue des applications usuelles; procédés de chauffage et d'isolement thermique (247 à 259).

L'ouvrage actuel contient, en outre, les matières suivantes, qui sont prescrites pour les classes de quatrième ou de troisième, mais qui ne figurent pas à nouveau dans les programmes du second cycle.
Principes des machines à vapeur (260 à 269).
Acoustique. Nature du son (270 à 272).
Réflexion du son (273). Écho (274).
Qualités du son (275 à 270).
Diapason (271 et 277).

Conseils généraux. Le professeur se contentera d'exposer les faits tels que nous les comprenons aujourd'hui, sans se préoccuper de l'ordre historique. On lui demande de débarrasser l'enseignement de beaucoup de vieilleries que la tradition y a conservées : appareils surannés, théories sans intérêt, calculs sans réalité. Il n'entrera point dans la description minutieuse des appareils ni des modes opératoires. Le but n'est pas de faire de nos élèves des physiciens de profession, mais de leur faire connaître les grandes lois de la nature et de les mettre à même de se rendre compte de ce qui se passe autour d'eux; dans cette vue, l'ensei-

---

[1] Les développements sur la continuité de l'état gazeux et de l'état liquide trouveront leur place dans la classe de philosophie.
[2] On se contentera de décrire l'appareil de Berthelot.

gnement doit être à la fois très élevé, très simple et très pratique. Évitant les développements mathématiques, il doit toujours être fondé sur des expériences; mais pour ses démonstrations expérimentales, le professeur emploiera le moins possible des appareils spéciaux; il cherchera à les réaliser avec les moyens les plus simples et le plus à portée, s'attachant bien plus à l'esprit des méthodes qu'aux détails techniques d'exécution; il utilisera fréquemment les représentations graphiques, non seulement pour mieux montrer aux élèves l'allure des phénomènes, mais pour faire pénétrer dans leur esprit les idées si importantes de fonction et de continuité; enfin, par des applications numériques toujours empruntées à la réalité et réduites aux formes les plus simples, il habituera les élèves à se rendre compte de l'ordre de grandeur des phénomènes et à discerner dans quelles limites de précision une même correction peut être nécessaire ou absurde.

COURS DE PHYSIQUE

PRÉLIMINAIRES

NOTIONS SUR LA MATIÈRE

1. La matière. — Le *monde matériel* est l'ensemble de tous les *corps*, c'est-à-dire de tous les objets capables d'impressionner nos sens; comme le fer, la pierre, le bois, l'eau, l'air, etc.

Nous connaissons les corps par leurs *propriétés*, c'est-à-dire par les impressions qu'ils produisent sur nos sens.

Chaque espèce de corps est caractérisée par un ensemble de propriétés qui lui sont particulières. Mais, outre ces *propriétés particulières* qui permettent de les distinguer les uns des autres, tous les corps possèdent des propriétés communes, qui constituent leurs *propriétés générales*.

L'essence des corps nous échappe, et nous en ignorons complètement la nature; mais, comme ils jouissent de propriétés communes, on leur attribue à tous un même principe qu'on appelle la **matière**.

Ainsi les propriétés générales des corps ne sont autres que les propriétés essentielles de la matière.

2. Propriétés générales de la matière. — Parmi les propriétés générales de la matière on distingue :

1° Les propriétés d'*ordre géométrique :* étendue et impénétrabilité ;

2° Les propriétés d'*ordre mécanique :* mobilité et inertie ;

3° Les propriétés d'*ordre physique :* divisibilité, porosité, compressibilité, élasticité, dilatabilité, etc.

3. Étendue et impénétrabilité. — 1° *Tout corps occupe une place dans l'espace.* L'*étendue* d'un corps, ou son *volume,* est la portion de l'espace occupée par ce corps.

Les dimensions linéaires : longueur, largeur, hauteur, se mesurent en prenant pour unité le *mètre* ou l'un de ses sous-multiples : ordinairement le *centimètre,* quelquefois le *micron* ou millième de millimètre.

2° *Un corps exclut tous les autres corps de la place occupée par lui-même.* Ainsi deux corps ne peuvent pas occuper en même temps la même portion de l'espace. Une pierre qui semble pénétrer dans l'eau déplace en réalité un volume d'eau égal au sien ; une pointe que l'on enfonce dans une planche, écarte autour d'elle les fibres du bois, etc.

4. **Mobilité et inertie.** — La matière est **mobile**, c'est-à-dire qu'elle peut être en repos ou en mouvement; mais elle est **inerte**, c'est-à-dire qu'elle n'exerce par elle-même aucune influence sur son état de repos ou de mouvement.

Un corps en repos ne se met pas de lui-même en mouvement. Un corps en mouvement ne peut modifier, par lui-même, ni la direction ni l'intensité de la vitesse qu'il possède.

Toute modification dans l'état de repos ou de mouvement d'un corps se produit sous l'influence de causes étrangères à ce corps.

On réunit sous le nom commun de **forces** toutes les causes capables de produire ou de modifier le mouvement d'un corps.

Dans les notions de mécanique, nous aurons l'occasion d'étudier ce qui concerne les forces, et de développer les conséquences du principe de l'inertie.

5. **Divisibilité.** — Tout corps peut être partagé en fragments; chacun de ceux-ci peut être partagé en d'autres plus petits, et ainsi de suite, jusqu'à des fragments d'une extrême petitesse.

Dans la poussière de noir de fumée, le diamètre des grains est inférieur à un *micron*. On aperçoit au microscope des particules matérielles encore beaucoup plus petites.

Un grain de fuchsine colore plusieurs litres d'eau, c'est-à-dire des milliards de gouttelettes, dont chacune contient un grand nombre de corpuscules colorants.

Un grain de musc répand une forte odeur pendant des années, sans changer sensiblement de poids.

La matière peut donc atteindre un état de division extrême sans perdre ses propriétés.

Cependant elle n'est pas physiquement divisible à l'infini. On est conduit à admettre qu'il existe, pour chaque corps, une limite de divisibilité au delà de laquelle les propriétés caractéristiques du corps disparaissent.

6. **L'hypothèse moléculaire**[1]. — *On appelle* **molécules** *d'un*

---

[1] Cette hypothèse sera développée dans le cours de chimie. Nous nous bornerons ici à la formuler très sommairement.

corps homogène les plus petites particules matérielles qui puissent subsister, à l'état libre, avec les propriétés de ce corps.

On admet que *tout corps homogène est formé de molécules identiques entre elles.*

Ces molécules ne sont pas contiguës : elles se maintiennent à distance les unes des autres, et laissent entre elles des vides, ou *espaces intermoléculaires,* qui sont du même ordre de grandeur que les molécules elles-mêmes.

Enfin, les molécules d'un corps ne sont pas indépendantes ; elles exercent les unes sur les autres des actions mutuelles, qui gênent ou qui provoquent leurs déplacements relatifs, et constituent les *forces intérieures* du corps.

Cette manière de concevoir les corps est hypothétique, car les molécules et les espaces intermoléculaires échappent par leur petitesse à toute observation directe ; mais elle explique fort bien les diverses propriétés des corps, et notamment les trois états physiques de la matière.

7. Compressibilité. Élasticité. Dilatabilité. — Tous les corps sont *compressibles,* c'est-à-dire qu'ils éprouvent une diminution de volume quand on les soumet à une pression suffisante ; mais la plupart sont *élastiques,* c'est-à-dire qu'ils reprennent leur volume primitif dès que l'on cesse de les comprimer.

Enfin, les corps sont *dilatables* sous l'action de la chaleur, c'est-à-dire qu'ils éprouvent une variation de volume quand on fait varier leur température.

Tous ces changements de volume s'expliquent par les variations de grandeur des espaces intermoléculaires.

8. Les trois états de la matière. — Les corps se présentent sous trois états physiques différents : l'*état solide,* l'*état liquide* et l'*état gazeux.*

1° *On appelle* **solide parfait** *un corps qui aurait une forme invariable, un volume constant, et qui demeurerait absolument indéformable sous l'action des forces extérieures.*

Les solides réels, tels que le bois, la pierre, le fer, se rapprochent plus ou moins de cet état idéal.

Ils sont caractérisés par une grande **cohésion**, c'est-à-dire par la résistance qu'ils opposent à la compression, à la déformation et à la rupture. La *cohésion* s'explique par les forces intérieures qui s'exercent entre les molécules des corps solides, et s'opposent à leurs déplacements relatifs.

2° *On appelle* **liquide parfait** *un corps dont le volume serait* *constant, mais qui n'opposerait aucune résistance aux changements de forme.*

Les liquides réels, tels que l'eau, l'alcool, le mercure, n'ont qu'une compressibilité très faible; mais ils sont parfaitement élastiques.

Leurs molécules sont très mobiles et roulent facilement les unes sur les autres; néanmoins ils possèdent à des degrés divers une certaine cohésion, qui prend le nom de *viscosité.*

La mobilité des molécules, très grande dans l'alcool et dans l'éther, est un peu moindre dans l'eau et beaucoup moindre dans l'huile.

Un liquide adopte la forme du vase qui le contient; il en occupe le fond, et se termine à la partie supérieure par une surface libre.

3° *Les corps gazeux ne possèdent ni forme propre, ni volume déterminé.*

Tels sont l'air, l'hydrogène, le gaz d'éclairage, etc.

Ils adoptent complètement la forme des récipients qui les contiennent et ils en remplissent entièrement le volume.

Les gaz sont éminemment *compressibles, élastiques* et *expansibles.*

D'une part, si l'on fait varier la pression extérieure, le volume du gaz varie toujours en sens inverse de cette pression. D'autre part, si l'on augmente le volume du récipient qui contient un gaz, celui-ci envahit toujours complètement l'espace qui lui est offert. Loin d'avoir de la cohésion, les molécules gazeuses se comportent comme si elles se repoussaient mutuellement.

Fluides. — On réunit sous le nom de **fluides** tous les corps *non solides,* c'est-à-dire les *liquides* et les *gaz.* Ainsi, *les fluides sont les corps qui n'ont pas de forme propre,* et dont les particules constituantes sont mobiles les unes par rapport aux autres.

Un **fluide parfait** serait un liquide ou un gaz n'opposant aucune résistance aux changements de forme qui n'impliquent pas de changement de volume. L'huile, l'eau, l'alcool, les gaz, se rapprochent de plus en plus de cet état idéal.

9. Changements d'état physique. — *Un même corps peut affecter successivement les trois états physiques: solide, liquide et gazeux.*

Ainsi l'eau change d'état quand on fait varier sa température. Entre 0° et 100°, elle est à l'état liquide; au-dessous de 0°, elle se solidifie sous forme de glace ou de neige; au-dessus de 100°, elle s'évapore en un gaz invisible.

Il en est de même de la plupart des autres corps.

L'état physique de chacun d'eux, à un instant donné, dépend à la fois de sa température, et de la pression qu'il supporte de la part du milieu extérieur.

Transitions entre les trois états. — 1° Entre l'état solide et l'état liquide, on rencontre une foule d'états intermédiaires. Quand on chauffe graduellement l'acier trempé jusqu'à une température très élevée, il se détrempe, se ramollit de plus en plus et finit par devenir très fluide.

Certains corps, tels que l'huile, le beurre, la mélasse, le goudron, présentent, à la température ordinaire, l'état de *liquides visqueux* ou de *solides pâteux*.

2° On donne le nom de *vapeurs* aux corps gazeux qui sont voisins de l'état liquide, et que l'on peut liquéfier par compression, à la température ordinaire. On dit, par exemple, de la vapeur d'eau, de la vapeur de soufre, lorsqu'on veut désigner ces mêmes corps à l'état gazeux.

MÉCANIQUE

10. *La* **mécanique** *est la science des forces et des mouvements.* Elle comprend trois parties :

1° *La* **cinématique** : *étude des mouvements, abstraction faite de leurs causes;*

2° *La* **statique** : *étude des forces en équilibre;*

3° *La* **dynamique** : *étude des forces et des mouvements qu'elles produisent.*

CHAPITRE PREMIER

CINÉMATIQUE

11. Mouvement d'un point matériel. — Un *point matériel* est un corps très petit, dont on néglige les dimensions.

En d'autres termes, c'est un point géométrique où l'on suppose condensée une certaine quantité de matière.

Un point matériel est *en mouvement*, lorsqu'il occupe successivement des positions différentes, par rapport à des points de repère considérés comme fixes.

Le mouvement d'un point matériel est caractérisé par sa *trajectoire* et par la *loi de son mouvement.*

La **trajectoire** *est la ligne décrite par le mobile.* Elle est *droite* ou *courbe :* circulaire, elliptique, parabolique, etc.

La **loi du mouvement** *est la relation qui existe entre les espaces et les temps.*

1° On rapporte toutes les positions du mobile à un point O, pris arbitrairement sur la trajectoire, et appelé l'*origine des espaces* (fig. 1). A toute position M du mobile correspond un **espace** $e = OM$, que l'on considère comme positif d'un côté du point O et comme négatif du côté opposé.

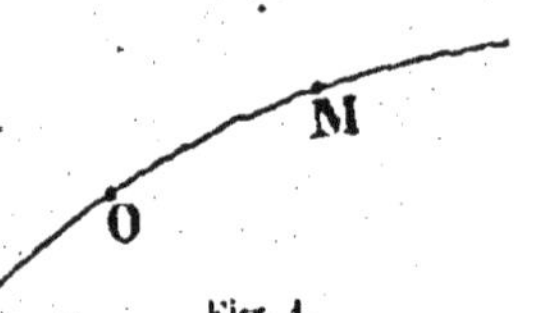

Fig. 1.
Trajectoire d'un point mobile.

Suivant l'ordre de grandeur des espaces à évaluer, on prend pour unité de longueur le *mètre,* l'un de ses multiples ou l'un de ses sous-multiples. Dans les recherches scientifiques, on convient de mesurer toutes les longueurs en *centimètres.*

2° Les **temps**, comptés à partir d'un instant quelconque, sont positifs dans l'avenir et négatifs dans le passé. Suivant le cas, on prend pour unité l'heure, la minute ou la seconde. Dans les recherches scientifiques, l'unité adoptée est la *seconde sexagésimale,* c'est-à-dire la fraction $\frac{1}{24 \times 60 \times 60}$ du jour solaire moyen.

12. Vitesse moyenne. — Soient e_0 l'espace initial correspondant à l'origine des temps, et e l'espace qui correspond à un temps quelconque t.

On appelle **vitesse moyenne** *pendant l'intervalle de temps* t, *le rapport :*

$$\frac{e - e_0}{t},$$

de l'accroissement de l'espace à l'accroissement du temps; c'est-à-dire la valeur moyenne de l'accroissement de l'espace pendant une seconde.

1° Si l'accroissement de l'espace est proportionnel à l'accroissement du temps, on dit que *le mouvement est* **uniforme.** Alors la *vitesse moyenne* se réduit à une constante k, qui prend le nom de **vitesse** du mouvement uniforme. *C'est le chemin constant que le mobile parcourt pendant chaque seconde.*

En posant $k = v$, on a :

$$\frac{e - e_0}{t} = v;$$

d'où

$$e = e_0 + vt.$$

Ainsi, *dans le mouvement uniforme, l'espace est une fonction du premier degré par rapport au temps.*

2° Quand la vitesse moyenne n'est pas constante, on dit que *le mouvement est* **varié** *ou* **accéléré.**

Le cas le plus simple est celui du *mouvement* **uniformément accéléré**, dans lequel la vitesse moyenne est une fonction $(k+k't)$ du premier degré par rapport au temps.

Alors on a
$$\frac{e-e_0}{t}=k+k't;$$
d'où
$$e=e_0+kt+k't^2.$$

Ainsi, *dans le mouvement uniformément accéléré, l'espace est une fonction du second degré par rapport au temps.*

Dans ce cas, on appelle **vitesse à l'instant** t, la valeur que prend la fonction
$$v=k+2k't.$$

Aux instants 0, 1, 2, 3, la vitesse est donc
$$k,\quad k+2k',\quad k+4k',\quad k+6k'.$$

On voit qu'elle augmente d'une même quantité $2k'$ pendant chaque seconde. Cette constante $2k'$ est ce que l'on appelle l'**accélération** du mouvement.

Ainsi, *dans le mouvement uniformément varié,* **l'accélération** *est l'accroissement constant que subit la vitesse pendant chaque seconde.*

13. Formules des espaces, des vitesses et des accélérations. — La loi du mouvement s'exprime par une relation entre l'espace e et le temps t. On l'écrit généralement sous la forme
$$e=f(t) \qquad (1).$$

Cette relation, dite *formule des espaces*, permet de calculer, pour chaque valeur du temps t, la valeur correspondante de l'espace e.

On peut aussi en déduire la *formule des vitesses* et la *formule des accélérations.*

La **vitesse** *du mouvement est la dérivée de l'espace par rapport au temps.*

En désignant par v la vitesse à l'instant t, on a
$$v=f'(t). \qquad (2).$$

L'accélération *du mouvement est la dérivée de la vitesse par rapport au temps;* c'est-à-dire la dérivée seconde de l'espace.

En désignant par j l'accélération à l'instant t, on a
$$j=f''(t). \qquad (3).$$

Ces formules (2) et (3), déduites de la formule (1), permettent de calculer la grandeur de la vitesse ou de l'accélération à un instant quelconque.

Mais, ainsi qu'on le verra dans le cours de mécanique, la vitesse et l'accélération à un instant donné, possèdent à la fois une grandeur, une direction et un sens, de sorte que chacune d'elles ne peut être représentée complètement que par un *vecteur,* c'est-à-dire par un segment rectiligne considéré lui-même en grandeur, direction et sens.

14. Mouvement uniforme. — *Un mouvement est uniforme, quand l'espace est une fonction entière du premier degré par rapport au temps.*

Alors on a :

$$e = a + bt, \qquad (1)$$
$$v = b, \qquad (2)$$
$$j = o. \qquad (3)$$

Ainsi, la vitesse est constante, et l'accélération est nulle.

Il est aisé de reconnaître la signification des coefficients a et b.

Pour $t = o$, on a : $e_0 = a$.

Pour $t = 1$, on a : $e_1 = a + b$;

d'où : $b = e_1 - e_0$.

Donc a est l'espace initial; et la vitesse, représentée par b, est l'accroissement de l'espace pendant l'unité de temps.

La formule des espaces peut s'écrire $e = e_0 + vt$.

Si l'on fait correspondre l'origine des espaces avec l'origine des temps, on a $e_0 = o$; d'où $e = vt$.

Alors *l'espace est proportionnel au temps.*

15. Mouvement uniformément varié. — *Un mouvement est dit uniformément varié, quand l'espace est une fonction entière du second degré par rapport au temps.*

Alors on a :

$$e = a + bt + ct^2, \qquad (1)$$
$$v = b + 2ct, \qquad (2)$$
$$j = 2c. \qquad (3)$$

Ainsi, l'accélération est constante, et la vitesse est une fonction du premier degré.

Suivant que l'accélération est positive ou négative, on dit que le mouvement est uniformément *accéléré* ou uniformément *retardé.*

Pour $t = o$, on a : $e_0 = a$ et $v_0 = b$.

Pour $t = 1$, on a : $v_1 = v_0 + 2c$;

d'où : $2c = v_1 - v_0$.

Donc l'*accélération d'un mouvement uniformément varié est l'accroissement de la vitesse pendant chaque unité de temps.*

Les formules peuvent s'écrire

$$e = e_0 + v_0 t + \frac{jt^2}{2},$$
$$v = v_0 + jt.$$

1° Si l'on fait correspondre l'origine des temps avec l'origine des espaces, on a : $e_0 = o$, et la formule des espaces devient

$$e = v_0 t + \frac{jt^2}{2}.$$

2° Enfin, si la vitesse initiale est nulle, on a :

$$v = jt \quad \text{et} \quad e = \frac{jt^2}{2}.$$

Alors, *la vitesse est proportionnelle au temps, et l'espace est proportionnel au carré du temps.*

CHAPITRE II

STATIQUE ET DYNAMIQUE

§ I. ÉVALUATION DES FORCES

16. Principe de l'inertie. — *Un point matériel ne modifie pas de lui-même son état de repos ou de mouvement.*

Il est inerte dans le repos et inerte dans le mouvement.

Tant qu'il ne subit aucune action extérieure : 1° s'il est en repos, il reste indéfiniment en repos; 2° s'il est en mouvement, sa vitesse ne varie ni en grandeur ni en direction; c'est-à-dire qu'il conserve un mouvement *rectiligne* et *uniforme.*

En résumé : *un point matériel soustrait à toute action extérieure n'a pas d'accélération;* sa vitesse est nulle ou constante.

17. Force. — *On appelle* **force** *toute cause capable de produire une variation de vitesse, c'est-à-dire une accélération.*

Dès qu'un point matériel possède une accélération, on peut affirmer, d'après le principe de l'inertie, qu'il est sous l'influence d'une action extérieure, c'est-à-dire qu'il est sollicité par une force.

Inversement, *toute force qui agit seule sur un point matériel, lui communique à chaque instant une accélération.*

On admet qu'*une force appliquée à un point en mouvement, lui communique à chaque instant la même accélération que si le point partait du repos.*

Ainsi, *une force constante appliquée à un point matériel lui imprime une accélération constante; c'est-à-dire qu'elle lui communique un mouvement uniformément accéléré.*

Éléments d'une force. — Une force est caractérisée par son *point d'application*, sa *direction* et son *intensité.*

Le *point d'application* de la force est le point matériel sur lequel elle agit.

La *direction* de la force est celle de l'accélération qu'elle imprime, c'est-à-dire celle de la demi-droite qu'elle tend à faire décrire à son point d'application.

L'*intensité* de la force est le nombre qui mesure la grandeur de cette force, rapportée à une autre force prise pour unité.

18. Égalité et addition des forces. — 1° *Deux forces sont*

égales *lorsque, dans les mêmes conditions, elles produisent le même effet.*

Par exemple, lorsque, appliquées à un même point matériel, elles lui donnent la même accélération.

2° *Une force* F *est la* **somme** *de deux forces* F', F'', *quand la première produit le même effet que les deux autres agissant ensemble dans les mêmes conditions.*

Par exemple, quand la première, appliquée à un point matériel, lui imprime la même accélération que les deux autres agissant ensemble sur ce même point, dans la même direction et le même sens.

3° *Une force* F *est* **double, triple, quadruple** *d'une autre force* F', *quand la première peut être considérée comme la somme de* 2, 3, 4 *forces égales à la seconde.*

19. Mesure dynamique des forces. — On peut mesurer les forces par leurs effets dynamiques, c'est-à-dire par les mouvements qu'elles produisent.

Mais, pour apprécier l'effet d'une force appliquée à un point matériel, il faut tenir compte à la fois de la *quantité de matière* qu'elle met en mouvement, et de l'*accélération* qu'elle lui imprime.

20. Masse d'un corps. — *La* **masse** *d'un point matériel, ou d'un corps quelconque, est la quantité de matière qui constitue ce point ou ce corps.*

Tout corps est l'ensemble d'un certain nombre de points matériels : sa masse totale M est la somme des masses m, m', m'' de ces divers points.

Il ne faut pas confondre la *masse* d'un corps avec le *volume* de ce corps. Nous verrons, en effet, que, sous un même volume, les divers corps ne contiennent pas la même quantité de matière.

21. Principe de l'indépendance des effets des forces. — On admet que *si plusieurs forces agissent simultanément sur un même point matériel, chacune d'elles produit son effet comme si elle était seule.*

D'après ce principe :

Si une force f, appliquée à une masse m, lui imprime une accélération φ :

Une force $F = nf$, appliquée à une masse $M = n.m$, lui imprime la même accélération φ;

Mais si cette force $F = nf$ agit sur une seule masse m, elle lui imprime une accélération $n\varphi$.

Ainsi, la force f est proportionnelle à la fois à la masse m qu'elle entraîne, et à l'accélération φ qu'elle lui imprime.

On a donc : $f = k \cdot m\gamma$.

k désignant une constante qui dépend du choix des unités. On convient de choisir les unités de manière que ce facteur k soit égal à 1 ; c'est-à-dire que l'on pose :

$$f = m\gamma.$$

Ainsi, par définition, *une force est égale au produit de la masse qu'elle actionne, par l'accélération qu'elle lui communique.*

22. Poids. — Tout corps abandonné à lui-même tombe vers la terre, suivant la *verticale* du lieu.

Il est donc sollicité par une force, dirigée elle-même suivant la verticale descendante.

Cette force s'appelle le **poids** du corps.

On dit que tous les corps sont *pesants*, pour exprimer que chacun d'eux a un poids, ou qu'il est soumis à l'action de la *pesanteur*.

L'expérience prouve qu'en un même lieu tous les corps prennent dans le vide, sous l'action de leur propre poids, une même accélération. Cette accélération, due à la pesanteur, se représente par la lettre g. Elle varie d'un lieu à un autre, suivant l'altitude et la latitude.

A Paris, l'accélération de la pesanteur est

$$g = 981 \text{ centimètres}.$$

Au niveau de la mer, elle croît depuis l'équateur jusqu'au pôle, et prend les valeurs suivantes :

Au pôle. . . . . . . $g = 983^{cm},1$
A 45° de latitude. . . $g = 980,6$
A l'équateur . . . . $g = 978,1$

23. Relation entre la masse m d'un corps et son poids p, en un lieu où l'accélération de la pesanteur est g.

On sait (21) que toute force appliquée à un point matériel, ou à un corps quelconque, est égale au produit de la masse du corps, par l'accélération qu'elle lui imprime.

Supposons que la force considérée soit le poids du corps, et qu'un corps de masse m ait un poids p, en un lieu où l'accélération est g.

Puisque la force p, agissant sur la masse m, lui communique une accélération g, on a : $p = mg$.

Ainsi, *le poids d'un corps en un lieu donné, est le produit de la masse de ce corps, par l'accélération de la pesanteur au lieu considéré.*

Cette relation fondamentale entraîne deux conséquences immédiates :

1° *Les poids d'un même corps en deux lieux différents, sont proportionnels aux accélérations de la pesanteur en ces lieux.*

Soient m la masse d'un corps quelconque, et p, p' les poids de ce même corps en deux lieux où l'accélération de la pesanteur est g ou g'.

On a :
$$p = mg \quad \text{et} \quad p' = mg';$$

d'où par division :
$$\frac{p}{p'} = \frac{g}{g'}.$$

2° *Les poids des corps en un même lieu, sont proportionnels à leurs masses.*

Soient m, m', m'' les masses de divers corps, p, p', p'' leurs poids en un même lieu, où l'accélération de la pesanteur est g.

On a :
$$p = mg, \quad p' = m'g, \quad p'' = m''g;$$

d'où :
$$g = \frac{p}{m} = \frac{p'}{m'} = \frac{p''}{m''}.$$

Ainsi les masses des corps sont proportionnelles à leurs poids en un même lieu.

En particulier, les hypothèses :
$$p = p' \quad \text{et} \quad p = p' + p''$$
entraînent respectivement :
$$m = m' \quad \text{et} \quad m = m' + m''.$$

Ainsi, deux corps qui ont le même poids dans un même lieu, ont aussi la même masse; et si, dans un même lieu, le poids d'un corps est égal à la somme des poids de deux autres corps, la masse du premier est égale à la somme des masses des deux autres.

Dans le chapitre consacré à la pesanteur, nous verrons comment on mesure pratiquement les poids et les masses, au moyen du dynamomètre ou de la balance.

24. Système d'unités. — Pour mesurer les différentes espèces de grandeurs, il faut autant d'unités particulières qu'il y a d'espèces de grandeurs à mesurer.

Mais il y aurait de grands inconvénients à choisir toutes ces unités d'une manière arbitraire, et indépendamment les unes des autres. On évite ces inconvénients en faisant usage d'un **système d'unités.**

Il suffit de choisir arbitrairement trois unités, que l'on appelle les **unités fondamentales** du système. Après cela, comme nous le verrons dans la suite, toutes les autres unités se déduisent de ces unités fondamentales, et prennent le nom d'**unités dérivées.**

Pour ne pas avoir des nombres trop grands ou trop petits, comme résultats des mesures, il est utile de pouvoir proportionner les unités, à l'ordre de grandeur des quantités à évaluer. Pour cela, sans changer de système, on fait usage des **unités secondaires** ou **unités pratiques**, dont les noms se forment à l'aide des préfixes usités dans le système métrique décimal :

Déca	signifie	10	Déci	signifie	$\frac{1}{10}$
Hecto	—	100	Centi	—	$\frac{1}{100}$
Kilo	—	1 000	Milli	—	$\frac{1}{1000}$
Myria	—	10 000	Micro	—	$\frac{1}{1000000}$
Méga	—	1 000 000			

Il importe de se familiariser avec deux systèmes d'unités, que l'on emploie concurremment aujourd'hui : le système *métrique* et le système C. G. S.

25. Système métrique. Unités usuelles. — 1° Dans le système métrique, usité dans les applications usuelles, les **unités fondamentales** sont celles de *longueur*, de *temps* et de *force*.

L'unité de longueur est le *mètre*.

L'unité de temps est la *seconde*.

L'unité de force est le *kilogramme*.

On rapporte toutes les forces à celles de la pesanteur, et l'on prend pour unité le **kilogramme**, *qui est le poids d'un litre d'eau à Paris* (cette eau doit être distillée, prise à son maximum de densité, c'est-à-dire à la température de 4° centigrades, et pesée dans le vide).

En réalité, le kilogramme est défini légalement par le poids d'un kilogramme étalon, en platine, conservé au Bureau international des poids et mesures.

2° Dans le système métrique, l'**unité de masse** est une *unité dérivée*. On la définit au moyen de l'équation :

$$p = mg; \quad \text{d'où} \quad m = \frac{p}{g}.$$

Pour avoir $m = 1$, il faut que l'on ait $p = g$.

Donc l'**unité de masse** *est la masse d'un corps tel que son poids en kilogrammes soit exprimé par le même nombre que l'accélération de la pesanteur évaluée en mètres.*

Or, à Paris, l'accélération de la pesanteur est 981^{cm} ou $9^{m},81$.

Ainsi, l'unité de masse est la masse d'un corps qui pèse $9^{kg},81$ à Paris; par exemple la masse de $9^{l},81$ d'eau pure à 4°.

Ce système a l'inconvénient de prendre pour unité fondamentale l'unité de force, dont la définition exige l'indication d'un lieu déterminé à la surface de la terre. Il s'ensuit que la masse d'un corps, qui est une grandeur absolument fixe, sera exprimée au contraire par des nombres différents, suivant que le kilogramme sera défini en un lieu ou en un autre.

C'est pourquoi, dans les recherches scientifiques, on adopte un autre système d'unités, dans lequel les trois unités fondamentales peuvent être définies sans indication de lieu.

26. Système C. G. S. (centimètre, gramme, seconde). — 1° Dans le système C. G. S., les **unités fondamentales** sont celles de *longueur*, de *temps* et de *masse*.

L'unité de longueur est le *centimètre*.

L'unité de temps est la *seconde*.

L'unité de masse est le *gramme-masse*.

Le **gramme-masse** *est la masse d'un centimètre cube d'eau pure, prise à son maximum de densité.*

2° Dans le système C. G. S., l'**unité de force** est une *unité dérivée*. On la définit par la formule :

$$f = m\varphi \qquad (1)$$

Pour avoir $f = 1$, il suffit que l'on ait $m = \varphi = 1$.

Donc *l'unité de force C. G. S. est la force qui, agissant sur une masse de 1 gramme, lui imprime une accélération de 1 centimètre.*

Cette unité de force s'appelle la **dyne**.

Pour nous rendre compte de sa valeur, il suffit d'évaluer en dynes le poids du gramme à Paris.

Ce poids f agissant sur une masse de 1 gramme lui imprime une accélération de 981^{cm}. En lui appliquant la relation (1), on obtient :

$$f = 1 \times 981 = 981 \text{ dynes.}$$

Telle est la valeur du *gramme-poids*.

On voit que la dyne est une force très petite.

Comme *unité pratique* de force, on emploie la *mégadyne*, qui vaut un million de dynes.

Le *kilogramme-poids* vaut

981 000 dynes,

c'est-à-dire un peu moins d'une mégadyne.

Inversement, la mégadyne est un peu supérieure à un kilogramme.

§ II. COMPOSITION DES FORCES

27. Résultante. — *On appelle* **résultante** *de plusieurs forces, une force unique qui produit à elle seule le même effet que toutes les autres agissant ensemble.*

Ces dernières forces prennent le nom de **composantes**.

Quand des forces ont une résultante, on peut toujours les remplacer par celle-ci; et, inversement, on peut remplacer la résultante par ses composantes.

Composer des forces, c'est trouver leur résultante.

28. Équilibre. — *Des forces sont* **en équilibre** *quand leur résultante est nulle,* c'est-à-dire lorsqu'en agissant ensemble elles ne produisent aucun effet.

Tel est le cas, par exemple, de deux forces égales, qui agissent simultanément sur un même point, dans la même direction, mais en sens opposés.

Pour faire équilibre à un système quelconque de forces admettant une résultante, il suffit d'appliquer une force égale et directement opposée à cette résultante.

De là, deux conséquences fréquemment utilisées :

1° *Si plusieurs forces appliquées à un même corps se font équilibre, chacune d'elles est égale et directement opposée à la résultante de toutes les autres.*

Soit F l'une de ces forces. Elle est tenue en équilibre par l'ensemble de toutes les autres.

Or ce même équilibre serait produit par une seule force R, égale et directement opposée à F. Donc cette force R est la résultante de toutes les forces autres que F.

2° *Pour qu'un corps entièrement libre soit en équilibre sous l'action d'un système de forces, il faut et il suffit que toutes ces forces se réduisent à deux forces égales et directement opposées.*

Cette condition est évidemment *suffisante.*

Elle n'est pas moins *nécessaire;* car s'il y a équilibre, chaque force F du système est égale et directement opposée à la résultante R de toutes les autres; mais alors celles-ci peuvent être remplacées par leur résultante R, et le système est réduit aux deux forces R et F, qui sont égales et directement opposées.

29. Effets statiques des forces. — Quand une force agit sur un corps non entièrement libre, ses *effets dynamiques* peuvent disparaître pour faire place à des *effets statiques,* tels que la déformation des corps.

Un corps pesant, placé sur une table, produit une *dépression* sur cette table; suspendu à un fil, il détermine un *allongement* de ce fil; agissant sur un ressort, par pression ou par traction, il détermine une *flexion* du ressort.

A mesure que le ressort se déforme sous l'action de la force extérieure, il oppose une réaction qui augmente de plus en plus, et qui fait équilibre à cette action au moment où elle lui devient égale.

Les effets statiques, qui révèlent ainsi l'existence de certaines forces, peuvent aussi servir à les mesurer.

30. Mesure des forces par leurs effets statiques. — Les **dynamomètres** sont des ressorts disposés de manière que l'on puisse apprécier la flexion plus ou moins grande qu'ils éprouvent, sous l'action des forces qui leur sont appliquées.

Tels sont les **pesons** représentés par la figure 2; le premier est constitué par un ressort recourbé ABC, le second par un ressort à boudin contenu dans un cylindre.

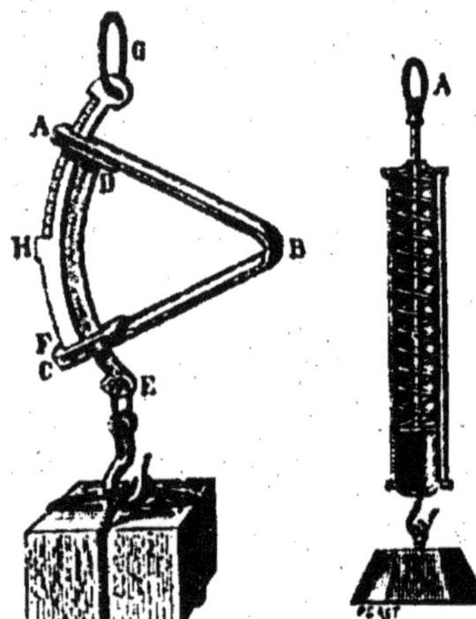

Fig. 2. — Dynamomètres : pesons.

Ces dynamomètres se graduent expérimentalement; il suffit de repérer les flexions produites par des poids de 1kg., 2kg., 3kg., suspendus successivement au crochet.

Si un corps quelconque suspendu au crochet détermine la même flexion qui a été produite par le poids de 3kg., par exemple, il est évident que ce corps pèse lui-même 3kg.; puisque, par définition, des forces qui produisent le même effet sont égales.

31. Représentation d'une force. — On représente une force par un *vecteur,* c'est-à-dire par un segment rectiligne dirigé, que l'on considère en grandeur, direction et sens.

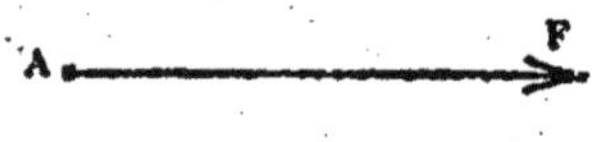

Fig. 3.
Force représentée par un vecteur.

Ainsi (fig. 3) le vecteur AF représente une force. Son origine A est le point d'application de la force, sa direction AF est celle de la force, et sa longueur, rapportée à une unité conventionnelle, est exprimée par le même nombre que l'intensité de la force.

32. Composition des forces qui agissent suivant une même droite. — *Quand plusieurs forces appliquées à un même corps, agissent suivant une même droite :*

1° *Si toutes les forces sont de même sens, leur résultante est égale à leur somme ;*

2° *Si les forces agissent les unes dans un sens, les autres en sens contraire, leur résultante est égale à leur somme algébrique;* c'est-à-dire à la différence entre la somme des forces qui agissent dans un sens et la somme de celles qui agissent en sens opposé.

33. Composition des forces concourantes. — 1° *La résultante de deux forces concourantes* F, F', *est représentée par la diagonale* PR *du parallélogramme construit sur ces deux forces* (fig. 4).

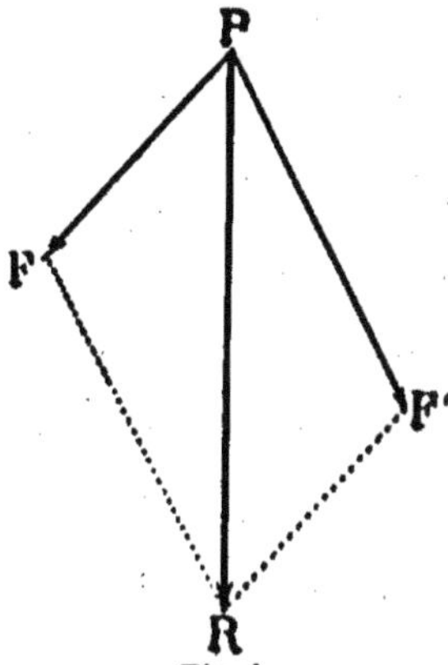

Fig. 4.
Résultante de deux forces concourantes.

Pour composer deux forces concourantes PF, PF', on mène par l'extrémité F de la première un vecteur FR équipollent (égal et directement parallèle) à la seconde.

Le vecteur PR est la résultante cherchée.

2° *Pour composer un nombre quelconque de forces* F, F_1, F_2,... *appliquées à un même point* A (fig. 5), on cherche la résultante R des forces F et F_1, puis la résultante R' des forces R et F_2, et ainsi de suite jusqu'à la dernière composante.

Pour cela, il suffit de construire le *polygone des forces*. On appelle ainsi la ligne polygonale qui a pour côtés successifs : la force F, un vecteur équipollent à F_1, un vecteur équipollent à F_2, etc. La *résultante* du système est le vecteur qui ferme ce polygone, c'est-à-dire qui joint son origine à son extrémité.

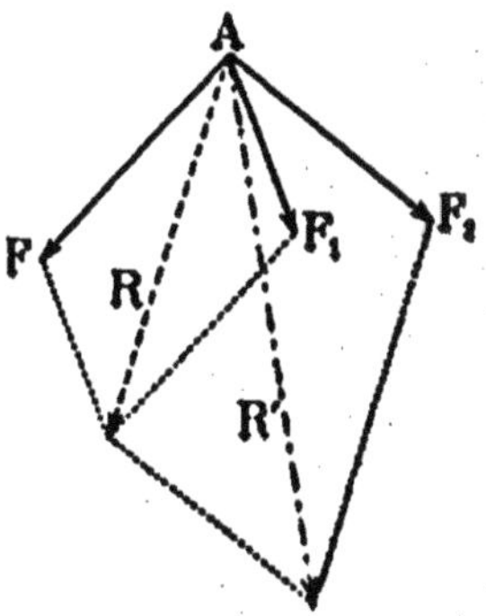

Fig. 5.
Composition d'un système de forces concourantes.

34. Composition de deux forces parallèles. — **1° Forces de même sens.** — *Deux forces parallèles de même sens* AF, BF', *appliquées à un même corps* (fig. 6), *ont une résultante* CR *qui est parallèle à ces forces, de même sens qu'elles, et égale à leur somme.*

Son point d'application C *divise la droite* AB, *qui joint les points d'application des composantes, en deux parties inversement proportionnelles aux intensités de ces composantes.*

C'est-à-dire que l'on a :

$$\frac{AC}{CB} = \frac{F'}{F};$$

d'où $$F.AC = F'.CB.$$

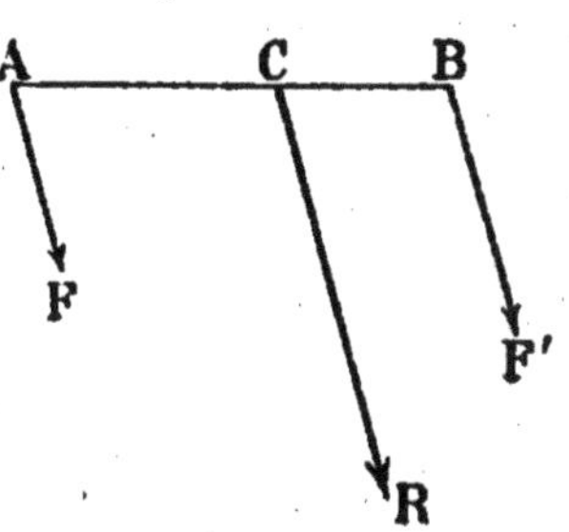

Fig. 6. — Composition de deux forces parallèles de même sens.

2° Forces de sens contraires. — *Deux*

forces parallèles de sens contraires AF, BF', *appliquées à un même corps* (fig. 7), *ont une résultante* CR *qui est parallèle à ces forces, du sens de la plus grande et égale à leur différence.*

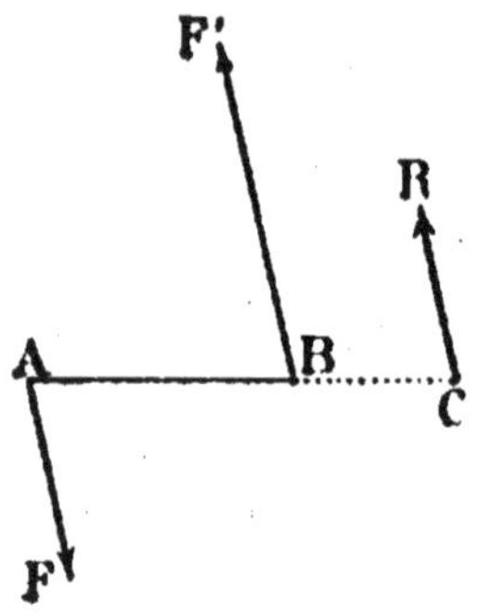

Fig. 7. — Composition de deux forces parallèles et de sens contraires.

Son point d'application C *est situé sur le prolongement de la droite* AB, *qui joint les points d'application des composantes, du côté de la plus grande; et ses distances aux points d'application de ces forces sont inversement proportionnelles à leurs intensités.*

On a donc, en valeur absolue :

$$\frac{CA}{CB} = \frac{F'}{F};$$

d'où $$F.CA = F'.CB.$$

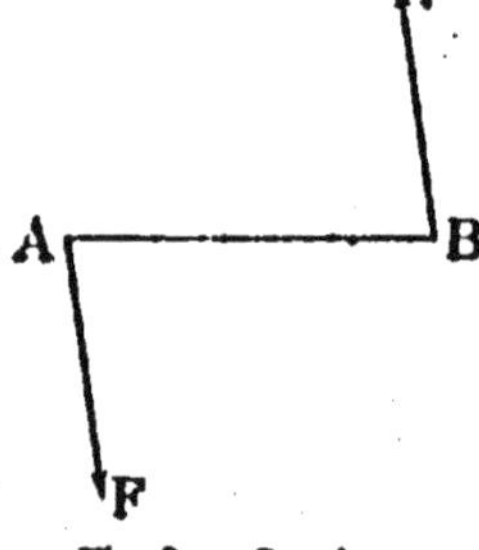

Fig. 8. — Couple.

3° **Couple.** — Un couple est un système de deux forces parallèles AF, BF', égales, de sens contraires, non directement opposées et appliquées à un même corps (fig. 8).

Un couple n'a pas de résultante. Il ne saurait donc produire aucun mouvement de *translation*, mais il tend à imprimer au corps un mouvement de *rotation*.

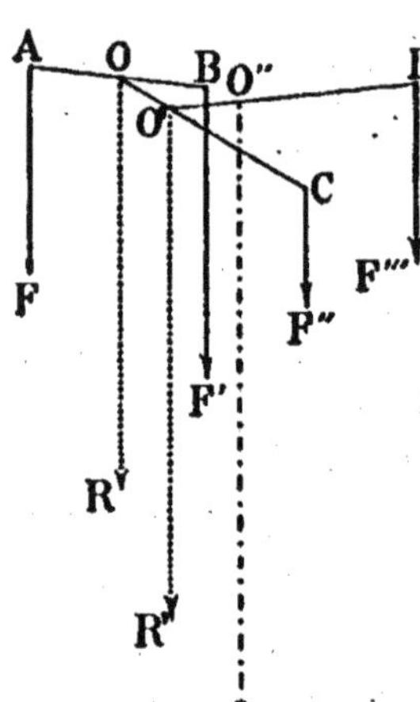

Fig. 9. — Composition d'un système de forces parallèles.

35. Composition d'un système quelconque de forces parallèles. — *Pour composer des forces parallèles* F, F', F'', F''', *appliquées à un même corps* (fig. 9), *on remplace d'abord* F *et* F' *par leur résultante* R, *puis* R *et* F'' *par leur résultante* R', *puis* R' *et* F''' *par leur résultante* R'', *et ainsi de suite jusqu'à ce que l'on ait épuisé toutes les composantes.*

La dernière résultante obtenue est la résultante du système.

Le *point d'application* de cette résultante dépend uniquement de la position des points d'application des composantes, et des rapports de leurs intensités prises deux à deux. Ce point ne change donc pas quand toutes les composantes varient dans un même rapport, ou quand elles tournent d'un même angle autour de leurs points d'application respectifs. Cette propriété remarquable lui a fait donner le nom de **centre des forces parallèles.**

36. Réduction des forces appliquées à un corps solide. — En général, des forces quelconques appliquées à un solide ne peuvent pas être remplacées par une force unique. Elles n'ont donc pas de résultante.

Mais on peut toujours les remplacer par une force R *et un couple* (P, P') (fig. 10).

La force R imprime au corps un mouvement de *translation*, le couple (P, P') lui communique un mouvement de *rotation*.

Tel est le mouvement le plus général d'un corps sollicité par un système quelconque de forces : ce corps est animé d'un mouvement de translation, compliqué d'un mouvement de rotation.

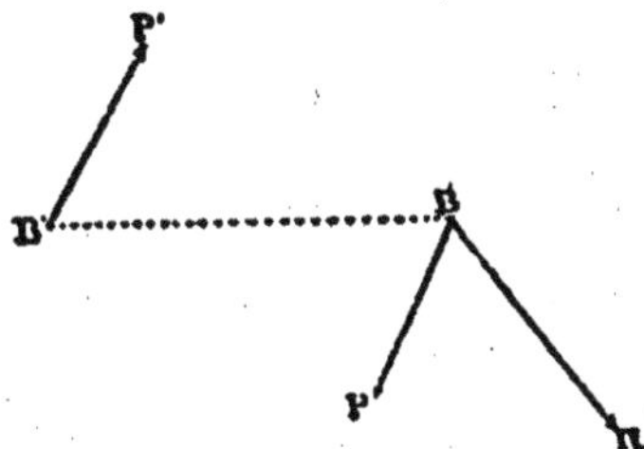

Fig. 10. — Réduction d'un système de forces appliquées à un solide.

Ce n'est que dans des cas exceptionnels que la force et le couple peuvent s'annuler séparément ou simultanément.

Si le couple est nul, le système admet une résultante, comme il arrive toujours si les forces sont concourantes, et habituellement quand elles sont parallèles.

Si la force est nulle, le système se réduit à un couple.

Enfin, si la force et le couple sont nuls tous deux à la fois, le système est en équilibre.

37. Principe de l'égalité de l'action et de la réaction. — *Si un point matériel* A *exerce sur un point matériel* B *une action quelconque* F, *le second point exerce sur le premier une réaction* F'. *L'action* F *de* A *sur* B, *et la réaction* F' *de* B *sur* A, *sont dirigées suivant la droite* AB, *et elles sont égales et de sens contraires.*

Ainsi, *toute action provoque une réaction égale et de sens contraire.*

1° Quand on appuie la main sur une table, on sent que la table résiste; et cette réaction de la table contre la main augmente de plus en plus, à mesure qu'augmente la pression exercée par la main contre la table.

2° Si l'on comprime un ressort entre ses deux mains, les deux mains exercent des actions égales et de sens contraires, et l'action de chaque main sur le ressort provoque de la part de celui-ci une réaction qui est égale à l'action et dirigée en sens contraire.

3° Des réactions analogues se produisent quand on exerce avec les deux mains des tractions opposées, aux extrémités d'un fil ou d'une tige élastique; mais alors les actions changent de sens, et il en est de même des réactions.

4° Si d'un bateau on exerce une traction sur une corde attachée au rivage, le bateau se rapproche du rivage, exactement comme si, du rivage, on avait exercé la même traction sur une corde attachée au bateau.

5° Dans tous les exemples précédents, les forces sont transmises par des corps solides ; elles peuvent l'être également par des liquides ou par des gaz, ainsi que nous le verrons dans la suite.

Mais il y a aussi dans la nature des forces qui s'exercent d'un point à un autre sans intermédiaire connu. Telles sont, par exemple, les attractions magnétiques : l'aimant attire le fer, le fer attire l'aimant, et il est aisé de vérifier que l'action du premier sur le second et la réaction du second sur le premier, sont égales et directement opposées.

Dans tous les cas accessibles à l'expérience, le principe de la réaction se trouve vérifié. On admet par induction qu'il subsiste encore dans les cas où sa vérification est impossible. On admet par exemple que si le soleil attire la terre, la terre attire le soleil avec une force égale ; que si la terre attire un corps pesant, celui-ci attire aussi la terre, etc.

§ III. TRAVAIL ET FORCE VIVE

1. TRAVAIL

38. Travail d'une force. — On dit qu'une force *travaille* quand son point d'application se déplace ; et l'on appelle **travail** de la force une certaine fonction de son intensité et du déplacement de son point d'application. Nous allons apprendre à calculer cette fonction dans les différents cas qui peuvent se présenter.

Considérons d'abord le cas d'une *force constante*, c'est-à-dire une force qui reste *invariable en intensité et en direction.*

39. I. Travail d'une force constante le long d'un chemin rectiligne. — *Le travail d'une force constante* F *dont le point d'application décrit un chemin rectiligne* $AA' = e$, *est le pro-*

duit de la force par le chemin et par le cosinus de l'angle α, que forment entre elles les directions de la force et du chemin (fig. 11).

Si l'on représente ce travail par $\mathfrak{T}F$, on a, par définition :

$$\mathfrak{T}F = Fe \cos \alpha \qquad (1).$$

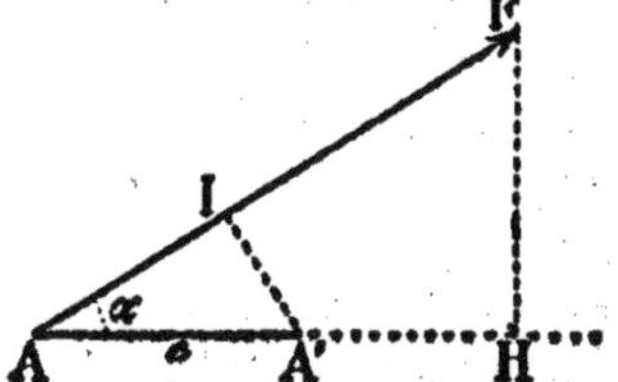

Fig. 11. — Travail d'une force constante, sur un chemin rectiligne.

Comme le produit $e \cos \alpha$ représente la projection du chemin sur la direction de la force, et $F \cos \alpha$ la projection de la force sur la direction du chemin, on peut dire indifféremment que *le travail* (1) *est le produit de la force, par la projection du chemin sur la direction de la force; ou le produit du chemin, par la projection de la force sur le chemin.*

Travail moteur, travail résistant. — Dans la formule (1), les facteurs F et e sont essentiellement positifs ; mais $\cos \alpha$ est positif ou négatif, suivant que l'angle α est aigu ou obtus.

Un travail positif est dit *travail moteur*, et la force qui le produit prend le nom de *force motrice* ou *puissance*.

Un travail négatif est dit *travail résistant*, et la force prend le nom de *résistance*.

Cas particulier. — 1° Si l'angle α est nul, on a $\cos \alpha = 1$, et la formule (1) devient :

$$\mathfrak{T}F = Fe;$$

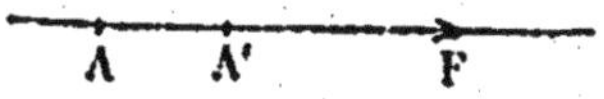

Fig. 12. — Travail d'une force sur sa ligne d'action.

2° Si l'angle α est égal à deux droits, on a $\cos \alpha = -1$, et par suite : $\mathfrak{T}F = -Fe.$

Ainsi, *quand le point d'application se déplace sur la ligne d'action de la force, le travail est égal, en valeur absolue, au produit de la force par le chemin.*

40. II. Travail d'une force variable sur un chemin quelconque. — Si le chemin du point d'application n'est pas rectiligne, on le partage en éléments e, e', e''..., assez petits pour que chacun d'eux soit sensiblement rectiligne et pour que la force F puisse être regardée comme constante pendant que son point d'application décrit l'un quelconque d'entre eux.

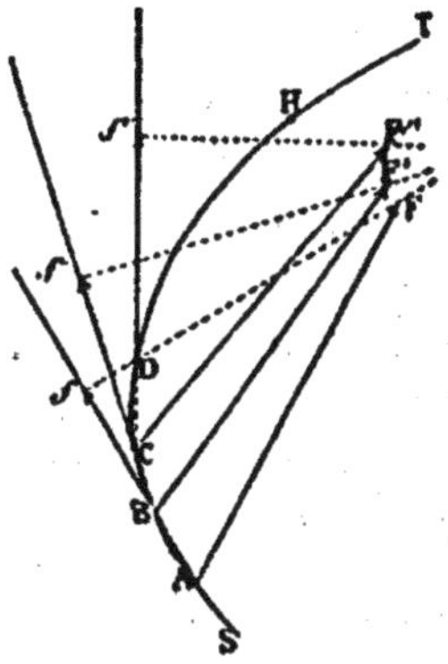

Fig. 13. — Travail d'une force quelconque.

La formule (1) est applicable aux travaux **élémentaires** correspondants à ces éléments de chemins.

Le **travail total** de la force est la somme de ces travaux élémentaires[1].

Le calcul du travail total est particulièrement simple dans deux circonstances :

1° *Quand la force est constante, et qu'elle reste tangente à la trajectoire de son point d'application, le travail total est égal au produit de la force par la longueur de la trajectoire.*

En effet, dans ce cas, le point d'application se déplace constamment dans la direction de la force. Alors, les travaux élémentaires sont : $Fe, Fe', Fe'' \dots$

et leur somme peut s'écrire :

$$F(e + e' + e'' + \dots)$$

2° *Quand la force est constante en grandeur et en direction, le travail total est égal au produit de cette force par la projection de la trajectoire sur la direction de cette force.*

En effet, si l'on désigne par $\varepsilon, \varepsilon', \varepsilon'', \dots$ les projections des chemins élémentaires sur la direction de la force F, les travaux élémentaires sont : $F\varepsilon, F\varepsilon', F\varepsilon'', \dots,$

et le travail total $F(\varepsilon + \varepsilon' + \varepsilon'' + \dots)$

41. III. Travail d'un système de forces ayant une résultante. — On démontre en mécanique que, si des forces ont une résultante, *le travail de la résultante pour un déplacement quelconque est égal à la somme algébrique des travaux des composantes.*

42. Unités de travail. — L'unité de travail est une unité dérivée, qui se définit au moyen de la formule :

$$\mathfrak{T}F = Fe.$$

Pour avoir $\mathfrak{T}F = 1$, il suffit de prendre $F = 1$, et $e = 1$.

Ainsi, *l'unité de travail est le travail de l'unité de force sur l'unité de chemin.*

1° Dans le système usuel, l'unité de travail est le **kilogrammètre**, *c'est-à-dire le travail de 1 kilogramme sur une longueur de 1 mètre.*

2° Dans le système C.G.S, l'unité de travail est l'**erg** (ou dyne-centimètre), *c'est le travail de 1 dyne sur une longueur de 1 centimètre.*

Le kilogrammètre vaut :

$$981000 \times 100 = 98100000 \text{ ergs.}$$

---

[1] Rigoureusement, *le travail total est la limite vers laquelle tend la somme des travaux élémentaires, quand tous les éléments du chemin tendent simultanément vers zéro.*

L'erg est donc un travail extrêmement petit; aussi, comme *unité pratique*, on emploie le **joule**, qui vaut 10^7 ou 10000000 d'ergs.

Le kilogrammètre vaut donc 9,81 joules; et inversement, le joule vaut: $\frac{1}{9,81}$ ou 0,102 kilogrammètre.

43. Application. — Travail de la pesanteur. — En un lieu donné, le poids d'un corps est une force constante en grandeur et en direction; cette force est dirigée suivant la verticale descendante.

Supposons qu'un corps de poids P se déplace d'une hauteur h, et proposons-nous d'évaluer le travail que la pesanteur effectue pendant ce déplacement.

D'après la formule établie au n° 40, 2°, ce travail est égal au produit du poids du corps, par la projection de la trajectoire sur une droite verticale.

Cette projection est indépendante de la forme de la trajectoire, elle est égale à la hauteur h, dont le corps est monté ou descendu; c'est-à-dire à la distance verticale comprise entre le point de départ et le point d'arrivée: distance positive ou négative, suivant qu'elle est de même sens que la pesanteur ou de sens opposé.

Le travail de la pesanteur est donc mesuré par le produit Ph; et il est lui-même positif ou négatif, suivant que le corps descend ou s'élève.

1° Dans le *système usuel*, le poids P étant exprimé en kilogrammes, et la hauteur h en mètres, le travail de la pesanteur sera Ph (kilogrammètres).

2° Dans le *système C. G. S.*, la hauteur h est mesurée en centimètres. Si le corps a une masse de m grammes, et si l'intensité de la pesanteur est g, le poids de ce corps est :

$$p = mg \text{ (dynes)},$$

et le travail de la pesanteur

$$ph = mgh \text{ (ergs)}.$$

2. FORCE VIVE

44. Force vive. — 1° *On appelle* **force vive d'un point matériel,** *à un instant donné, le demi-produit* $\frac{mv^2}{2}$, *de sa masse* m *par le carré de sa vitesse* v.

2° *La* **force vive d'un corps** *ou d'un système matériel quelconque, à un instant donné, est la somme des forces vives de ses différents points.*

On la représente par la notation : $\Sigma \frac{mv^2}{2}$.

Le signe Σ indiquant la *somme* de toutes les quantités analogues à celle qui est écrite après lui.

45. Principe des forces vives. — *La somme des travaux de toutes les forces qui agissent sur un système matériel, pendant un temps quelconque, est égale à la variation que subit la force vive du système pendant ce même temps.*

Cette proposition importante se démontre d'une manière générale dans le *Cours de mécanique.*

Nous nous bornerons ici à l'établir dans le cas particulier d'une seule force, constante, agissant sur un point matériel qui se déplace dans la direction de la force.

Cette force F entraîne la masse m d'un mouvement uniformément accéléré. Soient v_0 la vitesse initiale, γ l'accélération, v et e la vitesse acquise et l'espace parcouru au bout du temps t.

Le travail de la force est: $\mathfrak{T}F = Fe.$

Or on a $F = m\gamma,$

et $e = v_0 t + \frac{1}{2}\gamma t^2.$

Donc $\mathfrak{T}F = \frac{1}{2} m\gamma t(2v_0 + \gamma t).$

Mais la formule des vitesses : $v = v_0 + \gamma t$ donne $\gamma t = v - v_0.$

En tenant compte de cette valeur, la formule précédente devient :

$$\mathfrak{T}F = \frac{1}{2} m(v - v_0)(v + v_0),$$

ou

$$\mathfrak{T}F = \frac{1}{2} m(v^2 - v_0^2),$$

et enfin

$$\mathfrak{T}F = \frac{1}{2} mv^2 - \frac{1}{2} mv_0^2.$$

46. Transformation du travail en force vive et de la force vive en travail. — *Pour communiquer une force vive quelconque à un système matériel, il faut dépenser un travail moteur égal à cette force vive ; et inversement, pour lui faire perdre une certaine force vive, il faut effectuer un travail résistant égal à cette force vive.*

Supposons qu'une force F, appliquée à une masse m au repos, lui communique une vitesse v, en effectuant un travail moteur $\mathfrak{T}_M$; puis, que cette même force, appliquée en sens contraire de la vitesse acquise, ramène le corps au repos, en effectuant un travail résistant $\mathfrak{T}_R$.

La formule des forces vives :

$$\mathfrak{T}F = \frac{1}{2} mv_1^2 - \frac{1}{2} mv_0^2$$

est applicable dans les deux cas. Dans le premier cas, on a :

$$v_0 = 0, \quad v_1 = v, \quad \mathfrak{T}F = \mathfrak{T}_M,$$

et la formule donne $\mathfrak{T}_M = \frac{1}{2} mv^2.$

Dans le second cas, on a :

$$v_0 = v, \quad v_1 = 0 \quad \text{et} \quad \mathfrak{T}F = \mathfrak{T}_R;$$

d'où

$$\mathfrak{T}_R = -\frac{1}{2}mv^2.$$

Dans le premier cas, on dit que le milieu extérieur, agissant sur le point matériel, lui fournit du travail qui a pour effet d'augmenter sa force vive.

Dans le second cas, au contraire, c'est la masse en mouvement qui, réagissant sur le milieu extérieur, lui cède du travail aux dépens de sa force vive.

Ainsi *une masse en mouvement possède une capacité de travail équivalente à sa force vive.*

Dès lors, cette capacité de travail augmente ou diminue en même temps que la force vive du système; et tout travail dépensé par le milieu extérieur pour augmenter cette force vive, se retrouve dans un travail équivalent, que la masse doit effectuer sur le milieu extérieur, pour perdre sa force vive.

Pour exprimer cette équivalence entre deux grandeurs qui varient toujours en sens contraires, on dit qu'il y a *transformation* de l'une en l'autre. Quand la vitesse croît, c'est que le milieu extérieur fournit du travail qui se transforme en force vive; quand la vitesse décroît, c'est que la masse cède de la force vive qui se transforme en travail.

A ce point de vue, la force vive n'est qu'une forme particulière de ce que l'on appelle l'*énergie* (57).

§ IV. APPLICATION AUX MACHINES

47. Transmission du travail dans une machine. — Une machine est un corps, ou un système de corps, destiné à transmettre le travail des forces.

Parmi les forces appliquées à une machine, on distingue les *forces motrices*, qui contribuent à mettre le système en mouvement, et les *forces résistantes* qui, au contraire, contribuent à retarder ou à arrêter le mouvement.

Les premières effectuent un travail positif ou travail moteur : $\mathfrak{T}_M$.

Les secondes produisent un travail négatif ou travail résistant : $\mathfrak{T}_R$.

Le travail total de toutes les forces est $(\mathfrak{T}_M - \mathfrak{T}_R)$.

Soient V_0 et V_1 la force vive initiale et la force vive finale de la machine. D'après le principe des forces vives, on a :

$$\mathfrak{T}_M - \mathfrak{T}_R = V_1 - V_0.$$

1° Si le mouvement de la machine s'accélère, sa force vive augmente ; on a $V_1 > V_0$, et cette hypothèse entraîne $\mathcal{T}_M > \mathcal{T}_R$. Ainsi, quand la vitesse de la machine augmente, c'est que le travail moteur surpasse le travail résistant. Alors le milieu extérieur fournit du travail qui s'emmagasine dans la machine sous forme de force vive.

2° Si le mouvement se ralentit, la force vive de la machine diminue, et cette hypothèse $V_1 < V_0$ entraîne $\mathcal{T}_M < \mathcal{T}_R$. Ainsi quand la vitesse diminue, la force vive se dépense en un travail restitué au milieu extérieur.

3° Enfin, si la machine se meut d'un mouvement uniforme, sa force vive reste invariable, et cette hypothèse $V_1 = V_0$ entraîne $\mathcal{T}_M = \mathcal{T}_R$; c'est-à-dire que la machine restitue au milieu extérieur autant de travail qu'elle en reçoit.

Chacune des propositions précédentes entraîne sa réciproque, et l'on peut formuler notamment cette conclusion :

Pour qu'une machine soit animée d'un mouvement uniforme, sous l'action d'un système quelconque de forces, il faut et il suffit que le travail moteur soit égal au travail résistant.

En d'autres termes, il faut et il suffit que le travail fourni à la machine par le milieu extérieur, se retrouve intégralement dans le travail restitué par la machine au milieu extérieur.

Tel est le principe de la transmission du travail dans les machines. Il explique le rôle de ces appareils, qui ont précisément pour but de transmettre au point d'application de la résistance le travail qui s'effectue au point d'application de la puissance.

48. Condition générale de l'équilibre d'une machine sous l'action d'un système quelconque de forces. — *Pour qu'une machine soit en équilibre sous l'action d'un système quelconque de forces, il faut et il suffit que le travail moteur soit égal au travail résistant.*

On distingue l'*équilibre statique* défini par l'état de repos de la machine, et l'*équilibre dynamique* caractérisé par un mouvement uniforme.

Mais les conditions d'équilibre sont les mêmes dans l'un et l'autre cas. Pour l'un comme pour l'autre, il faut et il suffit que les forces appliquées à la machine n'aient aucune influence sur son état de repos ou de mouvement; c'est-à-dire qu'elles ne lui impriment aucune accélération.

Alors, si la machine est en repos, elle persiste dans son repos en vertu de l'inertie; si elle est en mouvement, elle continue à se mouvoir d'un mouvement uniforme en vertu de la vitesse acquise.

On pourrait chercher directement les conditions d'équilibre statique; mais on parvient plus simplement au même résultat en cherchant les conditions d'équilibre dynamique.

Pour cela, il suffit d'appliquer le principe de la transmission du travail, dans une machine animée d'un mouvement uniforme.

§ V. ÉQUILIBRE DES MACHINES SIMPLES

49. Machines simples. — *Une machine simple est un corps solide, gêné par un obstacle fixe.*

Il y a trois types de machines simples, suivant que l'obstacle est un point, un axe ou un plan fixe. On les nomme respectivement *levier, treuil* et *plan incliné.*

50. Levier. — *Le levier est un corps solide, mobile autour d'un point fixe.*

Il affecte généralement la forme d'une barre.

Le point fixe est dit le **point d'appui.**

Si le levier n'est soumis qu'à l'action de deux forces, l'une de ces forces prend le nom de **puissance**, l'autre celui de **résistance.**

Le **bras de levier** *de l'une des forces est la perpendiculaire abaissée du point d'appui sur la direction de cette force.*

On appelle **moment** *de l'une des forces par rapport au point d'appui, le produit de cette force par son bras de levier.*

A moins d'indication contraire, nous ferons abstraction du poids du levier (cela revient à supposer que son centre de gravité coïncide avec son point d'appui).

51. Équilibre du levier. — *Pour qu'un levier* AOB (fig. 14) *soit en équilibre sous l'action de deux forces* AP, BQ, *situées dans un même plan avec le point fixe* O, *il faut et il suffit que ces deux forces tendent à faire tourner le levier en sens contraires, et qu'elles soient inversement proportionnelles à leurs bras de levier.*

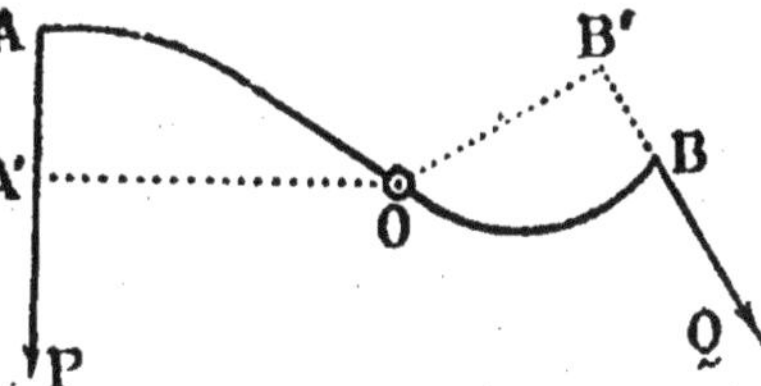

Fig. 14. — Équilibre du levier.

En effet, pour que la machine soit en équilibre, il faut et il suffit que le travail moteur soit égal au travail résistant.

Si la force P effectue un travail positif, il faut d'abord que la force Q effectue un travail négatif, c'est-à-dire qu'elle tende à faire tourner le levier en sens contraire.

Abaissons les bras de leviers $OA'=p$, $OB'=q$, et supposons que chaque force agisse à l'extrémité de son bras de levier, c'est-à-dire tangentiellement aux arcs de centre O décrits par ces points A' et B'. Supposons que le levier, animé d'un mouvement uniforme, tourne autour du point O d'un angle quelconque ω (mesuré par la longueur de l'arc décrit par un point situé à l'unité de distance du centre). Le point A' décrit un arc de longueur $p\omega$, et le point B' un arc de longueur $q\omega$[1].

En écrivant que le travail moteur est égal au travail résistant, on obtient l'équation : $$P\omega p = Q\omega q, \qquad (1)$$

ou $$Pp = Qq; \quad \text{d'où} \quad \frac{P}{Q} = \frac{q}{p}.$$

Donc, il faut que le moment de la puissance soit égal au moment de la résistance; ou, ce qui revient au même, que ces deux forces soient inversement proportionnelles à leurs bras de levier.

52. **Remarque.** — La condition (1), non simplifiée, exprime que *les forces* P, Q *sont inversement proportionnelles aux chemins parcourus simultanément par leurs points d'application.*

Avec une force quelconque P, et un levier convenablement choisi, on peut vaincre une résistance Q aussi grande que l'on veut. Mais si la force Q est n fois plus grande que P, son déplacement ωp est n fois plus petit que le déplacement ωq de la force P. Ainsi, *ce que l'on gagne en force, on le perd en chemin parcouru.*

Cette même propriété appartient à toutes les machines.

53. **Genres de leviers.** — On distingue trois genres de leviers, suivant les positions relatives du point d'appui, de la puissance et de la résistance.

On dit que le levier est du **premier genre** *quand le point d'appui est situé entre la puissance et la résistance;* comme dans la pince du maçon, la balance, etc. Les ciseaux et les tenailles sont des systèmes de leviers du premier genre.

Un levier est du **second genre** *quand la résistance est entre la puissance et le point d'appui;* comme dans la brouette, le couteau du boulanger, une rame fixée à une barque. Le casse-noisette est un double levier du second genre.

---

[1] Dans un corps animé d'un mouvement de rotation, tous les points décrivent simultanément des arcs semblables, proportionnels à leurs rayons. Si deux points situés à des distances 1 et d du centre ou de l'axe, décrivent des arcs ω et Ω, on a :

$$\frac{\Omega}{\omega} = \frac{d}{1}; \quad \text{d'où} \quad \Omega = d\omega.$$

Ce levier est favorable à la puissance, puisque c'est cette force qui a le plus grand bras de levier.

Un levier est du **troisième genre** *quand la puissance est entre le point d'appui et la résistance;* comme dans la pédale et dans les membres de l'homme. Les pincettes représentent un double levier du troisième genre.

Ce levier est favorable à la vitesse, puisqu'en général c'est la résistance qui a le plus grand bras de levier.

54. Treuil. — *Un treuil est un solide, mobile autour d'un axe fixe.*

Il affecte généralement la forme d'un cylindre, terminé par deux tourillons qui reposent sur des supports fixes appelés coussinets (fig. 15).

Fig. 15. — Treuil.

La résistance est un fardeau suspendu à une corde qui s'enroule sur le cylindre.

La puissance agit tangentiellement à la circonférence d'une roue, calée sur le même axe que le cylindre. Cette roue peut être remplacée par une manivelle M (fig. 15), ou par une barre qui traverse l'arbre du treuil[1].

55. Équilibre du treuil. — *Pour qu'un treuil soit en équilibre, il faut que la puissance* P *et la résistance* Q *tendent à faire tourner le treuil en sens contraires, et qu'elles soient inversement proportionnelles aux rayons* R *et* r *de la roue et du cylindre.*

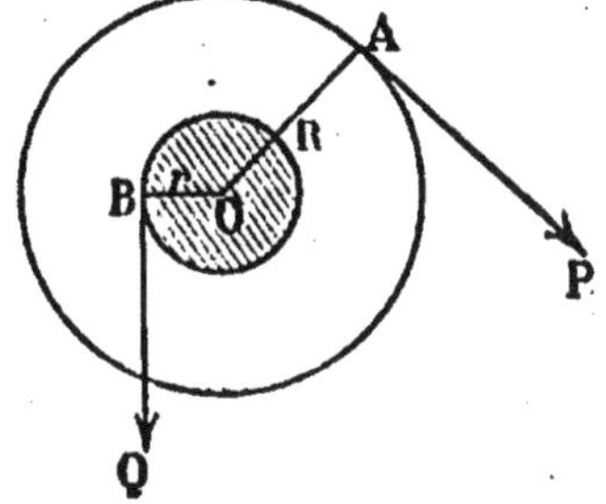

Fig. 16. — Équilibre du treuil.

Projetons la figure sur un plan perpendiculaire à l'axe. Le cylindre et la roue sont représentés par deux circonférences de même centre O (fig. 16).

Pour qu'il y ait équilibre, il faut que le travail moteur soit égal au travail résistant.

[1] C'est généralement à l'aide d'une barre que l'on manœuvre le treuil à axe vertical surnommé *cabestan*.

Si la force P produit un travail positif, il faut que la force Q produise un travail négatif, c'est-à-dire que ces deux forces tendent à faire tourner le treuil en sens contraires.

Supposons que l'appareil, animé d'un mouvement uniforme, tourne d'un angle ω (mesuré par l'arc décrit par un point situé à l'unité de distance de l'axe).

Le point d'application de la puissance P décrit un arc $R\omega$, et celui de la résistance Q un arc $r\omega$.

En écrivant que le travail moteur est égal au travail résistant, on obtient l'équation :
$$PR\omega = Qr\omega,$$
ou :
$$PR = Qr; \quad \text{d'où :} \quad \frac{P}{Q} = \frac{r}{R}.$$

Ainsi, il faut que la puissance soit à la résistance comme le rayon du treuil est au rayon de la roue.

Remarque. — Quand la puissance n'agit pas tangentiellement à la circonférence d'une roue, on peut toujours concevoir qu'elle agit tangentiellement à une certaine circonférence, dont le rayon devra être substitué à celui de la roue, dans la condition d'équilibre.

36. Équilibre d'un corps pesant, sur un plan incliné. — *Un corps pesant de poids Q, mobile sur un plan incliné AB, est soutenu par une force P située dans le plan mené par la force Q perpendiculairement aux horizontales du plan incliné. Pour qu'il y ait équilibre, il faut que les projections des forces P et Q sur le plan AB soient égales et directement opposées.*

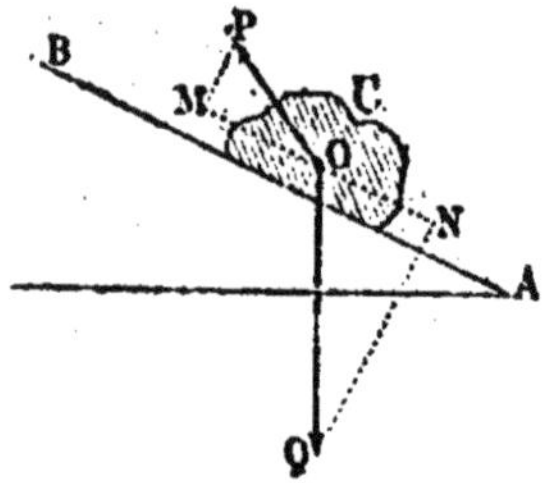

Fig. 17. — Équilibre d'un corps sur un plan incliné.

Les forces P et Q sont dans un même plan, qui coupe le plan incliné suivant la ligne de plus grande pente AB (fig. 17). Leurs directions se rencontrent en un point O, auquel nous les supposerons appliquées. Par ce point, menons la parallèle à AB, sur laquelle les forces P et Q se projettent suivant OM et ON.

Pour qu'il y ait équilibre, il faut que si le corps glisse sur le plan incliné, parallèlement aux lignes de pente et d'une longueur quelconque e, le travail moteur soit égal au travail résistant.

Or les travaux des forces sont respectivement :
$$e \cdot OM \quad \text{et} \quad e \cdot ON.$$

Pour qu'ils soient égaux et de signes contraires, il faut que les projections OM et ON soient égales et directement opposées.

CHAPITRE III

NOTIONS SUR L'ÉNERGIE

57. **Énergie.** — *On dit qu'un corps ou un système de corps possède de l'***énergie**, *quand il est capable de produire du travail, en agissant sur le milieu extérieur, constitué par l'ensemble des corps environnants.*

Tous les phénomènes sont des manifestations de l'énergie, et leur étude est étroitement liée à celle des *déplacements*, des *transformations* et de la *conservation* de l'énergie.

On appelle phénomène tout changement qui survient dans un corps, ou dans un système de corps.

Mais, d'après le principe de la réaction (37), tout changement qui se produit dans un corps, entraîne un autre changement qui s'effectue dans le milieu extérieur.

Ces changements corrélatifs sont le résultat des actions réciproques qui s'exercent entre le corps et le milieu extérieur.

Cela posé :

1° Quelle que soit la nature des changements considérés, chacun d'eux équivaut à un certain travail, qui peut lui servir de mesure. C'est donc une manifestation de l'énergie.

2° L'action du corps sur le milieu extérieur accomplit un travail *positif* ou *négatif*.

Si ce travail est *positif*, le corps *dépense* de l'énergie; mais pendant que l'énergie du corps diminue, celle du milieu extérieur augmente de la même quantité.

Si ce travail est *négatif*, le corps *acquiert* de l'énergie; mais tandis que l'énergie du corps augmente, celle du milieu extérieur diminue dans la même proportion.

Ces variations simultanées, égales et de signes contraires, peuvent être considérées comme un simple *déplacement* de l'énergie. C'est ce que l'on exprime en disant que l'énergie acquise ou dépensée par un corps, lui est cédée ou empruntée par le milieu extérieur.

3° En général, les déplacements de l'énergie au sein de la matière sont accompagnés d'un *changement de forme*.

Suivant la nature des agents physiques, on distingue, en effet, plusieurs sortes d'énergie : l'énergie *mécanique*, *calorifique*, *électrique*, *chimique*, etc.

Chacune d'elles sera plus tard l'objet d'une étude particulière, et nous ne pouvons actuellement les considérer que d'une manière très générale; mais l'expérience vulgaire suffit à établir qu'il existe entre elles une corrélation des plus étroites. Dans une foule de circonstances, on les voit, pour ainsi dire, se transformer l'une en l'autre, et l'on est conduit naturellement à les regarder comme des formes distinctes d'une seule et même chose, d'un être unique, que l'on nomme l'énergie.

Mais, dans ses transformations aussi bien que dans ses déplacements, l'énergie *se conserve* sans perte ni gain; de sorte que tous les phénomènes s'accomplissent *sans création et sans destruction d'énergie.*

Le véritable objet des sciences physiques est l'étude de l'énergie, et des phénomènes qui accompagnent ses transformations.

Il est donc très important de se familiariser avec les notions qui précèdent; d'apprendre à reconnaître l'énergie sous toutes ses formes; de s'habituer à la suivre dans ses déplacements et dans ses transformations; de se pénétrer, enfin, du principe de la conservation de l'énergie, en l'appliquant en toutes circonstances, ne serait-ce, tout d'abord, que d'une manière purement qualitative.

58. **Énergie mécanique.** — L'énergie *mécanique* se présente sous deux formes différentes, que l'on voit à chaque instant, dans les phénomènes purement mécaniques, se transformer l'une en l'autre.

Si l'énergie d'un corps résulte du *mouvement* de ce corps, c'est-à-dire de la force vive qu'il possède, on l'appelle *énergie de mouvement, énergie actuelle,* ou mieux **énergie cinétique**; si elle résulte, au contraire, de la *position* ou de la *configuration* du corps, on la nomme *énergie de position* ou **énergie potentielle** (énergie en puissance).

Voici quelques exemples :

1° Supposons qu'un ressort soit tendu, et disposé de manière à pouvoir lancer un projectile. Ce ressort possède de l'énergie, car il produira du travail quand on écartera l'obstacle qui l'empêche de se détendre. C'est de l'*énergie potentielle;* car elle ne se manifeste par aucun mouvement et tient à la position que l'on a donnée au ressort.

Quand le ressort se détend et reprend sa position naturelle, il abandonne son énergie en effectuant un travail sur le milieu extérieur. Mais cette énergie ne se perd pas, elle se déplace et se transforme : une partie au moins se communique au projectile, qui est lancé avec une certaine vitesse, et acquiert, par le fait même, de la force vive.

Ce projectile en mouvement possède bien de l'énergie, puisqu'en brisant un obstacle, par exemple, il peut produire du travail. C'est de l'*énergie actuelle :* elle se manifeste par la vitesse dont le projectile est animé, et se mesure par la force vive qu'il possède.

2° Considérons un marteau-pilon que l'on soulève et qu'on laisse ensuite retomber pour marteler un bloc de fer. En haut de sa course, il possède de l'*énergie potentielle* due à sa position. Quand il tombe, cette énergie se transforme en *énergie actuelle* ou force vive. Enfin lorsqu'il vient heurter contre le bloc de fer, son *énergie actuelle* disparaît pour faire place à d'autres formes de l'énergie : une partie notamment se retrouve dans le travail de déformation effectué sur le bloc soumis au martelage.

3° Quand on lance une pierre de bas en haut, on lui communique de l'*énergie actuelle* sous forme de force vive; mais à mesure que la pierre s'élève, sa vitesse diminue. C'est que sa force vive se transforme peu à peu en *énergie potentielle.*

Il arrive un instant où la pierre cesse de monter pour commencer à descendre : c'est que l'*énergie actuelle* s'est transformée tout entière en *énergie potentielle,* et que celle-ci commence à subir une transformation inverse.

4° Considérons une masse d'eau formant un lac sur un plateau élevé, et supposons qu'elle donne naissance à un cours d'eau qui s'écoule dans une vallée en produisant différentes chutes.

On sait qu'au moyen de roues hydrauliques ou de turbines, un tel cours d'eau peut être utilisé pour faire tourner les meules d'un moulin, ou pour mettre en mouvement toutes les machines outils d'une usine quelconque. C'est que l'eau située sur la hauteur possède une énorme quantité d'*énergie potentielle.* Cette énergie se transforme en *énergie actuelle* dans les descentes et dans les chutes; et quand l'eau, en tombant, fait tourner les roues ou les turbines qui actionnent des meules ou des outils, c'est encore son énergie qui se transforme finalement en énergie actuelle ou en travail.

Énergie mécanique totale. — A un instant quelconque, un système matériel peut posséder une somme d'énergie mécanique composée de deux parties : l'*énergie cinétique,* qui dépend de la vitesse actuelle de ses divers points, et l'*énergie potentielle,* qui dépend de la position actuelle de ces mêmes points.

Si nous représentons la première par U, la seconde par V, et leur somme, par E; cette somme $E = U + V$ est *l'énergie mécanique totale* du système à l'instant considéré.

59. Autres formes de l'énergie. — Tout le monde sait que la chaleur et l'électricité recèlent de l'énergie, puisqu'à l'aide des machines à vapeur, ou des moteurs électriques, on leur fait produire du travail.

Il en est de même des composés chimiques, puisqu'avec certaines substances explosives (poudre, dynamite), on peut produire des effets mécaniques considérables.

Suivant l'origine de l'énergie considérée, on lui donne le nom d'énergie *calorifique, chimique, électrique* ou *lumineuse.*

Chacun sait également que, dans l'industrie, les différentes formes de l'énergie se transforment à volonté l'une en l'autre.

Dans certaines usines, on se sert d'une machine à vapeur pour mettre en mouvement des machines électriques, au moyen desquelles on peut produire indifféremment du travail mécanique, de la chaleur, de la lumière, des actions chimiques.

La source première de toutes ces énergies diverses réside évidemment dans le charbon que l'on brûle pour actionner la machine à vapeur.

Pendant que le charbon brûle, son énergie chimique se transforme en énergie calorifique; quand la vapeur fait mouvoir le piston, dont le mouvement se transmet à la machine électrique, l'énergie calorifique se transforme en énergie mécanique; qui, ensuite, se transforme elle-même en énergie électrique.

Enfin l'énergie électrique circule dans des fils de cuivre, qui la transportent où l'on veut : si elle traverse un moteur électrique, elle le met en mouvement et se transforme ainsi en énergie mécanique; si elle passe dans une lampe ou dans un fourneau électrique, elle s'y transforme en énergie lumineuse ou calorifique; si elle passe à travers un corps composé, elle y opère un travail de décomposition chimique, etc.

60. Principe de la conservation de l'énergie. — La loi la plus générale du monde physique, et la plus utile pour l'étude approfondie de la physique moderne, est celle *de la conservation de l'énergie.* On peut la formuler comme il suit :

L'énergie acquise ou perdue par un système matériel, est égale à l'énergie perdue ou acquise par le milieu extérieur.

Ou encore : *l'énergie d'un système matériel et celle des corps qui réagissent sur lui, ont une somme invariable.*

Ou enfin, en englobant dans un système unique tous les corps qui réagissent les uns sur les autres : *dans un système isolé, l'énergie totale est constante.*

Les variations de l'énergie d'un système matériel, dans un milieu donné, sont mesurées en grandeur et signe, par le travail que ce système effectue sur le milieu extérieur.

Pour fixer les idées, supposons que l'énergie considérée soit purement mécanique.

Désignons par F les actions exercées par le système sur le milieu extérieur, et appliquées en divers points de ce milieu. A ces actions s'opposent des réactions F', égales et opposées, appliquées en divers points du système.

Quand l'action et la réaction sont appliquées en un même point, leurs travaux simultanés sont égaux et de signes contraires; mais quand elles ne sont pas appliquées au même point, leurs travaux sont indépendants l'un de l'autre.

Les variations d'énergie du système dépendent uniquement du travail accompli par les forces F qui agissent sur le milieu extérieur.

Tout travail positif des forces F équivaut pour le système à une diminution d'énergie : c'est de l'énergie perdue par le système et gagnée par le milieu extérieur.

Tout travail négatif des forces F équivaut pour le système à une augmentation d'énergie : c'est de l'énergie gagnée par le système et perdue par le milieu.

Si les forces F ne produisent pas de travail, l'énergie du système demeure invariable.

Appliquons ces généralités à quelques exemples simples :

1° Pendant que l'on comprime un ressort, les réactions de celui-ci effectuent un travail négatif, égal et de signe contraire à l'énergie gagnée par le ressort. Quand le ressort se détend, en lançant un projectile, l'action du ressort sur le projectile effectue un travail positif, qui mesure l'énergie perdue par le ressort et gagnée par le projectile.

2° Quand on soulève une pierre avec la main, la réaction de la pierre contre la main effectue un travail négatif, égal et de signe contraire à l'accroissement d'énergie de la pierre. Quand on laisse redescendre la pierre en la retenant constamment avec la main, l'action de la pierre sur la main produit un travail positif, qui mesure l'énergie perdue par la pierre.

3° **Système isolé.** — On dit qu'un système est isolé, quand les actions de ce système sur le milieu extérieur ne produisent pas de travail. Alors, entre le système et le milieu, il ne se produit aucun échange d'énergie, et l'énergie du système est invariable. C'est ce que l'on exprime quelquefois en disant qu'*un système isolé* constitue un **système conservatif.**

Tel est le cas d'un corps pesant abandonné à lui-même sous l'action de la pesanteur.

Supposons que ce corps ait un poids P, c'est-à-dire que la terre l'attire avec une force P. D'après le principe de la réaction, le corps exerce sur la terre une attraction de même intensité P. Mais comme cette force est appliquée à la terre, que l'on suppose fixe, elle ne produit aucun travail.

Si le corps descend d'une hauteur h sous l'action de son poids P, son énergie potentielle diminue de Ph; mais, en même temps, il acquiert une force vive $\frac{1}{2}mv^2$, telle que l'on ait exactement :

$$Ph = \frac{1}{2}mv^2.$$

Ainsi, pendant la chute du corps, son énergie potentielle se transforme en énergie actuelle; mais son énergie totale n'éprouve aucun changement.

Il cesse d'en être ainsi dès que le corps vient à heurter contre le sol ; car l'action du sol contre le corps fait naître aussitôt une réaction du corps contre le sol ; et cette réaction produit un travail positif qui représente pour le corps une perte d'énergie.

Origine du principe de la conservation de l'énergie. — Le principe de la conservation de l'énergie n'est susceptible d'aucune démonstration *à priori;* c'est un principe d'origine purement expérimentale. Il s'est toujours vérifié, dans tous les cas où l'expérience a été possible, et les physiciens ont admis par induction qu'il est tout à fait général.

Au début du Cours de chimie, on pose en principe, et l'on admet immédiatement cette loi de Lavoisier :

Rien ne se perd, rien ne se crée en fait de matière.

En physique, il convient de procéder de même à l'égard de la conservation de l'énergie. C'est là un principe fondamental, que l'on peut énoncer sous la même forme :

Rien ne se perd, rien ne se crée en fait d'énergie.

PESANTEUR

CHAPITRE PREMIER

POIDS DES CORPS

§ I. DÉFINITIONS

61. **Pesanteur.** — *La* **pesanteur** *ou* **gravité** *est la cause qui sollicite tous les corps vers le centre de la terre.*

Un corps suspendu à un fil exerce sur ce fil une tension dirigée vers le centre de la terre. Abandonné à lui-même, il tombe dans cette direction, jusqu'à ce qu'il rencontre un obstacle capable de lui opposer une résistance égale et opposée à la force qui le sollicite vers le centre du globe.

62. **Tous les corps sont pesants.** — 1° Tous les corps *solides* ou *liquides* présentent le phénomène de la chute des corps, même lorsqu'ils sont réduits en petits fragments ou en gouttelettes.

2° Tous les *gaz* sont aussi des corps pesants.

Pour démontrer la pesanteur de l'air, par exemple, on fait le vide dans un ballon de verre muni d'une garniture métallique à robinet (fig. 18). On suspend ce ballon sous l'un des plateaux d'une balance, et on fait la tare dans l'autre plateau. Si l'on ouvre alors le robinet pour laisser rentrer de l'air, on constate que le poids du ballon augmente. En prenant toutes les précautions convenables, on a trouvé qu'un litre d'air pèse 1 gr. 293.

Fig. 18.
Constatation expérimentale de la pesanteur des gaz.

3° Certains phénomènes tels que la suspension des nuages, ou l'ascension de la fumée dans l'atmosphère, paraissent opposés à la pesanteur universelle; nous verrons au contraire qu'ils sont analogues à l'ascension des aérostats et qu'ils s'expliquent précisément par la pesanteur de l'air.

63. Poids d'un corps. — *Le* **poids** *d'un corps est la résultante de toutes les actions que la pesanteur exerce sur ce corps.*

La pesanteur s'exerce sur chacune des particules du corps.

Nous allons voir que toutes ces actions élémentaires sont parallèles et de même sens. Dès lors, elles ont une *résultante* (34) et un *centre* (35).

Cette résultante est le **poids** du corps.

Ce centre, ou point d'application de la résultante, est le **centre de gravité** du corps.

Le poids d'un corps est donc caractérisé comme toute autre force, par sa *direction*, son *point d'application* et son *intensité*.

64. Direction de la pesanteur. — *La* **direction de la pesanteur** *en un point donné, est la ligne droite suivant laquelle tombe un point matériel abandonné à la pesanteur en ce point.*

Cette droite est dite la **verticale** du point considéré. Elle est déterminée par la direction du *fil à plomb*.

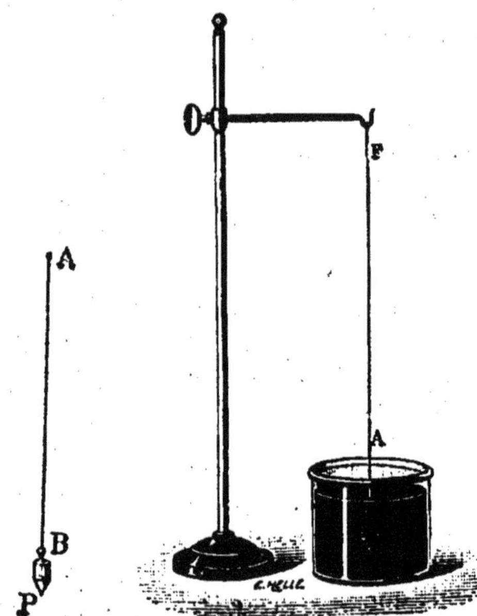

Fig. 19. Fil à plomb.

Fig. 20. Direction verticale du fil à plomb.

Le *fil à plomb* (fig. 19) est un corps pesant P relié à un point fixe A par un fil AB. Abandonné à lui-même sous l'action de la pesanteur, il prend, en chaque lieu, une position d'équilibre indépendante du corps suspendu.

En effet, *la direction du fil à plomb est perpendiculaire à la surface d'un liquide en équilibre.* C'est ce que l'on constate en plongeant l'extrémité inférieure d'un fil à plomb dans une cuvette remplie d'eau noircie (ou dans du mercure, à condition que le fil à plomb soit convenablement lesté) (fig. 20). On constate que le fil et son image se trouvent sur une même droite. Cela prouve que le fil est perpendiculaire à la surface du liquide;

autrement, son image, qui lui est symétrique, ne serait pas sur son prolongement.

On appelle **plan horizontal**, en un lieu donné, tout plan perpendiculaire à la verticale, c'est-à-dire à la direction du fil à plomb.

La surface des eaux tranquilles, restreinte à une faible étendue, est plane et horizontale.

La surface de l'Océan, considérée dans son ensemble, est sensiblement sphérique. Elle constitue une sphère immense qui a 6366^{km}. de rayon. Comme elle est normale en chaque point à la verticale qui passe par ce point, il s'ensuit que les verticales des divers points du globe se confondent avec les rayons de cette sphère, et qu'ils passent sensiblement par un même point qui est le centre de la terre.

Angle des verticales de deux points éloignés. — L'angle des verticales de deux points A, B, pris à la surface de la terre (fig. 21), est mesuré par l'arc du grand cercle compris entre ces points A et B. Son évaluation est particulièrement simple dans le *système centésimal,* usité aujourd'hui pour la mesure des angles et des arcs.

On partage la circonférence en 4 *quadrants,* chaque quadrant en 100 *grades,* chaque grade en 100 *minutes* (centésimales) et chaque minute en 100 *secondes* (centésimales).

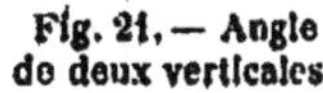
Fig. 21. — Angle de deux verticales.

Or, le méridien terrestre (ou tout autre grand cercle de la sphère) a pour longueur 40,000,000^{m}.

Donc l'arc d'un quadrant vaut			10,000,000^{m}.
»	d'un grade	»	100,000^{m}.
»	d'une minute	»	1,000^{m}.
»	d'une seconde	»	10^{m}.

Ainsi, les arbres plantés de 10 en 10^{m}, sur une route, représentent des verticales dont chacune est inclinée de une seconde sur ses deux voisines.

L'angle des verticales de deux points A, B contient autant de secondes centésimales que la distance AB contient de fois 10^{m}. Pour obtenir cet angle, évalué en secondes centésimales, il suffit donc de diviser par 10 la distance AB évaluée en mètres.

Par exemple, si la distance AB est 132^{k} 44 (distance de l'observatoire de Paris au clocher de l'église de Saint-Pol), les verticales des points A et B font un angle de 13244 secondes centésimales,

ou 1 grade, 32 minutes, 44 secondes.

On écrit : $1^{\gamma}\ 32'\ 44''$.

65. Centre de gravité. — ***Le centre de gravité*** *d'un corps est le point d'application de la résultante de toutes les actions que la pesanteur exerce sur ce corps.*

Toutes les molécules d'un corps sont sollicitées par autant de petites forces qui, étant parallèles, ont une *résultante* et un *centre de forces parallèles.*

Ce centre de forces, ou point d'application de la résultante, est le *centre de gravité* du corps.

Dans un corps solide dont les parties sont invariablement liées entre elles, sa position est invariable : elle est indépendante de l'orientation du corps et de sa position dans l'espace.

Dans un corps liquide ou gazeux, la position du centre de gravité change avec la forme du corps.

§ II. ÉQUILIBRE DES CORPS PESANTS

66. Conditions d'équilibre d'un solide pesant. — Un solide pesant ne peut être maintenu en équilibre que par une force égale et directement opposée à son poids. Les conditions particulières de cet équilibre dépendent de la manière dont le corps est suspendu. Nous allons les étudier dans trois cas simples, en supposant successivement que le corps est assujetti à se mouvoir autour d'un point fixe, autour d'une droite fixe, ou contre un plan fixe.

67. I. Équilibre d'un solide pesant, mobile autour d'un point fixe. — *Pour qu'un corps solide mobile autour d'un point fixe, soit en équilibre sous l'action d'une seule force, il faut et il suffit que cette force rencontre le point fixe.* Alors la force est neutralisée par la fixité du point; c'est-à-dire que le point lui oppose une réaction égale et directement opposée.

Si la force est le poids du corps, c'est-à-dire une force verticale passant par le centre de gravité, *il faut et il suffit que la verticale du centre de gravité passe par le point fixe.*

C'est ainsi qu'un fil à plomb est en équilibre quand la verticale du centre de gravité du corps coïncide avec la direction du fil, et rencontre dès lors le point de suspension.

Détermination expérimentale du centre de gravité. — D'après cette condition d'équilibre, il est aisé de trouver expérimentalement le centre de gravité d'un corps solide ABCD (fig. 22).

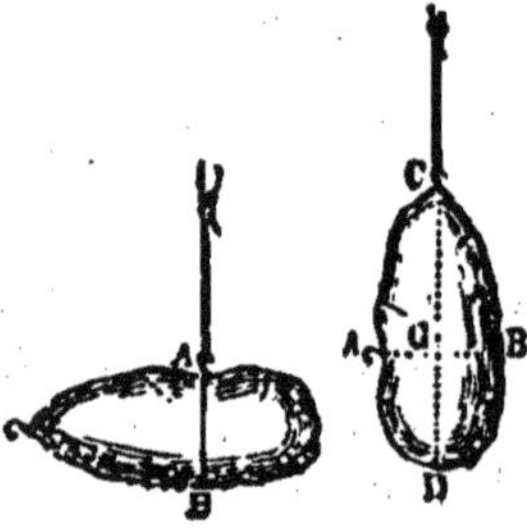

Fig. 22.
Détermination expérimentale du centre de gravité.

On suspend ce corps au moyen d'un cordon attaché en un point A et l'on détermine le prolongement du fil AB qui passe par le centre de gravité. On suspend ensuite le corps par un autre point C et l'on détermine le prolongement CD du fil vertical. Le centre de gravité se trouvant à la fois sur AB et sur CD, il est au point G où ces droites se rencontrent.

Il est évident que ce procédé ne comporte, en général, qu'une approximation assez grossière; car, le plus souvent, les droites AB et CD ne peuvent pas être déterminées avec précision.

Stabilité de l'équilibre. — *On dit qu'un corps est en équilibre* **stable**, *dans une certaine position, s'il revient de lui-même à cette position quand on l'en écarte légèrement.* Au contraire, *il est dans une position d'équilibre* **instable**, *s'il tend à s'éloigner de cette position dès qu'on l'en écarte légèrement.*

Enfin, *il est dans une position d'équilibre* **indifférent**, *s'il demeure en équilibre quand on l'amène dans une position voisine quelconque.*

Ce dernier cas se présente lorsque le centre de gravité du corps coïncide avec le point de suspension. Alors le poids du corps passe constamment par le point fixe, et le solide est en équilibre dans toutes les positions qu'il peut prendre autour de ce point.

En général, le centre de gravité G ne coïncide pas avec le point fixe O. Quand le solide tourne librement autour de ce dernier, le lieu du point G est une sphère de centre O, que la verticale du point fixe rencontre en deux points A et B (fig. 23).

1° Si le centre de gravité est en A, *au-dessous* du point fixe O, l'équilibre est **stable**. En effet, un petit déplacement imprimé au corps élève son centre de gravité de A en G. Le poids P se décompose en deux forces rectangulaires: l'une N qui passe par le point O et qui est détruite par la fixité de ce point; l'autre, T, qui tend à *rapprocher* le centre de gravité G de la position A.

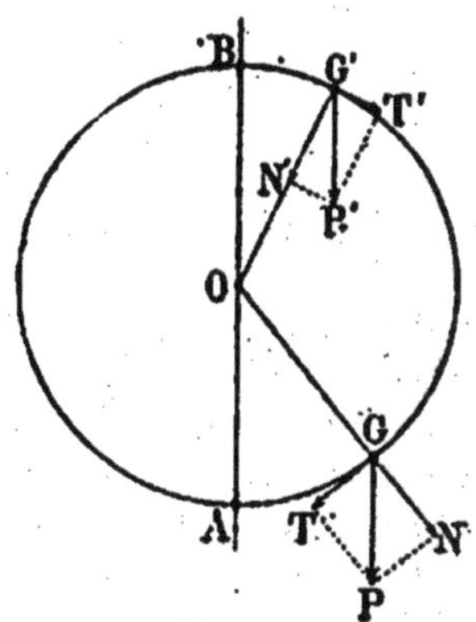

Fig. 23.
Équilibre stable ou instable.

2° Si le centre de gravité est en B, *au-dessus* du point fixe O, l'équilibre est **instable**. En effet, un léger déplacement abaisse le centre de gravité de B en G'. Le poids P' se décompose en deux forces rectangulaires : l'une N' qui passe par le point O et qui est détruite par la fixité de ce point; l'autre, T', qui tend à *éloigner* le centre G' de la position B.

En résumé, *quand un solide mobile autour d'un point fixe est en équilibre sous la seule action de la pesanteur, l'équilibre est* **stable**, **instable** *ou* **indifférent** *suivant que la hauteur du centre de gravité est* **minimum**, **maximum** *ou* **invariable**.

Remarque. — Quand un corps est mobile *sans frottement* autour d'un point fixe, l'équilibre instable n'est pas réalisable: il se produit toujours de petites actions perturbatrices qui dérangent le corps de sa position d'équilibre; le moindre déplacement s'exagère, et l'équilibre ne peut pas subsister.

68. II. Équilibre d'un solide pesant, mobile autour d'un axe fixe. — *Pour qu'un solide mobile autour d'un axe fixe soit en équilibre sous l'action d'une seule force, il faut et il suffit que cette force soit située dans un même plan avec l'axe, c'est-à-dire qu'elle le rencontre ou qu'elle lui soit parallèle.*

Dans les deux cas, la force est détruite par la fixité de l'axe, qui lui oppose une réaction égale et directement opposée.

Si la force est le poids du corps, *il faut et il suffit que la verticale du centre de gravité rencontre l'axe fixe ou lui soit parallèle.*

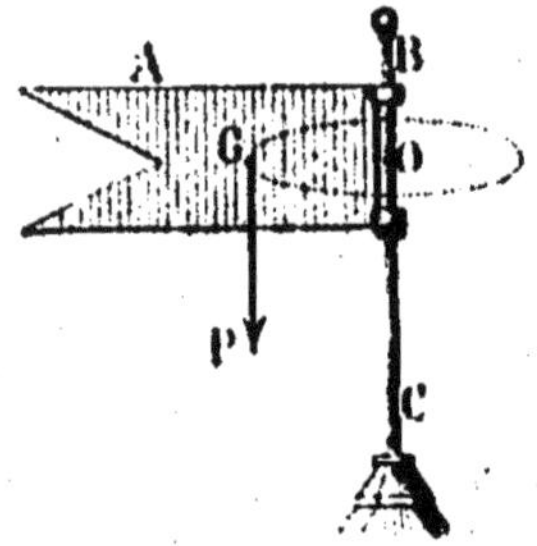

Fig. 24. — Équilibre indifférent.

Cette condition est constamment remplie quand le centre de gravité est situé sur l'axe, ou quand cet axe est vertical (fig. 24). Dans ces deux cas, le corps est en équilibre **indifférent** pour toutes les positions qu'il peut recevoir.

En général, le centre de gravité est extérieur à l'axe, et celui-ci n'est pas vertical. Quand le solide tourne autour de l'axe, son centre de gravité décrit une circonférence, que le plan vertical de l'axe coupe en deux points, situés l'un au-dessous de l'axe et l'autre au-dessus.

Par des considérations tout à fait semblables aux précédentes, on reconnaît que le point *le plus bas* est une position d'équilibre **stable**, et que le point le plus haut est une position d'équilibre **instable**.

En résumé, *quand un solide mobile autour d'un axe fixe est en équilibre sous la seule action de la pesanteur, l'équilibre est* **stable, instable** *ou* **indifférent**, *suivant que la hauteur du centre de gravité est* **minimum, maximum** *ou* **invariable.**

69. III. Équilibre d'un solide pesant, qui peut glisser contre un plan fixe. — *Pour qu'un solide, mobile contre un plan fixe, soit en équilibre sous l'action d'une seule force, il faut que cette force soit normale au plan, qu'elle tende à appuyer le corps contre le plan, et qu'elle passe à l'intérieur du polygone d'appui.*

C'est alors seulement que le plan peut lui opposer une réaction égale et directement opposée.

Si la force considérée est le poids du corps, c'est-à dire une force verticale dirigée de haut en bas, *il faut que le plan d'appui soit horizontal, que le corps soit placé au-dessus du plan, et que la verticale du centre de gravité passe à l'intérieur du polygone de sustentation.*

On appelle ainsi le polygone convexe qui a pour sommets quelques-uns des points de contact du corps avec le plan, et qui contient tous les autres dans son intérieur.

Remarque. — La condition imposée au plan fixe d'être horizontal n'est rigoureuse que *s'il n'existe aucun frottement.* Dans le cas contraire, le plan fixe oppose une certaine résistance au glissement du corps, et on peut l'incliner légèrement sur l'horizon sans qu'il se produise de glissement.

D'une manière générale, dire qu'un plan n'exerce pas de frottement, cela signifie qu'il ne peut opposer que des réactions normales. Dire qu'il y a frottement, cela signifie que le plan peut opposer une réaction oblique, d'autant plus inclinée sur la normale, que le frottement est plus considérable.

§ III. CHAMP DE LA PESANTEUR

70. Champ de la pesanteur. — 1° Pour exprimer que les corps placés dans une certaine portion de l'espace sont sollicités par une force, on dit que cette portion de l'espace constitue un *champ de force.*

Tel est le cas de la région située près de la surface de la terre, puisque tous les corps accessibles à nos observations sont sollicités par la pesanteur. Donc *la région voisine de la surface du globe constitue un champ de force ;* c'est ce que l'on appelle le **champ de la pesanteur.**

2° *La* **valeur du champ** *en un point* A, *est la force qui sollicite l'unité de masse placée en ce point.*

Dans le champ de la pesanteur, c'est le poids du gramme; c'est-à-dire une force dirigée suivant la verticale descendante, et dont l'intensité est égale à g (dynes).

3° **Les lignes de forces** *du champ sont les trajectoires que décrivent les corpuscules abandonnés à eux-mêmes sous l'action du champ.*

Dans le champ de la pesanteur, les lignes de force sont les verticales descendantes.

Par chaque point du champ il passe une ligne de force, et une seule.

4° *On appelle* **surface de niveau** *du champ, toute surface qui est normale, en chacun de ses points, à la ligne de force qui passe par ce point.*

Dans le champ de la pesanteur, les surfaces de niveau sont des sphères concentriques à la terre.

5° *On dit qu'un champ de force est* **uniforme**, *quand sa valeur est constante; c'est-à-dire quand elle conserve en tous les points la même direction et la même intensité.*

Dans une région peu étendue, telle que le volume d'une chambre, le champ de la pesanteur est *sensiblement uniforme :* les lignes de forces sont des droites sensiblement parallèles, et les portions de surface de niveau qu'elles rencontrent peuvent être considérées comme des plans horizontaux[1]. On rap-

[1] Ce n'est là toutefois qu'une approximation; nous avons vu que si un point se déplace horizontalement de 10^m, sa verticale tourne d'un angle égal à une seconde centésimale. D'autre part, l'expérience prouve que lorsqu'on s'élève verticalement de 10^m, l'intensité de la pesanteur diminue de $\frac{g}{300.000} = 0{,}003.27$ (dynes).

porte toutes les surfaces de niveau à l'une d'entre elles, par exemple au sol supposé horizontal, que l'on prend pour origine des hauteurs. Alors, le niveau du sol est dit à la hauteur zéro, et chaque plan horizontal est caractérisé par la hauteur h qui le sépare du sol.

6° Pour élever un corps de poids P d'une hauteur h, il faut dépenser un travail égal à Ph, et l'énergie potentielle de ce corps augmente de cette même quantité Ph.

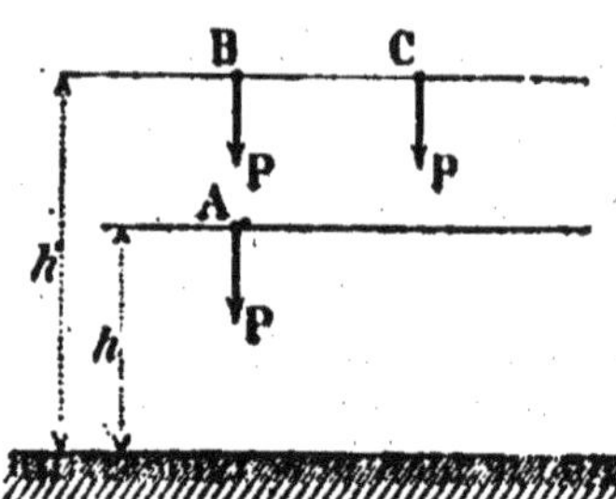

Fig. 25. — Champ de la pesanteur : surfaces de niveau dans un espace restreint.

Inversement, si le même corps descend d'une hauteur h, le travail de la pesanteur est Ph, et l'énergie potentielle du corps diminue de Ph.

Puisqu'un corps est constamment sollicité par son poids suivant la verticale descendante, il tend toujours à *tomber*, c'est-à-dire à *dépenser son énergie potentielle.*

7° *On appelle* **potentiel de la pesanteur en un point**, *l'énergie potentielle de l'unité de masse placée en ce point.*

On ne considère pas les potentiels absolus, mais les *potentiels relatifs au sol.* On convient de dire que le sol est au potentiel zéro, et l'on appelle *potentiel en un point*, la différence entre le potentiel de ce point et le potentiel du sol.

L'unité de masse pèse g dynes; si on la soulève depuis le sol jusqu'à une hauteur h, son énergie augmente de gh (ergs).

Ainsi, tous les points d'un même plan horizontal, c'est-à-dire tous les points qui sont à une même hauteur h, ont un même potentiel gh.

C'est pourquoi les surfaces de niveau sont encore appelées des **surfaces équipotentielles.**

8° Quand un corps de poids P passe d'une position A à une position B (fig. 25), ou d'un niveau h à un niveau h', son énergie potentielle passe de la valeur Ph à la valeur Ph'; c'est-à-dire qu'elle éprouve une variation égale à la différence

$$Ph' - Ph \quad \text{ou} \quad P(h - h').$$

Si le corps passe d'une position B à une position C située sur une même surface équipotentielle, c'est-à-dire au même niveau h', le travail de la pesanteur est nul et l'énergie potentielle ne change pas.

71. Condition générale de l'équilibre stable. — Nous avons vu qu'un système matériel gêné par des obstacles tend toujours, sous l'action de la pesanteur, à se placer de lui-même dans sa position d'*équilibre stable*, et que cette position est celle pour laquelle *le centre de gravité du système est le plus bas possible.*

On énonce les mêmes propriétés d'une manière plus générale, sous la forme suivante :

1° *Le système tend toujours à dépenser son énergie potentielle.*

2° *Pour qu'il soit en équilibre stable, il faut et il suffit que son énergie potentielle soit minimum.*

CHAPITRE II

MESURE DES MASSES ET DES POIDS

72. Mesure des poids. — *Peser un corps, c'est déterminer son poids usuel* (c'est-à-dire sa masse).

L'*unité* de *poids usuel* est le **gramme**, c'est-à-dire le poids d'un centimètre cube d'eau pure à 4°.

On pèse les corps au moyen d'une *balance* et d'une *boîte de poids*.

Balance. — La balance (fig. 26) est un levier du premier genre à bras égaux. Le levier AB, appelé *fléau*, repose par un *couteau* d'acier trempé C, sur deux plans d'acier ou d'agate, appelés *coussinets*.

Deux plateaux sont suspendus aux extrémités du fléau par des

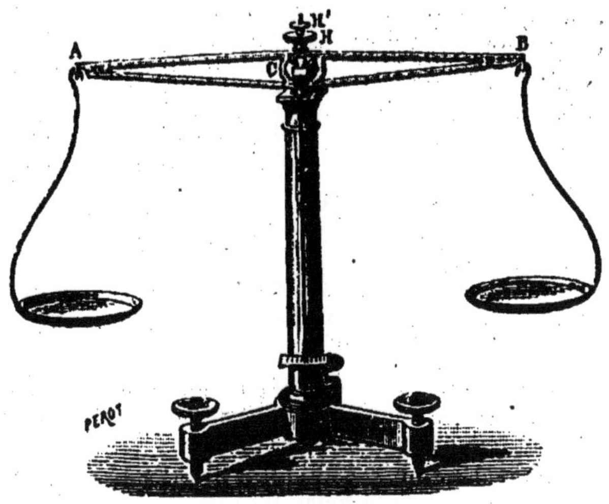

Fig. 26. — Balance.

crochets d'acier, sur des couteaux à arêtes vives. Les trois couteaux A, B, C sont sur une même droite qui constitue l'*axe* du fléau.

Le fléau porte une longue aiguille qui lui est perpendiculaire et dont l'extrémité se meut sur un arc gradué. Si la colonne est parfaitement verticale, le zéro de la graduation correspond à la position horizontale du fléau.

Une bonne balance doit être *juste* et *sensible*.

Elle est **juste**, *si son fléau reste horizontal sous l'action de deux poids égaux quelconques, placés dans les plateaux.*

Pour reconnaître si une balance est juste, on place un corps quelconque sur l'un des plateaux, on lui fait équilibre par un autre corps placé sur l'autre plateau, après quoi on change simultanément les deux corps de plateau : il faut que l'équilibre subsiste.

Une balance est **sensible**, *quand son fléau s'incline d'une manière appréciable sous l'action d'un poids très petit, placé sur l'un des plateaux.*

Il est impossible de rencontrer une balance parfaitement juste, mais on trouve aisément une balance très sensible, et cette dernière qualité suffit, comme nous le verrons plus loin, pour que l'on puisse effectuer des pesées très exactes.

Boîte de poids. — Les *poids échantillonnés*, ou *poids marqués*, sont des masses de laiton, de fonte ou de platine, travaillées de façon à représenter un gramme, ou un multiple, ou un sous-multiple du gramme.

Fig. 27. — Boîte de poids.

Les *boîtes de poids* des laboratoires (fig. 27) contiennent généralement neuf poids différents, dont trois en double exemplaire, savoir :

500gr	200gr	100gr	100gr	50gr	20gr
10gr	10gr	5gr	2gr	2gr	1gr

Ces poids, dont la masse totale est de 1kg, permettent de réaliser toutes les masses d'un nombre entier de grammes, depuis 1gr jusqu'à 1000gr.

On a aussi des boîtes de subdivisions du gramme, en platine ou en aluminium, allant jusqu'au milligramme.

Pesée. — Pour déterminer le poids d'un corps, on place ce corps dans l'un des plateaux de la balance, puis on lui fait équilibre, par tâtonnement, avec des poids marqués que l'on met dans l'autre plateau.

L'équilibre est obtenu quand l'aiguille est au zéro de la graduation; ou bien, lorsque, dans ces oscillations, elle s'écarte également de part et d'autre du zéro.

Si la balance était juste, les poids marqués représenteraient exactement le poids du corps.

Double pesée. — Comme la balance n'est jamais parfaitement juste, on emploie toujours la méthode de *Borda*, dite *de la double pesée.*

On met le corps à peser dans l'un des plateaux de la balance; puis *on en fait la tare,* c'est-à-dire qu'on lui fait équilibre avec des objets métalliques quelconques, par exemple avec de la grenaille de plomb placée dans l'autre plateau. Quand l'aiguille est au zéro, on retire le corps et on le remplace par des poids marqués qui rétablissent l'équilibre. La somme de ces poids marqués donne exactement le poids du corps, quelle que soit la justesse de la balance; car dans des conditions identiques, ces poids marqués et le poids du corps produisent exactement le même effet.

73. **Poids C. G. S.** — A proprement parler, le poids d'un corps en un lieu donné, est une force que l'on doit évaluer en *dynes* (26).

C'est la force p qui appliquée à la masse m du corps lui communique une accélération g; en désignant par g l'accélération de la pesanteur dans le lieu de l'expérience.

Or, on sait qu'une force quelconque est égale au produit de la masse qu'elle actionne, par l'accélération qu'elle lui imprime (21).

On a donc $$p = mg \text{ (dynes)} \qquad (1)$$

La masse m est constante : elle reste la même en tous lieux. Le poids p au contraire varie proportionnellement à l'accélération g; laquelle croît avec la latitude, et diminue quand l'altitude augmente.

Unité de masse. — L'*unité* de masse s'appelle le *gramme* ou le *gramme-masse : c'est la masse d'un centimètre cube d'eau pure à 4° centigrades.*

Poids du gramme. — Le poids du gramme est donné par la formule (1), dans laquelle il suffit de remplacer m par 1. On obtient :

$$p = g \text{ (dynes)}.$$

Ainsi, en un lieu quelconque, *le poids du gramme exprimé en dynes, est représenté par le même nombre que l'accélération de la pesanteur exprimée en centimètres.*

Le poids du gramme en un lieu, est ce que l'on appelle l'**intensité de la pesanteur** en ce lieu.

On le représente par la même lettre g que l'*accélération* de la pesanteur.

Sa valeur change d'un lieu à un autre. Elle devient :

Au pôle . . . . . . 983,1 (dynes).
A 45° de latitude . . . 980,6 (dynes).
A l'équateur . . . . 978,1 (dynes).

A Paris, l'intensité de la pesanteur est

$$g = 981 \text{ (dynes)}.$$

On voit donc que les échantillons d'une boîte de poids, qui représentent en tous lieux les mêmes masses, ne représentent pas partout les mêmes poids.

Poids d'un corps quelconque. — Pour obtenir le poids d'un corps en un lieu donné, on applique la formule (1). On détermine la masse m du corps, et l'intensité g de la pesanteur dans le lieu de l'expérience. Le poids p du corps est le produit de sa masse m par l'intensité g.

A Paris, par exemple, où l'on a $g = 981$, une masse de 500 grammes pèse :

$$p = 500 \times 981 = 490\,500 \text{ (dynes)}.$$

Mesure des masses. — On mesure les masses à l'aide de la balance, en remarquant que *deux corps qui ont le même poids dans un même lieu, ont aussi la même masse* (23).

En effet, soient m, m' les masses de deux corps et p, p' leur poids en un même lieu, où l'intensité de la pesanteur est g. On a :

$$p = mg \quad \text{et} \quad p' = m'g.$$

Si l'on constate, au moyen de la balance, que l'on a $p = p'$; il s'ensuit que l'on a :

$$mg = m'g; \quad \text{d'où} \quad m = m'.$$

Pour mesurer la masse d'un corps, on procède exactement comme pour mesurer son *poids usuel;* par exemple par la méthode de la double pesée.

On place le corps sur l'un des plateaux de la balance, on fait la tare dans l'autre plateau, et on remplace le corps par des poids échantillonnés qui rétablissent l'équilibre.

Le corps et les échantillons ayant le même poids en un même lieu, ont aussi la même masse; et cette masse, exprimée en grammes, est la somme des nombres marqués sur les échantillons, puisque ceux-ci sont gradués en grammes.

Remarques. — 1° Les *poids usuels* ou *poids commerciaux* ne sont donc pas des poids, mais des masses.

Le poids d'un corps en grammes n'est autre que sa masse en grammes dans le système C. G. S.

2° Supposons que, sur une balance parfaitement juste, un corps soit équilibré par un échantillon de m grammes. Cette balance restera en équilibre en quelque lieu qu'on la transporte, par exemple de Paris à l'équateur. Le corps et les échantillons auront en tous lieux cette même masse de *m* grammes; mais leurs poids, qui sont constamment égaux entre eux, ne restent pas invariables; puisque chaque gramme pèse 981 dynes à Paris, et 978 dynes à l'équateur.

CHAPITRE III

DENSITÉS ET POIDS SPÉCIFIQUES

74. Densité ou masse spécifique. — *La* **densité** *ou* **masse spécifique** *d'un corps homogène, est la masse d'un centimètre cube de ce corps.*

On dit qu'un corps est *homogène* quand sa masse M est proportionnelle à son volume V; c'est-à-dire quand la masse est au volume dans un rapport constant :

$$D = \frac{M}{V}. \qquad (1)$$

Ce rapport constant n'est autre que la densité du corps. Il représente la masse de l'unité de volume; c'est-à-dire, dans le système C. G. S., la masse en grammes d'un centimètre cube du corps.

La masse du corps est invariable, mais son volume dépend de la température et de la pression. Les solides et les liquides étant très peu compressibles, on peut admettre que leur densité ne varie qu'avec la température [1]; mais la masse spécifique d'un gaz dépend à la fois de la température et de la pression.

La masse d'un corps est égale au produit de son volume par sa densité; car la formule (1) donne immédiatement :

$$M = VD. \qquad (2)$$

Densité de l'eau à 4°. — D'après la définition de l'unité de masse (26), *la densité de l'eau à la température de 4° centigrades, est égale à l'unité.*

Pour une masse d'eau à 4°, la formule (2) devient :

$$M = V.$$

[1] Les *densités tabulaires* (celles que l'on inscrit dans les tables de densités) sont les densités à la température de 0°.

C'est-à-dire qu'une masse d'eau évaluée en grammes, et son volume évalué en centimètres cubes, sont exprimés par le même nombre.

Ainsi, *le volume d'un corps quelconque est numériquement égal à la masse du même volume d'eau.*

D'après cette propriété, la détermination du volume d'un corps se ramène à une simple pesée.

75. Poids spécifique. — *Le* **poids spécifique** *d'un corps homogène, est le poids d'un centimètre cube de ce corps.*

Soient ϖ le poids spécifique d'un corps, en un lieu où l'intensité de la pesanteur est g, et D la masse spécifique de ce même corps.

Le poids d'un corps quelconque étant égal au produit de sa masse par l'intensité de la pesanteur, on a :

$$p = mg.$$

Appliquons cette formule à un centimètre cube du corps, en remplaçant p par ϖ et m par D; on obtient :

$$\varpi = Dg;$$

c'est-à-dire que le *poids spécifique est égal au produit de la masse spécifique par l'intensité de la pesanteur.*

Puisque l'intensité g varie d'un lieu à un autre, il s'ensuit que le poids spécifique d'un corps dépend non seulement de la température et de la pression, mais encore du lieu de l'expérience.

Remarque. — Soient M la masse et D la masse spécifique d'un corps de volume V, P son poids et ϖ son poids spécifique, en un lieu où l'accélération de la pesanteur est g; le poids de ce corps peut s'écrire indifféremment : $P = Mg = V\varpi = VDg$.

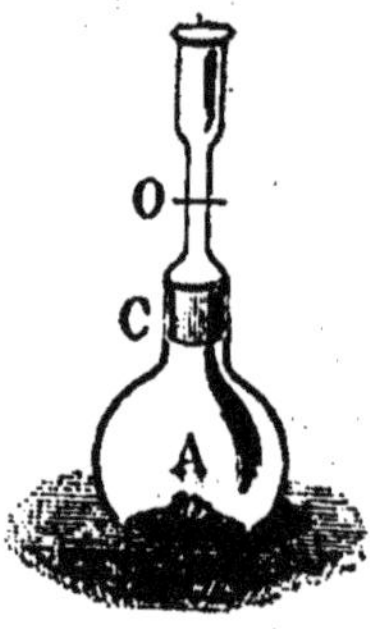

Fig. 28.
Flacon de densité, pour les solides.

76. Détermination de la densité d'un corps solide ou liquide, par la méthode du flacon. — Pour obtenir la densité d'un corps, il suffit de diviser la masse M de ce corps par son volume V.

Le volume du corps étant numériquement égal à la masse M' du même volume d'eau, les deux nombres en question M et M', se déterminent par deux pesées.

On peut procéder comme il suit, par la méthode dite du flacon.

I. Corps solides. — On se sert d'un petit flacon bouché à l'émeri (fig. 28) que l'on remplit d'eau distillée; le bouchon C est percé, et surmonté d'un tube fin qui permet de limiter exactement le volume du liquide, au moyen d'un repère O. Si l'on veut opérer sur de gros fragments du corps, on emploie un vase de verre dans lequel le niveau du liquide est déterminé par une tubulure de déversement (fig. 29).

Fig. 29. Flacon de densité, pour les solides volumineux.

On met, dans un même plateau de la balance, le flacon plein d'eau à 0° et le corps dont on cherche la densité. On fait la tare dans l'autre plateau. Après avoir retiré le corps, on le remplace par des poids échantillonnés qui rétablissent l'équilibre et font connaître la masse M du corps. On enlève ces poids, on introduit le corps dans le flacon toujours maintenu à 0°, et après avoir essuyé ce flacon, on le remet sur le plateau; l'équilibre n'existe plus, parce que le corps introduit dans le flacon en a chassé un volume d'eau égal au sien. Pour rétablir l'équilibre, il faut ajouter à côté du flacon, des poids marqués, dont la masse M′ représente la masse de l'eau expulsée [1].

La densité cherchée est :

$$D = \frac{M}{M'}.$$

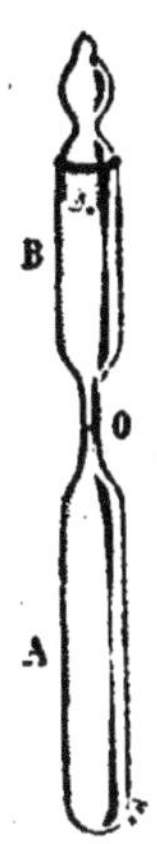

Fig. 30. — Flacon de densité, pour les liquides.

II. **Liquides.** — On se sert d'un petit flacon A (fig. 30) surmonté d'un tube étroit et d'un entonnoir B pouvant se fermer à l'aide d'un bouchon. On remplit le flacon du liquide dont on veut déterminer la densité, et on règle le volume de ce liquide de manière qu'à 0°, il affleure à un point de repère O. On met le flacon dans l'un des plateaux de la balance et on fait la tare. On retire le liquide du flacon, on essuie celui-ci, et on le remet dans le plateau. Pour rétablir l'équilibre, il faut ajouter à côté de lui des poids marqués, dont la masse M représente la masse du liquide.

---

[1] Cette masse d'eau étant à 0°, sa densité $\mu = 0,9998$ diffère légèrement de 1. Son volume V n'est donc pas mesuré exactement par le nombre M′.

On a : $M' = V\mu$; d'où $V = \frac{M'}{\mu}$,

et l'expression exacte de la densité cherchée est

$$D = \frac{M}{M'}\mu.$$

Cette correction, qui consiste à multiplier par μ, affecte tout au plus le chiffre des millièmes. Elle serait donc tout à fait illusoire si les pesées n'étaient exactes, par exemple, qu'à un centigramme près.

On répète la même série d'opérations avec de l'eau distillée, qui occupe le même volume à 0°, et dont on détermine la masse M'.

La densité cherchée est : $D = \frac{M}{M'}$.

77. Densité d'un corps poreux. — Le volume d'un corps poreux comporte deux déterminations différentes : On peut prendre soit le volume apparent, soit le volume réel, qui est égal au volume apparent diminué du volume des pores.

Suivant que l'on adopte l'un ou l'autre de ces volumes, on obtient soit la **densité apparente**, soit la **densité réelle** du corps poreux.

La première se détermine en recouvrant le corps d'un vernis imperméable, pour empêcher la pénétration de l'eau dans les pores.

Pour trouver la seconde, il faut au contraire, avant de peser le corps dans l'eau, le tenir immergé pendant un temps assez long pour que ses pores se remplissent de liquide. Il est même nécessaire de maintenir le flacon sous le récipient de la machine pneumatique, afin de faire dégager les bulles d'air qui resteraient adhérentes au corps poreux.

78. Application. — Détermination du volume d'un corps. — 1° Quand un corps affecte une forme géométrique, on détermine son volume d'après les règles de la géométrie. Tout revient à mesurer quelques-unes de ses dimensions linéaires.

2° Si le corps n'a pas une forme géométrique, mais que l'on connaisse sa densité D, on applique la formule

$$M = VD; \quad \text{d'où} \quad V = \frac{M}{D}.$$

La détermination du volume V se ramène à celle de la masse M, que l'on obtient par une pesée.

3° Pour trouver le volume d'un solide dont on ne connaît pas la densité, il suffit de déterminer la masse du même volume d'eau. On réalise aisément ce volume d'eau à l'aide d'un vase à déversement[1].

4° Si le corps est soluble dans l'eau, on remplace celle-ci par un autre liquide, de densité connue.

5° Quant au volume d'un liquide, on peut toujours le déterminer par une mesure effective, au moyen de vases de capacité connue, ou à l'aide d'une éprouvette graduée.

---

[1] Ou bien, on détermine la poussée qu'éprouve le corps solide quand on le plonge dans l'eau (Principe d'Archimède) (114).

DENSITÉS DES SOLIDES

MÉTAL	FONDU	LAMINÉ		
Platine	21,45	23	Diamant	3,5
Or	19,26	19,36	Ardoise	2,64 à 2,90
Plomb	11,25		Granite	2,63 à 2,75
Argent	10,47		Verre	2,5 à 2,7
Cuivre	8,85	8,95	Grès	2,2 à 2,6
Bronze	8,4	9,2	Porcelaine	2,2 à 2,4
Laiton	7,30	8,05	Calcaire	2 à 2,7
Acier	7,71	7,84	Os	1,8 à 2
Fer	7,2	7,9	Corps humain	1,07
Fonte	6,79	7,84	Buis	0,9 à 1,32
Zinc	6,9	7,15	Chêne	0,6 à 1,17
Aluminium	2,56	2,67	Sapin	0,5 à 0,66
			Liège	0,24

DENSITÉS DES LIQUIDES

Mercure	13,6	Huile de lin	0,94
Acide sulfurique	1,85	— d'olive	0,92
— azotique	1,52	Alcool à 90°	0,83
Sulfure de carbone	1,27	Alcool absolu	0,794
Glycérine	1,26	Pétrole	0,78
Eau de mer	1,026	Éther	0,73
Vin	0,99	Huile de naphte	0,7

HYDROSTATIQUE

79. **Hydrostatique.** — **L'hydrostatique** *traite de l'équilibre des fluides.*

Elle comprend deux parties : la *statique des liquides* et la *statique des gaz,* que l'on peut d'ailleurs étudier simultanément, car elles reposent sur les mêmes principes fondamentaux.

Équilibre d'un fluide. — On dit qu'un fluide est en équilibre, quand chacune de ses molécules est immobile par rapport à toutes les autres.

La recherche des conditions d'équilibre d'un fluide est étroitement liée à l'étude des pressions qui s'exercent à la surface ou à l'intérieur de ce fluide, supposé en équilibre.

On fait aussi grand usage de l'artifice suivant, au moyen duquel la plupart des questions d'hydrostatique se ramènent à l'application des règles établies dans la statique des solides.

Quand un fluide est en équilibre, on ne trouble pas cet équilibre en établissant, par la pensée, des liaisons quelconques entre les molécules de ce fluide ; par exemple, en solidifiant une partie de sa masse.

En effet, en établissant des liaisons nouvelles entre les molécules, on ne fait qu'augmenter les chances d'équilibre. Si l'équilibre existait antérieurement, il subsistera ensuite *à fortiori.*

Ainsi, quand un fluide est en équilibre, on peut en solidifier par la pensée une portion quelconque, et lui appliquer les conditions d'équilibre des corps solides.

CHAPITRE PREMIER

PRESSIONS EXERCÉES PAR LES FLUIDES

80. **Pression sur une surface : Définitions.** — *La* **pression totale** *exercée par un fluide sur une surface rigide, est la résultante de toutes les actions que le fluide exerce sur les divers éléments de cette surface.*

Cette pression est caractérisée par sa *grandeur,* que nous allons apprendre à calculer; par sa *direction*, qui est toujours normale à la surface pressée, et par son *point d'application*, qui prend le nom de *centre de pression* ou *centre de poussée*.

1° *On appelle* **pression en un point**, *la pression par centimètre carré, sur une surface très petite prise autour de ce point.*

Fig. 31. — Pression en un point.

Ainsi, pour obtenir la pression au point A, sur une surface donnée S (fig. 31), on considère une surface très petite s contenant le point A, on détermine la pression totale f, qui s'exerce sur cette surface, et l'on prend le quotient $p = \frac{f}{s}$, de la pression totale, par la surface pressée [1].

Cette pression en un point s'évalue, suivant le cas, *en dynes ou en grammes*, ou bien en mégadynes ou en kilogrammes *par centimètre carré*.

2° *On dit* **qu'une surface plane est uniformément pressée**, *quand la pression totale* F *est proportionnelle à la surface pressée* S.

Alors il existe un rapport constant entre la pression et la surface pressée. On a :

$$\frac{F}{S} = \frac{f}{s} = p.$$

Ce rapport constant n'est autre que la pression sur chaque centimètre carré, ou la pression en chaque point.

Ainsi la pression est la même en tous les points, deux aires égales quelconques sont également pressées, et la pression totale

$$F = Sp$$

s'obtient en multipliant la surface totale par la pression en un point (ou pression par centimètre carré).

3° *Sur une surface plane qui n'est pas uniformément pressée*, la pression varie d'un point à un autre, et les éléments égaux ne sont pas également pressés.

Pour obtenir la *pression totale*, il faut déterminer les pressions individuelles des divers éléments, et faire la somme de toutes ces petites forces parallèles.

Le quotient $\frac{F}{S}$, de la pression totale par la surface pressée, représente ce que l'on appelle la **pression moyenne** par centimètre carré, ou *pression moyenne* en un point.

4° *Pour obtenir la pression totale sur une surface courbe*, on décompose cette surface en éléments suffisamment petits pour qu'on

[1] En toute rigueur, la pression au point A est la limite vers laquelle tend ce rapport, de la pression totale à la surface pressée, quand cette surface tend vers zéro.

puisse les considérer comme plans et uniformément pressés ; on détermine les pressions individuelles sur tous ces éléments. La résultante de ces pressions *élémentaires* est la *pression totale* ou **poussée.**

81. Existence d'une pression sur les parois solides. — *Toute paroi solide en contact avec un fluide en équilibre, éprouve de la part de ce fluide une pression qui est normale à la paroi en chacun de ses points.*

Cette pression n'est équilibrée que par la résistance de la paroi, ou, si la paroi est mobile, par une force égale et contraire qui s'exerce sur la face opposée.

On peut mettre cette pression en évidence par l'un quelconque de ces effets statique ou dynamique. Pour cela, il suffit de mesurer ou de supprimer la réaction égale et directement opposée.

1° Considérons un cylindre ouvert à l'une de ses extrémités, et contenant un piston capable de le fermer hermétiquement (fig. 32). Quand ce piston est appliqué contre le fond du cylindre, il ne peut en être écarté sans laisser le vide derrière lui. Pour l'écarter ainsi du fond du cylindre et le maintenir ensuite en équilibre, il faut lui appliquer une force F, égale et directement opposée à la pression totale que l'air atmosphérique exerce sur la face extérieure du piston.

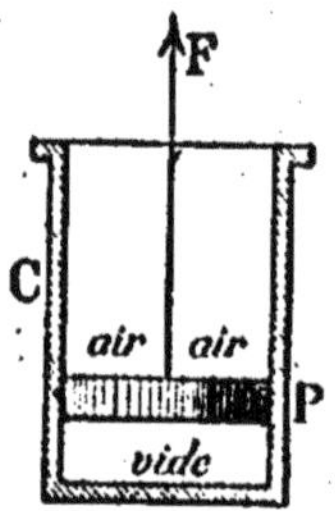

Fig. 32. — Pression atmosphérique sur un piston qui fait le vide au-dessous de lui.

S'il était possible d'obtenir sous le piston un vide parfait et de supprimer tout frottement entre le piston et le corps de pompe, cette expérience permettrait de mesurer la valeur de la pression atmosphérique. Nous verrons dans la suite que cette pression vaut $1^{kg},03$, ou à peu près 1 mégadyne par centimètre carré.

2° Si un vase plein de liquide présente à sa partie inférieure un petit orifice fermé par un piston mobile, ce piston ne peut être maintenu en équilibre que par une certaine force dirigée vers l'intérieur du vase. L'intensité de cette force mesure la pression totale que le liquide exerce sur l'autre face du piston.

Quand on débouche l'orifice, la pression se manifeste par le mouvement du liquide qui jaillit à travers l'ouverture.

Si l'orifice est dépourvu d'ajutage et percé en mince paroi, on constate que le jet de liquide s'échappe normalement à la paroi. On peut en inférer que, *dans l'état d'équilibre, la pression sur un élément de paroi est normale à cet élément.*

Cette dernière propriété peut s'expliquer théoriquement de diverses manières :

1° Un fluide reste *homogène* quand on le comprime. Dans un fluide en équilibre, il n'y a donc pas de raison pour que la pression sur un élément de paroi soit inclinée d'un côté de la normale plutôt que du côté opposé.

2° Une molécule de fluide en contact avec la paroi n'exerce aucun frottement ni sur les molécules voisines, ni sur la paroi. Les molécules voisines n'opposent aucun obstacle à son déplacement. Si elle exerce une pression contre la paroi, cette pression ne saurait donc être équilibrée que par la réaction de la paroi. Mais dire qu'il n'y a pas de frottement contre la paroi, c'est dire que la réaction de l'élément de paroi est normale à cet élément (69). Donc la pression, égale et directement opposée à la réaction de la paroi, est elle-même normale à cette paroi.

82. Pression à l'intérieur d'un fluide en équilibre. — Définition. — *On appelle* **pression en un point A**, *à l'intérieur d'un fluide en équilibre, la pression qui s'exerce en ce point sur une surface plane quelconque menée par ce point. Cette pression est indépendante de l'orientation du plan considéré.*

Soit BC un plan quelconque passant par le point A, et *mn* un petit élément de surface pris autour de ce point (fig. 33).

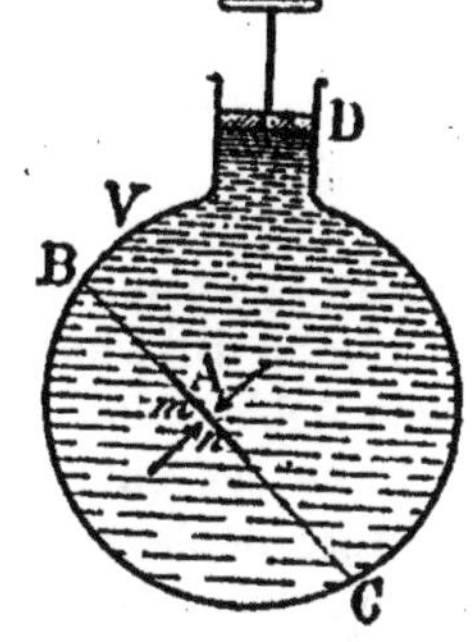

Fig. 33. — Pression à l'intérieur d'un fluide.

On ne trouble pas l'équilibre en solidifiant par la pensée la surface plane BC, qui devient ainsi une paroi rigide. Chaque élément de cette surface reçoit donc une pression normale, sur chacune de ses faces.

L'élément *mn*, considéré isolément, ne peut être en équilibre que s'il supporte des pressions normales, égales et directement opposées.

La valeur commune de ces pressions est, par définition, la pression au point A. Nous verrons bientôt qu'elle est indépendante de l'orientation de l'élément *mn* autour du point A, *c'est-à-dire que le point A est également pressé dans tous les sens.*

Existence des pressions intérieures. — Pour mettre en évidence la pression qui s'exerce à l'intérieur d'un fluide en équilibre, il suffit de plonger dans un liquide un corps volumineux et léger, tel qu'un ballon de verre vide, dans lequel le liquide ne puisse pas pénétrer. On constate que l'enveloppe immergée éprouve une poussée de bas en haut. Cette poussée n'est autre que la résultante des pressions exercées par le liquide sur la surface extérieure de l'enveloppe.

83. Théorème fondamental. — *La différence des pressions* p, p' *en deux points* A, B *d'un même fluide en équilibre, est égale au produit du poids spécifique du fluide, par la distance verticale* h *qui sépare les deux points.*

1° Si le fluide est *incompressible* et partout homogène, son poids spécifique a une valeur constante ϖ, et l'on a :

$$p' - p = \varpi h.$$

En effet, par les points considérés A, B faisons passer une surface fermée quelconque S, entièrement remplie par le liquide (fig. 34).

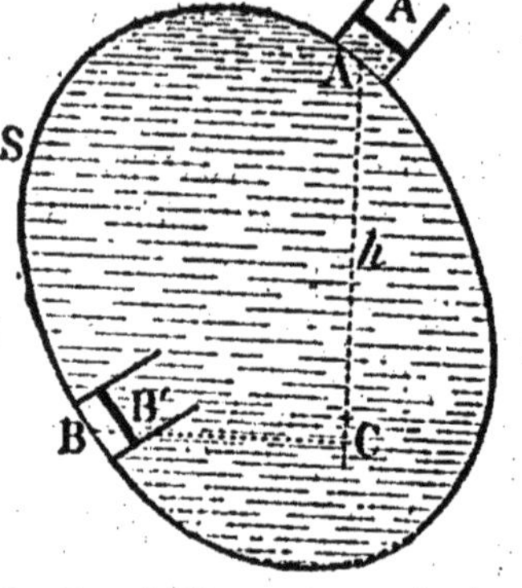

Fig. 34. — Différence de pression, en deux points d'un fluide pesant en équilibre.

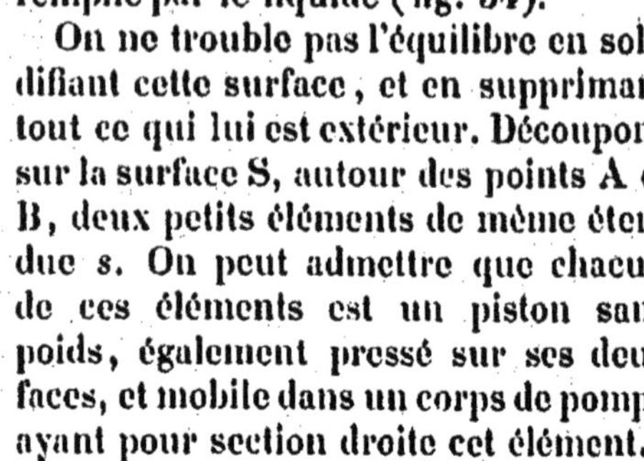

On ne trouble pas l'équilibre en solidifiant cette surface, et en supprimant tout ce qui lui est extérieur. Découpons sur la surface S, autour des points A et B, deux petits éléments de même étendue s. On peut admettre que chacun de ces éléments est un piston sans poids, également pressé sur ses deux faces, et mobile dans un corps de pompe ayant pour section droite cet élément.

Supposons que, sous l'action du milieu extérieur, le piston B s'enfonce d'une longueur très petite ε, tandis que le piston A recule de la même longueur ε, de telle sorte que le volume $s\varepsilon$ du fluide qui abandonne la région BB', soit équivalent au volume du fluide qui envahit l'espace AA'.

Dans ces conditions, le volume total n'ayant pas changé et le volume déplacé $s\varepsilon$ étant aussi petit que l'on voudra, la pression reste la même en tous les points du liquide, et notamment aux deux points A et B.

D'après le principe de la conservation de l'énergie, l'énergie gagnée par le système est égale au travail effectué sur la masse liquide par le milieu extérieur.

Tout se passe comme si un poids $s\varepsilon\varpi$ du fluide avait été simplement transporté de BB' en AA', c'est-à-dire soulevé d'une hauteur h. L'énergie gagnée par le fluide est donc : $s\varepsilon\varpi h$.

D'autre part, le travail effectué par le milieu extérieur est égal à la différence entre le travail résistant, effectué de B en B' par la pression sp', et le travail moteur, effectué de A en A' par la pression sp.

L'expression de ce travail est : $sp'\varepsilon - sp\varepsilon$.

On a donc : $$s\varepsilon(p' - p) = s\varepsilon\varpi h;$$

d'où $$p' - p = \varpi h \qquad (1).$$

Telle est la *formule fondamentale* de l'hydrostatique.

Les pressions p, p' étant rapportées à l'unité de surface, cette formule exprime que la *différence des pressions en deux points d'un même fluide en équilibre, est égale au poids d'une colonne de ce fluide qui aurait pour base l'unité de surface, et pour hauteur la distance verticale des deux points considérés.*

2° La formule (1) est encore applicable aux fluides *compressibles*, tels que les gaz; mais à condition de représenter par ϖ le *poids spécifique moyen* du fluide, dans une colonne de hauteur h.

Alors, en effet, le poids spécifique du fluide varie avec la hauteur, car la pression exercée par les couches supérieures comprime les couches inférieures et en augmente le poids spécifique.

84. Corollaire I. — Égalité de pression autour d'un point. — *Dans un fluide en équilibre, la pression autour d'un point est la même dans tous les sens.*

En effet, la démonstration du théorème fondamental est indépendante de l'orientation attribuée à la pression au point A ou au point B.

Soient p' la pression en B, prise dans une direction fixe, et p la pression en A, prise dans une direction arbitraire.

D'après la formule fondamentale (1), on a :

$$p' - p = \varpi h;$$

d'où

$$p = p' - \varpi h,$$

valeur indépendante de la direction attribuée à la pression en A.

Donc cette direction est indifférente, et le point A est également pressé dans tous les sens.

85. Corollaire II. — Surfaces de niveau. — *Dans un fluide pesant en équilibre, on appelle* **surface de niveau** *toute surface uniformément pressée.*

Pour que deux points supportent la même pression, ou qu'ils appartiennent à une même surface de niveau, il faut et il suffit qu'ils soient à la même hauteur.

En effet, d'après la formule fondamentale :

$$p' - p = \varpi h,$$

si ϖ n'est pas nul, les hypothèses

$$p = p' \quad \text{et} \quad h = 0$$

s'entraînent mutuellement. Donc, pour que deux points soient également pressés, il faut et il suffit que leur distance verticale soit nulle.

D'après cela, *sur une étendue restreinte, les surfaces de niveau sont planes et horizontales, et, sur une étendue illimitée, ce sont des sphères concentriques à la terre.*

86. Corollaire III. — Variation de la pression avec la profondeur. — *A l'intérieur d'un fluide pesant en équilibre, la pression varie proportionnellement à la profondeur*

Rapportons la position de chaque point du fluide à celle du point le plus élevé A (fig. 35). Soient p la pression au point le plus élevé et p' la pression en un point quelconque B situé à une profondeur h au-dessous du premier.

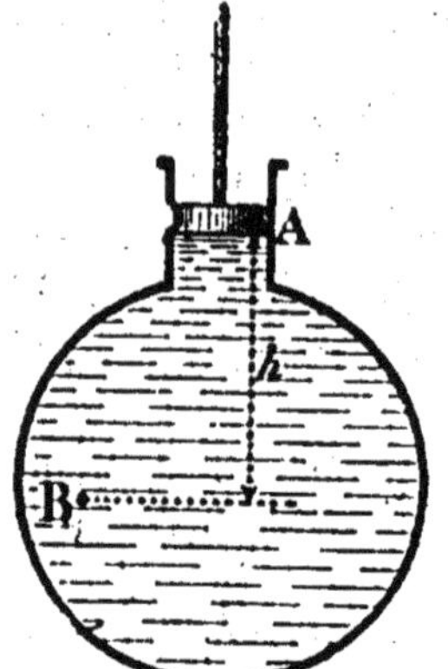

Fig. 35.
Variation de la pression avec la profondeur.

On a : $$p' - p = \varpi h;$$
d'où $$p' = p + \varpi h.$$

Donc la pression en un point quelconque peut être considérée comme la somme de deux parties p et ϖh. La première est constante et provient uniquement d'une pression extérieure exercée à la surface du liquide. La seconde, produite par la pesanteur du liquide, est proportionnelle à la profondeur du point considéré.

Tel est le cas général. Mais il peut arriver que la formule se simplifie par la disparition de l'un de ses termes :

1° *Si la pression extérieure est nulle ou négligeable, la pression en chaque point du fluide est proportionnelle à la profondeur de ce point au-dessous du point le plus élevé.*

Alors, en effet, on a : $p = 0$, et la formule se réduit à :

$$p' = \varpi h.$$

C'est ce qui a lieu pour un liquide placé dans le vide, et pour l'atmosphère terrestre, dont les couches supérieures sont à une pression nulle.

2° *Si le poids du fluide est nul ou négligeable, la pression est constante à la surface et à l'intérieur du fluide.*

Aucun fluide réel n'est complètement dépourvu de pesanteur, mais il peut se faire que le poids spécifique ϖ et la hauteur h soient assez petits pour que le produit ϖh soit négligeable vis-à-vis de la pression extérieure p. Alors on a sensiblement : $p' = p$; c'est-à-dire que tous les points du fluide supportent la même pression.

C'est ce qui arrive pour toute masse gazeuse confinée dans un espace restreint, et pour un liquide de faible hauteur, soumis à une pression extérieure considérable.

Dans ces deux cas, les différences de pression à l'intérieur du fluide sont négligeables vis-à-vis de ces pressions elles-mêmes. On peut dire que la pression est constante en tous les points du fluide, et que l'espace occupé par celui-ci est un **volume de niveau.**

La pression *constante* qui règne à l'intérieur et à la surface d'une masse gazeuse confinée, est ce que l'on appelle la *pression*, la *tension*, le *ressort* ou la *force élastique* de ce gaz.

87. Corollaire IV. — Transmission des pressions. — *Toute pression exercée en un point quelconque d'un fluide en équilibre, se transmet à tous les autres points.*

En effet, pour deux points fixes quelconques, pris à la surface ou à l'intérieur du fluide, la différence des pressions :

$$p' - p = \varpi h$$

est une constante qui dépend uniquement de la distance verticale h qui sépare ces deux points.

Donc si l'une de ces pressions varie, l'autre varie de la même quantité.

C'est ce que l'on exprime en disant que *les liquides transmettent les pressions qu'ils supportent.*

Cette propriété importante a été découverte par Pascal, et on l'énonce encore fréquemment sous le nom de *principe de Pascal.*

Vérifications. — 1° La transmission des pressions peut être mise en évidence au moyen de l'appareil représenté par la figure 36. Une sphère creuse présente des orifices dans toutes les directions. Elle communique avec un tube dans lequel peut se mouvoir un piston. On plonge la sphère dans l'eau et on soulève le piston; l'eau pénètre par les orifices et remplit tout l'appareil. Si l'on enfonce alors le piston, on constate que l'eau jaillit dans tous les sens avec une égale force.

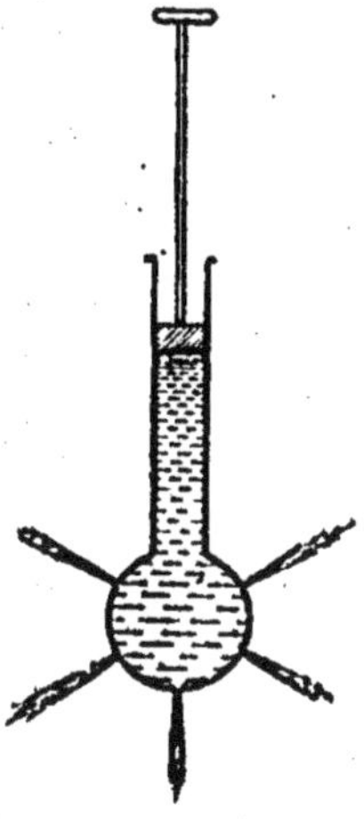

Fig. 36. — Manifestation expérimentale de la transmission des pressions.

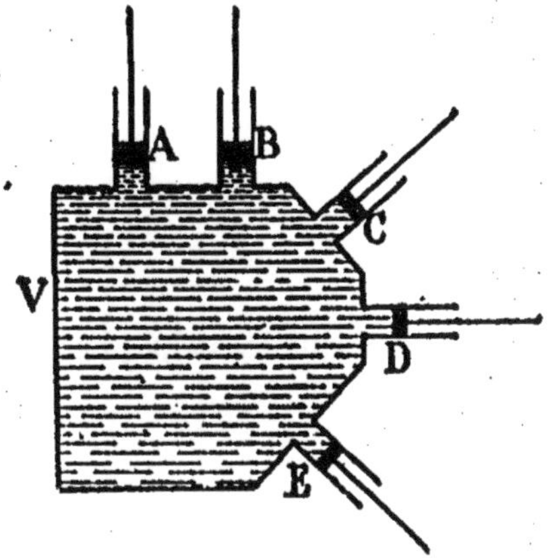

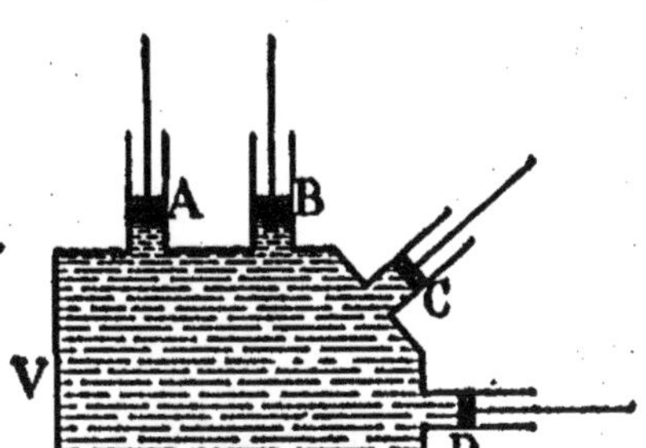

Fig. 37. — La pression exercée sur un liquide en équilibre se transmet intégralement et dans tous les sens.

2° Soit un vase V de forme quelconque, présentant sur ses faces des orifices de même étendue A, B, C, D, E, fermés par des pistons (fig. 37).

Admettons que ce vase soit rempli d'un liquide non pesant et que l'on exerce sur le piston A une pression de 1kg, par exemple; pour maintenir en place les autres pistons, il faudrait appliquer sur chacun d'eux une force de 1kg.

L'expérience n'est pas réalisable sous cette forme, à cause de la pesanteur des liquides réels, du frottement des pistons contre les parois et de la complication apportée par l'orientation des orifices.

Mais le principe de la transmission des pressions est facile à vérifier par l'expérience dans le cas particulier suivant.

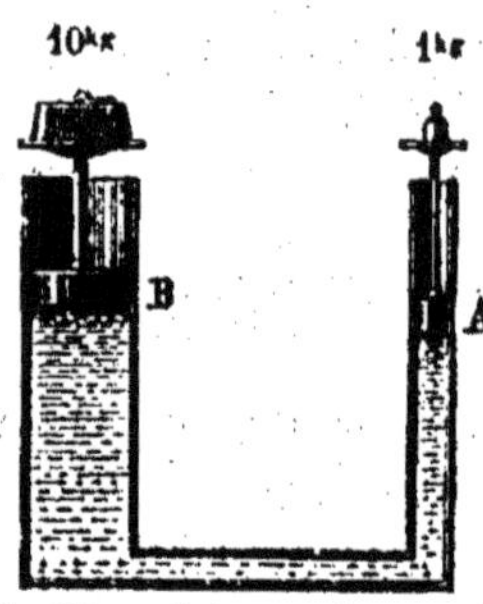

Fig. 38. — La poussée exercée par un liquide en équilibre est proportionnelle à l'étendue de la surface pressée.

3° Si deux portions de parois sont horizontales et à la même hauteur, c'est-à-dire si elles appartiennent à une même surface de niveau, elles seront uniformément pressées, et par suite, les *pressions totales seront proportionnelles aux surfaces pressées.*

Soit un vase présentant deux orifices A, B fermés par des pistons horizontaux (fig. 38). Si la surface B est 10 fois plus grande que la surface A et si l'on exerce en A une pression de 1kg, on constate que, pour maintenir l'équilibre, il faut placer en B un poids de 10kg.

D'une manière générale, si les surfaces S, S' sont en équilibre sous les *pressions totales* P, P', on constate que l'on a :

$$\frac{P}{P'} = \frac{S}{S'};$$

d'où

$$\frac{P}{S} = \frac{P'}{S'};$$

c'est-à-dire que les deux pistons exercent la même pression par centimètre carré.

CHAPITRE II

ÉQUILIBRE DES LIQUIDES

§ I. CONDITIONS D'ÉQUILIBRE

88. Équilibre d'un liquide qui présente une surface libre. — On appelle *surface libre* toute portion de la surface du liquide qui n'est pas en contact avec une surface solide ou liquide.

L'espace situé au-dessus de la surface libre peut être vide, contenir un gaz confiné, ou communiquer avec l'atmosphère.

Pour qu'un liquide pesant soit en équilibre dans un vase non fermé, ou incomplètement rempli, il faut que sa surface libre soit horizontale.

En effet, *la surface libre est une surface de niveau*, car en tous ses points la pression est nulle, ou constante comme égale à la force élastique d'un gaz (86, 2°). Donc la surface libre est horizontale (85).

Cette propriété de la surface libre est une condition nécessaire pour que l'énergie du liquide soit minimum.

En effet, si la surface libre AB n'est pas horizontale (fig. 39), on peut la couper par un plan horizontal MN, qui isole au-dessus de lui une masse liquide MCA, et au-dessous de lui un espace vide NCB.

Or, si une particule liquide passe de la région MCA dans la région NCB, elle descend d'une certaine hauteur et perd de l'énergie.

Donc, tant que la surface libre peut être coupée par un plan horizontal, le liquide peut perdre de l'énergie, et dès lors il ne saurait être en équilibre stable (71).

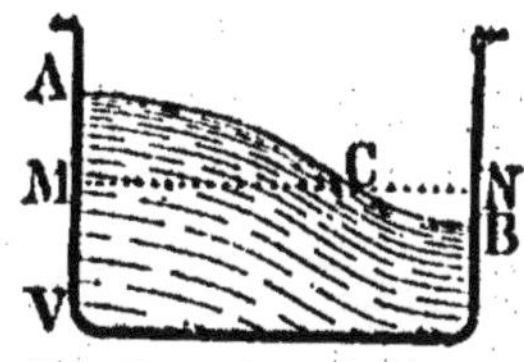

Fig. 39. — La surface libre doit être horizontale.

Vérification. — Nous avons vu (64) comment on vérifie par l'expérience que la surface libre d'un liquide est perpendiculaire à la direction du fil à plomb.

89. Équilibre d'un liquide dans des vases communicants. — *Pour qu'un liquide soit en équilibre dans des vases qui communiquent par leur partie inférieure, il faut que toutes les surfaces libres soient dans un même plan horizontal.*

En effet, le théorème précédent est encore applicable; car sa démonstration est indépendante de la forme du récipient qui contient le liquide.

Ainsi, la condition énoncée est nécessaire pour que les surfaces libres appartiennent à une même surface de niveau, ou pour que l'énergie du liquide soit minimum.

Vérification. — Des tubes 1,2,3, de formes diverses (fig. 40)

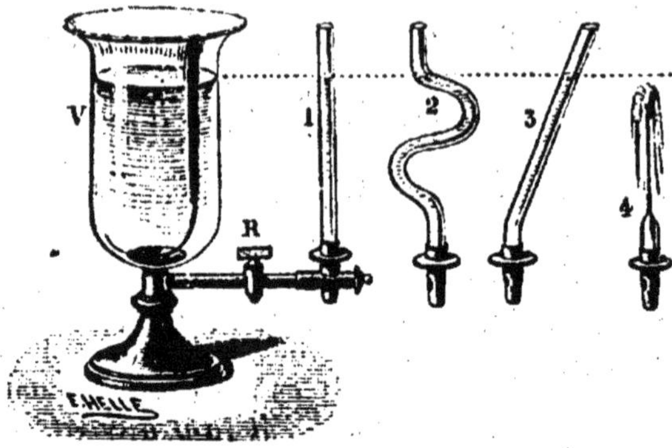

Fig. 40. — Expérience sur les vases communicants.

peuvent être vissés isolément ou ensemble, sur un tube horizontal qui communique avec la partie inférieure d'un vase plein d'eau V. Quand on ouvre le robinet R, les niveaux s'égalisent, c'est-à-dire que toutes les surfaces libres se placent dans un même plan horizontal.

Avec l'ajutage 4, on obtient un jet d'eau qui s'élève un peu moins haut que la surface libre, à cause de la chute d'eau qui se produit en sens contraire du jet.

90. Équilibre des liquides superposés. — *Pour que deux liquides non miscibles, de poids spécifiques différents $\varpi' > \varpi$, soient en équilibre dans un même vase, il faut que leur surface de séparation soit horizontale et que le plus dense soit au-dessous de l'autre* (fig. 41).

Fig. 41. — La surface de séparation de deux liquides est horizontale.

1° Soient p, p' les pressions en deux points quelconques A, B de la surface de séparation, et h la distance verticale de ces points.

Suivant qu'on attribue ces points A et B à la surface du premier ou du second liquide, on a : $p' - p = \varpi h$,

ou $p' - p = \varpi' h$;

d'où, par différence $(\varpi' - \varpi)h = 0$.

Or, $(\varpi' - \varpi)$ n'est pas nul, donc $h = 0$; c'est-à-dire que la surface de séparation est horizontale.

2° La démonstration suivante montre à la fois que la surface de contact est une surface de niveau, et que le liquide le plus dense est situé au-dessous.

Pour que le système soit en équilibre stable, il faut que son énergie soit minimum (71). Or, si la surface libre AB n'est pas horizontale, on peut toujours la couper par un plan horizontal MN qui laisse au-dessus de lui une portion MCA du liquide le plus dense, et au-dessous de lui une portion NCB du liquide le plus léger. Or, si l'on échange entre elles deux masses de même volume v empruntées à ces deux portions, et séparées par une distance verticale h, le système perd l'énergie : $vh(\varpi' - \varpi)$.

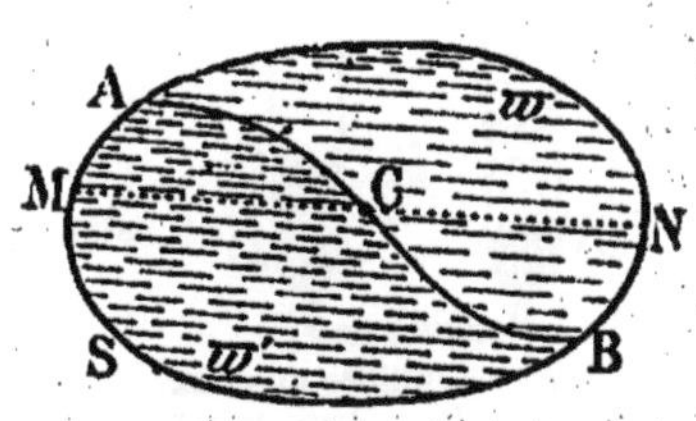

Fig. 42. — La surface de séparation de deux liquides superposés est horizontale.

Donc, tant que la surface libre n'est pas horizontale, ou que le liquide le plus dense n'est pas au-dessous de l'autre, le système peut perdre de l'énergie, et conséquemment, il n'est pas en équilibre stable.

Vérification. — Une fiole cylindrique (fig. 43) contient des fluides non miscibles, de poids spécifiques différents, tels que du mercure, une dissolution de carbonate de potassium, de l'alcool, de l'huile de naphte et de l'air. Si l'on agite vivement le flacon, les liquides se mélangent; mais dès qu'on les laisse en repos, tous les fluides se rangent par ordre de densité, les plus lourds au fond, et toutes les surfaces de séparation deviennent horizontales.

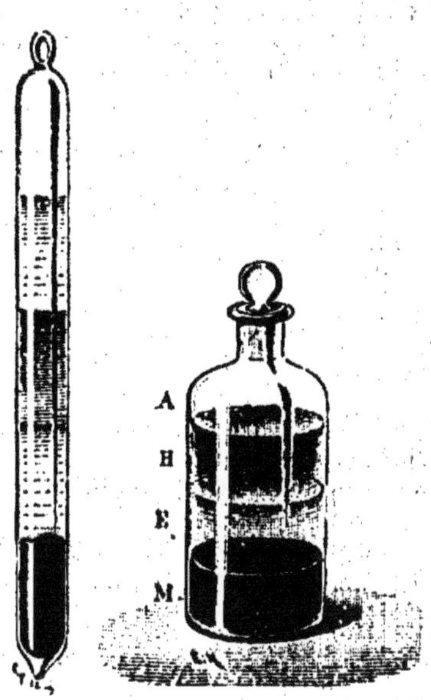

Fig. 43. — Expérience sur l'équilibre des liquides superposés.

91. Équilibre de deux liquides dans deux vases communicants. — *Pour que deux liquides de p. ids spécifiques différents $\varpi < \varpi'$, soient en équilibre dans deux vases qui communiquent par leur partie inférieure, il faut que les hauteurs* h, h' *de ces liquides au-dessus de leur surface de séparation,* *soient inversement proportionnelles à leurs poids spécifiques.*

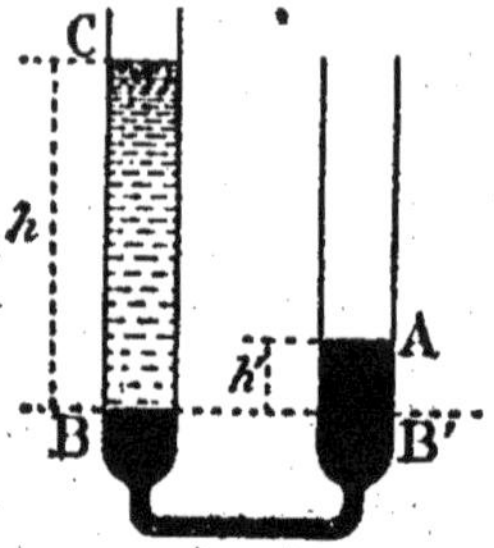

En effet, la surface de séparation B est horizontale, et également pressée par le liquide le moins dense qui est au-dessus, et par le liquide plus dense qui est au-dessous.

Or, si l'on admet que les surfaces libres A et C supportent une même pression extérieure P, les pressions qui se font équilibre sur la surface B ont pour valeurs respectives :

$$\varpi h + P \quad \text{et} \quad \varpi' h' + P.$$

Fig. 44. — Équilibre de deux liquides dans deux vases communicants.

En les égalant entre elles, on obtient la condition d'équilibre :

$$\varpi h = \varpi' h',$$

ou

$$\frac{h}{h'} = \frac{\varpi'}{\varpi}.$$

Remarque. — En réalité, les pressions sur les surfaces libres ne sont pas rigoureusement égales.

Si l'on désigne par P la pression sur la surface supérieure C et par a le poids spécifique de l'atmosphère ambiante, la pression sur la surface inférieure A devient :

$$P + a(h - h').$$

De part et d'autre de la surface de séparation B, les pressions sont donc :

$$\varpi h + P \quad \text{et} \quad \varpi' h' + P + a(h - h').$$

En les égalant entre elles on obtient :

$$\varpi h = \varpi' h' + a(h - h');$$

d'où

$$h(\varpi - a) = h'(\varpi' - a),$$

et enfin

$$\frac{h}{h'} = \frac{\varpi' - a}{\varpi - a}.$$

Si l'expérience se fait dans l'air atmosphérique, ce rapport est sensiblement égal au précédent, car le poids spécifique de l'air normal : $a = 0{,}001293$ peut être considéré comme négligeable par rapport à ceux des liquides.

Vérification. — En faisant l'expérience avec de l'eau ($\varpi = 1$) et du mercure ($\varpi' = 13{,}6$) on constate que l'on a sensiblement

$$\frac{h}{h'} = \frac{13{,}6}{1} = 13{,}6.$$

92. Applications. — Puits. — Un *puits* suppose généralement l'existence d'une nappe d'eau souterraine, qui imprègne un terrain perméable.

Le niveau de l'eau est le même à l'intérieur et à l'extérieur du puits.

S'il s'abaisse momentanément dans le puits et autour du puits, lorsqu'on tire rapidement, à l'aide d'une machine hydraulique, une masse d'eau considérable, le niveau de l'eau remonte peu à peu, et reprend sa hauteur primitive après un temps plus ou moins long, suivant le degré de perméabilité du terrain environnant.

Puits artésien. — Il peut se faire qu'une couche sablonneuse imprégnée d'eau, et comprise entre deux couches d'argile imperméable, ne soit pas horizontale, mais disposée en forme de cuvette.

Alors, si l'on creuse au centre de cette cuvette un puits qui traverse la couche d'argile supérieure, l'eau jaillit au-dessus du sol, à une hauteur qui dépend du niveau qu'elle atteint dans la couche sablonneuse.

Ces puits jaillissants portent le nom de puits *artésiens*.

On adapte ordinairement à l'orifice un tube qui conduit l'eau jusqu'à un réservoir élevé, d'où l'on peut la distribuer ensuite dans le voisinage.

Distribution d'eau. — Pour distribuer l'eau dans une ville, on établit, en un lieu plus élevé que les étages supérieurs des maisons, un vaste réservoir alimenté par les sources de la contrée. Puis, au moyen d'une canalisation souterraine, on met ce réservoir en communication avec les tuyaux de conduite, qui s'élèvent à l'intérieur des maisons, se ramifient, et passent en tous les endroits où l'on veut installer des robinets.

De chacun de ces robinets l'eau jaillit à volonté, sous une pression marquée par la distance verticale comprise entre cet orifice et le plan de la surface libre dans le réservoir.

Jet d'eau. — Pour construire un *jet d'eau*, il suffit d'établir un réservoir dans un lieu élevé et de le faire communiquer avec un conduit souterrain, qui vient déboucher, par un orifice convenable, au centre d'un bassin situé plus bas.

Niveau d'eau. — Le *niveau d'eau* se compose d'un tube horizontal, terminé par deux tubes de verre verticaux, et porté par un trépied (fig. 45). On verse

Fig. 45. — Niveau d'eau.

dans les tubes un liquide coloré, dont les niveaux n, n' déterminent une horizontale.

Cet appareil sert à déterminer la distance verticale de deux points quelconques A et B (fig. 45). On l'installe dans le plan vertical déterminé par ces deux points; puis, en dirigeant le rayon visuel suivant l'horizontale nn', on vise une mire placée successivement en A et en B sur une règle verticale graduée. On lit sur cette règle les distances de l'horizontale nn' au point A et au point B. La différence de ces distances est égale à la différence de hauteur des points A et B.

Niveau à bulle d'air. — Le *niveau à bulle d'air* est un tube de verre legèrement bombé au milieu, rempli d'eau sauf la place d'une bulle d'air, et appliqué contre une règle (fig. 46). Pour que cette règle soit horizontale, il faut et il suffit que la bulle d'air occupe au milieu du tube la place marquée entre deux traits de repère *m* et *n*.

Fig. 46. — Niveau à bulle d'air.

Cet appareil permet de vérifier l'horizontalité d'une droite ou d'un plan. On le rencontre fréquemment dans des instruments de physique, tels que le *cathétomètre*, où il sert à niveler un plan, ou à rendre vertical un axe perpendiculaire à ce plan.

Le plan à niveler est supporté par trois vis calantes, qu'il suffit de régler de manière à rendre horizontales deux droites quelconques du plan.

§ II. PRESSIONS EXERCÉES PAR UN LIQUIDE EN ÉQUILIBRE

Les propriétés précédemment établies permettent de calculer la pression exercée par un liquide en équilibre, sur une paroi quelconque.

93. Pression totale sur le fond horizontal d'un vase. — *La pression totale* P *exercée par un liquide sur le fond horizontal d'un vase est égale au poids d'une colonne cylindrique de ce liquide, qui aurait pour base la surface pressée* S *et pour hauteur la distance* h *de cette surface à la surface libre.*

En représentant par ϖ le poids spécifique du liquide, on a :

$$P = Sh\varpi.$$

En effet, toute portion plane et horizontale de la paroi appartient à une surface de niveau. Elle est uniformément pressée, c'est-à-dire qu'elle supporte en tous ses points (sur chaque centimètre carré) la même pression ϖh. Donc sa pression totale est égale au produit de sa surface S évaluée en centimètres carrés, par ce nombre ϖh, qui représente la pression sur chaque centimètre carré.

Cette pression $S . \varpi h$, ou $Sh . \varpi$,

équivaut au poids d'une colonne de liquide qui aurait pour base S et pour hauteur h.

Elle est absolument indépendante de la forme du vase, et du poids total du liquide contenu dans ce vase.

Vérification. — Ce résultat peut être vérifié expérimentalement avec l'appareil de Masson (fig. 47). Des vases de différentes formes A, B, M, peuvent être vissés successivement sur un même anneau de cuivre *c*, dont le bord inférieur, horizontal et dressé avec soin, peut être fermé à l'aide d'un obturateur de verre *a*, suspendu par un fil à l'un des plateaux de la balance, et maintenu par une tare placée dans l'autre plateau.

On verse lentement dans le vase de l'eau ou tout autre liquide,

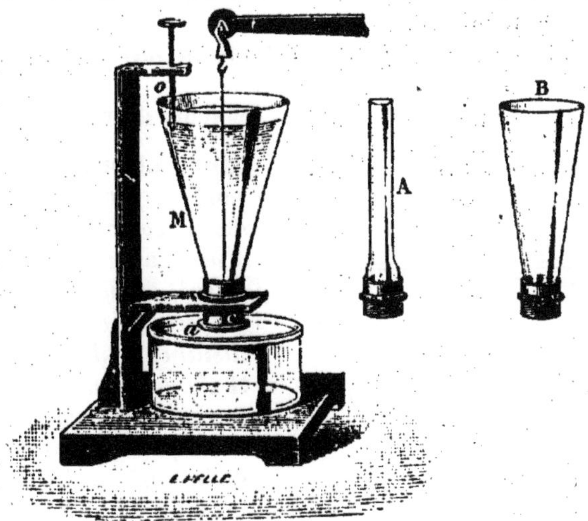

Fig. 47. — Appareil de Masson.

jusqu'à ce que l'obturateur soit entraîné par la pression. En marquant avec la pointe *o* la hauteur du liquide au moment où l'obturateur se détache, on constate que cette hauteur reste invariable quelle que soit la forme du vase.

Ainsi, pour une même hauteur de liquide, la pression est la même sur le fond de tous les vases. On peut d'ailleurs vérifier au moyen de la balance que cette pression est égale au poids d'une colonne cylindrique du liquide employé, qui aurait pour base la surface de l'anneau *c* et pour hauteur la distance verticale de l'obturateur *a* à l'extrémité de la pointe *o*.

94. Pression totale sur une paroi quelconque. — Pour obtenir la pression totale sur une surface qui n'est pas uniformément pressée (80), on décompose cette surface en éléments très petits, on détermine la pression sur chaque élément (considéré comme uniformément pressé), puis on cherche la résultante de toutes ces pressions élémentaires.

Cette résultante n'existe pas toujours, puisque les forces appliquées à un solide peuvent se réduire à une force et à un couple, qui tendent à produire à la fois une translation et une rotation (36).

Voici du moins trois cas particuliers où les pressions élémentaires admettent une résultante :

1° Quand la surface est *sphérique;* car alors les pressions élémentaires sont concourantes.

2° Quand la surface est *plane;* car les pressions élémentaires sont parallèles et de même sens.

3° Quand la surface s'étend à *toute la paroi* en contact avec le liquide.

Nous allons étudier séparément ces deux derniers cas.

95. **Pression totale sur une paroi plane quelconque.** — *La pression d'un liquide sur une portion plane AB de la paroi du vase est égale au poids d'une colonne de ce liquide qui aurait pour base la surface pressée S et pour hauteur la distance h du centre de gravité G de cette surface, au plan de la surface libre MN.*

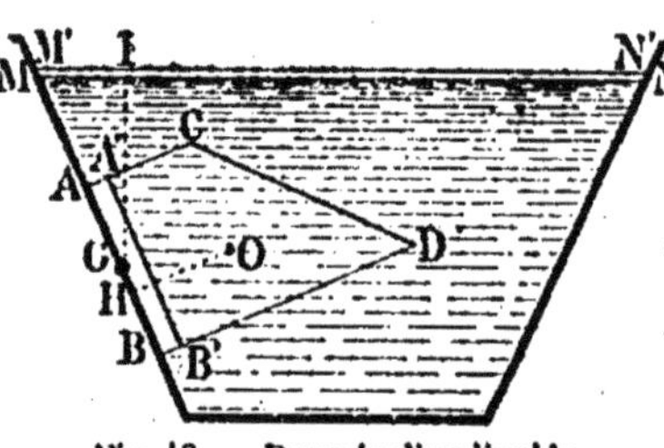

Fig. 18. — Poussée d'un liquide sur une paroi plane.

La pression aux divers points de la surface AB varie avec la profondeur. La pression en A est le poids d'une colonne de liquide dont la hauteur AC est égale à la profondeur du point A ; la pression en B est le poids d'une colonne de liquide dont la hauteur BD est égale à la profondeur du point B, etc. Toutes ces pressions étant normales au plan AB, elles ont une résultante P qui leur est parallèle et dont le point d'application H est dit le **centre de poussée.**

La pression totale P est égale au poids d'un volume de liquide représenté par le tronc de prisme ACDB. On démontre que le volume de ce solide est égal à celui du prisme qui aurait pour base $AB = S$ et pour hauteur $GI = h$. Son centre de gravité O, projeté sur AB, donne précisément le *centre de poussée* H, qui est situé un peu au-dessous du *centre de gravité* G.

La pression totale P se calcule très simplement comme il suit.

Supposons que la surface AB soit un piston sans poids, mobile dans un cylindre perpendiculaire à AB, et également pressé sur ses deux faces. Si ce piston s'enfonce d'une quantité très petite $AA' = \varepsilon$, le travail $P\varepsilon$ de la force motrice est égal à l'énergie gagnée par le liquide. Or, le volume total du liquide n'ayant pas varié, tout se passe comme si le volume AA'B'B s'était transporté en MM'N'N ; c'est-à-dire comme si le centre de gravité de sa masse $S\varepsilon\varpi$ s'était élevé d'une hauteur h.

L'énergie gagnée par le liquide est donc $S\varepsilon\varpi h$, et l'on a :

$$P\varepsilon = S\varepsilon\varpi h;$$

d'où :

$$P = Sh\varpi.$$

C.Q.F.D.

96. Poussée totale d'un liquide sur la paroi entière. — *La poussée totale d'un liquide sur l'ensemble des parois d'un vase est égale au poids du liquide contenu dans ce vase.*

En effet, on ne trouble pas l'équilibre en solidifiant par la pensée la masse entière du liquide. On obtient ainsi un solide en équilibre sous l'action d'un système de forces. Ces forces sont le poids P du liquide et toutes les réactions du vase; c'est-à-dire des forces égales et directement opposées à toutes les poussées du liquide sur le vase.

Le poids P et les réactions se faisant équilibre, chacune de ces forces est égale et directement opposée à la résultante de toutes les autres.

En appliquant cette propriété au poids P, on voit que toutes les réactions ont une résultante, qui est égale et directement opposée au poids P.

Donc les poussées ont aussi une résultante, qui est égale et opposée à celle des réactions, et qui, dès lors, est identique au poids P.

97. Paradoxe hydrostatique. — *La pression d'un liquide sur le fond d'un vase est indépendante du poids de ce liquide; et, avec un même poids de liquide, on peut exercer sur une surface donnée une pression variable, aussi grande que l'on veut.*

Si un vase est en équilibre sur le plateau d'une balance, et que l'on verse un liquide dans ce vase, la balance accuse une augmentation de poids égale au poids du liquide.

Or, le poids du liquide est égal à la résultante de toutes les poussées qui s'exercent sur le fond du vase et sur tout le reste des parois.

Quant à la poussée sur le fond horizontal, elle est indépendante du poids du liquide, et elle peut, suivant la forme du vase, lui être inférieure, égale ou supérieure. Dans ce dernier cas, elle ne se transmet pas tout entière au plateau de la balance.

Les seules forces transmises à la balance sont les composantes verticales des pressions. Chaque pression élémentaire se décompose en deux forces rectangulaires, l'une horizontale qui reste sans action sur la balance, l'autre verticale qui peut être dirigée vers le bas ou vers le haut.

Quand la face intérieure d'une paroi latérale est orientée vers le haut, les composantes verticales sont dirigées vers le bas, et leur résultante s'ajoute à la poussée sur le fond.

Au contraire, quand la face intérieure de la paroi est dirigée vers le bas, les composantes verticales sont dirigées vers le haut, et leur résultante se retranche de la pression sur le fond.

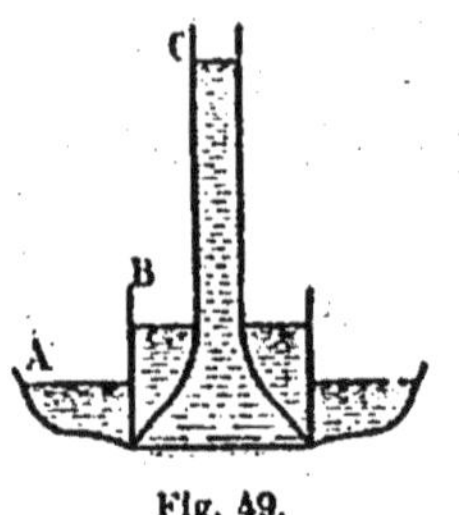

Fig. 49.
Paradoxe hydrostatique.

Dans tous les cas, la somme des forces verticales transmises par le vase au plateau de la balance est exactement égale au poids du liquide contenu dans le vase.

Mais, dans des vases ayant le même fond horizontal (fig. 49), un même poids de liquide acquiert, suivant la forme des parois latérales, des hauteurs très différentes, et il exerce, sur le fond horizontal, des pressions proportionnelles à ces hauteurs.

CHAPITRE III

PRESSION DES GAZ

§ I. — PRESSION ATMOSPHÉRIQUE

98. **Atmosphère terrestre.** — L'atmosphère est la masse d'air qui environne le globe terrestre, et qui est maintenue à sa surface par la pesanteur.

Son épaisseur est considérable.

La pression et la densité des couches d'air successives croissent avec la profondeur, depuis les régions les plus élevées, où elles sont nulles, jusqu'à la surface de la terre, où elles atteignent leur maximum.

Entre deux points séparés par une distance verticale h, la différence des pressions est: $p' - p = ah$,

a désignant le poids spécifique *moyen* de l'air, dans une colonne de hauteur h, comprise entre les surfaces de niveau qui passent par les deux points considérés.

99. **Mesure de la pression atmosphérique.** — Pour mesurer la pression atmosphérique, on lui fait équilibre au moyen d'une colonne de mercure dont le poids spécifique est connu. Il suffit alors de mesurer la hauteur de cette colonne liquide, qui exerce la même pression que l'atmosphère.

L'expérience suivante est due à **Torricelli.**

On prend un tube de verre d'environ un mètre (fig. 50), fermé à l'une de ses extrémités ; on le remplit complètement de mercure ; puis, fermant avec le doigt l'extrémité ouverte, on retourne le tube, et après en avoir plongé puis débouché l'extrémité dans une cuve à mercure, on le maintient verticalement sur cette cuve.

On constate que le mercure abandonne le sommet du tube, et que son niveau s'arrête à une hauteur de 76^{cm} environ au-dessus du niveau dans la cuvette.

L'espace compris dans le tube au-dessus du niveau du mercure porte le nom de *chambre barométrique*. Il n'est pas absolument vide ; mais il ne contient que de la vapeur de mercure, dont la pression, à la température ordinaire, échappe à toute mesure et peut être considérée comme physiquement nulle.

Le mercure étant en équilibre, deux points situés à la surface ou

Fig. 50. — Expérience de Torricelli.

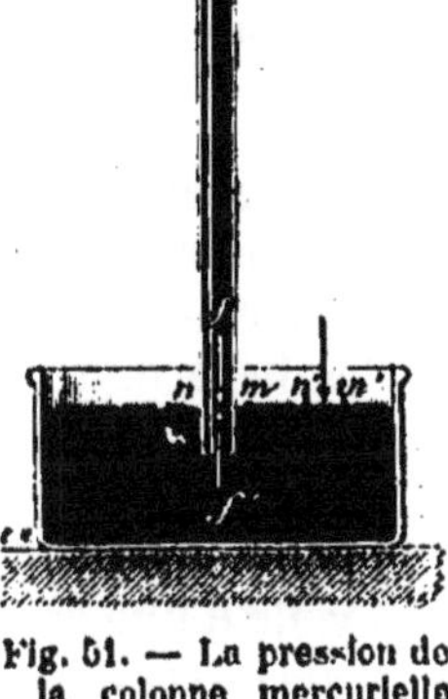

Fig. 51. — La pression de la colonne mercurielle fait équilibre à la pression de l'atmosphère.

à l'intérieur de ce liquide, dans un plan horizontal quelconque, sont également pressés.

Considérons deux points dans le plan de la surface libre inférieure : l'un à l'intérieur du tube, dans la région *mn*, l'autre à l'extérieur, dans la région *m'n'* (fig. 51).

Soient ϖ le poids spécifique du mercure, et h la distance verticale qui sépare ses deux niveaux, à l'intérieur et à l'extérieur du tube.

En un point de la surface intérieure mn, la pression est mesurée par le produit ϖh.

En un point de la surface extérieure $m'n'$, la pression n'est autre que la pression atmosphérique p.

On a donc : $$p = \varpi h.$$

Ainsi, *la pression atmosphérique équivaut à la pression d'une couche de mercure, dont l'épaisseur serait égale à la hauteur* h, *de la colonne mercurielle soulevée à l'intérieur du tube de Torricelli.*

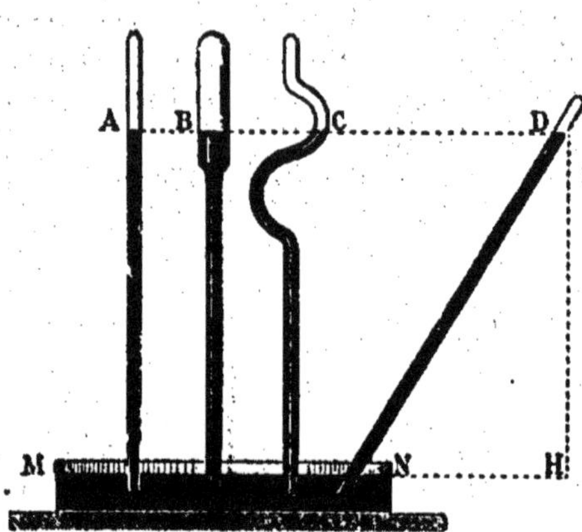

Fig. 52. — La hauteur barométrique est indépendante de la forme et de la position du tube.

Le poids spécifique ϖ étant connu, la mesure de p se ramène à la mesure de cette hauteur h, qui prend le nom de **hauteur barométrique.**

On vérifie aisément que cette hauteur ne dépend ni du diamètre du tube, ni de sa forme, ni de son inclinaison (fig. 52).

100. Pression atmosphérique normale. — La hauteur barométrique varie avec le temps et avec le lieu.

En un même lieu, elle dépend de l'état de l'atmosphère.

En des lieux différents, elle dépend de l'altitude et de la latitude.

A la latitude de 45° et au niveau de la mer, sa *valeur moyenne* est de 76^{cm}.

On appelle **pression normale** la pression atmosphérique équivalente à celle d'une colonne de mercure de 76^{cm}. de hauteur.

Il est facile d'évaluer cette pression en dynes ou en grammes par centimètre carré. C'est le poids d'une colonne de mercure qui aurait pour base 1^{cm^2} et pour hauteur $h = 76^{cm}$. Sa valeur est donc :

$$\varpi h \text{ (dynes)} \quad \text{ou} \quad dh \text{ (grammes)}$$

d et ϖ représentant la densité du mercure :

$$d = 13,59,$$

et son poids spécifique :

$$\varpi = dg = 13,59 \times 981.$$

En effectuant les calculs, on trouve :

$$1\,013\,000 \text{ (dynes)} \quad \text{ou} \quad 1\,032 \text{ (grammes).}$$

Unités usuelles de pression. — 1° Les pressions s'évaluent en *dynes* ou en *grammes* par centimètre carré.

2° On les évalue aussi en *atmosphères*.

D'après ce qui précède, une atmosphère vaut :

$$1{,}013 \text{ (mégadyne)} \quad \text{ou} \quad 1{,}032 \text{ (kilogramme)}$$

par centimètre carré.

3° Enfin, le plus souvent, on évalue simplement la force élastique d'un gaz par la *hauteur de mercure* qui lui ferait équilibre.

On passe aisément de cette dernière évaluation à chacune des précédentes. Ainsi une pression de h centimètres de mercure vaut :

$$\frac{h}{76} \text{ (atmosphères)}, \quad hd \text{ (grammes)} \quad \text{ou} \quad hdg \text{ (dynes)}$$

par centimètre carré.

101. Corrections barométriques. — La température influe sur la longueur des échelles graduées et sur la densité du mercure. D'autre part, une colonne mercurielle contenue dans un tube étroit subit une dépression capillaire.

Corriger une hauteur barométrique observée, c'est calculer la valeur qu'elle aurait eue si l'observation avait été faite à la température de 0°, et avec un tube assez large pour qu'il n'y ait pas de dépression capillaire.

La *correction de capillarité* consiste à ajouter la dépression capillaire. Celle-ci est constante pour un même tube. On la trouve dans des tables numériques, connaissant le diamètre du tube et la flèche du ménisque.

La *correction de température* s'effectue comme nous l'indiquerons dans l'étude de la chaleur.

102. Réduction des hauteurs barométriques en mercure normal. — Le poids spécifique du mercure $\varpi = dg$ est le produit de sa densité d, qui change avec la température, par l'intensité de la pesanteur g, qui varie d'un lieu à un autre.

Pour pouvoir comparer entre elles les hauteurs barométriques corrigées comme il vient d'être dit, il faut les remplacer par les hauteurs équivalentes d'un mercure *normal* ayant un poids spécifique invariable.

On convient d'adopter pour **mercure normal** le mercure pris *à la température de 0°, à la latitude de 45° et au niveau de la mer.*

Soient d_0 la densité du mercure à 0°, et g_0 l'intensité de la pesanteur à la latitude de 45° et au niveau de la mer.

Soit x la hauteur de mercure normal, qui représente la même pression qu'une hauteur h de mercure, de densité d, en un lieu où l'intensité de la pesanteur est g.

En écrivant que les pressions sont égales, on a :

$$xd_0g_0 = hdg;$$

d'où
$$x = h \cdot \frac{d}{d_0} \cdot \frac{g}{g_0}.$$

Le premier rapport se calcule d'après la dilatation du mercure; le second se trouve dans des tables numériques (73).

103. Nivellement barométrique. — La pression atmosphérique en un point est la somme des pressions exercées par les diverses couches d'air situées au-dessus de ce point. Quand on s'élève d'une hauteur Z, la hauteur barométrique diminue d'une certaine hauteur h, telle que la pression de h^{cm} de mercure soit équivalente à la pression de Z^{cm} d'air.

Proposons-nous de calculer Z en fonction de h.

Soient dg le poids spécifique du mercure et ag le poids spécifique normal de l'air.

1° Si la hauteur Z n'est pas très considérable, on peut admettre que, dans une colonne de hauteur Z, la valeur moyenne du poids spécifique de l'air ne diffère pas sensiblement de sa valeur normale.

Alors, en écrivant que les pressions de Z^{cm} d'air et de h^{cm} de mercure sont équivalentes, on obtient l'équation :

$$Zag = hdg;$$

d'où :
$$Z = h \cdot \frac{d}{a}.$$

On a sensiblement :

$$\frac{d}{a} = \frac{13{,}6}{0{,}0013} = 10\,500.$$

Donc
$$Z = 10\,500h. \qquad (1)$$

Ainsi pour $h = 1^{cm}$, on a $Z = 105^{m}$,

et la hauteur barométrique diminue de 1^{mm}, chaque fois que l'on s'élève dans l'atmosphère de $10^{m},50$ environ.

Ce fait a été constaté pour la première fois par Pascal, dans des expériences faites à Clermont et au sommet du Puy-de-Dôme. Pour un accroissement d'altitude d'à peu près 1000^{m}, il a trouvé que la hauteur barométrique diminue de 10^{cm} environ.

2° Pour des valeurs de Z supérieures à une centaine de mètres, la formule (1) donne des résultats trop forts, d'autant plus exagérés que Z augmente davantage.

En tenant compte de la diminution qu'éprouve le poids spécifique de l'air à mesure qu'on s'élève dans l'atmosphère, on démontre que si la hauteur barométrique est H à la station inférieure, et H' à la station supérieure $(H' < H)$, la différence d'altitude est :

$$Z = 18336^{m} \log. \frac{H}{H'}.$$

Si l'on veut obtenir un résultat très exact, il faut tenir compte des températures t, t' aux deux stations; ce qui se fait en multipliant l'expression précédente par le facteur :

$$\left(1 + \frac{t + t'}{500}\right).$$

Il faut tenir compte aussi de la latitude λ, en multipliant par le facteur : $(1 + 0{,}0026 \cos 2\lambda)$.

La formule ainsi complétée est due à Laplace.

§ II. MESURE DE LA PRESSION ATMOSPHÉRIQUE

104. Baromètres. — Les **baromètres** sont les instruments qui permettent d'évaluer la pression atmosphérique, en un lieu et à un instant quelconque.

On distingue les *baromètres à mercure*, plus ou moins analogues au tube de Torricelli, et les *baromètres métalliques*, qui sont fondés sur un principe tout différent.

Baromètres à mercure. — 1° Le *baromètre à cuvette ordinaire* est un simple tube de Torricelli, appliqué contre une planche portant une échelle graduée.

Le *baromètre normal* (fig. 53) est un baromètre à cuvette, approprié aux mesures précises; le tube est large, pour éviter toute dépression capillaire; l'échelle est supprimée, et la cuvette porte une vis v de longueur connue, qui affleure le mercure et permet de mesurer la hauteur barométrique au moyen d'un cathétomètre.

2° *Les baromètres à cuvette mobile*, tels que le baromètre de

Fortin (fig. 54), ont le double avantage de se prêter à des mesures exactes et d'être transportables. Pour transporter l'appareil, on relève le fond mobile, constitué par une peau de chamois, de manière que le mercure remplisse le tube et soit immobilisé. On enferme le tube dans une canne creuse qui peut s'ouvrir en forme de trépied.

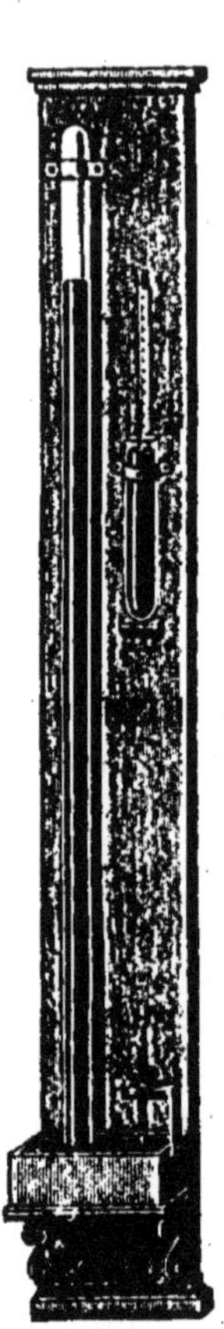

Fig. 53.
Baromètre normal.

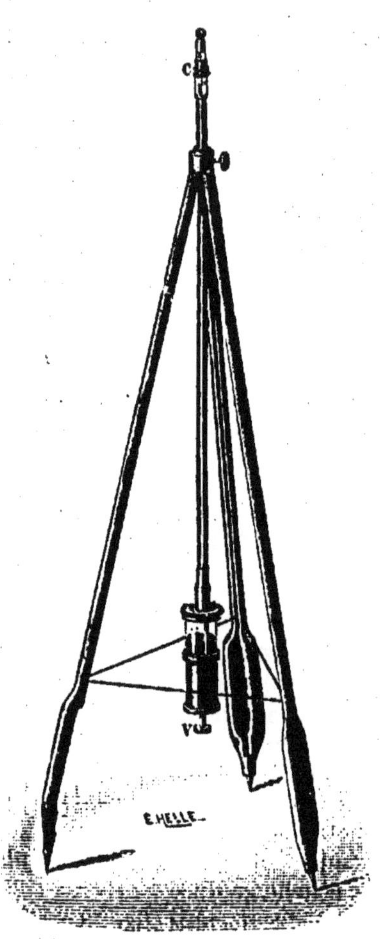

Fig. 54. — Baromètre de Fortin.

3° Le *baromètre à siphon* (fig. 55) présente deux branches inégales communiquant par la partie inférieure; la branche courte est ouverte. On peut en faire un appareil de laboratoire ou un baromètre d'appartement.

Dans le premier cas, les deux branches s'élargissent également vers les niveaux du mercure, et la distance de ces niveaux se mesure au cathétomètre.

Dans le cas contraire, le siphon est appliqué contre une planche qui porte une échelle appropriée (fig. 55); ou bien, par un dispositif convenable, les variations de la hauteur du mercure se traduisent par le déplacement d'une aiguille sur un cadran (fig. 56).

Baromètres métalliques. — Un baromètre métallique se compose d'une enveloppe métallique à parois flexibles et vide d'air, dont la forme change quand la pression atmosphérique varie. Les dé-

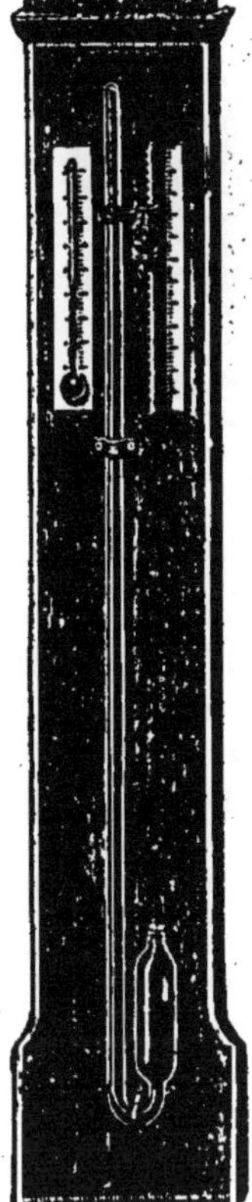

Fig. 55.
Baromètre à siphon.

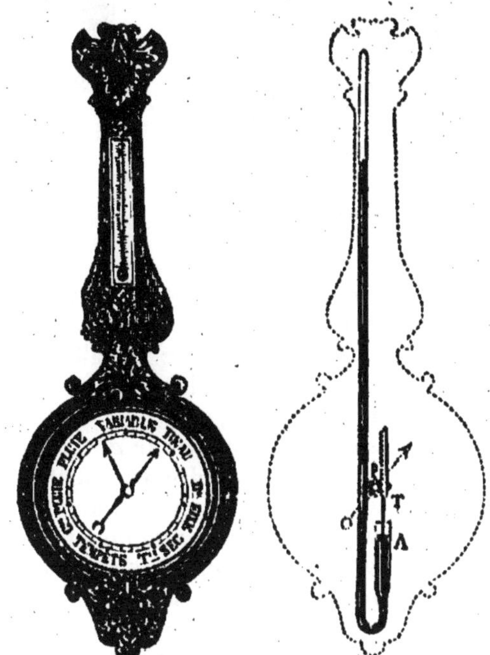

Fig. 56. — Baromètre à siphon et à cadran.

placements de la paroi élastique se transmettent à un mécanisme spécial, qui les amplifie, les transforme, et les traduit finalement par la rotation d'une aiguille sur un cadran.

Cet appareil se gradue par comparaison avec un baromètre à mercure.

1° Dans le *baromètre de Bourdon* (fig. 57), l'enveloppe élastique est un tube à section elliptique, recourbé en cercle, et dont les extrémités se rapprochent ou s'écartent suivant que la pression extérieure augmente ou diminue.

2° Dans le *baromètre de Vidi* (fig. 58), l'enveloppe métallique est une boîte cylindrique à faces cannelées.

Fig. 57.
Baromètre de Bourdon.

Fig. 58.
Baromètre de Vidi.

Les baromètres métalliques ont l'avantage d'être transportables, très sensibles et de ne pas exiger de correction de température, du moins quand le vide est assez parfait. Seulement, il faut contrôler de temps en temps la graduation, parce que l'élasticité du métal peut se modifier à la longue.

3° Le *baromètre enregistreur de Richard* (fig. 59) se compose d'une pile de boîtes cylindriques, analogues à celles de *Vidi*, et dont les variations d'épaisseur s'ajoutent. Les déplacements de la face supérieure de la pile actionnent un levier terminé par une plume chargée d'encre, qui les inscrit sur un cylindre enregistreur mû par un mouvement d'horlogerie.

Sur une même feuille de papier entourant le cylindre, la pression atmosphérique s'inscrit à chaque instant pendant toute une semaine.

105. **Variations barométriques.** — La hauteur barométrique en un lieu donné subit des variations soit *périodiques*, soit *accidentelles*.

1° Les *variations périodiques* sont très sensibles et très régulières à l'équateur. Le baromètre monte de quatre heures à dix heures et baisse de dix heures à quatre heures ; une première fois le jour, une seconde fois la nuit.

L'amplitude de ces variations s'atténue à mesure qu'on s'élève en latitude ou en altitude. Dans nos pays, les heures des maxima et des minima s'observent moins facilement et changent d'ailleurs avec les saisons.

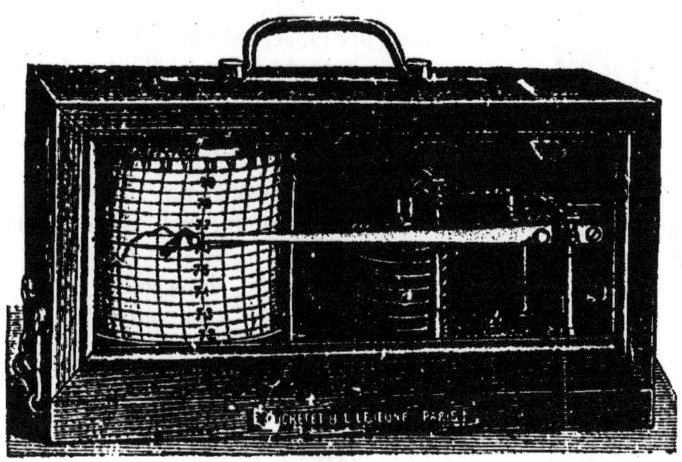

Fig. 59. — Baromètre enregistreur.

2° Les *variations accidentelles* sont liées aux changements qui se produisent dans la direction ou l'intensité du vent. On peut les considérer comme des présages de changements de temps. Dans nos régions, la pression normale 76cm annonce un temps variable. Sur les baromètres d'appartement, de part et d'autre de la pression 76 on porte trois intervalles de 9mm chacun, et l'on inscrit en regard des divisions correspondantes les pronostics suivants : pour les pressions supérieures, *beau*, *beau fixe*, *très sec;* pour les pressions inférieures, *pluie*, *grande pluie*, *tempête*.

§ III. MESURE DE LA PRESSION D'UN GAZ CONFINÉ

106. **Manomètres.** — *Les* **manomètres** *sont des instruments destinés à évaluer la pression des gaz et des vapeurs.*

On distingue les *manomètres à mercure* et les *manomètres métalliques.*

Manomètre à mercure. — I. Pressions supérieures à la pression

atmosphérique. — 1° Le *manomètre de Regnault* (fig. 60) se compose de deux tubes verticaux communiquant par la partie inférieure, et contenant du mercure. La petite branche A peut être mise en communication avec le récipient à gaz dont on veut mesurer la pression; l'autre branche C se prolonge et débouche dans l'atmosphère.

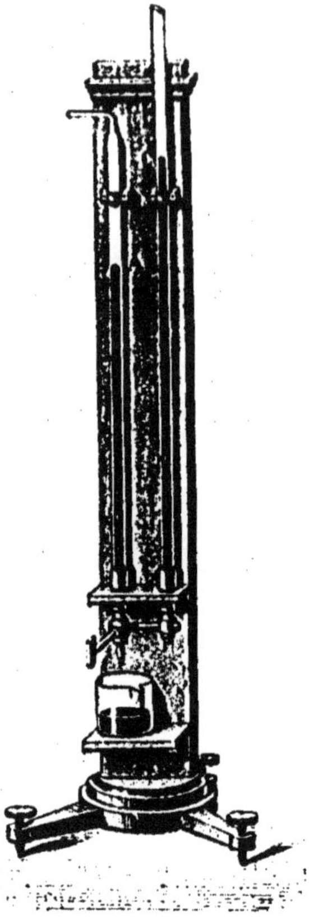

La pression du gaz qui déprimé le mercure en A, est égale à la pression qui règne à l'intérieur de l'autre tube dans le plan horizontal du niveau A; c'est-à-dire à la pression atmosphérique augmentée de la différence de hauteur des surfaces libres A et C.

Fig. 60.
Manomètre de Regnault.

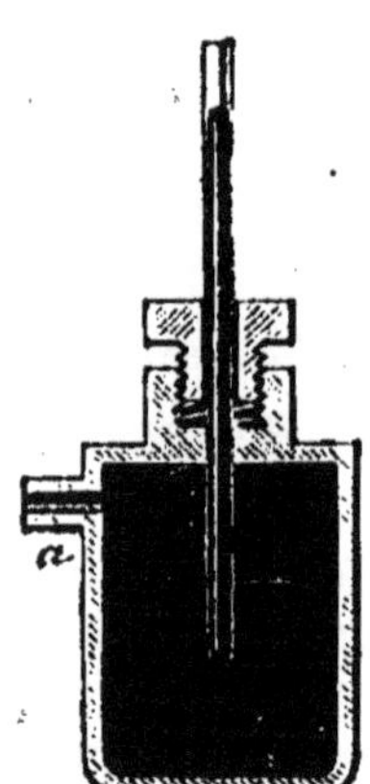

fig. 61.
Manomètre à air libre.

Théoriquement, cet appareil permet de mesurer des pressions aussi grandes que l'on veut : il suffit que les deux branches soient assez longues. Dans la pratique, on ne l'utilise que pour des pressions inférieures à 2 ou 3 atmosphères.

2° Pour des pressions plus considérables, on emploie un manomètre formé par un tube de cristal très résistant, mastiqué dans un réservoir en fer contenant du mercure (fig. 61). Une tubulure *a* permet de faire communiquer ce réservoir avec le récipient qui contient le gaz ou la vapeur dont on veut mesurer la tension.

Le tube est gradué en centimètres, à partir du niveau du mercure dans la cuvette, et en tenant compte de la dépression qui se produit dans cette cuvette, à mesure que le mercure s'élève dans le tube.

Un manomètre de ce genre, installé par M. Cailletet dans la tour Eiffel, avait 300^{m} de hauteur et pouvait servir à mesurer une pression de 400 atmosphères.

3° Enfin, pour la mesure des pressions très élevées, on utilise le manomètre

de Desgoffe, perfectionné par M. Amagat, et fondé sur le principe suivant :

Imaginons deux pistons solidaires, de même axe, et de sections très inégales s, S (fig. 62). Le plus petit, mobile dans un corps de pompe, supporte la pression P qu'il s'agit d'évaluer. L'autre refoule du mercure dans un tube manométrique vertical.

Soit h la hauteur du mercure soulevé. En égalant entre elles les poussées qui s'exercent sur les surfaces s et S, on a :

$$sP = Sh, \quad \text{d'où :} \quad h = \frac{s}{S}P.$$

Si la surface S est 100 fois plus grande que s, la colonne de mercure ne représente que le $\frac{1}{100}$ de la pression mesurée. L'artifice des pistons différentiels permet donc de réduire, dans un rapport connu, la pression qu'il s'agit d'évaluer.

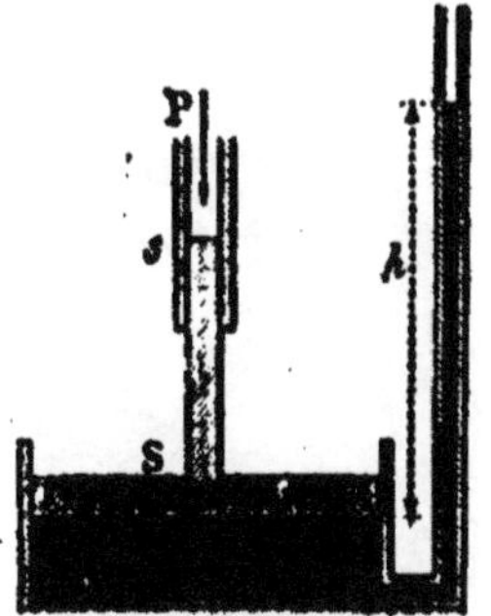

Fig. 62. — Principe du manomètre de Desgoffe, pour la mesure des pressions très élevées.

B. Pressions inférieures à une atmosphère. — 1° Pour évaluer la pression x d'un gaz contenu dans une éprouvette reposant sur la cuve à mercure (fig. 63), il suffit de mesurer la hauteur $AB = h$ du mercure soulevé dans l'éprouvette, et d'observer la hauteur barométrique H.

Dans le plan de la surface libre extérieure, on a :

$$H = x + h; \quad \text{d'où} \quad x = H - h.$$

2° Le **manomètre barométrique** de *Regnault* (fig. 64) se compose de deux tubes reposant sur une même cuve à mercure. L'un est un baromètre normal, l'autre peut être mis en communication avec le récipient à gaz, par son extrémité supérieure t.

La pression du gaz est mesurée par la différence des niveaux du mercure dans les deux tubes.

3° Les *pressions extrêmement faibles* se mesurent au moyen du manomètre ou **jauge de Mac'-Leod**, que nous aurons l'occasion de décrire dans la suite (136).

Manomètres métalliques. — Dans l'industrie, pour mesurer la pression qui règne dans les chau-

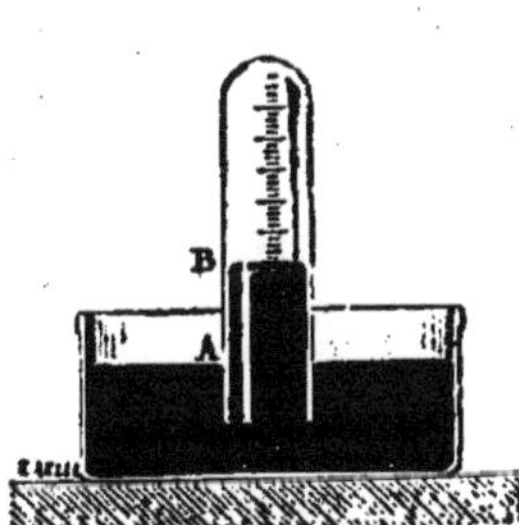

Fig. 63. — Pression d'un gaz dans une éprouvette.

Fig. 64. — Manomètre barométrique.

dières des machines à vapeur, on se sert de manomètres métalliques.

Fig. 65. — Manomètre de Bourdon.

Le *manomètre de Bourdon* (fig. 65) se compose d'un tube métallique flexible, à section elliptique, et contourné en spirale. L'intérieur communique par l'une de ses extrémités avec le récipient à vapeur. L'autre extrémité est fermée ; elle porte une aiguille qui se meut sur un arc gradué en atmosphères, ou en kilogrammes par centimètre carré.

Cette graduation s'obtient par comparaison avec un manomètre à mercure.

Les manomètres métalliques ont l'avantage d'être solides, peu encombrants, et d'une précision suffisante pour l'usage industriel ; mais il faut vérifier leur graduation de temps en temps, car l'élasticité du métal se modifie à la longue, par suite des variations de pressions auxquelles il est soumis.

§ IV. COMPRESSIBILITÉ DES GAZ. — LOI DE MARIOTTE

107. Force élastique d'un gaz. — Quand une masse gazeuse en équilibre n'occupe pas une hauteur très considérable, tous ses points sont à une même pression, que l'on appelle la *force élastique* de ce gaz (86). Cette pression, qui s'exerce sur les parois du récipient, est d'ailleurs égale à la réaction de ces parois, ou à la *pression exercée sur le gaz* par le milieu extérieur.

Ces deux expressions : *force élastique du gaz*, et *pression supportée par ce gaz*, peuvent être considérées comme synonymes ; on les emploie fréquemment l'une pour l'autre.

108. Loi de compressibilité d'un gaz. — Les gaz étant très compressibles et parfaitement élastiques, le volume V d'une masse gazeuse est essentiellement variable. Il dépend à la fois de sa pression P, et de sa température t.

Ces trois variables V, P, t sont fonctions les unes des autres ; c'est-à-dire que si l'on attribue à deux quelconques d'entre elles des valeurs arbitraires, la troisième prend une valeur bien déterminée.

Il s'ensuit qu'il existe entre ces trois variables une relation :

$$f(V, P, t) = 0 \qquad (1)$$

permettant de calculer chacune d'elles en fonction des deux autres. Cette relation est la *loi de compressibilité du gaz*.

Si la masse gazeuse est maintenue à une température constante, t conserve une valeur numérique déterminée, et l'équation (1), qui ne renferme plus alors que deux variables, se réduit à une équation plus simple :

$$f(V, P) = 0. \qquad (2)$$

La relation générale (1) est très importante ; nous l'étudierons plus tard, dans le chapitre de la chaleur. Nous nous bornerons ici à considérer la relation (2), c'est-à-dire le cas particulier où la température est invariable.

109. Loi de Mariotte. — *A une même température, le volume d'une masse gazeuse est inversement proportionnel à sa pression.*

C'est-à-dire que *le volume et la pression ont un produit constant.*

Si la masse gazeuse prend un volume V sous une pression P, et un volume V′ sous une pression P′, on a :

$$\frac{V}{V'} = \frac{P'}{P}; \quad \text{d'où} \quad VP = V'P' = C^{te}.$$

La forme de cette relation est d'ailleurs indépendante du choix des unités. Supposons, par exemple, que P, P′ représentent les pressions évaluées en dynes par centimètre carré, et désignons par H, H′ les mêmes pressions évaluées en hauteur de mercure.

Ces deux groupes de nombres sont proportionnels, car on a :

$$P = Hdg, \quad P' = H'dg,$$

dg étant le poids spécifique du mercure.

En tenant compte de ces valeurs, la relation de Mariotte devient .

$$\frac{V}{V'} = \frac{H'}{H} \quad \text{ou} \quad VH = V'H' = C^{te}.$$

Expériences de Mariotte. — Pour vérifier si un gaz suit la loi de Mariotte, l'air, par exemple, on emprisonne une masse d'air à une température constante, sous une pression variable, et dans des conditions telles que l'on puisse mesurer à chaque instant son volume V, et la pression correspondante H. On calcule, pour chaque expérience, la valeur numérique du produit VH ; et tout revient à constater que les produits ainsi obtenus sont égaux entre eux.

Dans les expériences de cours, on montre généralement que si l'un des facteurs H ou V devient 2, 3, 4 fois plus grand, l'autre devient 2, 3, 4 fois plus petit ; ce qui revient à dire que le produit VH reste constant.

1° *Pour les pressions supérieures à la pression atmosphérique*, on se sert d'un long tube de verre (fig. 66) formé de deux branches verticales : l'une courte, fermée, et graduée en parties d'égal volume à partir de son sommet ; l'autre, longue de 2 à 3 mètres, ouverte par le haut, et graduée en centimètres. On commence par verser du mercure dans la grande branche, de manière à emprisonner une masse d'air qui occupe un volume V à la pression atmosphérique H. Le mercure est alors au même niveau dans les deux branches.

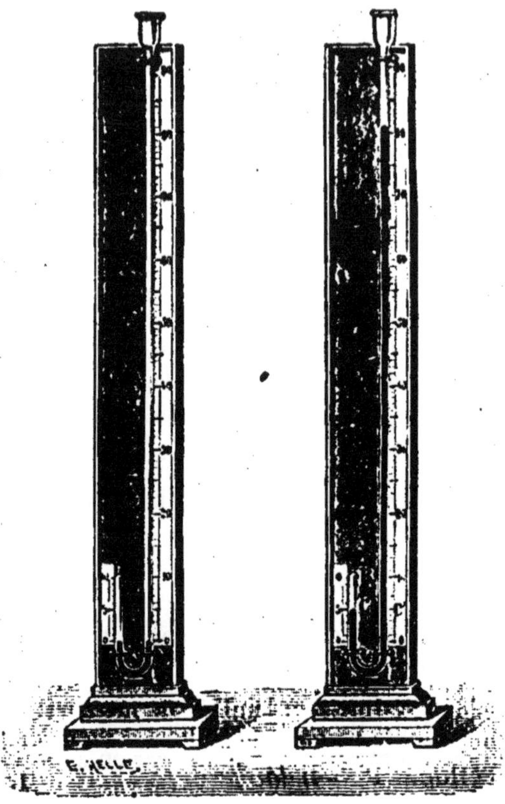

Fig. 66. — Vérification de la loi de Mariotte, pour les pressions supérieures à la pression atmosphérique.

On verse du mercure dans la grande branche, et l'on augmente ainsi la pression de la masse d'air, jusqu'à ce que son volume soit réduit à $\frac{V}{2}$. A ce moment, on constate que la différence des niveaux du mercure est égale à H, et que, par conséquent, la pression de l'air confiné est 2H.

On verse encore du mercure, jusqu'à ce que le volume de l'air se réduise à $\frac{V}{3}$. A ce moment, on constate que la différence des niveaux est 2H, c'est-à-dire que la pression de l'air est 3H, etc.

2° *Pour les pressions inférieures à une atmosphère*, on emploie un tube de Torricelli contenant un peu d'air, et retourné sur une cuvette profonde (fig. 67).

On enfonce le tube jusqu'à ce que le niveau du mercure intérieur coïncide avec celui de l'extérieur. L'air emprisonné occupe alors un volume V sous la pression atmosphérique H (fig. 68).

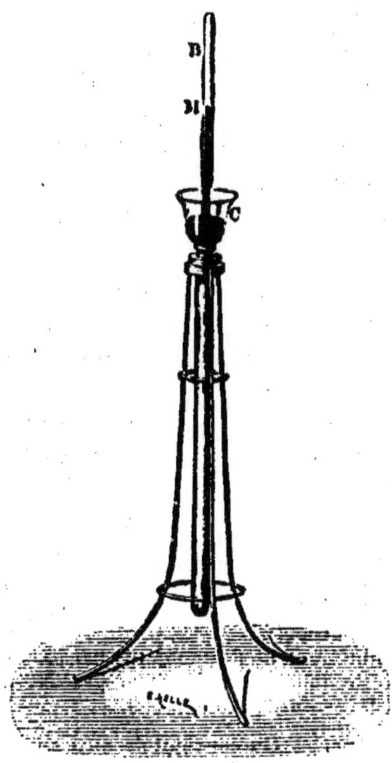

Fig. 67. — Cuvette profonde.

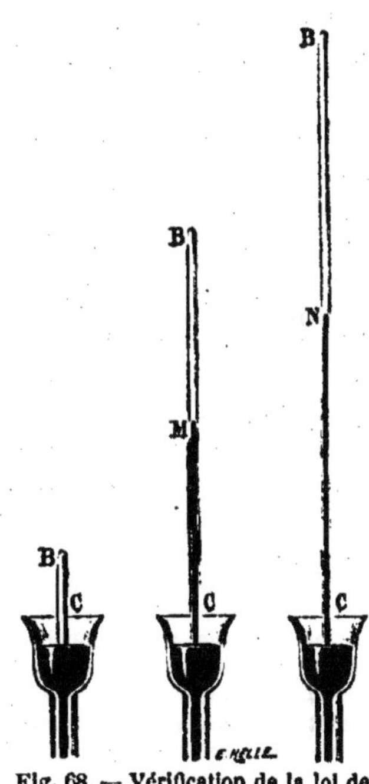

Fig. 68. — Vérification de la loi de Mariotte, pour les pressions inférieures à la pression atmosphérique.

On soulève le tube jusqu'à ce que le volume de l'air devienne égal à 2V. A ce moment, on constate que la colonne mercurielle intérieure est soulevée d'une hauteur $\frac{H}{2}$; d'où il suit que la pression de l'air est :

$$H - \frac{H}{2} = \frac{H}{2}.$$

On soulève encore le tube, jusqu'à ce que le volume de l'air soit égal à 3V. A ce moment, la colonne de mercure a pour hauteur $\frac{2H}{3}$, et la pression de l'air est :

$$H - \frac{2H}{3} = \frac{H}{3}. \quad \text{Etc.}$$

Conditions dans lesquelles la loi de Mariotte est applicable. — Des expériences plus précises faites par Regnault sur l'air, l'azote, l'hydrogène, ont établi que tous ces gaz obéissent à la loi de Mariotte, d'une manière à peu près rigoureuse, tant que la pression ne dépasse pas 20 ou 30 atmosphères.

La loi de Mariotte peut donc être considérée comme représentant la loi de compressibilité des gaz, avec une exactitude suffisante pour les besoins de la pratique, c'est-à-dire pour toutes les pressions usuelles.

Il n'y a d'exception que pour les corps gazeux facilement liquéfiables à la température ordinaire : l'anhydride carbonique et l'acétylène, par exemple, sont un peu plus compressibles que ne l'indique la loi de Mariotte.

110. La loi de Mariotte n'est qu'une première approximation. — L'étude de la compressibilité des gaz a été poursuivie par M. Cailletet, et surtout par M. Amagat, jusqu'à des pressions très élevées, et sur une très large échelle de températures.

Les résultats obtenus montrent que, par rapport à la loi de compressibilité des gaz, la loi de Mariotte ne représente qu'une première approximation, qui cesse d'être applicable en dehors des pressions usuelles.

1° **Température critique.** — La loi de compressibilité d'un gaz à une température donnée t varie beaucoup avec cette température. Elle change du tout au tout suivant que t est inférieur ou supérieur à une valeur particulière θ, que l'on appelle la *température critique* du gaz considéré.

Dans le premier cas, le gaz, comprimé suffisamment, finit toujours par passer à l'état liquide; dans le second cas, il reste indéfiniment à l'état gazeux, si grande que devienne la pression qu'on lui fait subir.

2° **Distinction entre un gaz et une vapeur.** — On convient de dire qu'*un corps gazeux est une* **vapeur** *ou un* **gaz proprement dit**, *suivant que sa température actuelle est inférieure ou supérieure à sa température critique.*

Ainsi, *une* **vapeur** *est un corps gazeux au-dessous de sa température critique :* on peut liquéfier cette vapeur en la comprimant sans la refroidir.

Au contraire, *un* **gaz proprement dit** *est un corps gazeux au-dessus de sa température critique :* on ne peut pas le liquéfier sans le refroidir.

Voici les températures critiques de quelques corps gazeux :

Ammoniac (130°), Acétylène (37°), Anhydride carbonique (31°),
Oxygène (—118°), Azote (—145°), Hydrogène (—234°).

A la température ordinaire, les trois premiers sont des vapeurs, et les trois derniers sont des gaz proprement dits.

3° **Isothermes d'une masse gazeuse.** — Pour étudier la compressibilité d'une masse gazeuse, on fait varier sa pression P; on détermine les valeurs correspondantes de son volume V, et l'on étudie les variations du produit PV pour des valeurs croissantes de P.

Si PV restait constant, le gaz suivrait la loi de Mariotte. Lorsque PV décroît, la compressibilité est plus grande que ne l'indique la loi de Mariotte; lorsque PV croît, la compressibilité est moindre.

Pour représenter graphiquement les résultats, on porte P en abscisse, PV en ordonnée, et l'on réunit tous les points marqués par un trait continu. Cette ligne est dite une *isotherme* de la masse gazeuse soumise à l'expérience.

On peut tracer sur une même figure soit les isothermes d'un même gaz, pris successivement à des températures différentes; soit les isothermes de plusieurs gaz, pour une même température. Dans ce dernier cas, on suppose que tous ces gaz occupaient, à la pression atmosphérique, un même volume V_1.

4° Isothermes des vapeurs et des gaz, à la température ordinaire (fig. 69).

a) Pour une vapeur telle que l'anhydride carbonique, le produit PV décroît constamment depuis la pression $P = 1^{atm.}$ jusqu'à la pression qui détermine la liquéfaction. L'isotherme descend d'abord lentement au-dessous de l'horizontale qui représente la loi de Mariotte, puis elle tombe verticalement au moment de la liquéfaction.

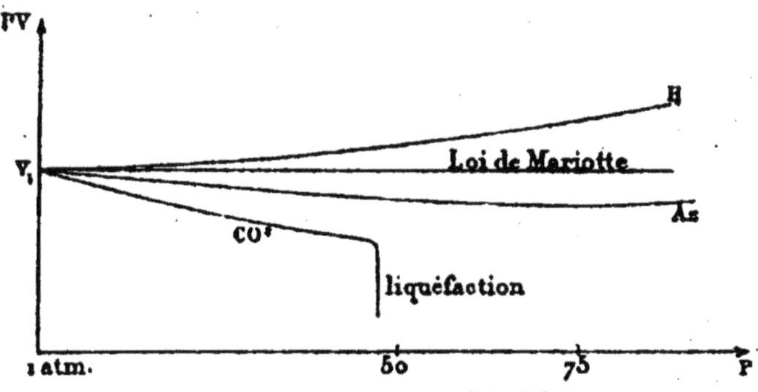

Fig. 69. — Courbes de compressibilité des gaz.

b) Pour l'hydrogène, le produit PV augmente constamment, et l'isotherme est située tout entière au-dessus de l'horizontale qui représente la loi de Mariotte.

c) Pour l'azote et pour tous les autres gaz proprement dits, le produit PV commence par décroître, puis il passe par un minimum, et augmente ensuite indéfiniment.

La figure 70 représente quelques-uns des résultats obtenus par M. Amagat; mais avec une échelle beaucoup plus grande pour les ordonnées que pour les abscisses.

La compressibilité varie en sens contraire du produit PV. On voit qu'à la température ordinaire celle de l'hydrogène diminue constamment. Pour tous les autres gaz, la compressibilité commence par croître, mais elle passe par un maximum et diminue ensuite indéfiniment.

Ce fait général s'explique aisément d'après l'hypothèse moléculaire. Un gaz est constitué par des molécules qui ont un volume propre, mais qui sont situées à grande distance les unes des autres. Une pression croissante a pour effet de rapprocher de plus en plus ces molécules, mais sans que le volume V occupé par la masse gazeuse puisse jamais devenir moindre que le volume total des molécules. Dès lors, quand la pression P augmente indéfiniment, le volume V ne tend pas vers zéro, et le produit PV augmente sans limite.

Pour des pressions croissantes à partir de $1^{atm.}$, le produit PV commence généralement par décroître; mais il faut nécessairement que sa variation change de sens, c'est-à-dire qu'il passe par un minimum et qu'il augmente ensuite indéfiniment.

Si l'on compare les isothermes de divers gaz à une même température (fig. 70), on constate que le minimum du produit PV varie d'un gaz à un autre. Il est d'autant plus accentué que le gaz est plus rapproché de son point critique. Pour l'éthylène, ce minimum sort des limites de la figure. Il est encore très accentué pour le formène et pour l'oxygène. Il s'atténue beaucoup pour l'air et surtout pour l'azote. Enfin, il disparaît pour l'hydrogène, qui, à 0°, est extrêmement éloigné de sa température critique (— 234°).

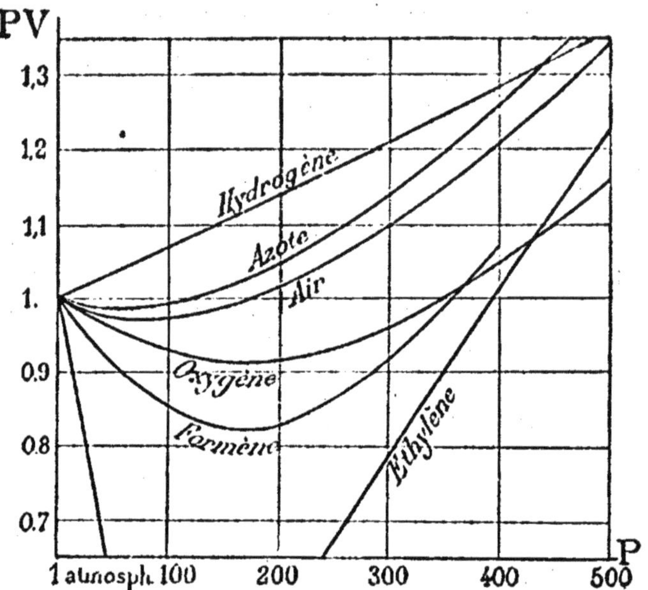

Fig. 70. — Courbes de compressibité de divers gaz à une même température.

5° **Isotherme d'une même masse gazeuse.** — Si l'on compare les isothermes d'une même masse gazeuse à des températures croissantes, on constate que le minimum du produit PV croît avec la température. Pour des températures suffisamment élevées il s'atténue de plus en plus, et finit par disparaître quand la masse gazeuse en expérience se trouve dans les mêmes conditions que l'hydrogène à 0°, c'est-à-dire à une température très élevée au-dessus de la température critique.

Dans l'étude de la liquéfaction des gaz, nous aurons l'occasion de préciser davantage l'influence de la température sur l'isotherme d'un gaz ou d'une vapeur.

§ V. MÉLANGE DES GAZ. — LOI DE DALTON

111. Diffusion des gaz. — Expérience de Berthollet. — *Deux gaz sans action chimique l'un sur l'autre, mis en présence dans des récipients en communication, se pénètrent mutuellement de manière à former un mélange homogène.*

Berthollet a vérifié cette loi au moyen de deux ballons de même volume, communiquant par un tube étroit (fig. 71). Le ballon supérieur contenait de l'hydrogène, et le ballon inférieur de l'anhydride carbonique à la même pression et à la même température. Ces ballons furent placés dans les caves de l'Observatoire de Paris, à l'abri de toutes les causes extérieures capables de provoquer le mélange des deux gaz.

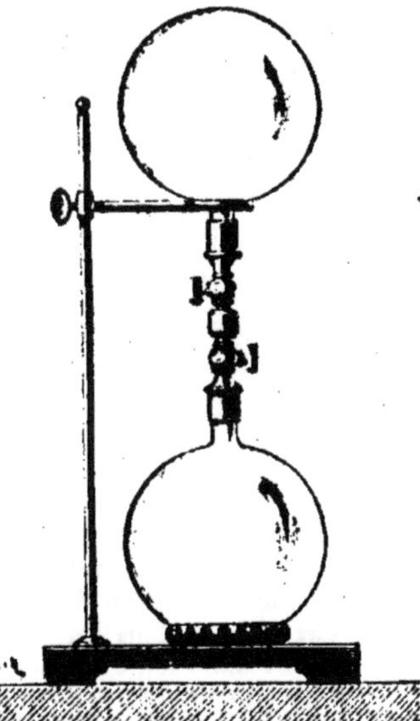

Fig. 71. — Expérience de Berthollet sur la diffusion des gaz.

Au bout de quelques jours, il fut constaté que les deux ballons contenaient des mélanges gazeux absolument identiques.

112. Mélange des gaz. — Loi de Dalton. — *La pression d'un mélange de plusieurs gaz est égale à la somme des pressions individuelles de ces gaz;* c'est-à-dire à la somme des pressions que prendraient séparément ces gaz, si chacun occupait seul le volume total du mélange.

Soient v, p; v', p'; v'', p''; le volume et la pression de trois masses gazeuses différentes. Supposons que ces gaz n'aient pas d'actions réciproques; introduisons-les dans un récipient de volume V, et proposons-nous de calculer la pression P du mélange.

D'après la loi de Dalton, cette pression totale est égale à la somme des pressions individuelles f, f', f'' des trois gaz, considérés chacun comme occupant seul le volume V.

En appliquant la loi de Mariotte à chaque masse gazeuse, on obtient respectivement :

$$Vf = vp,$$
$$Vf' = v'p',$$
$$Vf'' = v''p'';$$

d'où, par addition :

$$V(f + f' + f'') = vp + v'p' + v''p'';$$

c'est-à-dire

$$VP = vp + v'p' + v''p''. \qquad (1)$$

Ainsi, *le volume du mélange multiplié par sa pression est égal à sa somme des produits que l'on obtient, en multipliant le volume primitif de chaque gaz par la pression correspondante.*

Les pressions étant proportionnelles aux nombres H, h, h', h'', qui les mesurent en hauteur de mercure, la relation homogène (1) peut s'écrire :

$$VH = vh + v'h' + v''h''. \qquad (2)$$

Vérification. — Cette dernière formule est aisée à vérifier. On introduit trois masses gazeuses dans des éprouvettes graduées reposant sur la cuve à mercure. On mesure le volume et la pression de chacune d'elles. On les introduit ensuite toutes les trois, sous une même cloche graduée, reposant aussi sur le mercure, et l'on mesure le volume et la pression du mélange.

Si l'on calcule alors séparément les deux membres de la formule (2), on constate que les deux nombres obtenus sont égaux.

§ IV. DISSOLUTION DES GAZ

113. Dissolution des gaz dans les liquides. — Lorsqu'on met en présence un gaz et un liquide, sans action chimique l'un sur l'autre, le liquide absorbe généralement une partie du gaz, pour former un mélange que l'on appelle une *dissolution* du gaz dans le liquide.

Le gaz pénètre dans les intervalles moléculaires du liquide, et se diffuse uniformément dans toute sa masse. La quantité de gaz absorbée par chaque unité de volume du liquide dépend de la *nature des corps* en présence, de la *pression du gaz resté libre* et de la *température :* elle varie dans le même sens que la pression et en sens inverse de la température.

Dans des conditions déterminées, l'équilibre finit toujours par s'établir, et l'on dit alors que le liquide est *saturé.*

On abrège la durée du phénomène en augmentant la surface du liquide, ou en agitant le liquide à l'intérieur du gaz.

Influence de la pression. — Il y a deux cas à distinguer, suivant que le liquide est en présence d'un gaz unique, ou d'un mélange de plusieurs gaz.

1° *Loi de Henry. — A une même température, il existe un rapport constant entre le volume* v *du gaz dissous, mesuré à la pression du gaz resté libre, et le volume* V *du dissolvant.*

Ce rapport constant : $\frac{v}{V} = k,$

n'est autre que le volume du gaz dissous par l'unité de volume du liquide, et mesuré à la pression finale du gaz non dissous.

On le nomme le **coefficient de solubilité** du gaz dans le liquide, à la température considérée.

2° *Loi de Dalton. — Quand un liquide est en présence d'un mélange de plusieurs gaz,* chacun *de ces gaz se dissout comme s'il était seul* (d'après son coefficient de solubilité propre, et sa pression individuelle dans le mélange gazeux).

D'après cela, *la masse d'un gaz dissous est proportionnelle à la pression finale de ce même gaz resté libre.* Elle augmente ou diminue indéfiniment avec cette pression.

Une dissolution abandonne complètement un gaz quand on l'introduit dans le vide, ou dans une atmosphère dépourvue de ce même gaz.

L'eau de seltz est une dissolution de gaz carbonique obtenue sous une pression de 5 ou 6 atmosphères. Abandonnée à l'air libre, sans agitation, elle reste *sursaturée;* mais le gaz est alors dans un état d'équilibre instable, et il s'échappe tumultueusement de la dissolution dès que l'on plonge dans celle-ci un corps poreux entraînant de l'air.

Influence de la température. — Le coefficient de dilatation d'un gaz est une fonction décroissante de la température : il diminue rapidement quand la température augmente, et il est toujours nul à la température d'ébullition du liquide.

COEFFICIENTS DE SOLUBILITÉ DES GAZ DANS L'EAU

TEMPÉRATURE	0°	10°	20°
Hydrogène	0,019	0,019	0,019
Azote	0,020	0,016	0,014
Oxygène	0,041	0,032	0,028
Oxyde de carbone	0,230	0,224	0,221
Anhydride carbonique	1,796	1,184	0,901
Acide sulfhydrique	4,370	3,586	2,907
Anhydride sulfureux	79,79	56,45	38,88
Gaz ammoniac	1049	812	663

CHAPITRE IV

PRESSIONS DES FLUIDES SUR LES CORPS IMMERGÉS

§ I. PRINCIPE D'ARCHIMÈDE

114. Principe d'Archimède. — *Tout corps plongé dans un fluide subit, de la part de ce fluide, une poussée verticale ascendante, égale au poids du fluide déplacé.*

Au sein d'un fluide en équilibre (fig. 72), isolons par la pensée une masse M de ce fluide, et supposons qu'elle soit solidifiée sans changement de volume. L'équilibre n'est pas troublé.

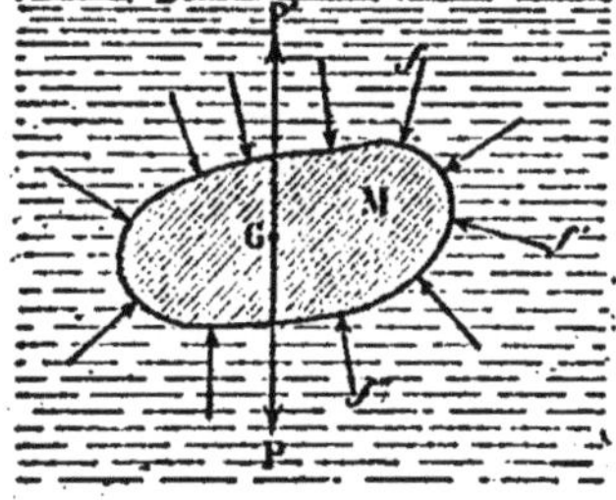

Fig. 72.
Démonstration du principe d'Archimède.

Cette masse M est sollicitée par son poids P et par les pressions *f, f', f''*..., que le fluide exerce normalement sur tous les éléments de sa surface.

Puisque toutes ces forces sont en équilibre, la force P est égale et directement opposée à la résultante de toutes les autres (28). Donc toutes les pressions *f, f', f''*..., ont une résultante P', égale et directement opposée au poids P.

Supposons maintenant que la masse fluide M soit remplacée par un corps quelconque, ayant la même forme extérieure.

Les pressions ne changent pas, non plus que leur résultante; puisque ces pressions dépendent uniquement de la surface de la masse M ou du corps qui lui est substitué.

Donc, ce corps plongé dans le fluide reçoit une poussée verticale ascendante P', égale au poids P du fluide déplacé.

Cette poussée est dite la **poussée du fluide**; son point d'application G, appelé **centre de poussée**, coïncide avec le centre de gravité du fluide déplacé. Il ne coïncide avec le centre de gravité du corps que dans le cas particulier où celui-ci est homogène.

Vérification du principe d'Archimède. — 1° Liquides. On suspend un corps quelconque A sous l'un des plateaux d'une balance (fig. 73), et l'on met sur ce plateau un petit vase vide, *v'*, destiné à recevoir dans la suite le liquide qui sera déplacé par le corps; puis on fait la tare dans l'autre plateau.

On prend ensuite un vase V muni d'une tubulure à déversement *r*, et plein d'eau jusqu'au déversoir. On plonge le corps A dans ce vase, et l'eau déplacée est recueillie dans un vase *v*. L'équilibre de la balance est rompu; mais, pour le rétablir, il suffit de verser dans le vase *v'* l'eau contenue dans le vase *v*. Donc la poussée qu'éprouve le corps A est égale au poids du liquide déplacé.

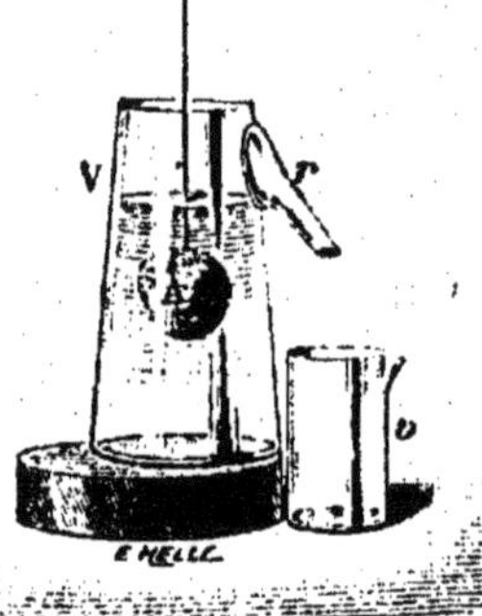

Fig. 73
Vérification du principe d'Archimède.

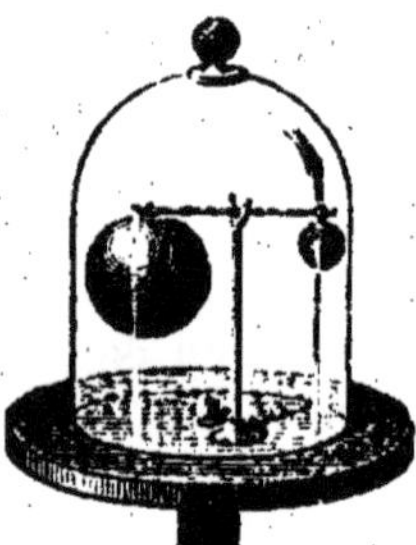

Fig. 74. — Baroscope : perte de poids des corps plongés dans l'air.

2° Gaz. Pour mettre en évidence la poussée exercée par les gaz, on se sert du **baroscope** (fig. 74). Sous la cloche d'une machine pneumatique, on introduit une sorte de petite balance, dont le fléau supporte à ses extrémités deux sphères métalliques, l'une petite et massive, l'autre grosse et creuse. Dans l'air à la pression atmosphérique, ces deux sphères se font équilibre, et le fléau est horizontal. Mais quand on fait le vide, l'équilibre est rompu, et le fléau s'abaisse du côté de la grosse boule.

Ainsi, la grosse boule est plus pesante que la petite.

Quand on laisse rentrer l'air sous la cloche, l'équilibre se rétablit, parce que l'air exerce sur la grosse boule une poussée plus grande que sur la petite.

Nous verrons bientôt comment, dans les pesées exactes, on doit tenir compte de la poussée de l'air sur le corps à peser, et sur les masses échantillonnées.

115. Réciproque du principe d'Archimède. — *Tout corps plongé dans un fluide exerce sur ce fluide une poussée verticale descendante, égale au poids du fluide déplacé.*

En effet, à chacune des pressions f, f', f''..., que le fluide exerce sur le corps immergé, celui-ci oppose une réaction égale et directement opposée. Donc la résultante de ces réactions est égale et directement opposée à la résultante des pressions; c'est-à-dire égale au poids du liquide déplacé, et dirigée dans le même sens.

Vérification. — Sur l'un des plateaux de la balance (fig. 75) on

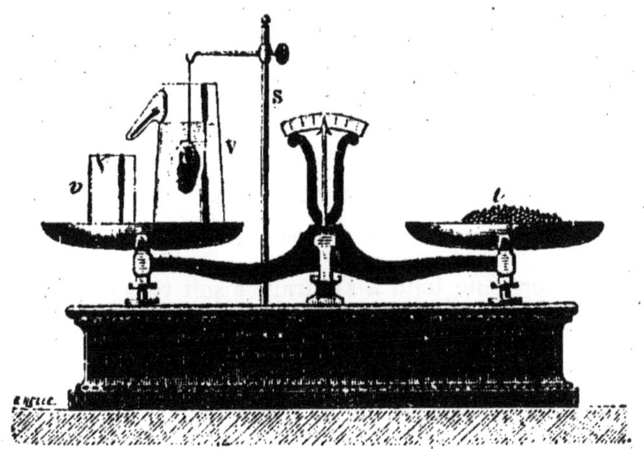

Fig. 75. — Réciproque du principe d'Archimède.

met un vase à tubulure V, rempli d'eau jusqu'au déversoir, et un vase v destiné à recueillir le trop-plein; puis on fait la tare dans l'autre plateau.

Un support à curseur S, indépendant de la balance, permet de suspendre un corps quelconque A à l'intérieur du liquide, et de l'y maintenir sans qu'il touche le fond du vase. L'équilibre est rompu, et le vase v reçoit un volume d'eau égal au volume du corps immergé.

Or, pour rétablir l'équilibre, il suffit de vider le vase v, et de le replacer sur le plateau de la balance.

Donc le liquide éprouve, de la part du corps immergé, une poussée verticale descendante, égale au poids du liquide déplacé.

§ II. ÉQUILIBRE DES CORPS FLOTTANTS

116. Poids apparent d'un corps immergé dans un fluide. — Un corps abandonné au sein d'un fluide est sollicité par deux forces verticales : son poids P, force descendante appliquée au centre de gravité G; et la poussée du fluide, P′, force ascendante appliquée au centre de poussée C. Les points C et G coïncident quand le corps est homogène aussi bien que le fluide; ce qui n'a pas lieu en général.

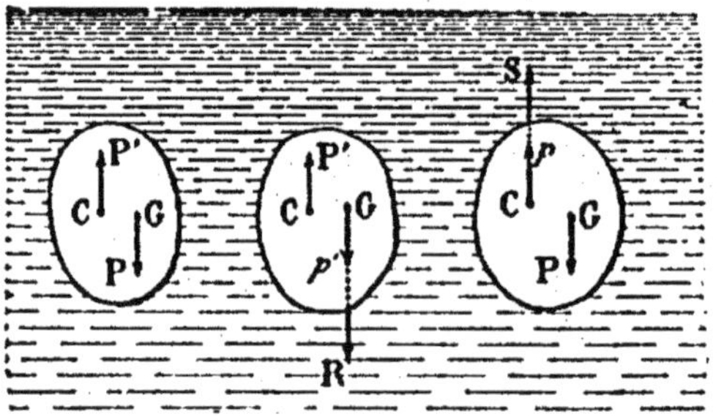

Fig. 76. — Forces appliquées à un corps immergé.

Trois cas peuvent se présenter (fig. 76):

1° Si $P = P'$, le corps est sollicité par deux forces parallèles égales et de sens contraires, c'est-à-dire par un couple, qui tend à l'orienter de manière que la droite CG soit verticale. Mais aucune force ne tend à l'entraîner soit vers le haut, soit vers le bas. Il reste donc en suspension dans le fluide, comme s'il était soustrait à l'action de la pesanteur.

2° Si l'on a $P > P'$, on peut décomposer P en une force p' égale à P′ et une force R. Le système se réduit donc à un couple (P′, p') qui oriente le corps, et à une force verticale descendante R, qui entraîne le corps de haut en bas, et que l'on nomme le **poids apparent** du corps dans le fluide.

Ce *poids apparent* est l'excès du *poids réel* sur la poussée du liquide.

3° Si l'on a $P < P'$, on peut décomposer P′ en deux forces p et S, dont la première est égale au poids P. Alors le système se réduit à un couple (P, p) qui oriente le corps, et à une force S qui entraîne le corps de bas en haut. Cette force prend le nom de **force ascensionnelle**; elle est égale à l'excès de la poussée sur le poids réel du corps.

Vérification. — Le ludion se compose d'une éprouvette fermée par une membrane, et entièrement remplie par de l'eau dans laquelle est immergée une boule pleine d'air, lestée par une figurine, et percée à sa partie inférieure.

Fig. 77. — Ludion.

Abandonné à lui-même, ce petit système est plus léger que l'eau, et il se maintient au sommet de l'éprouvette.

Si l'on appuie sur la membrane, de l'eau pénètre dans la boule, en augmente le poids, et la fait descendre; si l'on supprime la pression, l'air intérieur chasse l'eau de la boule, et la figurine remonte.

117. Corps flottants. — Un corps abandonné à lui-même dans un liquide plus dense que lui, ne peut rester en suspension dans ce liquide; il vient flotter à la surface, et il émerge en partie en dehors du liquide.

Pour qu'il y ait équilibre, il faut :

1° *Que le poids du corps soit égal au poids du liquide déplacé par la partie immergée.*

2° *Que le centre de gravité du corps et le centre de poussée soient sur la même verticale.*

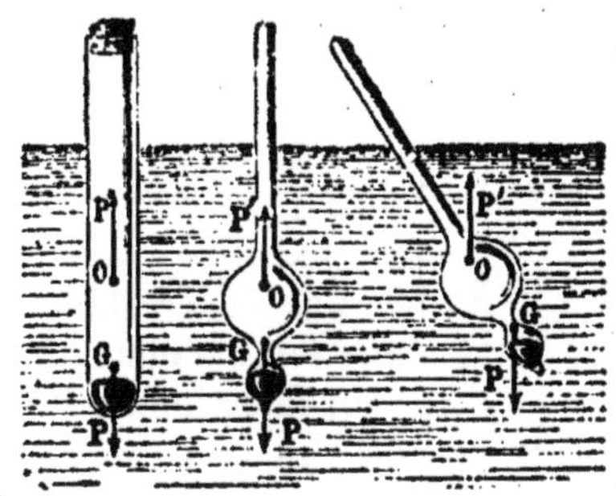

Fig. 78. — Équilibre des corps flottants.

Dans la figure 78, cette dernière condition est remplie par les deux flotteurs représentés à gauche, mais elle ne l'est pas par le flotteur de droite, qui, dès lors, ne saurait être en équilibre.

§ III. APPLICATION A LA MESURE DES DENSITÉS

1. PROCÉDÉ DE LA BALANCE

118. Mesure des densités par le procédé de la balance hydrostatique. — On sait que la densité d'un corps est la masse de l'unité de volume (74). Elle est égale au quotient de la masse M

Fig. 79. — La densité d'un solide : procédé de la balance.

de ce corps par son volume V ; ou, ce qui revient au même, par la masse M' du même volume d'eau pure à 4°.

Pour obtenir ces deux masses au moyen de la balance, on opère comme il suit :

1° Corps solide. On suspend le corps sous l'un des plateaux de la balance, et on fait la tare dans l'autre plateau. On détache ensuite le corps, et on le remplace en posant sur le plateau des masses échantillonnées qui rétablissent l'équilibre, et font connaître la masse M du corps.

On enlève ces masses échantillonnées, et on suspend de nouveau le corps sous le premier plateau ; puis on le fait plonger dans l'eau (fig. 79). L'équilibre est rompu par la poussée ascendante ; on le rétablit en ajoutant sur le plateau des masses échantillonnées, qui font connaître la masse M' de l'eau déplacée par le corps.

La densité cherchée est :

$$D = \frac{M}{M'}.$$

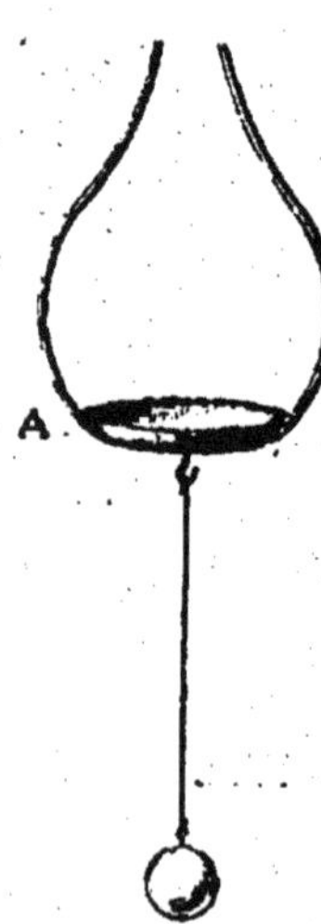

Fig. 80. — Densité d'un liquide : procédé de la balance.

2° Liquides. Sous l'un des plateaux de la balance (fig. 80) on suspend un corps quelconque, par exemple une boule de verre, sur laquelle les liquides restent sans action ; et on fait la tare dans l'autre plateau.

On fait plonger la boule dans le liquide dont on cherche la densité. L'équilibre est rompu par la poussée du liquide. On le rétablit par des masses échantillonnées qui font connaître la masse M du liquide déplacé.

On fait ensuite plonger la boule dans l'eau, et on rétablit l'équilibre par des masses échantillonnées, qui font connaître la masse M' du même volume d'eau.

La densité du liquide est :

$$D = \frac{M}{M'}.$$

2. PROCÉDÉ DE L'ARÉOMÈTRE

119. Détermination des densités par la méthode de l'aréomètre. — 1° Solides. Pour les corps solides, on emploie **l'aréomètre de Nicholson** (fig. 81). Il se compose d'un flotteur métallique creux, surmonté par une tige qui supporte un petit plateau A, et terminé inférieurement par un crochet, auquel est suspendu un panier K, lesté avec du plomb.

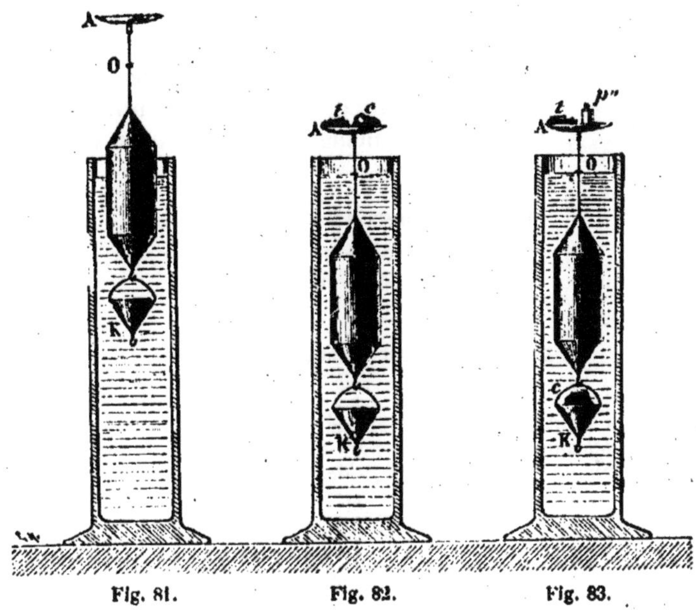

Fig. 81. Fig. 82. Fig. 83.

Aréomètre de Nicholson.

L'appareil étant plongé dans l'eau, on met sur le plateau A le corps c dont on cherche la densité, et une tare *t* qui détermine l'affleurement à un repère O marqué sur la tige (fig. 82).

On retire le corps, et on le remplace par des poids marqués qui rétablissent l'affleurement et déterminent ainsi la masse M du corps.

Si on met le corps dans le panier K (fig. 83), l'affleurement n'a plus lieu. Pour l'obtenir, il faut ajouter sur le plateau des poids marqués p'', qui détruisent l'effet de la poussée, et font ainsi connaître la masse M' de l'eau déplacée par le corps.

La densité cherchée est :

$$D = \frac{M}{M'}.$$

2° **Liquides.** Pour les liquides, on utilise l'**aréomètre de Fahrenheit.** C'est un flotteur de verre, lesté inférieurement, et terminé à la partie supérieure par une tige portant un plateau (fig. 84).

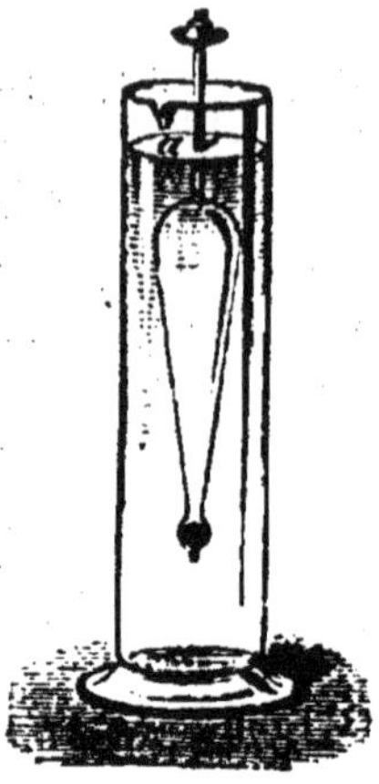

L'appareil a une masse connue M. On le plonge d'abord dans le liquide dont on cherche la densité, et on le fait affleurer à un repère *a*, en ajoutant sur le plateau une masse échantillonnée *m*. La masse du liquide déplacé est égale à la masse totale du flotteur, c'est-à-dire à la somme :

$$M + m.$$

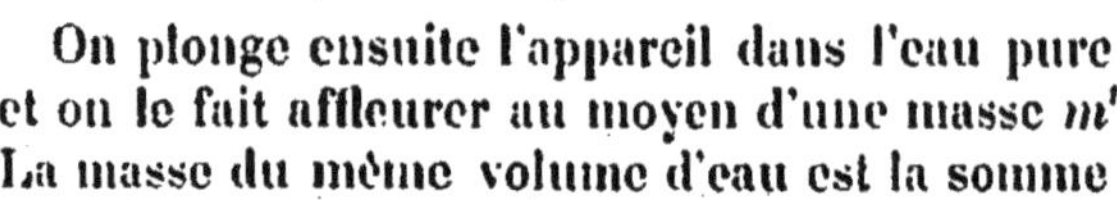

On plonge ensuite l'appareil dans l'eau pure, et on le fait affleurer au moyen d'une masse *m'*. La masse du même volume d'eau est la somme :

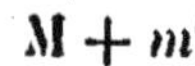

$$M + m'$$

Fig. 84. — Aréomètre de Fahrenheit.

la densité cherchée est donc :

$$D = \frac{M + m}{M + m'}.$$

3. DENSITÉ D'UN CORPS SOLUBLE DANS L'EAU

120. Densités relatives. — *La* **densité relative** *d'un corps, par rapport à un liquide quelconque, est le rapport de la masse M de ce corps, à la masse M' d'un même volume de ce liquide.*

$$D' = \frac{M}{M'}.$$

1° *La densité absolue d'un corps est égale à sa densité relative par rapport à l'eau.*

Soient M la masse du corps, V son volume, et M' la masse du même volume d'eau.

Puisque l'on a : $V = M'$,

il s'ensuit : $\frac{M}{V} = \frac{M}{M'}$.

2° *La densité absolue d'un corps est égale au produit de sa densité par rapport à un liquide quelconque, et de la densité de ce liquide par rapport à l'eau.*

Soient M, M', M'' les masses d'un égal volume du corps, du liquide quelconque et d'eau.

On a identiquement :

$$\frac{M}{M'} = \frac{M}{M''} \times \frac{M''}{M'}.$$

Cette égalité se traduit immédiatement par la proposition énoncée.

121. Détermination de la densité d'un corps solide altérable dans l'eau. — Les trois procédés du flacon (76), de la balance (118) et de l'aréomètre

(119) ne sont pas applicables directement à un corps soluble dans l'eau. Mais on peut employer l'un quelconque d'entre eux pour trouver la densité relative de ce solide, par rapport à un liquide dans lequel il ne soit pas altérable : alcool, pétrole, essence de térébenthine.

Dès lors, pour obtenir la densité absolue du même solide, il suffit de mettre à profit la relation indiquée dans le paragraphe précédent (120,2°) : on détermine sa densité par rapport à un liquide quelconque, puis la densité de ce liquide par rapport à l'eau, et l'on multiplie entre elles ces densités relatives.

4. ARÉOMÈTRES A POIDS CONSTANT

122. Aréomètres à poids constant. — Les aréomètres de Nicholson et de Fahrenheit sont dits **à volume constant**, parce qu'au moyen d'une surcharge variable, on fait toujours prendre le même volume à la partie immergée.

Les aréomètres **à poids constant**, au contraire, ne reçoivent aucune surcharge, et ils s'enfoncent plus ou moins dans des liquides de densités différentes. Ce sont des flotteurs en verre, lestés inférieurement, et terminés à la partie supérieure par une tige cylindrique graduée.

Les plus connus sont les aréomètres de *Baumé*, et l'*alcoomètre centésimal de Gay-Lussac*.

123. Aréomètres de Baumé. — Les aréomètres de Baumé servent à apprécier le degré de concentration des liquides. Ils sont gradués en parties d'égal volume, au moyen de deux points fixes conventionnels. Il y a deux aréomètres de Baumé : l'un, destiné aux liquides *plus denses* que l'eau, se nomme *pèse-acides*, ou *pèse-sels;* l'autre, destiné aux liquides *moins denses* que l'eau, est dit *pèse-esprits* ou *pèse-liqueurs*.

Pèse-acides (fig. 85). — Les points fixes du pèse-acides sont le point 0 et le point 15. Le premier, situé en haut de la tige, est le point d'affleurement dans l'eau pure ; il correspond à la densité 1. Le second est le point d'affleurement dans une dissolution contenant 15 grammes de sel marin pour 85 grammes d'eau ; il correspond à la densité 1,116. L'intervalle de 0 à 15 est divisé en 15 parties égales, et la graduation se prolonge jusqu'au bas de la tige.

Fig. 85. Aréomètre de Baumé : pèse-acides.

Il est aisé de voir que tous les pèse-acides ainsi gradués sont *comparables entre eux,* c'est-à-dire que, quels que soient leur poids ou leur forme, *marquant 0° dans l'eau pure, n° dans un liquide de densité* d, *ils marqueront tous le même degré* n' *dans un liquide de densité* d'.

En effet, représentons par v le volume de chaque division de la tige et par Nv le volume total de l'instrument au-dessous du zéro. En écrivant que tous les liquides déplacés ont la même poids, ou mieux la même masse, on obtient :

$$Nv = (Nv - nv)d = (Nv - n'v)d';$$

d'où :

$$N = \frac{nd}{d-1} = \frac{n'd'}{d'-1},$$

et enfin :

$$d' = \frac{nd}{nd - n'(d-1)}.$$

Expression indépendante du poids et des dimensions de l'aréomètre.

Pèse-liqueurs (fig. 86). — Les points fixes du pèse-liqueurs sont le point 0 et le point 10. Le premier, situé au bas de la tige, est le point d'affleurement dans une dissolution contenant 10 grammes de sel marin pour 90 grammes d'eau (densité 1,085); le point 10 est le point d'affleurement dans l'eau pure. L'intervalle de 0 à 10 est divisé en 10 parties égales, et l'échelle se prolonge jusqu'en haut de la tige.

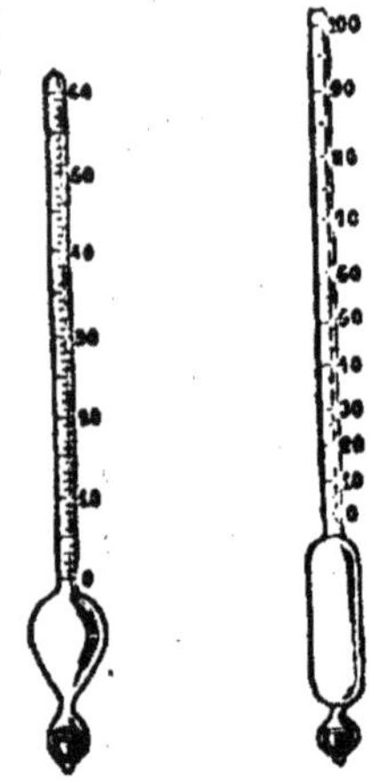

Fig. 86. Aréomètre de Baumé : pèse-liqueur.

Fig. 87. Alcoomètre de Gay-Lussac.

124. Alcoomètre centésimal de Gay-Lussac (fig. 87). — L'alcoomètre est un flotteur analogue aux aréomètres de Baumé; il est gradué de manière à indiquer immédiatement la composition centésimale, en volume, d'un *mélange d'eau pure et d'alcool*.

Dans l'eau pure, il affleure au point 0, situé au bas de la tige. Dans l'alcool pur, il affleure au point 100, situé au sommet de la tige.

On détermine par une expérience directe chacun des points 5, 10, 15, 20, 25..., 95. Pour obtenir le point 95, par exemple, on plonge l'instrument dans un mélange d'eau et d'alcool, contenant 95 volumes d'alcool sur 100 volumes de mélange.

Pour composer ce mélange, on prend 95 volumes d'alcool absolu, et on ajoute de l'eau jusqu'à ce qu'on ait 100 volumes, après contraction.

Les divisions de la tige ne sont pas égales; leur longueur augmente constamment depuis le point 0 jusqu'au point 100. Néanmoins, pour obtenir les degrés intermédiaires entre les points 5, 10, 15..., on se contente de partager en cinq parties égales chacun des intervalles obtenus directement par l'expérience.

Essai d'un vin. — Pour déterminer la richesse alcoolique d'un vin, on distille l'alcool contenu dans un volume V de ce vin, puis on ajoute à cet alcool de l'eau pure, pour reproduire le volume V.

C'est dans le mélange ainsi obtenu que l'on plonge ensuite l'alcoomètre.

Correction de température. — L'alcoomètre est gradué à 15° centigrades. Si l'on se sert de l'instrument à une autre température, le degré observé doit subir une correction, que l'on trouve dans une table numérique spéciale.

§ IV. POIDS APPARENTS DANS L'AIR

1. CORRECTION AUX PESÉES

125. Correction de la poussée de l'air, dans les pesées de précision. — Un corps pesé dans l'air n'agit sur la balance que par son poids apparent. Sa masse M n'est donc pas égale à la masse échantillonnée M' qui fait équilibre à la même tare : l'égalité fournie par la balance n'a lieu qu'entre leurs poids apparents.

Proposons-nous de calculer M en fonction de M'.

Soit a la masse spécifique de l'air au moment de l'expérience.

Si la masse M a une densité D, son volume est $\frac{M}{D}$. Son poids réel est Mg, et le poids de l'air qu'elle déplace, $\frac{M}{D}ag$; son poids apparent est donc la différence :

$$Mg - \frac{M}{D}ag.$$

Si la masse échantillonnée M' a pour densité D', son volume est $\frac{M'}{D'}$. Le poids réel de cette masse est $M'g$, la poussée qu'elle éprouve dans l'air, $\frac{M'}{D'}ag$, et son poids apparent :

$$M'g - \frac{M'}{D'}ag.$$

En écrivant que ces deux poids apparents sont égaux, on obtient l'équation :

$$M\left(1 - \frac{a}{D}\right) = M'\left(1 - \frac{a}{D'}\right);$$

d'où l'on tire :

$$M = M' \frac{1 - \frac{a}{D'}}{1 - \frac{a}{D}}.$$

Ainsi, pour obtenir la masse cherchée M, il faut multiplier la masse échantillonnée M' par un terme correctif qui dépend des deusités D, D' de ces deux masses, et de la densité de l'air a au moment de l'expérience.

Ce terme correctif est égal à l'unité pour $D = D'$, et on peut en faire abstraction sans erreur sensible quand la densité D est voisine de la densité du laiton $D' = 8,43$. Mais il diffère de plus en plus de l'unité à mesure que D s'éloigne davantage de D'.

La poussée de l'air sur un même corps *varie* avec la pression et avec la température.

1° Si le corps à peser est un *solide* ou un *liquide*, ces *variations* de poussées sont négligeables vis-à-vis de la masse M, quand la température et la pression ne s'écartent pas beaucoup des conditions normales 0° et 76cm. Alors on ne tient pas compte de ces variations et l'on se borne à remplacer a par sa valeur normale $a = 0,0013$.

2° Dans la pesée des gaz, au contraire, ces variations de poussées, quoique très petites, sont du même ordre de grandeur que la masse à évaluer; et il devient nécessaire de remplacer a par la densité de l'air au *moment de l'expérience*. Toutefois, cette densité est difficile à connaître exactement, et plutôt que d'avoir à effectuer la correction de poussée, il est préférable d'adopter un dispositif qui permette de l'éviter. On y parvient très simplement au moyen de la *tare compensée*, comme nous le verrons dans la suite (200).

126. Influence de la pression atmosphérique sur la pression exercée par un liquide. — Sur la paroi d'un vase plongé dans l'atmosphère et contenant un liquide (fig. 88), soit A un point situé à une profondeur h au-dessous de la surface libre MN, qui supporte la pression atmosphérique p.

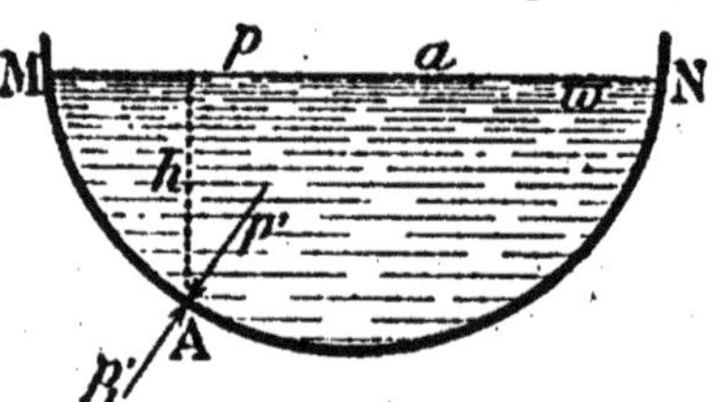

Fig. 88. — Résultante des pressions exercées par un liquide et par l'atmosphère.

Proposons-nous d'étudier les actions exercées au point A (c'est-à-dire sur un centimètre carré de la paroi autour du point A) par le liquide et par l'atmosphère.

1° La *pression réelle* ou *pression propre* du liquide est la pression intérieure f due à la seule pesanteur du liquide, et qui s'exercerait en A si l'atmosphère n'existait pas.

On a :
$$f = \varpi h, \tag{1}$$
ϖ désignant le poids spécifique du liquide;

2° La *pression apparente* dans l'air est la résultante $f' = p' - p'_1$ de la pression *intérieure* p', provenant du liquide et de l'atmosphère, et de la pression *extérieure* p'_1 due à l'atmosphère seule.

Or, d'après la formule fondamentale, on a :
$$p' = p + \varpi h,$$
et, en désignant par a le poids spécifique de l'air :
$$p'_1 = p + ah.$$

La *pression apparente* f' est la différence :
$$f' = (\varpi - a)h. \tag{2}$$

Donc, on passe de la pression *réelle* (1) à la pression *apparente* (2) en remplaçant le poids spécifique ϖ par la différence

$$\varpi' = \varpi - a$$

entre le poids spécifique du liquide et le poids spécifique de l'air. Cette différence ϖ' est ce que l'on nomme le *poids spécifique apparent* du liquide dans l'air.

On sait que a vaut à peu près 0,0013. En général, ce nombre est assez petit en regard de ϖ, pour que les nombres ϖ et ϖh ne diffèrent pas sensiblement de ϖ' et $\varpi' h$. Le plus souvent, dans la pratique, on peut donc substituer les premiers aux seconds.

2. AÉROSTATS

127. Aérostats. — Les aérostats sont des appareils formés d'une enveloppe légère, imperméable, gonflée d'un gaz moins dense que l'air, et capables de s'élever dans l'atmosphère parce que leur poids total est inférieur au poids de l'air qu'ils déplacent.

Les ballons sont gonflés généralement avec de l'hydrogène ou du gaz d'éclairage. L'enveloppe est formée par plusieurs couches d'une mince étoffe de soie, rendue imperméable par des enduits de caoutchouc ou de vernis.

La partie supérieure est munie d'une soupape, que l'on peut ouvrir ou fermer à volonté; la partie inférieure se termine par une allonge, qui sert au remplissage, et qui reste ouverte dans l'atmosphère.

Le ballon est recouvert d'un filet, destiné à répartir également la charge, constituée par la nacelle, les voyageurs, les instruments d'observation, les agrès, des sacs de sable qui doivent servir de lest.

Calcul de la force ascensionnelle d'un ballon. — La force ascensionnelle d'un aérostat est la force verticale ascendante qui résulte de l'excès de la poussée de l'air sur le poids total de l'appareil.

Pour simplifier le calcul, on peut admettre sans erreur notable que le gaz intérieur est à la pression et à la température de l'air environnant, et que le volume de toutes les parties solides de l'appareil est négligeable vis-à-vis du volume de l'enveloppe.

Soient V le volume de l'enveloppe, ag et bg les poids spécifiques de l'air et du gaz intérieur, dans les conditions de l'expérience, et Mg le poids total de l'enveloppe, des agrès, de la nacelle et de tout ce qu'elle contient.

La poussée de l'air est Vag, et le poids total du ballon :

$$Vbg + Mg.$$

La force ascensionnelle est la différence :

$$(Va - Vb - M)g.$$

Par suite de la diminution que subit la pression atmosphérique à une altitude croissante, et surtout à cause de la déperdition du gaz, la force ascensionnelle finit toujours par s'annuler.

Si l'aéronaute veut s'élever davantage, il jette du lest, ce qui diminue le terme soustractif M. S'il veut descendre, au contraire, il ouvre la soupape pour laisser échapper du gaz.

Navigation aérienne. — Si l'aéronaute peut, dans certaines limites, monter ou descendre à volonté, il ne peut se donner aucun mouvement dans le sens horizontal; de sorte qu'il est emporté au gré du vent.

Depuis longtemps on cherche le moyen de manœuvrer un ballon dans l'air, comme on dirige un navire à la surface de l'eau.

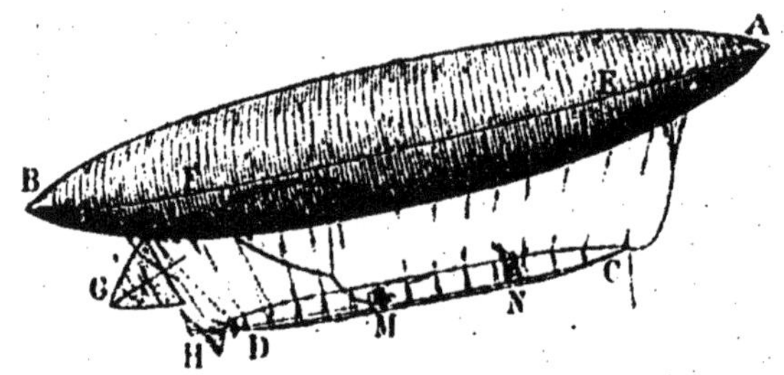

Fig. 89. — Ballon dirigeable : Santos-Dumont n° 6.

La grande difficulté consiste à trouver un moteur assez léger, qui soit capable de communiquer au ballon une vitesse supérieure à celle du vent.

Avec un ballon ayant la forme d'un fuseau horizontal, muni d'une hélice pour prendre un appui sur l'air et d'un gouvernail pour régler la direction, MM. Renard et Krebs sont parvenus, en 1884, à se mouvoir horizontalement dans l'air avec une vitesse de 6m 50 par seconde.

Les expériences de M. Santos-Dumont, en 1901, marquent les progrès accomplis depuis cette époque.

Son ballon (fig. 89) a la forme d'un ellipsoïde allongé AB. Une longue poutre armée CD porte le moteur M, l'hélice H, la nacelle N et tous les agrès; elle est suspendue horizontalement par des fils d'acier qui s'attachent directement à l'enveloppe sur des bâtonnets AEFB cousus dans des ourlets. Le moteur à essence, dont la force est de 20 chevaux, donnerait une vitesse de 10m 6 par seconde si l'appareil se maintenait en équilibre stable; mais cette vitesse s'est réduite à 8m, par suite du tangage.

Pour lutter contre un vent frais, et rester maître de sa direction huit fois sur dix, il faudrait disposer d'une vitesse propre de 13m à la seconde.

Cela ne paraît pas impossible si l'on songe aux progrès déjà réalisés, et qui peuvent se poursuivre, dans la construction des moteurs.

Usage des ballons. — Au point de vue scientifique, les ballons permettent d'étudier les hautes régions de l'atmosphère; notamment en ce qui concerne la composition de l'air, et les variations que subissent le long d'une verticale sa densité, sa température, son état hygrométrique, etc.

De hardis explorateurs ont effectué dans ce but des ascensions fort périlleuses, depuis celle de Gay-Lussac, qui s'est élevé à 7km, en 1804, jusqu'à celle de Tissandier, qui atteignit 8km 6, en 1875.

Aujourd'hui on explore sans danger l'atmosphère à l'aide de *ballons sondes*, non montés, mais munis d'appareils enregistreurs, sur lesquels, après la chute du ballon, on peut lire, en quelque sorte, tous les détails de l'ascension. Quelques-unes de ces sondes aériennes sont parvenues à une hauteur de 20km.

CHAPITRE V

POMPES

§ I. POMPES A LIQUIDES

128. Pompe aspirante. — Les pompes sont des appareils destinés à élever les liquides, sous l'influence de la pression atmosphérique. Elles sont *aspirantes, foulantes*, ou *aspirantes et foulantes*.

La **pompe aspirante** (fig. 90) est formée d'un *tuyau d'aspiration* A, qui plonge dans le réservoir, et qui débouche par un orifice O dans le *corps de pompe* B. Cette ouverture est munie d'une soupape *m*. Dans le corps de pompe peut glisser un piston, percé d'une ouverture à soupape *m'*. Les deux soupapes *m* et *m'* s'ouvrent de bas en haut.

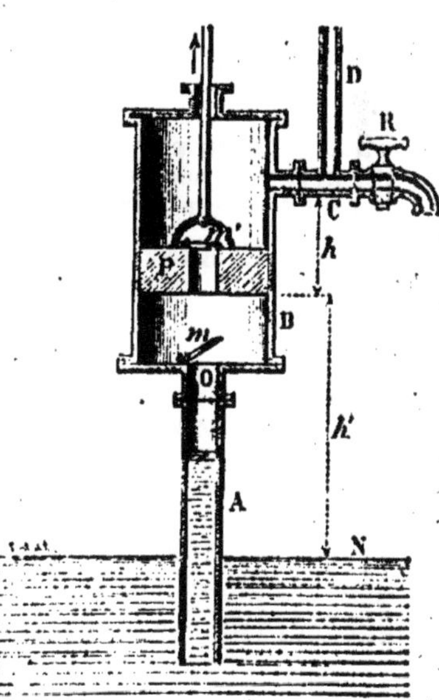

Fig. 90. — Pompe aspirante.

Un tuyau d'écoulement C s'adapte vers la partie supérieure du corps de pompe.

Le piston est actionné habituellement par un levier.

Fonctionnement. — Quand le piston s'élève, la soupape m' se ferme et la soupape m s'ouvre. L'air intérieur se raréfie, et la pression atmosphérique fait monter l'eau dans le tuyau d'aspiration. Quand le piston s'abaisse, la soupape m se ferme, l'autre s'ouvre et donne passage à l'air comprimé. Après une série de mouvements semblables, l'eau est parvenue dans le corps de pompe; et alors c'est elle qui ouvre la soupape m' et passe au-dessus à chaque descente du piston. Celui-ci la soulève ensuite à chaque mouvement ascendant, et l'amène jusqu'à la hauteur du tuyau d'écoulement.

La pression atmosphérique étant équilibrée par celle d'une colonne d'eau de 10^m de hauteur, une pompe aspirante ne saurait élever l'eau qu'à cette hauteur maximum.

Effort nécessaire pour soulever le piston. — Pour soulever le piston, il faut lui appliquer une force égale à la différence des poussées qu'il supporte, sur sa face supérieure et sur sa face inférieure.

Négligeons l'épaisseur du piston. Soient s sa section, h sa distance au tuyau d'écoulement, h' sa hauteur au-dessus du niveau du réservoir; enfin, soient g le poids spécifique de l'eau et H la pression atmosphérique évaluée en colonne d'eau.

La face supérieure du piston supporte la pression $H+h$, et par suite la poussée :

$$s(H+h)g.$$

La face inférieure supporte la pression $H-h'$, et par suite la poussée :

$$s(H-h')g.$$

L'effort à développer est la différence :

$$s(H+h)g-s(H-h')g,$$

ou

$$s(h+h')g \quad \text{(dynes).}$$

Il est égal au poids d'une colonne d'eau qui aurait pour base la surface du piston, et pour hauteur la distance qui sépare le tuyau d'écoulement du niveau de l'eau dans le puisard.

Travail dépensé à chaque coup de piston. — Si la course du piston a une longueur de l^{cm}, la force précédente effectue sur ce parcours un travail de :

$$s(h+h')gl \quad \text{(ergs).}$$

Or, sgl est le poids de l'eau recueillie, et $(h+h')$ la hauteur dont cette eau a été élevée. Donc, abstraction faite des frottements, le travail nécessaire pour élever l'eau avec une pompe est égal au travail nécessaire pour élever directement la même quantité d'eau à la même hauteur. La pompe a seulement l'avantage de rendre ce travail plus commode à effectuer.

129. Pompe foulante. — La pompe foulante (fig. 91) présente un piston plein. Elle n'a pas de tuyau d'aspiration. La partie inférieure du corps de pompe, plongée dans l'eau, est munie de deux soupapes : l'une m s'ouvre en dedans, et laisse entrer l'eau dans le corps de pompe pendant l'ascension du piston ; l'autre m' s'ouvre en dehors, et livre passage à l'eau, que le piston, en descendant, chasse dans le tuyau de refoulement.

130. Pompe aspirante et foulante. — Dans la pompe aspirante, le travail se produit pendant l'ascension du piston; dans la pompe foulante, il se produit pendant la descente. En combinant les deux dispositifs, on obtient la pompe aspirante et foulante, dont le piston travaille en montant et en descendant.

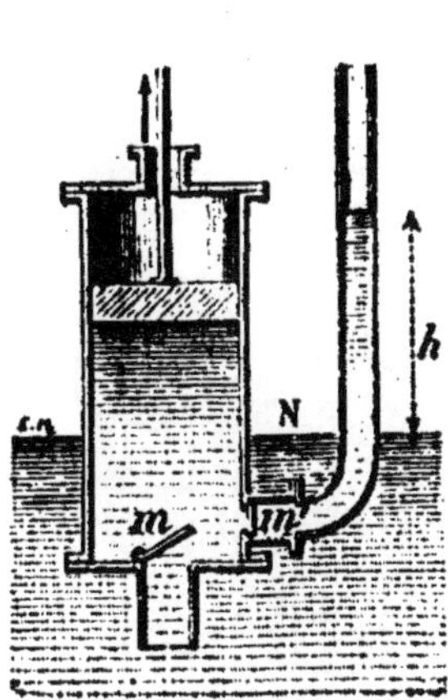

Fig. 91. — Pompe foulante.

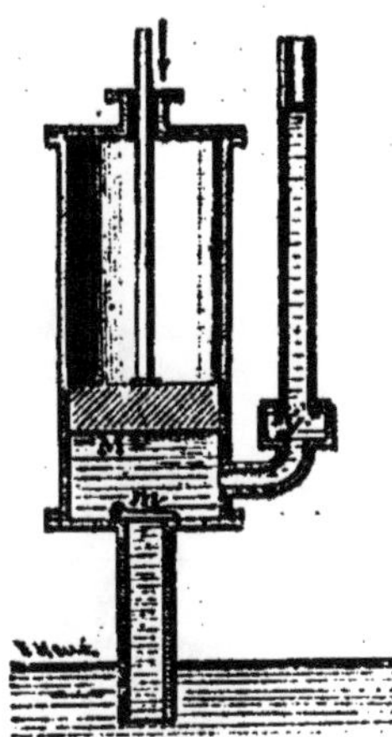
Fig. 92.
Pompe aspirante et foulante.

Il suffit pour cela d'installer la pompe foulante au-dessus de l'eau, et de lui ajouter un tuyau d'aspiration (fig. 92).

L'eau est aspirée pendant l'ascension du piston, et refoulée pendant la descente.

131. Presse hydraulique. — La presse hydraulique (fig. 93) se compose de deux cylindres A et B, dans lesquels pénètrent deux pistons plongeurs : l'un P de grand diamètre, l'autre p de diamètre beaucoup plus petit

Le petit piston p est manœuvré au moyen d'un levier l. Il aspire l'eau d'un réservoir R, et refoule ensuite cette eau dans le cylindre A.

Le grand piston P est surmonté d'une large plateforme C, sur laquelle on place les objets que l'on veut comprimer entre elle et un tablier fixe E.

Cet appareil est destiné à produire des poussées considérables.

Soit f la poussée exercée directement sur le petit piston, dont la surface est s, et F la poussée qui en résulte sur le grand piston, dont la surface est S. D'après le principe de Pascal, on a :

$$\frac{F}{f} = \frac{S}{s};$$

de sorte que, si S vaut 1000 s, la force F sera mille fois plus grande que f.

Mais, si la presse hydraulique multiplie les forces à volonté, elle ne fait, comme toute autre machine, que transmettre intégralement le travail qu'on lui confie.

Soient H le chemin que l'on fait parcourir au piston p, et h le chemin qui en résulte pour le piston P. L'eau étant incompressible, le

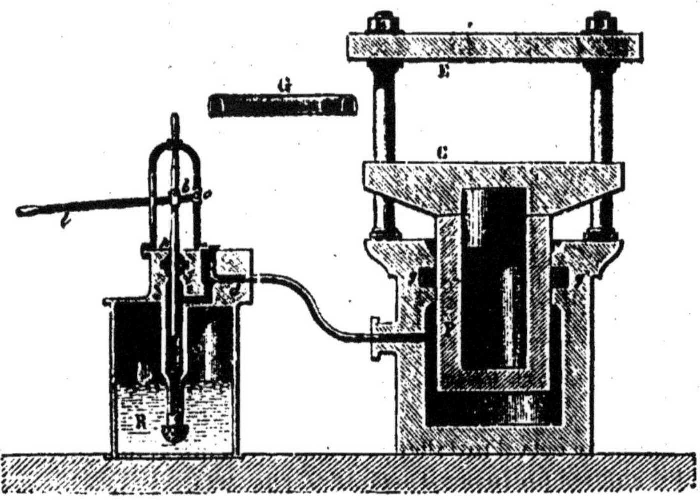

Fig. 93. — Presse hydraulique.

volume de l'eau chassée du petit cylindre est égal au volume de l'eau qui accède dans le grand cylindre.

On a donc : $$Sh = sH.$$

Ou, en tenant compte de la relation précédente :

$$\frac{S}{s} = \frac{H}{h} = \frac{F}{f};$$

d'où : $$Fh = fH.$$

Donc le travail recueilli est égal au travail dépensé ; et ce que l'on gagne en force, on le perd en chemin parcouru.

132. Siphon. — Un siphon est un tube recourbé, à branches inégales, servant à transvaser les liquides, sous l'influence de la pression atmosphérique.

Considérons deux réservoirs contenant un même liquide, à deux niveaux différents *mn* et *m'n'* (fig. 94).

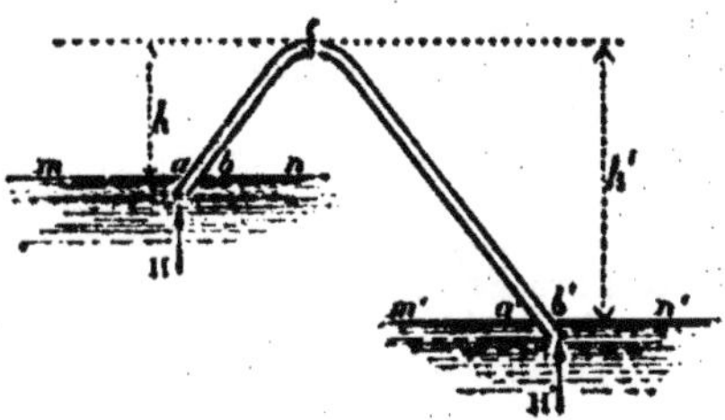

Fig. 94. — Théorie du siphon.

Si un tube *aca'*, plein du même liquide, plonge dans ces deux réservoirs, il ne peut y avoir équilibre dans ce tube; car on aurait un même liquide en équilibre, présentant deux surfaces libres *mn*, *m'n'* à des niveaux différents.

Donc les deux niveaux tendent à s'égaliser, c'est-à-dire que le liquide contenu dans le tube s'écoule du réservoir supérieur au réservoir inférieur. Chaque molécule qui descend abandonne de l'énergie potentielle, et le système n'est en équilibre stable qu'au moment où les deux niveaux s'étant égalisés, l'énergie potentielle du système atteint sa valeur minimum.

D'ailleurs, il est aisé de calculer la poussée qui entraîne une tranche liquide prise à l'intérieur du tube; par exemple, la tranche verticale de surface *s*, située au point *c* le plus élevé du siphon.

Supposons qu'il y ait équilibre, et que la tranche *s* soit solidifiée. Soient *h*, *h* ses distances aux niveaux *mn*, *m'n'*, et H la pression atmosphérique évaluée en hauteur du liquide, dont nous représenterons le poids spécifique par ϖ.

La pression à gauche de *s* est : $(H-h)\varpi$.

La pression à droite est : $(H-h')\varpi$.

Leur résultante est égale à leur différence :

$$(h'-h)\varpi.$$

La poussée sur la section *s* est donc :

$$s(h'-h)\varpi.$$

Elle est proportionnelle à la différence des deux niveaux du liquide.

Amorcement du siphon. — Un siphon ne peut fonctionner que s'il est

Fig. 95. — Amorcement d'un siphon.

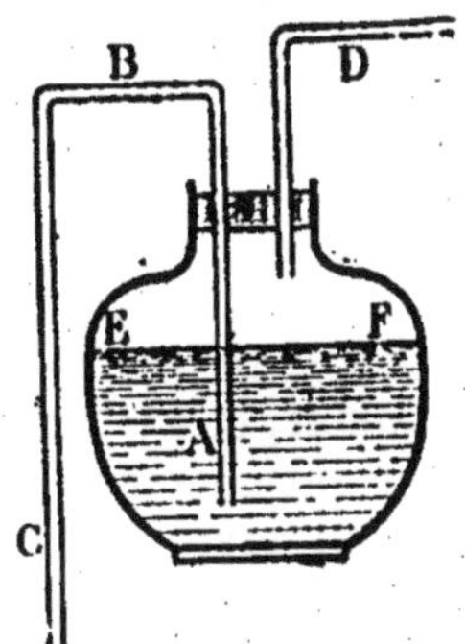

Fig. 96. — Amorcement d'un siphon par insufflation dans un vase clos.

amorcé, c'est-à-dire rempli de liquide. Pour l'amorcer, on peut, suivant le cas, procéder de diverses manières :

1° Retourner le siphon, le remplir de liquide, et le remettre en place, en le tenant bouché jusqu'au moment où la petite branche plonge dans le réservoir supérieur;

2° Plonger la petite branche dans le liquide, fermer la grande branche avec le doigt ou au moyen d'un robinet (fig. 95), et aspirer le liquide à l'aide d'un tube latéral;

3° Si le liquide à transvaser est contenu dans un vase que l'on puisse fermer par un bouchon, traversé par le siphon ABC et par un autre tube D (fig. 96), il suffit de comprimer avec la bouche, par ce tube D, l'air qui presse sur la surface libre EF. Le liquide est refoulé par le siphon, et celui-ci est amorcé dès que le liquide descend dans la grande branche, un peu au-dessous du plan de la surface libre EF.

Siphon élévateur. — Le siphon peut être utilisé comme élévateur d'eau automatique. Un dispositif spécial installé au sommet, entre la colonne montante et la colonne descendante, permet de capter une partie de l'eau mise en mouvement, et de la recueillir ainsi, d'une manière à peu près continue, sans amener pour cela le désamorçage du siphon.

§ II. POMPES A GAZ

133. Machine pneumatique. — La machine pneumatique sert à *faire le vide* dans un récipient, c'est-à-dire à *extraire* ou à *raréfier* l'air qu'il contient.

Principe de la machine. — Une machine pneumatique se compose essentiellement d'un récipient spécial A, dans lequel on sait faire le vide, et que l'on peut mettre en communication, au moyen d'un tube à robinet r, avec le récipient B, dans lequel on se propose de faire le vide.

Le robinet étant fermé, on fait le vide en A. Si l'on ouvre ensuite le robinet, une partie de l'air passe de B en A. On ferme alors le robinet, et l'on fait de nouveau le vide en A. Quand on ouvre de nouveau le robinet, une partie de l'air passe encore de B en A. Chaque fois que l'on répète la même série d'opérations, on enlève ainsi une partie de l'air qui se trouve dans le récipient.

Calcul de la pression obtenue. — Proposons-nous de calculer la pression H_n de l'air qui reste dans le récipient après la n^{me} opération.

Soient V le volume du récipient B, H_0 la pression initiale du gaz qu'il contient, et v le volume du récipient A, dans lequel on fait le vide à chaque opération.

Quand on ouvre pour la première fois le robinet r, la masse d'air qui occupait en B un volume V sous la pression H_0, acquiert un volume $V+v$ sous la pression H_1. Cette pression satisfait à la loi de Mariotte :

$$VH_0 = (V+v)H_1,$$

qui donne :

$$H_1 = H_0 \cdot \frac{V}{V+v}.$$

Ainsi, l'effet d'une opération est de multiplier la pression qui règne dans le récipient, par la fraction $\frac{V}{V+v}$.

Après 2, 3, ...n opérations, la pression initiale sera multipliée par la 2e, la 3e,... la n^{me} puissance de cette même fraction.

On aura donc :
$$H_n = H_0 \left(\frac{V}{V+v}\right)^n.$$

Ainsi, le nombre des opérations croissant en progression arithmétique, la pression dans le récipient décroît en progression géométrique; et lorsque n augmente indéfiniment, H_n tend vers zéro.

Mais, pour qu'il en soit ainsi, il faut qu'il ne se produise aucune rentrée d'air, et qu'à chacune des opérations indiquées, on puisse effectuer dans le récipient auxiliaire A un vide absolument parfait.

Cette dernière condition ne pouvait pas être réalisée dans les anciennes machines pneumatiques, dont nous indiquerons seulement la disposition générale.

Machine pneumatique d'Otto de Guéricke. — Cette machine se compose essentiellement d'une pompe aspirante C, dont le tuyau d'aspiration T débouche dans le récipient R, où l'on se propose de faire le vide (fig. 97).

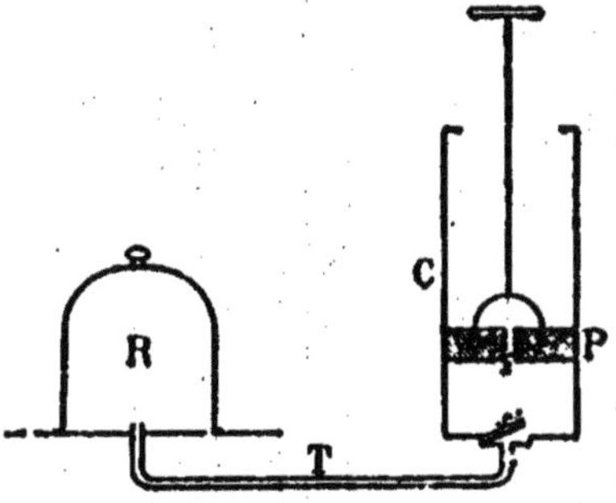

Fig. 97. — Schème de l'ancienne machine pneumatique.

Quand on soulève le piston P, il fait le vide au-dessous de lui; la pression atmosphérique ferme la soupape s, tandis que l'air venant du récipient soulève la soupape s' et pénètre dans le corps de pompe.

Lorsqu'on fait descendre le piston, l'air situé au-dessous se comprime et ferme la soupape s'. Sa pression augmente à mesure que son volume diminue, et il arrive un moment où elle surpasse la pression atmosphérique. Alors la soupape s est soulevée, et l'air confiné sous le piston peut s'échapper au dehors.

Mais quand le piston atteint le fond du corps de pompe, il reste entre eux un petit espace dit *espace nuisible*, d'où l'air ne peut pas être expulsé. Il est donc impossible de faire complètement le vide au-dessous du piston dans le corps de pompe.

Depuis Otto de Guéricke, cette machine a reçu des perfectionnements considérables; néanmoins elle reste bien inférieure aux machines pneumatiques que l'on rencontre aujourd'hui dans les laboratoires, et notamment à la *machine de Carré*, dont nous parlerons dans la suite (233).

134. Machine pneumatique à mercure. — Quand on veut

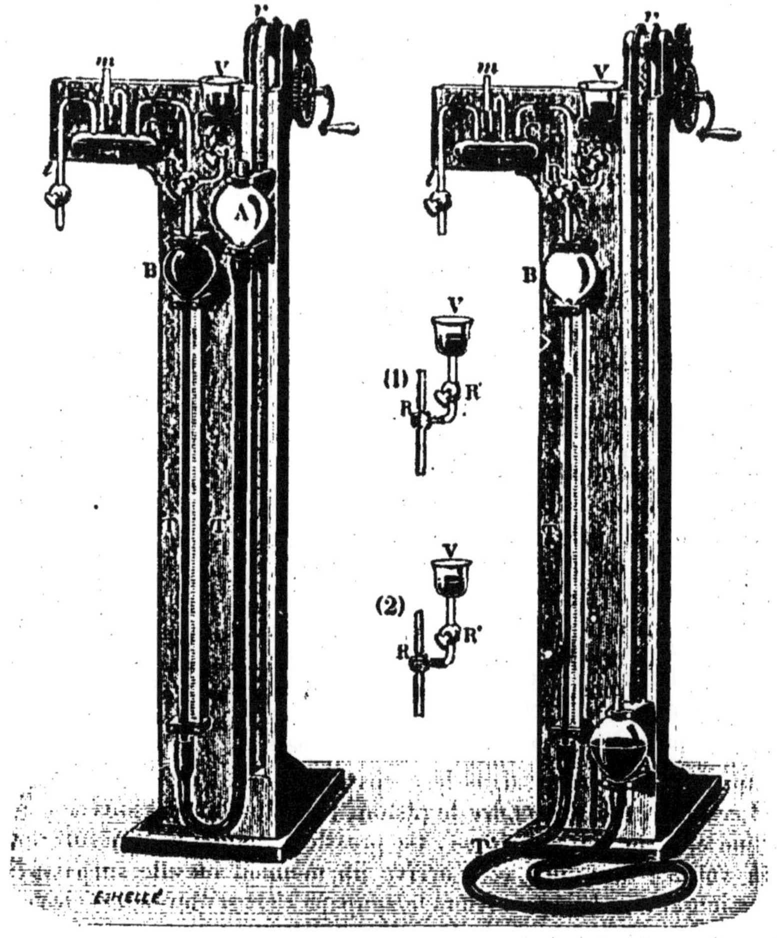

Fig. 98. — Machine pneumatique à mercure.

pousser le vide très loin, il faut chercher à supprimer l'espace nuisible. On y parvient en employant un *piston liquide*.

La machine pneumatique à mercure (fig. 98) se compose d'un réservoir fixe B, qu'un robinet à trois voies R permet de faire communiquer soit avec un vase supérieur V contenant du mercure, soit avec une cuve C, qui communique elle-même par un tube *t* avec le récipient dans lequel on veut faire le vide.

Le réservoir B constitue la partie supérieure d'un tube barométrique T, dont la cuvette A est reliée à ce tube par un tuyau en caoutchouc T', qui permet de la faire monter ou descendre à volonté.

Pour faire le vide dans le réservoir B, on l'isole de la cuve C et on le met en communication avec le vase V, tandis qu'en élevant la cuvette A, on soulève le mercure qui vient remplir B, chasse l'air, et finalement se met en contact avec le mercure de V. Si l'on ferme alors le robinet R et que l'on abaisse la cuvette A, le réservoir B devient une véritable chambre barométrique, entièrement purgée d'air. On la met en communication avec le récipient *t*, et elle se remplit d'air que l'on expulse ensuite comme il vient d'être dit. On recommence la même série d'opérations autant de fois que l'on veut.

La cuve C contient de l'acide sulfurique, qui arrête la vapeur d'eau ; elle est en relation avec un manomètre *m*, qui permet de suivre les variations de la pression intérieure à partir du moment où celle-ci est réduite à quelques centimètres. C'est un *baromètre tronqué*, c'est-à-dire un baromètre à siphon, dont la branche fermée *m* a seulement quelques centimètres de longueur. Cette branche fermée reste complètement remplie de mercure, jusqu'à ce que la pression intérieure s'abaisse au-dessous de la différence des niveaux du mercure dans les deux branches.

Avec la machine pneumatique à mercure, la pression de l'air dans le récipient peut facilement être réduite à $\frac{1}{100}$ de millimètre.

A l'aide des *trompes*, on pousse le vide encore beaucoup plus loin ; mais, pour évaluer les pressions obtenues, il faut recourir à la *jauge de Mac'Leod* (136).

135. **Trompes.** — Lorsqu'un liquide est en mouvement dans un tube, et qu'au milieu de celui-ci débouche un autre tube en communication avec un réservoir à gaz, le liquide entraîne des bulles de gaz dans son mouvement. Tel est le principe des trompes.

1° La **trompe à eau** est employée pour faire un vide partiel. Cet appareil est en verre (fig. 99); il se compose de deux tubes A et B terminés par des troncs de cône ayant leurs petites bases en regard. Le tube supérieur A communique avec le robinet d'une fontaine, et le tube B avec un tuyau d'écoulement.

Un manchon M, qui enveloppe les extrémités des deux tubes, est relié par un tube R avec le récipient dans lequel on veut faire le vide. Quand l'eau tombe de A en B, l'air du manchon est aspiré en O, et entraîné par le jet du liquide.

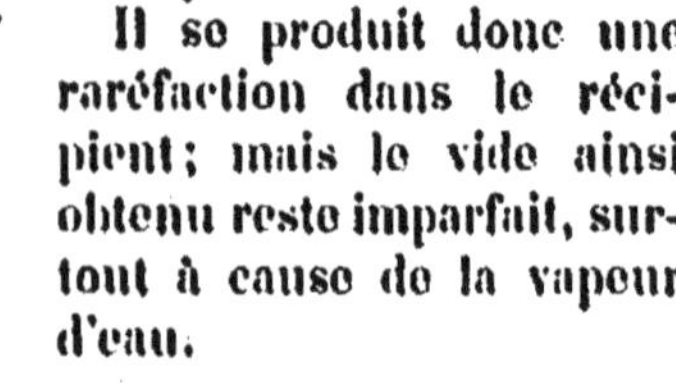

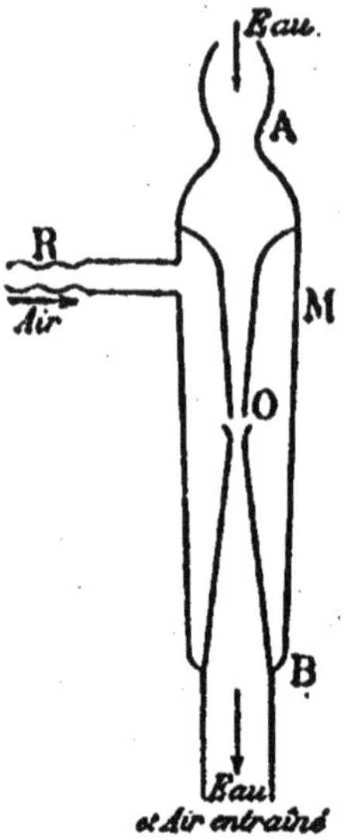

Il se produit donc une raréfaction dans le récipient; mais le vide ainsi obtenu reste imparfait, surtout à cause de la vapeur d'eau.

Fig. 99. — Trompe à eau.

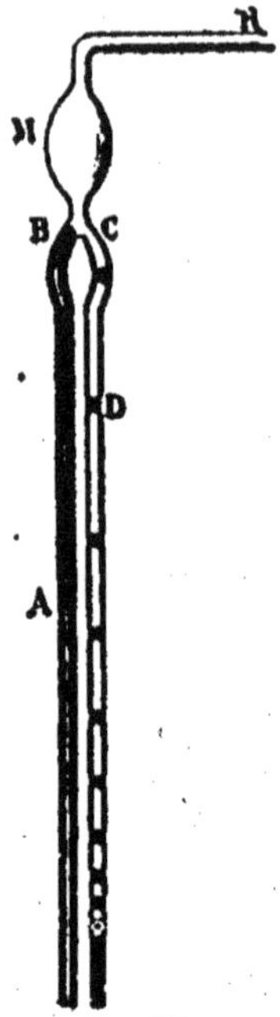

Fig. 100. Trompe à mercure.

2° Dans la **trompe à mercure** ou *aspirateur de Sprengel* (fig. 100), le mercure est refoulé par un tube capillaire AB jusque dans un renflement M, qui communique, par un tube R, avec le récipient dans lequel on veut faire le vide. De là le mercure tombe goutte à goutte dans un long tube capillaire vertical CD. Ne pouvant se diviser dans ce tube trop étroit, chaque goutte de mercure chasse devant elle une bulle d'air, qui se comprime de plus en plus sous le poids des gouttelettes suivantes. A mesure que ces gouttelettes descendent dans le tube, elles accroissent le vide qui se produit derrière elles. Le tube CD est suffisamment long pour que la somme des longueurs de toutes les gouttes reste supérieure à la hauteur barométrique. Dès lors le mercure s'écoule continuellement, et avec lui toutes les bulles d'air emprisonnées.

136. **Jauge de Mac'Leod.** — Cet appareil, destiné à la mesure des pressions extrêmement faibles, est un baromètre AB (fig. 101) dont la cuvette H peut monter ou descendre à volonté. La chambre barométrique se compose d'un renflement surmonté d'un tube D, gradué en parties d'égal volume. Quand on fait baisser le niveau du mercure, cette chambre reçoit par un tube C le gaz dont on veut mesurer la pression x. En faisant remonter le mercure dans le tube barométrique, on emprisonne ce gaz sous un volume connu, que l'on peut ensuite réduire dans le rapport que l'on veut, en continuant à faire remonter le mercure.

Si on le rend 1000 fois plus petit, par exemple, sa pression, d'après la loi de Mariotte, devient égale à $1000x$. Alors le mercure s'élève plus haut dans la branche C que dans le tube D, et la différence des niveaux, h, mesure la différence des pressions dans les tubes D et C.

On a donc : $$h = 1000x - x;$$

d'où : $$x = \frac{h}{999}.$$

137. Machine de compression. — Cette machine sert à comprimer dans un récipient de l'air atmosphérique, ou un gaz puisé dans un autre récipient.

1° La **pompe à main** (fig. 102) se compose d'un corps de pompe dans lequel on peut faire glisser un piston plein P, au moyen d'une tige à poignée. Le tuyau d'aspiration A, et le tuyau de refoulement R, aboutissent à un même orifice pratiqué au fond du cylindre. Le premier débouche dans l'atmosphère ou dans le récipient où l'on veut puiser le gaz ; sa soupape a s'ouvre de dehors en dedans. Le tuyau de refoulement R s'adapte au récipient dans lequel on veut comprimer le gaz; sa soupape r s'ouvre vers le dehors.

Quand on soulève le piston, la soupape r reste fermée, tandis que la soupape a donne accès au gaz aspiré. Quand on abaisse le piston, la soupape a se ferme, tandis que le gaz, comprimé sous une pression croissante, finit par ouvrir la soupape r, après quoi il est refoulé dans le récipient R.

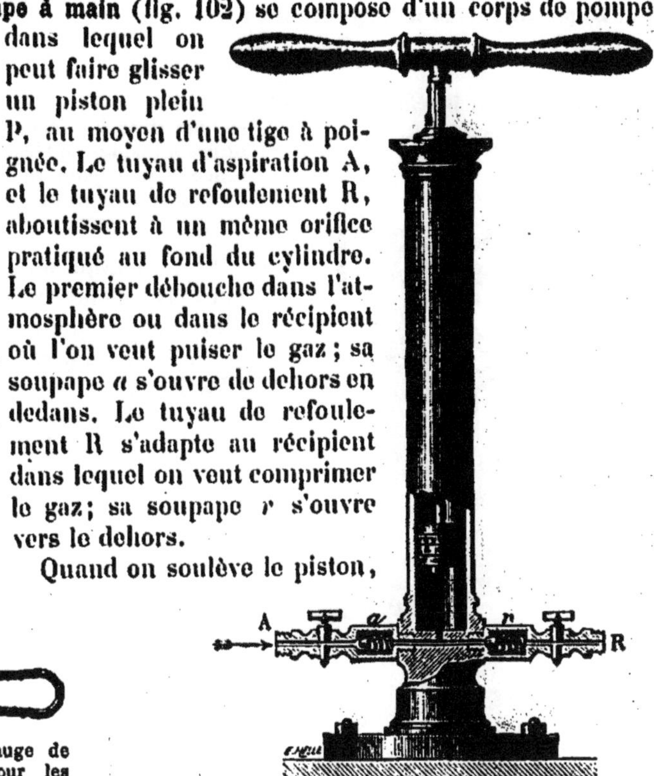

Fig. 101. — Jauge de Mac'Leod, pour les pressions extrêmement faibles.

Fig. 102. — Pompe à gaz.

La même pompe peut servir de machine pneumatique : il suffit d'adapter la tubulure d'aspiration A avec le récipient, et de laisser la tubulure de refoulement R en communication avec l'atmosphère.

Pression du gaz comprimé après n coups de piston. — Supposons que l'on puise le gaz dans un milieu où la pression conserve une valeur constante H. Soient v et V les volumes du corps de pompe et du récipient à gaz comprimé.

D'après la loi de Dalton, la pression après n coups de piston est égale à la somme des pressions individuelles de toutes les masses gazeuses introduites.

A chaque coup de piston, on puise dans le réservoir une masse gazeuse de volume v à la pression H, et on l'injecte dans un volume V, où elle acquiert une pression x donnée par la loi de Mariotte :

$$Vx = vH; \quad \text{d'où :} \quad x = H \cdot \frac{v}{V} \cdot$$

Soit H_0 la pression initiale. A chaque coup de piston la pression augmente de x. La pression après n coups de piston sera donc :

$$H_n = H_0 + nH \cdot \frac{v}{V} \cdot$$

Elle augmenterait indéfiniment avec le nombre n, si l'on n'était pas arrêté, comme dans les machines pneumatiques à pistons solides, par la présence d'un *espace nuisible*, qui ne tarde pas à empêcher le fonctionnement de la pompe.

Fig. 103. — Pompe de compression.

2° La pompe de compression peut être manœuvrée au moyen d'un système bielle et manivelle, auquel on adjoint un volant (fig. 103).

3° Les compresseurs industriels sont formés de deux pompes de diamètres inégaux, qui fonctionnent simultanément. La plus grande puise le gaz dans le réservoir, et le comprime dans le corps de pompe de la petite. Celle-ci le refoule à son tour dans le récipient à gaz comprimé.

Applications. — L'air comprimé a de nombreuses applications industrielles; telles sont, par exemple, les *horloges pneumatiques*, qui actionnent à la fois les aiguilles d'un grand nombre de cadrans; la *poste pneumatique*, pour le transport des lettres d'un bureau à un autre, à l'intérieur des grandes villes; les *freins Westinghouse*, employés aujourd'hui sur les chemins de fer; les *machines perforatrices*, utilisées pour le percement des tunnels; les *scaphandres* et les *cloches à plongeurs*, pour le travail sous l'eau, etc.

CHAPITRE VI

CAPILLARITÉ

138. Phénomènes capillaires. — On appelle ainsi certains phénomènes que présentent les surfaces liquides, surtout dans les tubes étroits, et qui s'écartent des lois générales de l'hydrostatique, établies en supposant que les liquides sont uniquement soumis aux actions de la pesanteur.

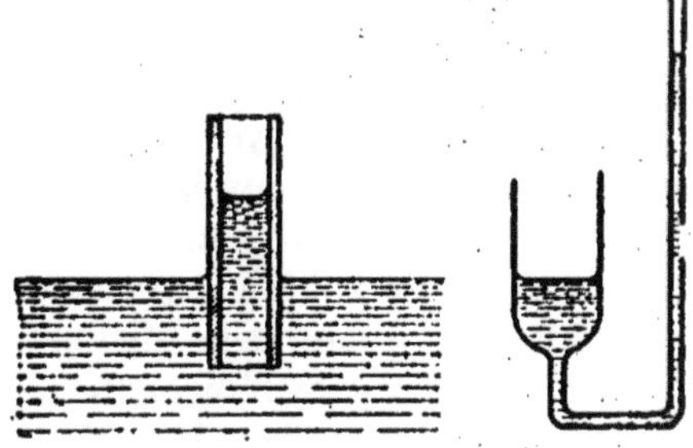

Fig. 104. — Ascension de l'eau dans les tubes capillaires.

Par exemple :

1° A l'intérieur d'un tube étroit, un liquide ne s'élève pas à la même hauteur qu'à l'extérieur, ou dans un vase communicant plus large. Un liquide comme l'eau, *qui mouille* le verre, s'élève *plus haut* dans le tube capillaire (fig. 104) ; un liquide comme le mercure, *qui ne mouille pas* le verre, s'élève *moins haut* dans le tube capillaire (fig. 105).

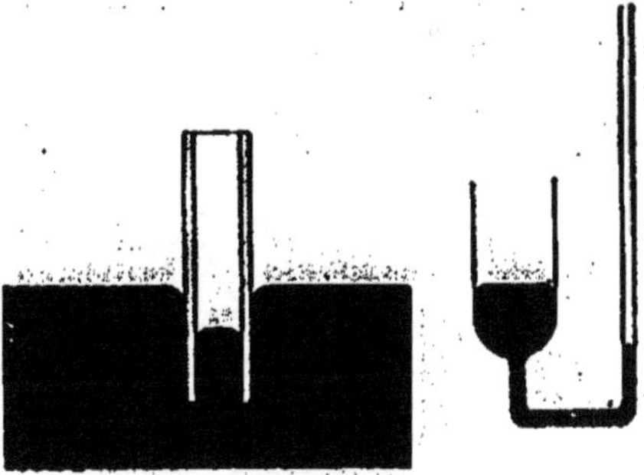

Fig. 105. — Dépression du mercure dans les tubes capillaires.

2° L'huile monte dans la mèche des lampes, et la sève, dans la tige des végétaux.

Une étoffe, ou un corps poreux tel qu'un morceau de sucre, qui plonge légèrement dans l'eau, s'imbibe de liquide, peu à peu, dans toute la partie non immergée.

Ces phénomènes révèlent l'existence de certaines forces, dont l'hydrostatique fait abstraction, mais dont il faut tenir compte si l'on veut expliquer toutes les propriétés des liquides réels.

1. TENSION SUPERFICIELLE

139. Tension superficielle. — 1° Forces de cohésion. On appelle *forces de cohésion* les forces attractives qui s'exercent entre une molécule matérielle et les molécules voisines.

La cohésion est manifeste dans les corps solides, car c'est elle qui s'oppose à leur rupture; mais elle existe aussi dans les liquides, et même dans les gaz. Dans un liquide, elle s'exerce soit entre les molécules de ce liquide, soit entre ces molécules et celles des solides ou des gaz qui sont en contact avec lui.

Une goutte de mercure, posée sur une surface horizontale, prend une forme globulaire, due à la cohésion du liquide pour lui-même.

Une baguette de verre plongée dans l'eau ramène avec elle un peu de liquide, retenu par la cohésion de l'eau pour le verre et par la cohésion de l'eau pour elle-même.

La force de cohésion qui s'exerce entre deux molécules diminue rapidement quand leur distance augmente; et elle s'annule pour une distance ρ extrêmement petite. On appelle *sphère d'activité* d'une molécule m la sphère de centre m et de rayon ρ. La distance ρ est dite le *rayon d'activité.*

2° État de tension d'une couche superficielle. — On appelle *couche superficielle* la couche liquide formée par toutes les molécules situées à une distance de la surface libre inférieure au rayon d'activité ρ. Cette couche, d'épaisseur ρ, est donc comprise entre la surface libre et une surface parallèle située à la distance ρ.

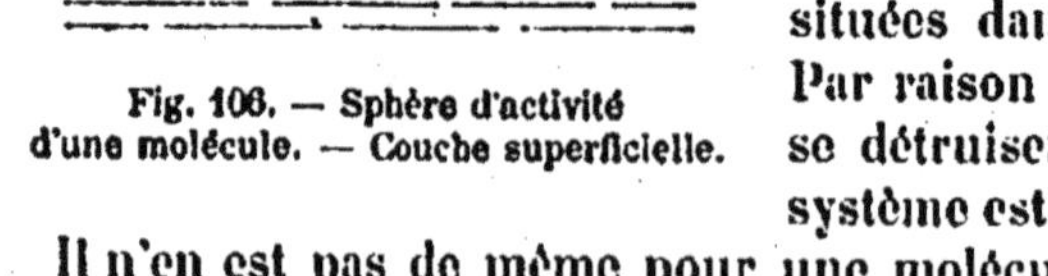

Fig. 106. — Sphère d'activité d'une molécule. — Couche superficielle.

Une molécule m, prise au sein du liquide (fig. 106), est sollicitée par des forces de cohésion qui émanent de toutes les molécules situées dans sa sphère d'activité. Par raison de symétrie, ces forces se détruisent deux à deux, et leur système est en équilibre.

Il n'en est pas de même pour une molécule m' appartenant à la couche superficielle, et dont la sphère d'activité coupe la surface libre. Alors les forces de cohésion ne sont plus symétriques, car celles qui émanent des molécules liquides l'emportent en intensité sur celles qui émanent des molécules gazeuses. Elles ont donc une résultante, appliquée à la molécule m', et tout à fait distincte du poids de cette molécule.

En étudiant par le calcul les effets de ces forces moléculaires qui s'exercent dans la couche superficielle, on est conduit à admettre que cette couche liquide est dans un certain état de tension.

Tout se passe comme si la surface libre était recouverte d'une membrane élastique tendue, enveloppant la masse liquide. Cette membrane offrirait une certaine résistance à la rupture, et elle serait capable de se reformer après avoir été rompue.

La couche superficielle se comporte donc comme une membrane de caoutchouc, ayant une tendance à se retirer. Si l'on imagine qu'on la fende sur une longueur de 1^{cm} (fig. 107), les deux bords de la fente tendront à s'écarter, chacun avec une certaine force f. Cette force f, évaluée en dynes par centimètre de longueur, est ce qu'on appelle la **tension superficielle**.

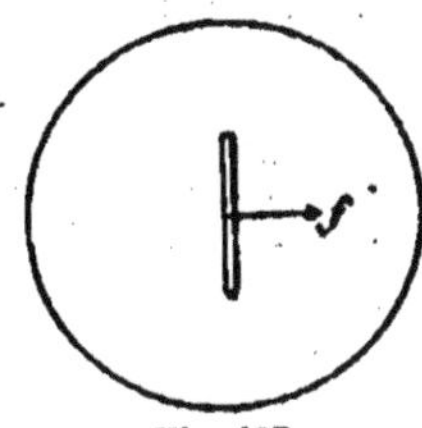

Fig. 107. Tension superficielle.

Mais les forces de cohésion de la couche superficielle n'ont pas seulement des composantes tangentielles, elles ont aussi des composantes normales, que l'on nomme **pressions capillaires** et que l'on évalue en dynes par centimètre carré.

Toutes ces forces dépendent de la nature du liquide, et de la nature du corps, solide, liquide ou gazeux, qui est en contact avec lui.

Nous allons voir que la *tension superficielle* et la *pression capillaire* peuvent être constatées, et mesurées expérimentalement, en dehors de toute idée théorique.

140. Existence de la tension superficielle. — 1° *Expérience de Dupré.* Un petit vase rectangulaire ABCD (fig. 108), en carton, a une paroi latérale CD mobile autour de son arête inférieure C. Cette paroi est maintenue par une cale K et par un fil tendu DE. On verse de l'eau jusqu'au bord du vase. La pression hydrostatique tend à maintenir CD contre la cale; mais la tension superficielle qui s'exerce sur le bord supérieur D, tend à ramener CD dans la verticale. Or c'est cette dernière qui l'emporte, comme on le constate en brûlant le fil DE.

Fig. 108. — Existence d'une tension superficielle à la surface libre d'un liquide.

2° *Expérience de Pasteur.* Quand on plonge une baguette de verre dans un bain de mercure saupoudré de grès pulvérisé, les grains se rapprochent de la baguette et disparaissent autour d'elle à mesure qu'elle s'enfonce. Quand on retire la baguette, le grès revient peu à peu à la surface, et reprend sa place primitive.

La couche superficielle se comporte donc comme une membrane résistante, que la baguette déforme sans la rompre, et qui revient ensuite à sa position première.

3° *Autre expérience de Dupré.* Certains liquides ont une tension superficielle assez considérable pour qu'on en puisse former des lames persistantes, dont les faces sont comme deux couches superficielles superposées. Tels sont l'eau de savon, et surtout le liquide glycérique de Plateau (mélange d'eau de savon et de glycérine).

Avec un de ces liquides, on mouille la face inférieure d'une plaque métallique horizontale AB (fig. 109) et un fil métallique AC mobile autour du point A.

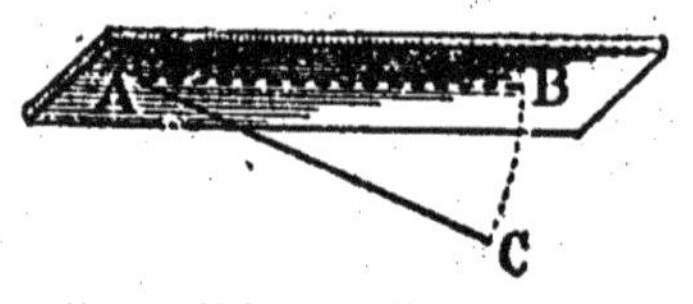

Fig. 109. — Existence d'une tension superficielle sur une lame liquide.

Quand on écarte ce fil dans la position AC, et qu'on l'abandonne à lui-même, la lame liquide formée dans l'angle BAC ramène le fil contre la plaque, comme ferait une lame de caoutchouc tendue.

4° *Expérience de Van der Mensbrugghe.* Un cadre en fil de fer, plongé dans le liquide glycérique de Plateau, se recouvre d'une lame liquide plane, dont la forme ne peut être attribuée qu'aux tensions superficielles qui s'exercent sur ses deux faces.

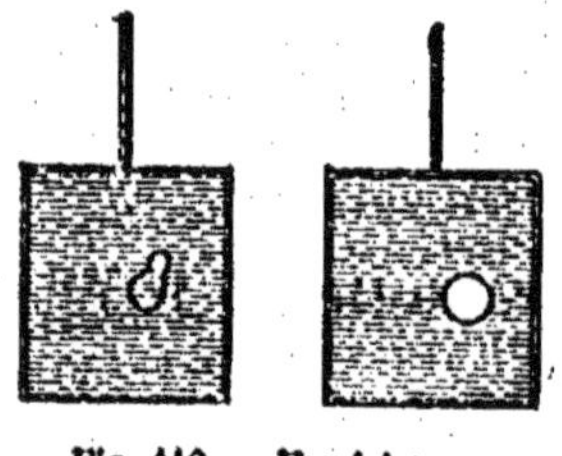

Fig. 110. — Expérience de Van der Mensbrugghe.

Appliquons sur cette lame une petite boucle en fil de soie. Cette boucle prend d'abord une forme quelconque (fig. 110); mais si l'on perce la petite lame liquide qu'elle entoure, la boucle se tend brusquement, et prend une forme circulaire.

C'est l'effet de la tension superficielle qui s'exerce uniformément tout autour de la boucle.

5° *Expérience de Plateau.* On compose un mélange d'eau et d'alcool ayant exactement la même densité que l'huile. L'huile introduite dans ce mélange est soustraite à la pesanteur d'après le principe d'Archimède. Elle obéit donc uniquement aux forces de cohésion. Or on constate qu'elle se rassemble, et qu'elle prend une forme exactement sphérique (fig. 111).

Fig. 111. — Expérience de Plateau : équilibre de l'huile dans l'eau alcoolisée.

Cette expérience met en évidence la tension superficielle qui réduit la couche superficielle de l'huile à la moindre étendue possible. Elle montre aussi que la composante normale, ou pression capillaire, s'exerce uniformément tout autour de la sphère d'huile.

141. Mesure de la tension superficielle. — A un fil tendu horizontalement, ou à une tige AB (fig. 112), on fait adhérer à l'aide du liquide dont on veut mesurer la tension superficielle, une tige de verre CD à laquelle un petit plateau de papier est suspendu par un fil.

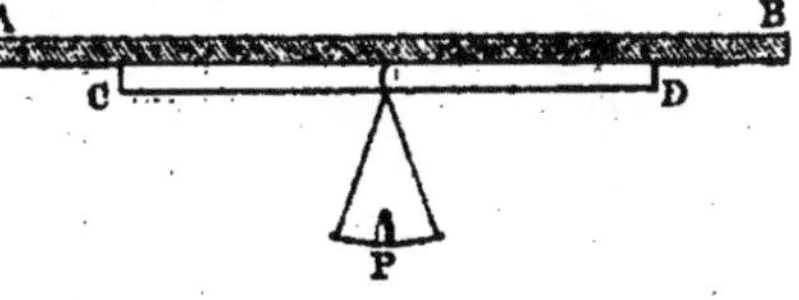

Fig. 112. — Mesure de la tension superficielle.

Pour vaincre les forces qui s'exercent sur les deux faces de la lame liquide, on verse du sable dans le plateau. La force totale qui provoque la rupture est la somme des poids de la tige de verre, du plateau et de la surcharge. Soit M la masse totale de ces divers objets; leur poids total est Mg.

Si la longueur de la tige est l^{cm}, et si l'on représente par F la tension en dynes par centimètre, sur l'une et l'autre face de la lame liquide, on a :

$$2Fl = Mg;$$

d'où :

$$F = \frac{Mg}{2l} \text{ (dynes).}$$

On trouve ainsi, pour les liquides plongés dans l'air, les tensions superficielles suivantes :

Eau	80	Sulfure de carbone	32
Acide sulfurique	75	Essence de térébenthine	30
Acide chlorhydrique	70	Alcool	25
Huile	37	Éther	17

2. APPLICATIONS

142. Tubes capillaires. — Au contact d'un liquide avec une paroi solide, il peut se présenter deux cas, suivant que la paroi est *mouillée* ou *non mouillée* par le liquide. Ainsi, une baguette de verre plongée dans l'eau reste mouillée quand on la retire. Elle ne le serait pas si on la plongeait dans du mercure, ou si on ne la plongeait dans l'eau qu'après l'avoir enduite d'un corps gras.

Tubes parfaitement mouillés. — Dans un tube capillaire plongé verticalement dans un liquide, et parfaitement mouillé, le liquide s'élève à une certaine hauteur h au-dessus de la surface libre extérieure (fig. 113).

La surface libre intérieure prend la forme d'un ménisque, concave du côté de l'air, et qui se raccorde à angle nul à la surface intérieure du tube, suivant une circonférence de diamètre AB.

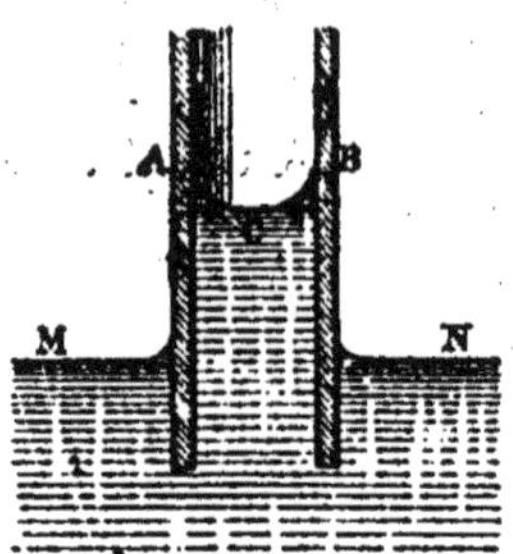

Fig. 113. — Dans un tube parfaitement mouillé, l'angle de raccordement est nul.

Le poids du liquide soulevé est égal à la résultante des tensions superficielles qui s'exercent verticalement tout autour de cette circonférence.

Soient F la tension superficielle en dynes par centimètre de longueur, et r le rayon intérieur du tube. La résultante des forces de cohésion est égale à $2\pi r F$.

Soit d la densité du liquide soulevé; son poids spécifique est dg, et son poids total $\pi r^2 h d g$.

On a donc : $$2\pi r F = \pi r^2 h d g;$$

d'où : $$h = \frac{2F}{rdg} = \frac{4F}{2rdg}. \qquad (1)$$

Loi de Jurin. — D'après cette formule, pour un même liquide contenu dans des tubes capillaires de diamètres différents, *les hauteurs soulevées sont inversement proportionnelles aux diamètres des tubes.*

Fig. 114. Vérification de la loi de Jurin.

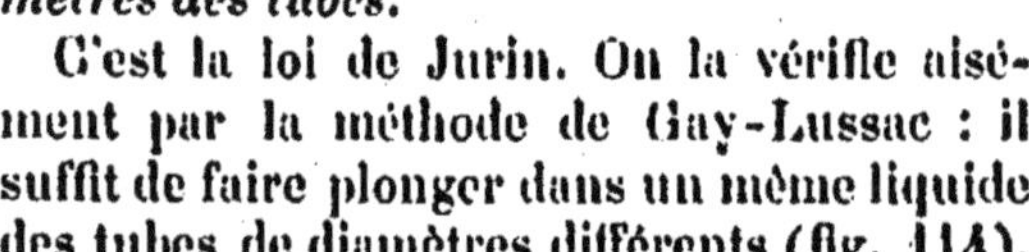

C'est la loi de Jurin. On la vérifie aisément par la méthode de Gay-Lussac : il suffit de faire plonger dans un même liquide des tubes de diamètres différents (fig. 114).

M. Wolf a constaté en outre que toutes les ascensions capillaires diminuent quand la température s'élève.

Tubes imparfaitement mouillés, ou non mouillés. — 1° Dans les tubes imparfaitement mouillés, le ménisque est moins concave, parce que l'angle de raccordement n'est pas nul. La tangente menée à la surface libre fait un certain angle avec les génératrices du cylindre (fig. 115).

2° Dans un tube non mouillé, par exemple dans un tube de verre plongé dans du mercure (fig. 116), le niveau intérieur est situé plus bas que le niveau extérieur. Il y a *dépression* capillaire. Le ménisque est convexe du côté de l'air, et il se raccorde à la surface intérieure du tube, sous un certain angle α, qui n'est jamais nul.

Dans ces deux cas, la loi de Jurin est encore applicable; mais la tension superficielle F doit être remplacée, dans la formule (1), par sa projection $F \cos \alpha$.

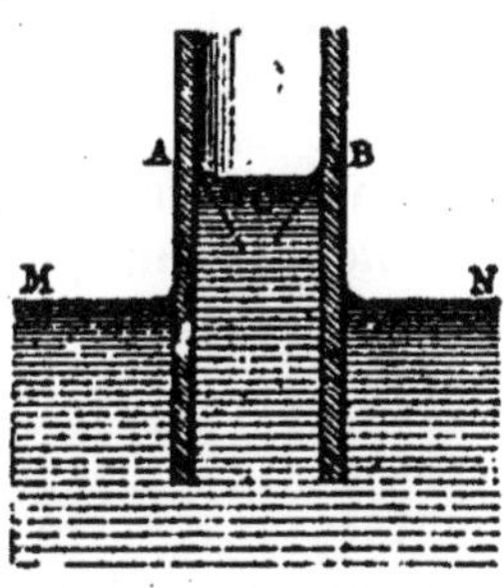

Fig. 115. — Angle de raccordement, dans un tube imparfaitement mouillé.

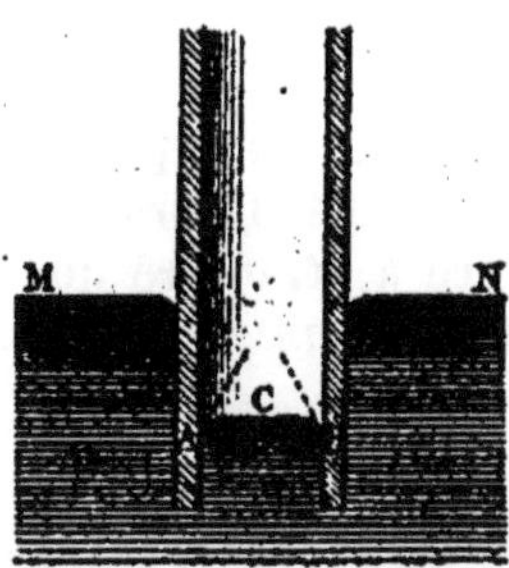

Fig. 116. — Angle de raccordement du mercure.

143. Lames parallèles. — *Entre deux lames parallèles mouillées par un liquide, l'ascension capillaire* h *est la moitié de ce qu'elle serait dans un tube qui aurait pour diamètre la distance* e *qui sépare les deux lames* (fig. 117).

Fig. 117. — Ascension de l'eau entre deux lames parallèles.

Soient F la tension superficielle et l la longueur des lames.

Le poids du liquide soulevé est : $elhdg$.

Il est équilibré par la force

$$2 \, . \, lF.$$

On a donc : $2lF = elhdg$

d'où :

$$h = \frac{2F}{edg}. \qquad (2)$$

En posant $e = 2r$, on voit que cette expression (2) est la moitié de l'expression (1).

144. Compte-gouttes. — Le poids d'une goutte retenue à l'extrémité d'un tube capillaire est équilibré par la tension superficielle, qui s'exerce sur une certaine circonférence, dont le rayon r est proportionnel à celui du tube (fig. 118).

Fig. 118. Compte-gouttes.

Si l'on désigne par d la densité du liquide, et par F la tension superficielle, on a :

$$dg = 2\pi r F.$$

Donc, *pour un même liquide, le poids des gouttes est proportionnel au diamètre du tube.*

C'est **la loi de Tate.** On la vérifie au moyen de la balance, en pesant un même nombre de gouttes, données par différents tubes de diamètres connus.

145. Pression capillaire. — La composante normale des forces capillaires est toujours dirigée vers la concavité du ménisque.

Laplace a démontré que *l'excès de pression à l'intérieur d'une sphère de rayon* R *est donnée par la formule :*

$$p = \frac{2F}{R}. \qquad (3)$$

Ainsi, *la pression capillaire est inversement proportionnelle au rayon de courbure du ménisque.*

Bulle de savon. — Cette pression peut être mesurée expérimentalement avec une bulle de savon.

On souffle une bulle de savon au bout d'un petit tube. L'expérience prouve que si l'on cesse de souffler, l'air intérieur s'échappe par le tube. La bulle se dégonfle sous l'action de la pression capillaire. Pour maintenir l'équilibre, il faut établir à l'intérieur un excès de pression que l'on peut mesurer en s'y prenant convenablement.

Pour un même liquide, on constate que cette pression p est inversement proportionnelle au rayon R de la bulle.

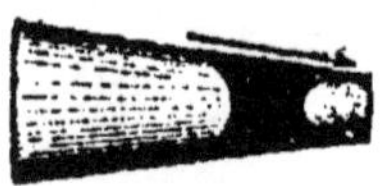

Fig. 119. — Déplacement d'une goutte liquide dans un tube conique.

Mouvement d'une goutte dans un tube conique. — Dans un tube conique, une goutte d'eau remonte vers le sommet; et une goutte de mercure descend vers la base (fig. 119).

Cela tient à la différence des pressions capillaires qui s'exercent sur les deux ménisques.

Cette pression est dirigée du côté concave; mais, d'après la formule (3), elle est d'autant plus grande que le rayon du ménisque est plus petit. L'excès de pression est donc de même sens que la pression sur le petit ménisque.

Chapelets capillaires. — Dans un tube cylindrique, une série de gouttes liquides séparées par des bulles d'air constitue un *chapelet capillaire*, capable d'opposer une grande résistance à la transmission des pressions. Par exemple, un chapelet de gouttes d'eau occupant une longueur de 1^{m}, peut résister à une différence de pression de 2 ou 3 atmosphères. Cela tient à la déformation des ménisques, qui deviennent moins concaves d'un côté de chaque goutte et plus concaves de l'autre. Il y a donc une différence de pression capillaire aux deux extrémités de chaque goutte. Comme toutes les différences sont de même sens, elles s'ajoutent pour former la résistance totale du chapelet.

146. Corps flottants. — 1° Une aiguille d'acier, enduite d'un corps gras, peut rester en équilibre à la surface de l'eau. La surface se déprime autour d'elle, et les composantes normales des actions capillaires agissent en sens contraire de la pesanteur.

2° Deux balles de liège flottant à la surface de l'eau s'attirent brusquement quand elles arrivent dans le voisinage l'une de l'autre.

Le liquide s'élève entre elles quand elles sont toutes deux mouillées; il se déprime, au contraire, quand elles sont toutes deux graissées, ou enduites de noir de fumée.

Les deux balles se repoussent mutuellement quand l'une est mouillée et que l'autre ne l'est pas.

3° Un aréomètre qui flotte sur l'eau s'enfonce un peu plus qu'il ne le devrait. Cela tient à la tension superficielle qui soulève un peu d'eau tout autour de sa tige.

PHÉNOMÈNES D'ADHÉRENCE ET DE TEINTURE

147. Adhérence. — Certains phénomènes d'adhérence sont dus à la cohésion, ou à la tension superficielle des liquides.

Quand une plaque de verre horizontale est mise en contact avec la surface d'un liquide, il faut, pour l'en séparer, une force supérieure à son poids.

Deux plaques de verre, mouillées et superposées, adhèrent fortement l'une à l'autre.

Mais l'adhérence peut se produire aussi entre deux corps solides, sans aucune interposition de liquide. Elle consiste alors en une sorte d'engrènement réciproque des aspérités, et elle augmente avec le poli qui multiplie les points de contact.

La poussière s'attache à tous les corps, la craie ou le crayon laissent une trace sur le tableau ou sur le papier, les enduits et les peintures adhèrent aux surfaces que l'on en recouvre. Une balle de plomb étant coupée en deux avec un rasoir, ses deux moitiés mises en contact adhèrent l'une à l'autre. Il en est de même de deux lames de verre sèches, appliquées exactement l'une contre l'autre, etc.

148. Teinture. — La teinture est l'art de fixer sur les étoffes des couleurs inaltérables.

Il faut que le tissu soit imprégné profondément par la matière colorante, ou que celle-ci adhère assez fortement à la fibre textile pour n'être pas éliminée par un lavage.

Si l'on plonge dans une dissolution d'acide picrique du coton et de la soie, tous deux se colorent en jaune; mais la soie seule est teinte, car sa coloration résiste à un lavage prolongé, tandis que le coton lavé se décolore bientôt complètement.

La teinture est plus ou moins *solide*, suivant qu'elle résiste au savon, aux acides faibles, à l'action de la lumière, etc.

Il ne suffit pas que la matière colorante recouvre simplement la fibre textile, ou qu'elle se localise dans ses pores, d'où elle pourrait être facilement délogée. Il est nécessaire qu'elle pénètre dans la substance même de la fibre; soit qu'elle se diffuse et se dissolve dans cette substance, en s'introduisant jusque dans les intervalles intermoléculaires; soit qu'elle se combine avec cette substance, pour former avec elle un composé coloré, insoluble et inaltérable.

CHALEUR

GÉNÉRALITÉS

149. Chaleur. — La *chaleur* est la cause particulière à laquelle nous rapportons nos impressions de chaud et de froid.

C'est *une forme de l'énergie,* ainsi que nous le verrons dans la suite. Dès maintenant, d'après l'expérience vulgaire, nous pouvons nous la représenter comme une grandeur susceptible d'augmentation et de diminution.

Chauffer un corps, c'est augmenter la quantité de chaleur qu'il possède. Dans un corps solide, cette augmentation de chaleur est toujours suivie d'un *changement de température* et d'un *changement de volume;* et, quand elle devient suffisante, elle peut produire un *changement d'état physique,* en faisant passer le corps de l'état solide à l'état liquide, puis de l'état liquide à l'état gazeux.

Nous étudierons successivement les divers effets de la chaleur : dilatations, changements d'état, etc.

Mais il importe tout d'abord de préciser d'une manière scientifique les notions de *température* et de *quantité de chaleur,* dont l'expérience vulgaire ne nous donne qu'une idée assez vague.

Tel sera l'objet des deux chapitres suivants.

Nous verrons que les *quantités de chaleur* sont des grandeurs *mesurables,* car on peut définir expérimentalement leur égalité et leur addition.

Il n'en est pas de même des *températures;* car il n'existe aucun fait expérimental au moyen duquel on puisse définir l'addition des grandeurs de cette espèce. On peut seulement définir leur égalité, à l'aide des phénomènes de dilatation. On ne peut donc, à proprement parler, *mesurer les températures ;* l'opération que l'on appelle ainsi permet seulement de *repérer* les températures, de manière à pouvoir les comparer entre elles, et les ranger par ordre de grandeur croissante.

150. Dilatation des corps. — En général, quand un corps s'échauffe, son volume augmente; et quand il se refroidit, son volume diminue. C'est le phénomène de la dilatation des corps sous l'action de la chaleur.

Solides. — 1° *Dilatation linéaire* (ou en longueur). La dilatation d'une tige peut être mise en évidence au moyen du *pyromètre*

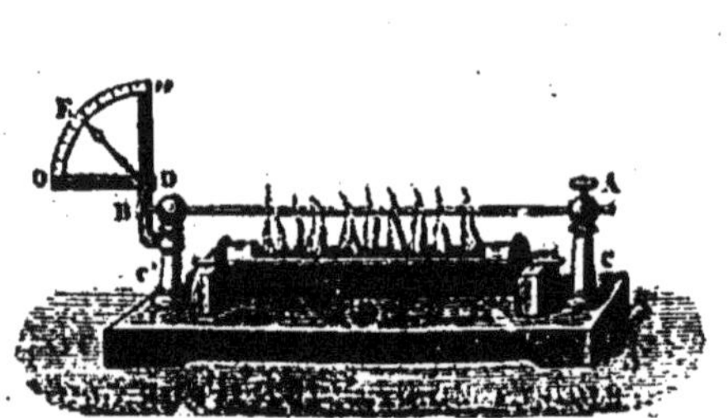

Fig. 120. — Pyromètre à cadran.

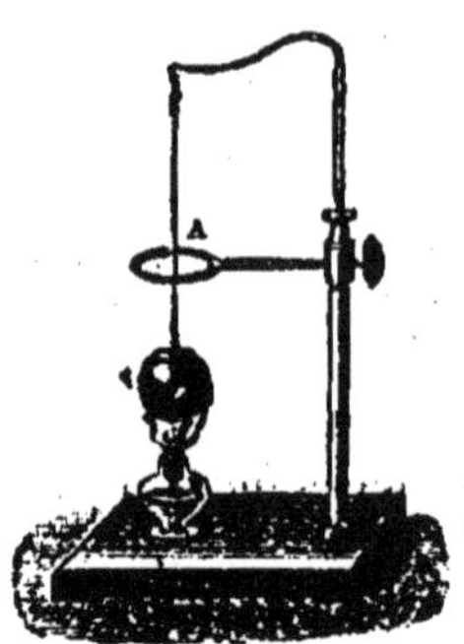

Fig. 121.
Anneau de S'Gravesande.

à cadran (fig. 120). Une tige métallique AB, fixée en A par une vis de rappel, traverse librement une colonne D, et vient buter contre le petit bras d'un levier BDE, dont l'autre bras est une aiguille mobile sur un cadran. Quand on chauffe cette tige, elle subit un allongement, qui est amplifié par le levier et devient ainsi manifeste. En se refroidissant, la tige se raccourcit et reprend sa longueur primitive.

2° *Dilatation cubique* (ou en volume). La dilatation en volume peut être constatée au moyen de l'*anneau de S'Gravesande* (fig. 121). Une sphère métallique traverse librement cet anneau A, à la température ordinaire. Chauffée, elle ne passe plus; refroidie, elle passe de nouveau.

Liquides. — Les liquides se dilatent plus que les solides.

Soit un liquide contenu dans un ballon B surmonté d'un tube étroit, où il s'élève jusqu'au point *a* (fig. 122). Nous ne pourrons constater que sa

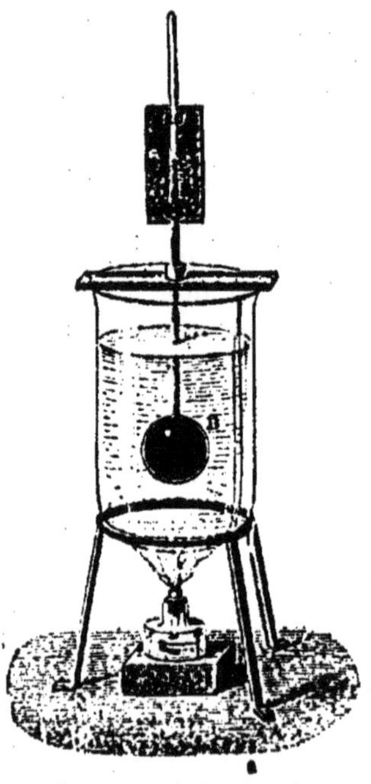

Fig. 122. — Dilatation d'un liquide.

dilatation apparente, qui est sensiblement égale à sa *dilatation absolue* diminuée de la *dilatation de l'enveloppe.*

Quand on plonge le ballon dans de l'eau chaude, le niveau du liquide baisse d'abord de *a* en *b*, parce que l'enveloppe se dilate la première ; mais bientôt le sommet du liquide remonte à sa hauteur primitive et la dépasse, parce que la dilatation absolue du liquide l'emporte sur la dilatation correspondante de l'enveloppe.

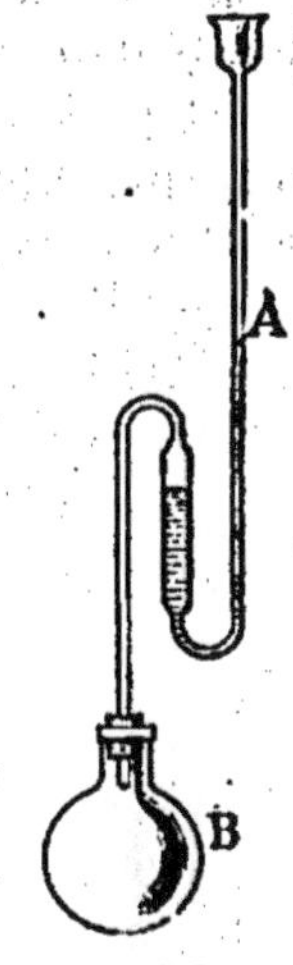

Fig. 123.
Dilatation d'un gaz.

Gaz. — Les gaz se dilatent encore plus que les liquides.

Un petit ballon B, surmonté d'un tube deux fois recourbé (fig. 123), contient un gaz isolé par un liquide A. Il suffit de le chauffer légèrement avec la main, pour que la dilatation du gaz refoule le liquide dans la branche ouverte.

CHAPITRE PREMIER

TEMPÉRATURES

151. **Température.** — A de rares exceptions près, tous les corps augmentent de volume quand on les chauffe, et ils diminuent de volume quand on les refroidit.

Par définition : si le volume d'un corps reste constant, on dit que sa *température est* **invariable**; si son volume augmente, on dit que *sa température* **s'élève**; si son volume diminue, on dit que *sa température* **s'abaisse.**

Lorsque deux corps sont mis en contact, il arrive en général que l'un diminue de volume, et que l'autre augmente ; après quoi ils conservent leurs volumes respectifs. On exprime ces faits en disant que les deux corps étaient à *des températures* **différentes**, que le plus chaud a cédé à l'autre une partie de sa chaleur, et que, leurs températures **variant en sens contraires**, ils ont fini par se mettre **en équilibre de température.**

L'expérience prouve que *si deux corps pris séparément sont à la même température qu'un troisième, ils sont à la même température entre eux.*

On dit qu'un milieu est à une *température fixe*, lorsqu'un corps plongé dans ce milieu reprend toujours le même volume.

Telles sont la glace fondante, et la vapeur bouillante à la pression atmosphérique. Ces deux milieux permettent de retrouver deux températures fixes, que l'on appelle la température de 0° et la température de 100° centigrades.

L'égalité de deux températures est ainsi définie; mais il est impossible de définir la *somme* ou le *rapport* de deux températures, et il s'ensuit que la température n'est pas une grandeur mesurable.

Toutefois, si les températures ne peuvent pas être *mesurées* au sens propre du mot, on peut du moins les *repérer*, de manière que, deux températures étant données, on puisse toujours dire que l'une d'elles est *inférieure, égale* ou *supérieure* à l'autre.

Pour cela, on fait choix d'un corps particulier, dont les variations de volume soient très apparentes et faciles à apprécier, et l'on convient de mesurer la différence de deux températures par la variation que subit le volume de ce corps entre ces deux températures.

Le corps adopté pour repérer ainsi les températures prend le nom de **thermomètre.**

Dans la pratique, et pour les recherches ordinaires, on se sert du *thermomètre à mercure.*

Dans les études scientifiques, ou pour les recherches très précises, on emploie un *thermomètre à hydrogène* appelé *thermomètre normal.*

152. Thermomètre à mercure. — Le thermomètre à mercure se compose d'une petite masse de mercure, contenue dans une enveloppe de verre, formée d'un réservoir surmonté d'un tube fin et bien calibré (fig. 124).

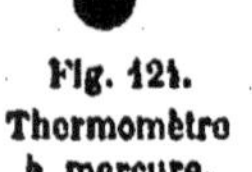

Fig. 124. Thermomètre à mercure.

Le corps thermométrique est le mercure; mais les dilatations que l'on observe sont *les dilatations apparentes du mercure dans le verre.*

Échelle centigrade. — L'échelle thermométrique adoptée se trace sur la tige du thermomètre. On l'obtient de la manière suivante.

On marque 0° au point où s'arrête le mercure quand on plonge l'instrument dans la *glace fondante;* et 100°, au point où s'arrête le mercure quand le thermomètre est plongé dans la *vapeur d'eau bouillante à la pression de* 76^{cm}.

On divise en 100 parties égales l'intervalle compris entre le point 0 et le point 100, et on prolonge la graduation de part et d'autre de cet intervalle.

Le tube, bien calibré, est ainsi divisé en parties d'égal volume. On marque 1°, 2°, 3° au-dessus de 0; — 1°, — 2°, — 3° au-dessous : ce sont les degrés du thermomètre.

L'intervalle constant qui sépare deux traits consécutifs correspond à *un degré centigrade.*

Ainsi, *le* **degré centigrade** *est l'élévation de température qui fait subir au mercure, dans le verre, le centième de sa dilatation apparente entre zéro et cent degrés.*

153. Construction du thermomètre à mercure. — 1° Choix d'une enveloppe. — Avant tout, il faut choisir un tube bien calibré. On vérifie le

Fig. 125.

calibrage en faisant voyager à l'intérieur du tube une petite colonne de mercure (fig. 125), qui doit conserver partout la même longueur.

On souffle à l'une des extrémités du tube un réservoir R de dimensions convenables, et à l'autre extrémité une ampoule A, terminée par une pointe effilée (fig. 126). D'ailleurs, on trouve dans le commerce des tubes thermométriques tout préparés.

2° Remplissage du tube. — On chauffe un peu le tube, pour raréfier l'air, et on plonge la pointe

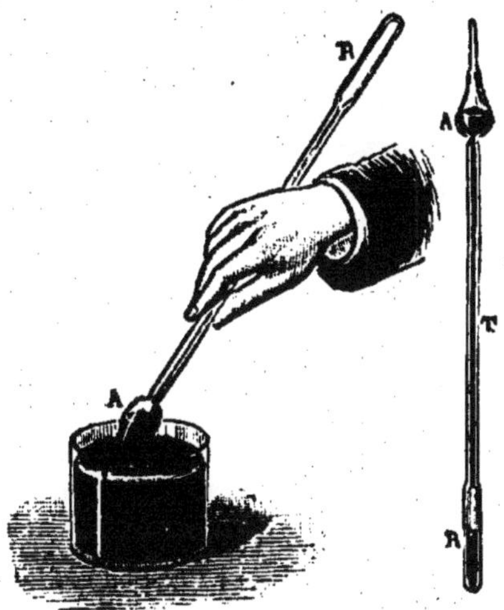

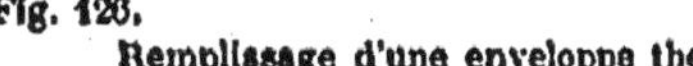

Fig. 126. Fig. 127.

Remplissage d'une enveloppe thermométrique.

dans du mercure (fig. 126), qui entre dans l'ampoule à mesure que l'air intérieur se contracte. En chauffant le réservoir (fig. 127) on chasse l'air; et le mercure descend dans le tube pendant que l'instrument se refroidit. On chauffe alors le mercure et on le fait bouillir sur toute la longueur du tube, afin que les vapeurs mercurielles chassent tout ce qui peut rester d'air et d'humidité.

Pour régler la quantité de mercure, on maintient l'instrument à la plus haute température qu'il doive marquer; puis on enlève l'ampoule, en fermant le tube à la lampe.

Détermination des points fixes. — 1° Pour déterminer *le point zéro*, on plonge le tube dans un vase rempli de glace fondante, dont l'eau de fusion peut s'écouler (fig. 128). Quand le sommet de la colonne mercurielle est devenu stationnaire, on marque un trait au point où il s'est arrêté.

2° Pour déterminer *le point* 100, on plonge le tube dans une étuve à double enceinte, remplie de vapeur d'eau bouillante à la pression de 76^{cm} (fig. 129).

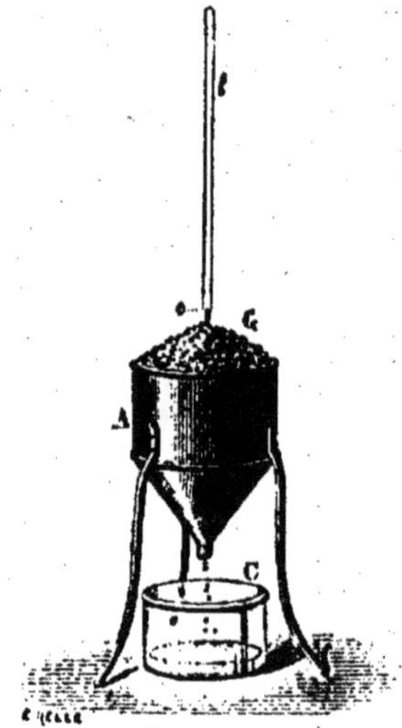

Fig. 128. — Détermination du point zéro d'un thermomètre.

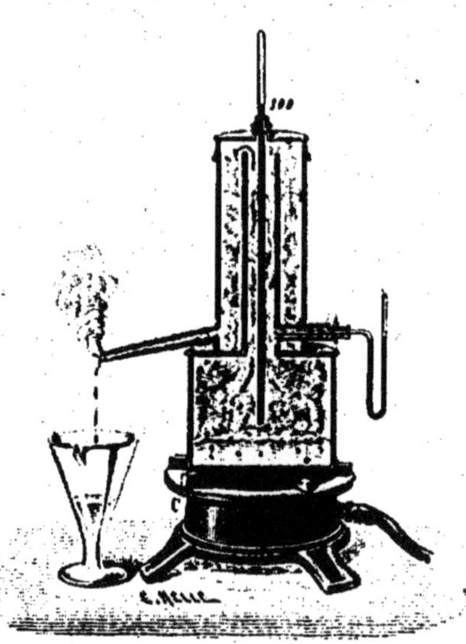

Fig. 129. — Détermination du point 100.

Quand le niveau du mercure est devenu stationnaire, on marque sa position par un trait [1].

134. Sensibilité du thermomètre. — Le thermomètre comporte deux espèces de sensibilité.

1° Pour qu'il accuse de très petites variations de température, il faut que chaque division de la tige occupe une grande longueur, afin que l'on puisse apprécier, par exemple, les dixièmes ou les centièmes de degré.

[1] Si la vapeur est à une pression H un peu différente de 76^{cm}, le trait marqué n'est pas exactement au point 100. Il correspond à $100° + x$; la correction x étant donnée par la proportion :

$$\frac{x}{1°} = \frac{H - 76}{2,7}$$

2° Pour qu'ils prennent rapidement la température du milieu, il faut que la masse de l'instrument soit très petite.

Quoiqu'il y ait antagonisme entre ces deux conditions, les constructeurs d'instruments de précision savent les concilier; et l'on peut se procurer un thermomètre dont les indications soient à la fois très *rapides* et très *précises*.

Thermomètre de précision. — Certains thermomètres sont destinés à évaluer, d'une manière précise, des températures comprises entre des limites déterminées. Alors on supprime toute la partie de l'échelle qui serait inutile, et l'on diminue le diamètre de la tige, dans la proportion où l'on veut augmenter la longueur occupée par chaque degré. La figure 130 représente un thermomètre médical, dont l'échelle, limitée entre 28° et 44°, est divisée en cinquièmes de degré.

Pour les recherches physiques, qui exigent beaucoup de précision, on a des thermomètres gradués en cinquantièmes de degré. En estimant à la vue les moitiés ou les quarts de division, on peut mesurer une température à un centième ou à un demi-centième de degré près.

Fig. 130. Thermomètre de précision.

155. Déplacement du zéro. — Si l'on vérifie un thermomètre quelque temps après sa construction, on constate que ses deux points de repère : le point 0 et le point 100, se sont élevés d'une légère quantité ε. De sorte que, au moment où ce thermomètre marque $t°$, par exemple, sa vraie température est $t - \varepsilon$.

Ce déplacement du zéro est dû à un travail moléculaire qui s'accomplit dans le verre, et qui diminue légèrement le volume du réservoir.

Chaque fois que l'on veut effectuer des observations précises, il est donc nécessaire de *reprendre le zéro*, et de tenir compte de son déplacement ε.

156. Comparabilité des thermomètres à mercure. — *On dit que deux thermomètres sont* **comparables entre eux,** *quand ils marquent des nombres égaux à toutes les températures.*

Après la rectification des zéros, deux thermomètres à mercure sont d'accord à 0° et à 100°, mais ils ne s'accordent pas exactement aux autres températures.

Entre 0° et 100°, la différence de leurs indications simultanées est minime, puisqu'au milieu de cet intervalle elle ne dépasse guère quelques centièmes de degré ; mais au delà de 100°, cette différence prend des valeurs croissantes qui ne sont plus négligeables. Voici, par exemple, les indications simultanées de deux thermomètres à mercure, l'un en verre ordinaire, l'autre en cristal :

Cristal. .	0°	49°,05	100°	201°,03	253°	304°,07	356°,05.
Verre . .	0°	50°	100°	200°	250°	300°	350°.

Ce désaccord ne provient pas du mercure, qui se dilate toujours de la même manière quand il est pur ; mais il provient du verre, qui ne se dilate pas aussi régulièrement que le mercure, et dont la loi de dilatation varie d'un échantillon à un autre.

Les divers thermomètres à mercure n'étant pas exactement comparables entre eux, il s'ensuit que l'échelle du thermomètre à mercure est *mal déterminée*. De plus, elle est *trop restreinte*, car le mercure se solidifie à — 40° et bout à 360°.

Il est donc nécessaire, au point de vue scientifique, d'avoir une échelle thermométrique qui soit à la fois plus constante et plus étendue. Pour cela, les physiciens ont adopté un thermomètre à gaz, constitué par une masse d'hydrogène confinée dans un volume constant, et dans lequel les variations de température sont caractérisées, non plus par des variations de volume, mais par des variations de pression.

157. Thermomètre normal. — Le thermomètre usité dans les expériences scientifiques de haute précision, et adopté comme *thermomètre normal* par le comité international des poids et mesures, est le *thermomètre à hydrogène observé sous volume constant, la pression de l'hydrogène à 0° devant être égale à* 1m *de mercure.*

Les points fixes du thermomètre normal, le point 0 et le point 100, sont la température de la glace fondante et celle de la vapeur d'eau bouillante sous la pression de 76cm.

Les variations de température sont définies comme proportionnelles aux variations de pression que subit la masse d'hydrogène maintenue sous un volume constant.

Soient P_0 la pression de cette masse d'hydrogène à 0°, P_{100} sa pression à 100°. Quand sa pression prend une valeur quelconque P, sa température t est *définie* par la proportion :

$$\frac{t}{100} = \frac{P - P_0}{P_{100} - P_0}.$$

Soit P_1 la pression pour laquelle on aura $t = 1$. Cette formule donne :

$$\frac{1}{100} = \frac{P_1 - P_0}{P_{100} - P_0};$$

d'où :

$$P_1 - P_0 = \frac{P_{100} - P_0}{100}.$$

Donc le **degré** *normal est la variation de température qui fait subir à l'hydrogène sous volume constant, le centième de son accroissement de pression entre 0° et 100°.*

Le thermomètre normal est extrêmement sensible, car les moindres variations de température font subir à l'hydrogène des variations de pression, qu'il est facile d'observer et de mesurer avec précision.

Le volume du gaz, donné par celui de son enveloppe solide, peut être connu avec toute l'exactitude désirable, car la dilatation de l'enveloppe étant plus de cent fois moindre que la dilatation d'un gaz, les irrégularités qu'elle comporte n'ont aucune influence appréciable.

Les divers thermomètres à hydrogène sont donc toujours parfaitement comparables entre eux.

Enfin l'échelle normale est très étendue, puisqu'elle descend jusque vers — 200°, aux approches de la température critique de l'hydrogène, et qu'elle s'élève jusqu'à 1500°, température de fusion des récipients solides.

Mais comme l'emploi du thermomètre normal exige une manipulation compliquée, on utilise constamment dans la pratique un thermomètre à mercure, qui est infiniment plus maniable, et que l'on peut d'ailleurs graduer par comparaison avec le thermomètre normal.

Ou bien, si la tige du thermomètre à mercure est simplement divisée en parties d'égal volume, on peut dresser une table de correction, telle que la suivante, pour traduire ses indications en températures normales.

Thermomètre à gaz.	100°	150°	200°	250°	300°	350°.
— à mercure, en cristal.	100°	150°,4	201°,25	253°	305°,2	360°5.

CHAPITRE II

QUANTITÉS DE CHALEUR

§ I. DÉFINITIONS

158. **Quantités de chaleur.** — Quand un corps s'échauffe, on dit qu'il *absorbe* de la chaleur; quand il se refroidit, il *dégage* de la chaleur.

Les *quantités de chaleur* sont des grandeurs d'une espèce particulière.

Ce sont des grandeurs *mesurables*, car on peut définir l'*égalité*, la *somme*, et, par suite, le *rapport*, de deux quantités de chaleur.

Pour cela, on s'appuie sur les principes suivants, qui sont évidents ou vérifiés par l'expérience.

1° *Dans un même phénomène calorifique, la quantité de chaleur mise en jeu est toujours la même.*

Par exemple, pour chauffer de 0° à $t°$, P grammes d'une substance donnée, il faut toujours la même quantité de chaleur.

2° *Dans un phénomène calorifique concernant une substance donnée, la quantité de chaleur mise en jeu est proportionnelle à la masse du corps.*

Par exemple, si 1^{gr} de charbon fournit en brûlant une certaine quantité de chaleur q, n grammes de charbon brûlant dans les mêmes conditions dégagent une quantité de chaleur égale à nq.

De même, si 1^{gr} d'eau chauffée de $t°$ à $t'°$ absorbe une quantité de chaleur q, pour chauffer n grammes d'eau dans les mêmes conditions, il faut leur fournir une quantité de chaleur égale à nq.

3° *Dans deux phénomènes calorifiques inverses, les quantités de chaleur mises en jeu sont égales et de signes contraires.*

Par exemple, en se refroidissant de $t'°$ à $t°$, un corps dégage une quantité de chaleur exactement égale à celle qu'il absorbe en s'échauffant de $t°$ à $t'°$.

4° *Dans les phénomènes purement calorifiques, la quantité de chaleur acquise ou perdue par un corps est égale à la quantité de chaleur perdue ou acquise par le milieu extérieur,* c'est-à-dire par les corps environnants.

En d'autres termes :

Dans un système de corps soustrait à toute influence extérieure (par une enceinte formant écran calorifique), *la quantité de chaleur reste invariable, quels que soient les échanges de chaleur qui se produisent entre ces corps.* La somme des quantités de chaleur gagnées par les uns est égale à la somme des quantités de chaleur perdues par les autres.

En particulier, *si deux corps soustraits à toute influence extérieure se mettent en équilibre de température, la quantité de chaleur absorbée par l'un est égale à la quantité de chaleur cédée par l'autre.*

Ainsi que nous le verrons dans la suite, la *quantité de chaleur* n'est qu'une forme particulière de l'*énergie*, et dès lors les principes précédents ne sont que des cas particuliers du principe de la conservation de l'énergie.

159. Unité de quantité de chaleur : calorie. — Pour mesurer les quantités de chaleur, on les rapporte à une quantité de chaleur déterminée, que l'on a choisie arbitrairement pour unité, et que l'on nomme la *calorie*.

La **calorie** *est la quantité de chaleur absorbée par un gramme d'eau, quand sa température s'élève de 0° à 1°.*

Dans la pratique, on prend souvent pour unité de chaleur une unité 1000 fois plus grande, et que l'on appelle la **grande calorie** ou *calorie du kilogramme* : c'est la quantité de chaleur absorbée par un kilogramme d'eau, quand sa température s'élève de 0° à 1°. Mais, à moins d'indication contraire, lorsque nous parlerons de *calorie*, il faudra toujours entendre la **petite calorie** ou *calorie du gramme.*

On admet souvent, dans la pratique, que *pour chauffer un gramme d'eau de $t°$ à $(t+1)°$*, c'est-à-dire pour élever sa température de 1 degré, il faut lui fournir 1 calorie, quelle que soit sa température initiale; mais cela n'est vrai d'une manière à peu près rigoureuse, que si cette température initiale est comprise entre 0° et 30°. Quand l'eau s'échauffe de plus en plus, à partir de 30°, il faut lui fournir de plus en plus de chaleur pour élever sa température de 1 degré.

Quand on mélange à poids égaux de l'eau à 0° avec de l'eau à 30°, on obtient de l'eau à 15°. Il s'ensuit que pour chauffer l'eau de 0° à 15°, ou pour la chauffer de 15° à 30°, il faut la même quantité de chaleur.

Mais quand on mélange à poids égaux de l'eau à 0° avec de l'eau à 60°, on obtient de l'eau à 30°,5; et quand on mélange à poids égaux de l'eau à 0° avec de l'eau à 100°, on obtient de l'eau à 51°,5.

Il s'ensuit qu'entre 30° et 60° l'eau absorbe plus de chaleur qu'entre 0° et 30°; et que, pour la chauffer de 50° à 100°, il faut plus de chaleur que pour la chauffer de 0° à 50°.

Le tableau suivant indique les quantités de chaleur absorbées par un gramme d'eau, pour s'échauffer progressivement de 0° à 100°.

QUANTITÉS DES CHALEURS ABSORBÉES PAR 1GR D'EAU

VARIATION DE TEMPÉRATURE	CALORIES	VARIATION DE TEMPÉRATURE	CALORIES
de 0° à 10°	10,031	de 0° à 10°	10,031
de 10° à 20°	10,093	— 20°	20,124
de 20° à 30°	10,155	— 30°	30,279
de 30° à 40°	10,217	— 40°	40,496
de 40° à 50°	10,279	— 50°	50,775
de 50° à 60°	10,341	— 60°	61,116
de 60° à 70°	10,409	— 70°	71,519
de 70° à 80°	10,465	— 80°	81,984
de 80° à 90°	10,527	— 90°	92,511
de 90° à 100°	10,589	— 100°	103,1

La deuxième colonne de ce tableau indique la quantité de chaleur q qu'il faut fournir à 1gr d'eau pour élever sa température de 0° à t°. On voit que cette quantité q n'est pas tout à fait proportionnelle à t, mais qu'elle augmente un peu plus rapidement que cette température.

A chaque valeur de t correspond une valeur déterminée de q. Celle-ci est donc une fonction de la variable t. Il est intéressant d'exprimer cette fonction par une formule algébrique, et de la représenter géométriquement par une courbe.

1° La quantité q peut se représenter par une fonction du second degré par rapport à t :

$$q = at + bt^2,$$

a et b désignant deux coefficients numériques.

Pour calculer ces coefficients, on remplace simultanément t et q par deux systèmes de valeurs correspondantes, empruntés au tableau précédent. On obtient ainsi deux équations qu'il suffit de résoudre par rapport aux inconnues a et b.

On trouve ainsi : $a = 1$ et $b = 0,00031$.

On a donc : $q = t + 0,00031t^2$.

Telle est la formule qui permet de calculer la quantité de chaleur q, absorbée par 1gr d'eau s'échauffant de 0° à t° ($t < 100$°).

2° Pour représenter graphiquement les variations de cette fonction q, on trace deux axes rectangulaires OX, OY (fig. 131); on porte en abscisses les valeurs de t et en ordonnées les valeurs de q. On obtient ainsi une série de points qu'il suffit de joindre par un trait continu. On voit que dans l'intervalle compris entre 0° et 30°, la ligne représentative se confond sensiblement avec le segment OA d'une droite OAD. Au delà de 30°, la courbe ABC se sépare

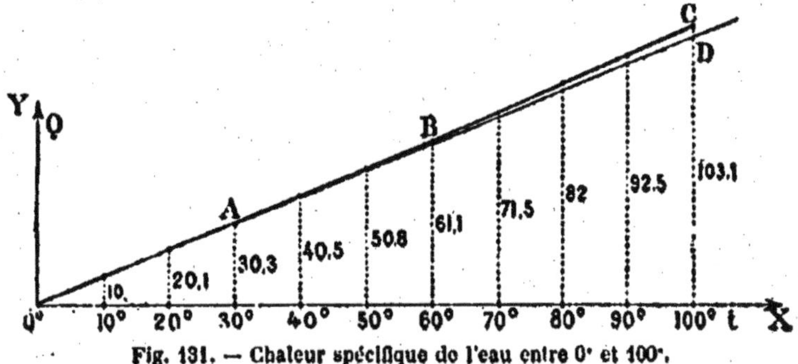

Fig. 131. — Chaleur spécifique de l'eau entre 0° et 100°.

visiblement de cette droite, et elle présente une concavité très légère, tourné du côté des ordonnées positives.

160. Chaleur spécifique. — *On appelle* **chaleur spécifique moyenne** *d'un corps entre* 0° *et* t°, *la quantité de chaleur absorbée en moyenne par* 1gr *de ce corps, pour une élévation de température de* 1 *degré, quand on chauffe ce corps de* 0° *à* t°.

Si un corps de $p$gr, chauffé de 0° à t°, absorbe q calories, sa chaleur spécifique moyenne entre 0° et t° est le quotient :

$$c = \frac{q}{pt}.$$

L'expérience prouve que, pour les corps solides, et surtout pour les liquides, la chaleur spécifique moyenne entre 0° et t° augmente avec la température t, et que, dès lors, elle est une fonction de cette température.

Cependant, il existe des cas assez étendus où elle n'éprouve que des accroissements négligeables. Alors, dans la pratique, on admet qu'elle se réduit à un nombre constant.

C'est ce qui a lieu :

1° Pour tous les solides entre 0° et 30°; et pour un assez grand nombre de solides entre 0° et 100°;

2° Pour l'eau, entre 0° et 30°;

3° Pour les autres liquides, sur une portion beaucoup plus restreinte de l'échelle thermométrique.

Dans ces divers cas, la *chaleur spécifique moyenne* se réduit à une constante, qui prend le nom de *chaleur spécifique* proprement dite, et que l'on peut définir comme il suit :

La **chaleur spécifique** *d'un corps est la quantité de chaleur qu'il* *faut fournir à 1^{gr} de ce corps, pour élever sa température de 1 degré* (cette température restant comprise dans l'intervalle où la chaleur spécifique moyenne est sensiblement constante).

161. **Problème.** — *Calculer la quantité de chaleur q, absorbée par un corps de p^{gr}, qui s'échauffe de t^o à t'^o; sachant que dans la portion de l'échelle thermométrique considérée, la chaleur spécifique de ce corps est égale à c.*

Chaque gramme absorbe c calories, pour une élévation de température de 1 degré.

Donc, entre t^o et t'^o, un gramme absorbe :

$$c(t'-t) \text{ calories},$$

et p^{gr} absorbent : $q = pc(t'-t)$ calories.

162. **Capacité calorifique.** — *La* **capacité calorifique** *d'un corps déterminé est la quantité de chaleur que ce corps absorbe, ou dégage, pour une variation de température de 1°.*

Elle est égale au produit pc, de la masse p de ce corps, par sa chaleur spécifique c.

Elle porte aussi le nom de **valeur en eau** du corps considéré, parce que le produit pc représente la *masse d'eau* qui absorberait la même quantité de chaleur, pour la même élévation de température.

Lorsque plusieurs corps sont assujettis à subir les mêmes variations de température, il est souvent utile de calculer la *capacité calorifique*, ou *valeur en eau*, du système constitué par l'ensemble de tous ces corps. Pour cela, il suffit de connaître la masse et la chaleur spécifique de chacun de ces corps. Soient $p, c; p', c'; p'', c''$; ces deux données relatives à chaque corps. Leurs capacités calorifiques respectives sont les produits :

$$pc, \quad p'c', \quad p''c''.$$

La capacité calorifique du système est la somme :

$$M = pc + p'c' + p''c''.$$

§ II. MESURE DES QUANTITÉS DE CHALEUR

163. **Mesure d'une quantité de chaleur par la méthode des mélanges.** — Dans la méthode des mélanges, on fait usage du *calorimètre à eau.*

Calorimètre (fig. 132). — Cet appareil se compose essentiellement d'un vase en laiton très mince, contenant de l'eau à la température extérieure, et suspendu par des fils de soie qui l'isolent au point de vue calorifique. Dans l'eau du calorimètre plongent un agitateur, pour rendre sa température uniforme; un thermomètre, pour mesurer cette température; et, quand il est nécessaire, un récipient métallique, à l'intérieur duquel on fera dégager la quantité de chaleur que l'on se propose de mesurer.

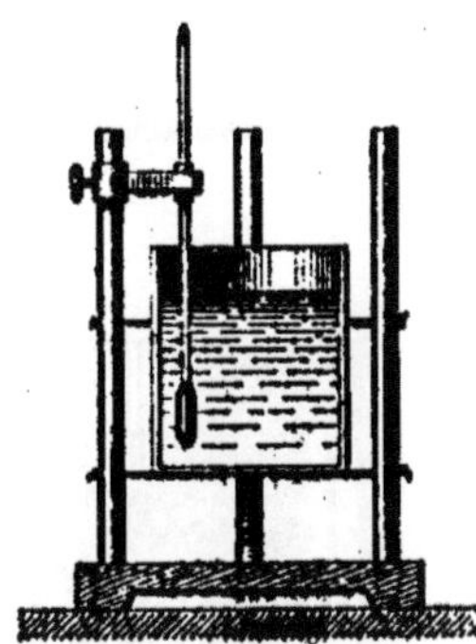

Fig. 132. — Calorimètre à eau.

Principe de la méthode. — Pour mesurer une quantité de chaleur, on la fait dégager dans le calorimètre, c'est-à-dire qu'on l'emploie à échauffer le système formé par l'eau, l'enveloppe, et tous les accessoires du calorimètre. Or, si la capacité calorifique de ce système est M, et si sa température s'élève de t° à θ°, la quantité de chaleur qui lui a été fournie a pour expression :

$$Q = M(\theta - t). \qquad (1)$$

Tout revient donc à mesurer la température initiale t, la température finale θ, et à déterminer exactement la capacité calorifique M du système.

Remarques. — 1° La température θ est la température *maximum* du calorimètre. Il faut observer le thermomètre intérieur jusqu'au moment où sa température cesse de croître pour commencer à décroître. A cet instant, l'expérience est terminée, et c'est ce que l'on exprime lorsqu'on donne à la température θ le nom de température *finale*.

2° La valeur en eau M comprend la masse M_1 de l'eau du calorimètre, et la somme des capacités calorifiques pc, $p'c'$, $p''c''$ de toutes les autres parties : enveloppe, agitateur, thermomètre, etc.

$$M = M_1 + pc + p'c' + p''c''.$$

Les masses se déterminent par la balance, et les chaleurs spécifiques des divers corps se trouvent dans des tables spéciales.

3° La formule (1) suppose que les températures t et θ sont comprises dans l'intervalle où la chaleur spécifique de l'eau est sensiblement égale à l'unité. Il faut donc s'arranger de manière que la température finale θ n'excède jamais 30°.

4° Il est essentiel que le calorimètre absorbe complètement la quantité de chaleur à mesurer, et qu'il n'en perde ensuite aucune partie appréciable.

Les pertes peuvent se produire par conductibilité et par rayonnement.

On évite la conductibilité en suspendant le calorimètre par des fils de soie, ou en le faisant reposer sur des pointes de liège qui ne conduisent pas la chaleur.

On évite le rayonnement en utilisant un calorimètre dont la surface extérieure soit polie, et en l'entourant d'une enveloppe métallique polie à l'intérieur.

Les pertes de chaleur augmenteraient avec la durée de l'expérience, et avec l'excès $(\theta - t)$ de la température finale du calorimètre sur la température de l'air ambiant. Il importe donc que l'expérience soit faite rapidement, et que la masse d'eau sur laquelle on opère soit assez considérable pour s'échauffer seulement d'un petit nombre de degrés.

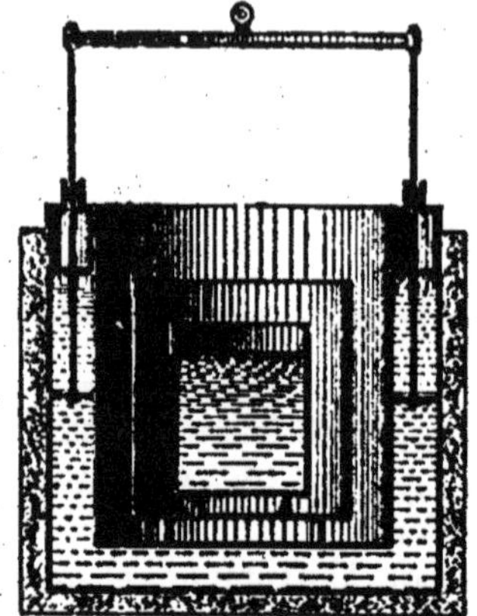

Fig. 133. — Calorimètre de Berthelot.

Calorimètre de Berthelot. — Pour les expériences qui exigent une grande précision, on emploie le calorimètre de Berthelot (fig. 133). Le calorimètre est un vase en platine très mince; il repose, par trois pointes de liège, à l'intérieur d'un vase plus large, en laiton argenté. Celui-ci est entouré d'une enceinte cylindrique à double paroi, pleine d'eau à la température ambiante, et entourée d'un feutrage épais. Tous les vases, et l'enceinte elle-même, sont fermés par des couvercles métalliques, percés d'ouvertures qui laissent passer les thermomètres et les tiges des agitateurs.

§ III. MESURE DES CHALEURS SPÉCIFIQUES

164. Mesure des chaleurs spécifiques, par la méthode des mélanges. — Pour déterminer la chaleur spécifique d'un corps, on le chauffe dans une étuve à une température connue T, et on le plonge dans l'eau d'un calorimètre dont on connait la température t.

On agite l'eau pour amener promptement l'équilibre et l'uniformité de la température, et on note la température finale θ.

Soient P la masse du corps, x sa chaleur spécifique, et M la capacité calorifique du calorimètre.

L'*équation du mélange* exprime que la chaleur perdue par le corps est égale à la chaleur gagnée par le calorimètre.

Or la chaleur perdue par le corps est :

$$Px(T - \theta);$$

la chaleur gagnée par le calorimètre est :

$$M(\theta - t).$$

On a donc l'équation :

$$Px(T - \theta) = M(\theta - t);$$

d'où l'on tire :

$$x = \frac{M(\theta - t)}{P(T - \theta)}.$$

Remarque. — Cette méthode est applicable aux corps solides ou liquides, qui n'exercent aucune action sur l'eau, ou sur le vase du calorimètre.

Si l'on veut déterminer la chaleur spécifique d'une substance capable d'exercer une telle action chimique, on l'introduit préalablement dans une enveloppe inattaquable, dont on connait la capacité calorifique m_1c_1.

La chaleur cédée par cette enveloppe est :

$$m_1c_1(T-\theta).$$

L'équation du mélange devient donc :

$$Px(T-\theta)+m_1c_1(T-\theta)=M(\theta-t).$$

165. Résultats. — 1° *Pour tous les corps solides ou liquides, la chaleur spécifique moyenne entre 0° et t° croît avec la température.* Elle croît plus rapidement pour les liquides que pour les solides. Pour ces derniers on peut admettre qu'elle est à peu près constante lorsque la température t ne dépasse pas 30°, et parfois 100°.

2° *Pour un même corps, elle est plus grande pour l'état liquide que pour l'état solide.*

Par exemple, la chaleur spécifique de l'eau est à peu près le double de celle de la glace.

3° *La chaleur spécifique d'une même substance varie avec son état moléculaire.*

Ainsi, pour le diamant, le graphite et le charbon de bois, elle varie en raison inverse de la densité.

4° *La chaleur spécifique de l'eau est supérieure à celle de tous les autres corps solides ou liquides.*

Elle est presque 10 fois plus grande que celle du fer, et 30 fois plus grande que celle du mercure ; de sorte que la quantité de chaleur qui échaufferait 1 gramme d'eau de 10°, échaufferait 1 gramme de fer de 0 à 100°, et 1 gramme de mercure de 0 à 300°.

Pour une même variation de température, l'eau absorbe ou dégage plus de chaleur que tout autre corps solide ou liquide.

Cette propriété assigne aux eaux de la mer, des lacs et des fleuves, un rôle très important dans la nature.

L'eau est un régulateur de la température de l'atmosphère. Elle absorbe pour s'échauffer une énorme quantité de chaleur, qu'elle restitue plus tard en se refroidissant. Elle modère ainsi les variations de température, qui, sans elle, présenteraient un écart beaucoup plus considérable entre les températures extrêmes.

La chaleur spécifique moyenne d'un corps entre 0° et $t°$, peut être représentée par une fonction du second degré en t :

$$\frac{q}{pt}=a+bt+ct^2;$$

a, b, c étant des nombres positifs, dont les deux derniers sont très petits.

Pour les corps solides, le coefficient c est ordinairement négligeable, et le coefficient b est assez petit pour que l'on puisse en faire abstraction quand la température t ne dépasse pas 30°, et parfois même 100°.

En supposant que p est égal à 1gr, et en chassant le dénominateur t, on obtient :

$$q = at + bt + ct^3;$$

c'est la quantité de chaleur absorbée par 1gr du corps entre 0° et t°.

Pour le carbone entre 0° et 200° on a :

$$q = 0{,}0917t + 0{,}0005t^2 + 0{,}00000002t^3.$$

C'est cette formule qui est représentée graphiquement par la figure 134. On

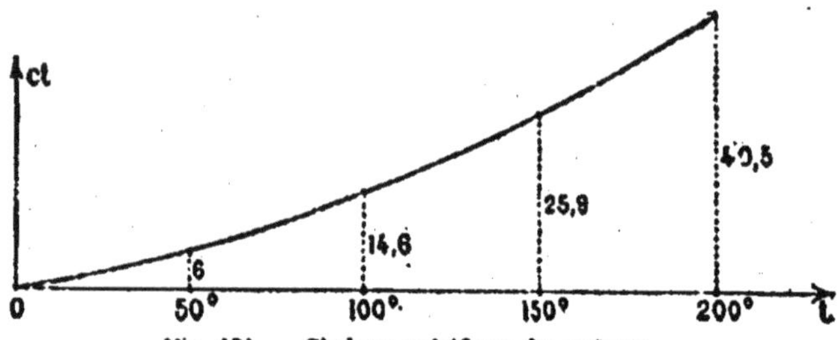

Fig. 134. — Chaleur spécifique du carbone.

voit que la chaleur spécifique du carbone croît rapidement avec la température.

Pour le platine, entre 0° et 1400°, on a la formule plus simple :

$$q = 0{,}0317t + 0{,}000006t^2.$$

Cette fonction est représentée par la figure 135.

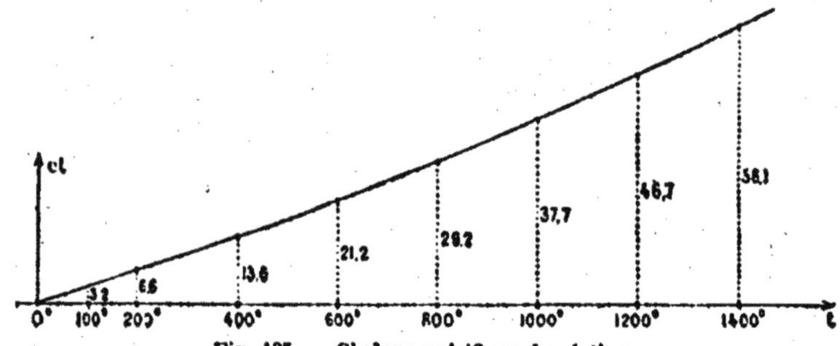

Fig. 135. -- Chaleur spécifique du platine.

Mesure des hautes températures à l'aide du calorimètre. — Cette dernière formule est particulièrement intéressante, en ce qu'elle fournit une méthode très simple pour mesurer les hautes températures que l'on obtient dans l'industrie ou dans les laboratoires. On porte à la température que l'on veut évaluer, un morceau de platine de masse connue, que l'on plonge ensuite dans un calorimètre pour mesurer la quantité de chaleur qu'il a absorbée. Connaissant la quantité de chaleur q absorbée par un gramme de platine, la température correspondante est donnée par l'équation ci-dessus, qu'il suffit de résoudre par rapport à t.

Cette formule est due à M. Violle, et son application thermométrique a été employée par M. Weber.

166. Lois des chaleurs spécifiques. — *On appelle* **chaleur**

atomique *d'un corps simple la quantité de chaleur nécessaire pour chauffer de 1 degré le poids atomique de ce corps.*

Si le poids atomique d'un corps simple est A^{gr}, et sa chaleur spécifique **C**, sa chaleur atomique est le produit **AC**.

Loi de Dulong et Petit. — *Tous les corps simples ont la même chaleur atomique,* qui est sensiblement égale à 6,4.

A l'aide du tableau suivant, on peut constater en effet qu'en multipliant la chaleur spécifique d'un corps à l'état solide, par le poids atomique de ce corps, on obtient un produit constant :

$$AC = 6,4.$$

Ainsi, les poids atomiques des corps simples étant proportionnels aux poids de leurs atomes, *il faut la même quantité de chaleur pour chauffer de 1° un atome de tous les corps simples.*

Loi de Wœstyn. — *La chaleur atomique d'un corps simple reste la même quand ce corps entre en combinaison.*

Il s'ensuit que la capacité calorifique d'un composé est égale à la somme des capacités calorifiques de ses éléments.

CHALEURS SPÉCIFIQUES

Solides.	Poids atomique A.	Chaleur spécifique C.	Chaleur atomique AC.	Corps.	Chaleur spécifique.
Fer	56	0,1138	6,37	Eau { solide. . . .	0,474
Zinc.	65,2	0,0955	6,23	Eau { liquide . . .	1
Argent. . . .	108	0,0570	6,16	Eau { en vapeur. .	0,477
Étain	118	0,0562	6,63	Alcool.	0,547
Or.	196	0,0324	6,36	Éther	0,529
Platine . . .	198	0,0324	6,42	Laiton.	0,095
Mercure. . .	200	0,0319	6,38	Verre	0,198
Plomb. . . .	207	0,0314	6,50	Marbre	0,215

§ IV. ÉQUIVALENT MÉCANIQUE DE LA CHALEUR

167. Transformations réciproques de l'énergie mécanique et de la chaleur. — I. Dans tous les phénomènes où l'on constate la disparition d'une certaine somme d'énergie mécanique, par exemple dans les frottements, les chocs, les compressions, on peut toujours constater en même temps l'apparition d'une certaine quantité de chaleur.

1° L'expérience suivante, due à Tyndall, met en évidence la production de la chaleur par le frottement. Un tube métallique T, rempli d'eau, d'alcool ou d'éther, et fermé par un bouchon, peut recevoir un mouvement de rotation rapide autour de son axe (fig. 136). Quand on serre ce tube entre les mâchoires d'une pince en bois, le frottement absorbe une partie du travail, et il se développe assez de chaleur pour que le liquide entre en ébullition, chasse le bouchon de liège, et s'échappe en un jet de vapeur;

2° Il suffit de marteler un morceau de plomb ou de fer, pour l'élever à une haute température;

Fig. 136.
Expérience de Tyndall : chaleur développée par le frottement.

3° Quand on enfonce brusquement dans un briquet à air (fig. 137) un piston portant un fragment d'amadou, la chaleur développée met le feu à ce corps inflammable.

II. Inversement, par une dépense de chaleur, on peut produire de l'énergie mécanique. Chacun sait, par exemple, qu'en fournissant à une machine à vapeur la chaleur dégagée par la combustion de la houille, on lui fait produire du travail.

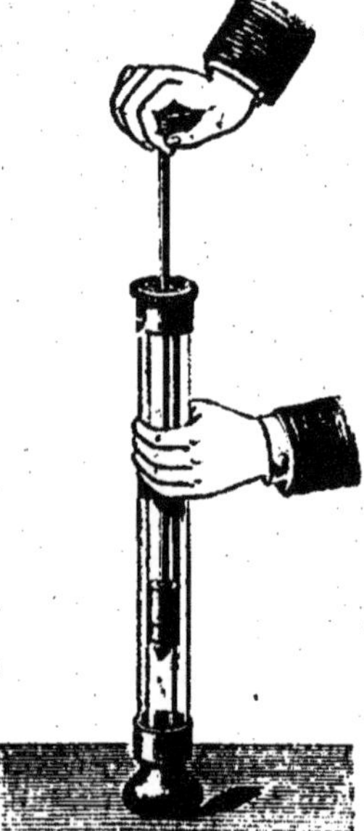

Fig. 137. — Chaleur développée par la compression d'un gaz.

Ces exemples, qu'il serait aisé de multiplier, suffisent pour établir le fait de la transformation réciproque de l'énergie mécanique en chaleur, et de la chaleur en énergie mécanique.

168. Équivalent mécanique de la calorie. — Quel que soit le phénomène dans lequel la chaleur se transforme en travail, chaque calorie transformée donne naissance à un travail de 0,425 kilogrammètre, ou :

$$0{,}425 \times 9{,}81 = 4{,}17 \text{ joules.}$$

Ces nombres représentent ce que l'on appelle **l'équivalent mécanique de la calorie.** Ils ont été déterminés tout d'abord par Mayer, puis par Joule.

Inversement, dans tout phénomène où l'énergie mécanique se transforme en chaleur, chaque fois que l'on dépense 0,425 kilogrammètre ou 4,17 joules, on recueille une calorie.

Ainsi, toute quantité de chaleur représente de l'énergie, et l'on obtient son équivalent mécanique en multipliant le nombre de calories par l'équivalent mécanique de la calorie.

Thermie. — On appelle *thermie* la quantité de chaleur qui équivaut à l'unité de travail.

La thermie du *kilogrammètre* est égale à

$$\frac{1}{0{,}425} = 2{,}35 \text{ calories,}$$

et celle du *joule*, à $\frac{1}{4{,}17} = 0{,}239$ calorie.

L'équivalent mécanique de la thermie étant 1, *si l'on prend pour unité de chaleur la thermie, toute quantité de chaleur* Q *est numériquement égale à son équivalent mécanique* $\mathfrak{T}$. On a $\mathfrak{T} = Q$.

CHAPITRE III

DILATATION DES CORPS SOLIDES OU LIQUIDES

§ 1. DILATATION DES CORPS SOLIDES

169. **Dilatations des solides.** — Un corps solide homogène, dont la température est uniforme, reste semblable à lui-même à toute température ; c'est-à-dire que toutes ses dimensions se dilatent dans un même rapport.

On peut avoir à considérer trois sortes de dilatations : celle d'une longueur, celle d'une surface, ou celle d'un volume.

1. DILATATION LINÉAIRE

170. **Dilatation linéaire.** — Désignons par l_0 la longueur d'une barre à 0°, et par l_t la longueur qu'elle acquiert à t°.

On appelle **dilatation linéaire** *de cette barre entre* 0° *et* t°, *l'allongement* $l_t - l_0$, *qu'elle subit, quand on la chauffe de* 0° à t°.

L'allongement de chaque unité de longueur est donc :

$$\frac{l_t - l_0}{l_0}.$$

On appelle **coefficient moyen de dilatation linéaire** *de la barre entre* 0° *et* t°, *la dilatation moyenne que subit l'unité de longueur de cette barre, pour une élévation de température de* 1 *degré;* c'est-à-dire le quotient : $\lambda = \frac{l_t - l_0}{l_0 t}$.

171. **Mesure des dilatations linéaires.** — Pour mesurer la dilatation d'une barre entre 0° et une température quelconque t, on se sert du **comparateur à dilatation** (fig. 138). On trace vers les extrémités de la barre deux petits traits parallèles, dont la distance représente la longueur à étudier; on place cette barre sur des supports A, B, à l'intérieur d'une auge dans laquelle on peut faire circuler de l'eau à 0°, ou tout autre liquide à la température t°. L'auge, portée sur un chariot MN mobile sur des rails R, R', peut être amenée entre deux microscopes verticaux C, D, fixés à des piliers en maçonnerie E, F. Les traits de repère arrivent en face des viseurs. Chacun

de ceux-ci possède un réticule mobile, qu'une vis micrométrique déplace parallèlement à la règle. On a déterminé une fois pour toute le *pas* ε de la vis, c'est-à-dire la longueur dont elle avance chaque fois qu'on lui fait faire un tour complet.

La règle étant d'abord à 0°, on pointe les microscopes sur les traits de repère. On porte ensuite la règle à t°. Les microscopes ne sont

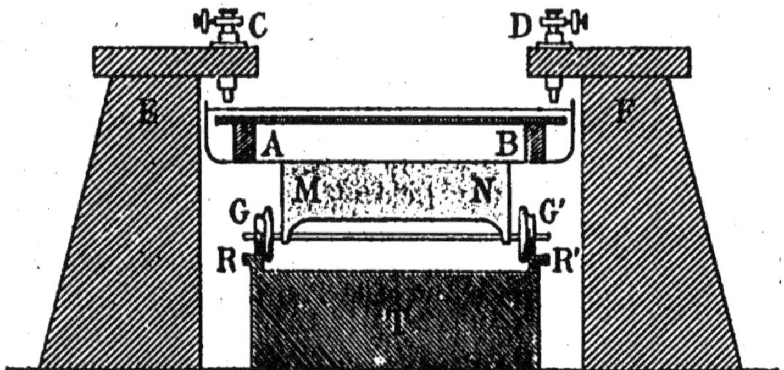

Fig. 138. — Comparateur à dilatation.

plus au point; on les y ramène au moyen des vis micrométriques, en comptant le nombre des tours et fractions de tours. Soient n, n' les nombres de tours des deux vis, et ε, ε' leurs pas respectifs.

La dilatation de la barre entre 0 et t° est égale à la somme des déplacements $n\varepsilon$, $n'\varepsilon'$ des deux micromètres.

On a donc : $$l_t - l_0 = n\varepsilon + n'\varepsilon' ;$$

d'où l'on peut déduire la dilatation de l'unité de longueur :

$$\frac{l_t - l_0}{l_0} = \lambda t,$$

ou bien le *coefficient moyen* de dilatation de la barre entre 0° et t° :

$$\lambda = \frac{l_t - l_0}{l_0 t}.$$

Courbe de dilatation. — Pour représenter graphiquement les dilatations d'une barre, on trace deux axes rectangulaires OX, OY (fig. 139), on porte en abscisses les températures t, et en ordonnées les dilatations correspondantes λt de l'unité de longueur; chacune de ces variables étant mesurée à une échelle arbitraire.

Le résultat de chaque expérience faite avec le *comparateur*, se trouve ainsi représenté par un point. On trace un trait continu OABC, qui passe par tous les points obtenus : c'est la *courbe de dilatation* de la barre étudiée. Pour la tracer, on se laisse guider par le sentiment de la continuité, en admettant comme un fait hors de doute la régularité du phénomène de la dilatation. Si l'allure générale paraît bien déterminée par un certain nombre des points connus, mais qu'elle s'écarte légèrement d'un ou deux autres points, on attribue ces petits écarts à des erreurs d'observation.

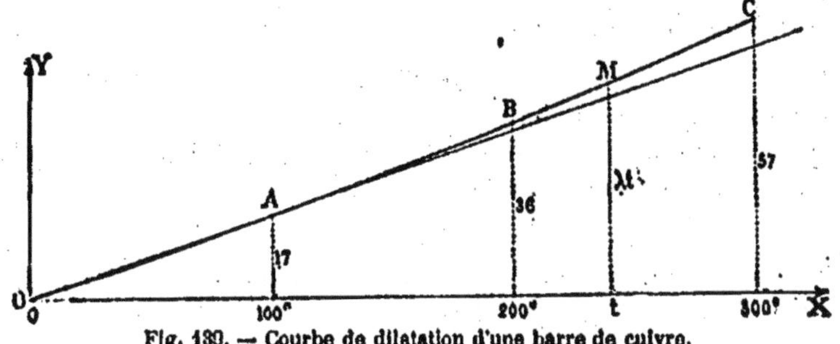

Fig. 139. — Courbe de dilatation d'une barre de cuivre.

Le coefficient moyen de dilatation de la barre entre 0° et t° est proportionnel à la tangente de l'angle XOM.

La figure 139 représente la courbe de dilatation d'une tige de cuivre.

Résultats. — La courbe de dilatation d'une barre métallique est sensiblement rectiligne dans l'intervalle compris entre 0° et une température assez élevée, variable d'une substance à une autre. Cependant elle présente, du côté de l'axe des abscisses, une convexité qui est extrêmement légère de 0° à 100°, mais qui s'accuse nettement au delà de 100°.

Dans la pratique on peut admettre sans erreur sensible que, de 0° à 100°, la courbe de dilatation linéaire se confond avec une ligne droite, c'est-à-dire que, dans cet intervalle de température, le coefficient moyen de dilatation est constant.

172. Coefficient de dilatation linéaire d'un corps solide. — D'après ce qui précède, pour toute température $t < 100°$, *la dilatation linéaire d'une barre entre 0° et t° est proportionnelle à la température* t; et, par suite, dans ce même intervalle de température, *le coefficient moyen de dilatation linéaire est constant;* c'est-à-dire que l'on a :

$$\frac{l_t - l_0}{l_0 t} = \lambda = C^{te}. \qquad (1)$$

Le coefficient *moyen* devient ici un *coefficient proprement dit*, que l'on peut définir de la manière suivante, d'après sa signification physique :

Le coefficient de dilatation linéaire *d'un corps solide est la dila-*

tation constante que subit l'unité de longueur de ce corps, pour chaque élévation de température de 1 degré.

Formules usuelles. — 1° *Connaissant la longueur* l_0 *d'une barre à 0° et son coefficient de dilatation linéaire* λ, *calculer sa longueur à* $t°$.

La relation (1) donne immédiatement cette longueur :

$$l_t = l_0(1 + \lambda t).$$

D'ailleurs, quand on chauffe la barre de 0° à $t°$, si chaque unité de longueur s'allonge de λ pour chaque degré, elle s'allonge de λt pour $t°$. L'unité de longueur devient donc $(1 + \lambda t)$ et la longueur l_0 :

$$l_0(1 + \lambda t).$$

$(1 + \lambda t)$ se nomme le *binôme de dilatation linéaire* relatif à la température t. Ainsi la longueur d'une barre à $t°$ s'obtient en multipliant sa longueur à 0° par le binôme de dilatation.

2° *Connaissant la longueur* l_t *d'une barre à* $t°$, *calculer sa longueur* $l_{t'}$ *à* $t'°$.

En exprimant $l_{t'}$ et l_t en fonction de l_0, on a :

$$l_{t'} = l_0(1 + \lambda t')$$
$$l_t = l_0(1 + \lambda t).$$

En divisant ces formules membre à membre, il vient :

$$\frac{l_{t'}}{l_t} = \frac{1 + \lambda t'}{1 + \lambda t};$$

d'où :

$$l_{t'} = l_t \cdot \frac{1 + \lambda t'}{1 + \lambda t}.$$

Si l'on effectue la division de $(1 + \lambda t')$ par $(1 + \lambda t)$, on trouve au quotient : $1 + \lambda(t' - t) - \lambda^2 t(t' - t) + \ldots$

Or, λ étant très petit, les termes qui renferment son carré, ou l'une de ses puissances supérieures, ont une somme négligeable dans les applications. On peut donc écrire :

$$l_{t'} = l_t \{1 + \lambda(t' - t)\}.$$

La grande parenthèse est le *binôme de dilatation* relatif au passage de $t°$ à $t'°$.

COEFFICIENTS DE DILATATION LINÉAIRE ENTRE 0° ET 100°

Zinc. . $2,9 \times 10^{-5}$	Argent. $1,9 \times 10^{-5}$	Or. . $1,4 \times 10^{-5}$	Platine $0,8 \times 10^{-5}$
Plomb. 2,8 —	Laiton. 1,8 —	Fer . 1,2 —	Verre. 0,8 —
Étain. . 2 —	Cuivre. 1,7 —	Acier 1,1 —	Sapin. 0,4 —

2. DILATATION SUPERFICIELLE

173. Dilatation superficielle. — *On appelle* **coefficient de dilatation superficielle** *d'un corps solide la dilatation constante de l'unité de surface, pour chaque élévation de température de 1 degré.*

1° *Connaissant l'aire* S_0 *d'une plaque à 0° et son coefficient de dilatation superficielle* σ, *calculer son aire* S_t *à t°.*

Chaque unité de surface chauffée de 0° à t° s'accroît de σt, et devient $(1 + \sigma t)$. Donc la surface S_0 devient :

$$S_t = S_0(1 + \sigma t) \qquad (1)$$

2° *Le coefficient de dilatation superficielle* σ *est sensiblement le double du coefficient de dilatation linéaire* λ.

En effet, soit une plaque carrée dont le côté à 0° est l_0 et la surface :

$$S_0 = l_0^2.$$

Si l'on porte cette plaque à t°, sa surface devient :

$$S_0(1 + \sigma t) = l_0^2(1 + \lambda t)^2.$$

En tenant compte de l'égalité précédente, on a donc :

$$1 + \sigma t = (1 + \lambda t)^2.$$

Ainsi, *le binôme de dilatation superficielle est égal au carré du binôme de dilatation linéaire.*

En simplifiant, il vient :

$$\sigma = 2\lambda + \lambda^2 t. \qquad (2)$$

λ étant très petit, le terme en λ^2 est négligeable, même pour des valeurs assez grandes de t.

On a donc, sans erreur appréciable :

$$\sigma = 2\lambda. \qquad (3)$$

Pour une feuille de zinc, par exemple, le coefficient de dilatation linéaire $\lambda = 0,0000290$ n'est connu qu'avec deux chiffres certains.

Pour $t = 100°$, on a d'après la formule (2) :

$$\sigma = 0,0000592 + 0,000000087,$$

ou

$$\sigma = 0,000059287.$$

Mais si le chiffre 2 n'est pas certain, il serait absurde de tenir compte des chiffres suivants, qui proviennent du terme en λ^2.

On peut donc remplacer la formule (2) par la formule (3), et mettre l'expression (1) sous la forme :

$$S_t = S_0(1 + 2\lambda t).$$

3. DILATATION CUBIQUE

174. Dilatation cubique. — *On appelle* **coefficient de dilatation cubique** *d'un corps la dilatation constante que subit l'unité de volume de ce corps, pour chaque élévation de température de 1 degré.*

1° *Connaissant le volume* V_0 *d'un corps à 0°, et son coefficient de dilatation cubique* k, *calculer le volume* V_t *du même corps à t°.*

Quand la température s'élève de 0 à $t°$, chaque unité de volume augmente de kt et devient $(1+kt)$. Le volume V_0 devient donc :

$$V_t = V_0(1+kt). \qquad (1)$$

2° *Connaissant le volume* V_t *d'un corps à* t°, *calculer son volume* $V_{t'}$ *à* $t'°$.

La formule précédente donne :

$$V_{t'} = V_0(1+kt')$$
$$V_t = V_0(1+kt);$$

d'où, par division : $$V_{t'} = V_0 \cdot \frac{1+kt'}{1+kt}.$$

Si la différence $(t'-t)$ n'est pas trop grande, on a sensiblement :

$$V_{t'} = V_t\{1+k(t'-t)\}. \qquad (2)$$

Ainsi, connaissant le volume d'un corps à une température quelconque, pour en déduire le volume du même corps à une autre température, il suffit de *multiplier le volume connu, par le binôme de dilatation cubique relatif à la variation de température.*

3° *Le coefficient de dilatation cubique* k *est sensiblement le triple du coefficient de dilatation linéaire* λ.

En effet, soit un cube dont le côté à 0° est l_0 et le volume

$$V_0 = l_0^3.$$

Si l'on porte ce cube à $t°$, son volume devient :

$$V_0(1+kt) = l_0^3(1+\lambda t)^3.$$

On a donc : $$(1+kt) = (1+\lambda t)^3,$$

c'est-à-dire que *le binôme de dilatation cubique est égal au cube du binôme de dilatation linéaire.*

En simplifiant, il vient :

$$k = 3\lambda + 3\lambda^2 t + \lambda^3 t^2. \qquad (3)$$

Si t ne dépasse pas une certaine limite, supérieure à 100°, les termes en λ^2 et λ^3 sont négligeables.

Pour l'acier, par exemple, le coefficient de dilatation linéaire $\lambda = 0{,}000012$ n'est connu qu'avec un seul chiffre certain. Or, pour $t = 100$, la formule (3) donne :

$$k = \begin{cases} 0{,}000036 \\ +\, 0{,}000000043 \\ +\, 0{,}000000000017. \end{cases}$$

Or si le chiffre 6 du premier terme est déjà incertain, il serait absolument illusoire de tenir compte des nombres 4 ou 1 fournis par les deux autres termes, puisqu'ils représentent des unités cent fois et cent mille fois plus petites.

Dans la pratique on peut donc remplacer les formules (3) et (1) par :

$$k = 3\lambda$$

$$V_t = V_o(1 + 3\lambda t).$$

4. APPLICATIONS

175. Applications de la dilatation des corps solides. — 1° Correction d'une mesure linéaire. — Problème. — *Quelle est à 0° la longueur l_o d'une barre métallique dont le coefficient de dilatation linéaire est λ, sachant qu'en la mesurant à t° avec une règle graduée à 0°, et dont le coefficient de dilatation est λ', on lui a trouvé une longueur de l^{cm} ?*

Égalons entre elles deux expressions de la longueur de la barre à $t°$.

A $t°$ chaque centimètre de la règle vaut $1 + \lambda' t$, la longueur mesurée est donc : $l(1 + \lambda' t)$.

Mais on peut l'écrire : $l_o(1 + \lambda t)$.

On a donc : $l_o(1 + \lambda t) = l(1 + \lambda' t)$;

d'où : $$l_o = l \cdot \frac{1 + \lambda' t}{1 + \lambda t}.$$

2° Variation de la densité d'un corps avec la température. — *Les densités d'un même corps à diverses températures sont inversement proportionnelles aux binômes de dilatation relatifs à ces températures.*

Soient V_o, D_o le volume et la densité d'un corps à 0° ; V_t et D_t son volume et sa densité à $t°$, et k son coefficient de dilatation cubique.

La masse du corps est constante, et, à toute température, elle est égale au produit du volume du corps par sa densité. En égalant entre elles deux expressions de cette masse, on obtient :

$$V_tD_t = V_oD_o,$$

et en remplaçant V_t en fonction de V_o :

$$V_o(1 + kt)D_t = V_oD_o;$$

d'où enfin :

$$D_t = \frac{D_o}{1 + kt}. \qquad (1)$$

Pour toute autre température t', on a de même :

$$D_{t'} = \frac{D_o}{1 + kt'}.$$

Et, en divisant ces deux dernières formules membre à membre :

$$\frac{D_{t'}}{D_t} = \frac{1 + kt}{1 + kt'}. \qquad (2)$$

La relation (2) suppose que le corps admet un coefficient de dilatation constant pour les températures considérées ; c'est-à-dire que son coefficient de dilatation cubique est sensiblement le même entre 0° et t° et entre 0° et t'°.

Mais la relation (1) est applicable à tous les corps, à la seule condition de représenter par k le coefficient moyen de dilatation entre 0° et t°.

Cette relation (1) est fort importante.

Elle permet notamment de calculer le coefficient moyen de dilatation d'un corps entre 0° et t°, connaissant les densités de ce corps D_o et D_t à 0° et à t°. Comme les procédés indiqués pour la détermination des densités sont applicables aux diverses températures, il s'ensuit que, dans la recherche des coefficients de dilatation, les mesures de volumes peuvent être remplacées par de simples pesées.

3° **Efforts développés par la dilatation des solides.** — Une barre de fer chauffée de 0° à 100° s'allonge de 0,0012 de sa longueur initiale. Or, pour produire ce même allongement par des procédés mécaniques, l'expérience prouve qu'il faut exercer sur le fer une traction de 2400kg par centimètre carré. Pour empêcher la barre de se dilater sous l'action de la chaleur, il faudrait donc appliquer à chacune de ses extrémités une pression de 2400kg par centimètre carré de section.

Sur une surface un peu grande, cela représente une poussée énorme, contre laquelle il serait inutile de lutter. Aussi, dans les constructions en fer, les toitures métalliques, les rails des voies ferrées, on laisse des intervalles entre les pièces, afin de ne pas gêner les dilatations et d'éviter ainsi les ruptures.

Dans certaines industries on utilise l'effort de contraction qui se produit pendant le refroidissement. Ainsi, pour ferrer les roues de voitures, on chauffe le cercle de fer de manière qu'il embrasse aisément le contour de la roue. Lors du refroidissement, il se produit une adhérence énergique.

§ II. DILATATION DES LIQUIDES

1. DILATATION APPARENTE

176. Relation entre la dilatation absolue et la dilatation apparente d'un liquide dans une enveloppe. — Quand un liquide est renfermé dans une enveloppe, on n'observe qu'une *dilatation apparente*, très distincte de la *dilatation absolue*, que l'on observerait si l'enveloppe ne se dilatait pas.

Le coefficient de dilatation absolue d'un liquide est sensiblement égal à la somme de son coefficient de dilatation apparente et du coefficient de dilatation de l'enveloppe.

Supposons que le liquide soit contenu dans une enveloppe graduée à 0°, et qu'il y occupe un volume V_0 à 0° et V_t à t°.

Ce dernier n'est qu'un volume apparent, puisque les divisions de l'enveloppe se sont dilatées.

Le coefficient de dilatation apparente du liquide, δ, est défini par la relation :

$$V_t = V_0(1 + \delta t). \qquad (1)$$

Écrivons maintenant qu'à t° le volume du *contenu* est égal au volume du *contenant*.

Soit Δ le coefficient de dilatation absolue du liquide. Ce liquide contenu dans l'enveloppe occupait à 0° un volume V_0 ; à t° il occupe un volume :

$$V_0(1 + \Delta t).$$

Soit k le coefficient de l'enveloppe. Le contenant avait à 0° un volume V_t (lu sur la graduation), son volume à t° est :

$$V_t(1 + kt).$$

On a donc :

$$V_0(1 + \Delta t) = V_t(1 + kt),$$

et, en remplaçant V_t par sa valeur (1) :

$$(1 + \Delta t) = (1 + \delta t)(1 + kt). \qquad (2)$$

Ainsi, *le binôme de dilatation absolue est égal au produit du binôme de dilatation apparente, par le binôme de dilatation de l'enveloppe.*

En simplifiant cette relation, on obtient :

$$\Delta = \delta + k + \delta kt.$$

Mais chacun des coefficients k et δ étant très petit, leur produit est extrêmement petit, et si la température t ne dépasse pas une certaine limite (qui est généralement supérieure à 100°), on peut négliger le terme δkt.

On a donc, sans erreur sensible :

$$\Delta = \delta + k. \qquad (3)$$

177. Étude de la dilatation des liquides. — Le coefficient de dilatation absolue du mercure s'obtient directement par une méthode due à Dulong et Petit (178).

Pour étudier la dilatation des autres liquides, on s'appuie généralement sur la relation (3) du paragraphe précédent ; mais cette méthode exige que l'on connaisse le coefficient de dilatation d'une enveloppe de verre.

Or nous verrons que le coefficient de dilatation d'une enveloppe s'obtient très facilement quand on connaît le coefficient de dilatation absolue du mercure.

C'est donc ce dernier qu'il convient de déterminer tout d'abord.

2. DILATATION DU MERCURE

178. Dilatation absolue du mercure. — La méthode de Dulong et Petit est fondée sur le principe des vases communicants, et la mesure des volumes y est remplacée par une simple mesure de hauteurs.

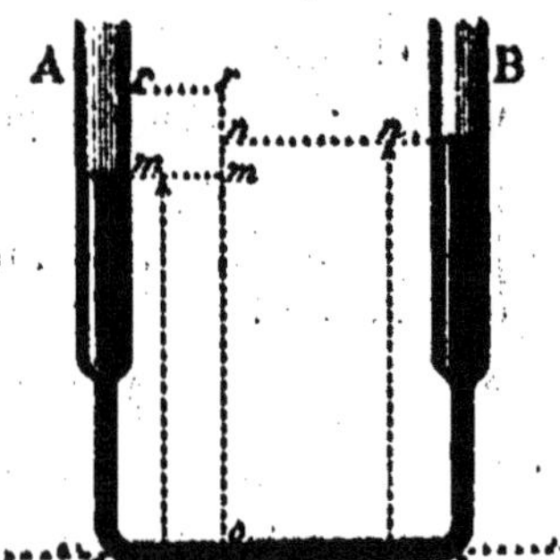

Fig. 140. — Méthode de Dulong et Petit pour déterminer la dilatation du mercure.

Leur appareil se compose essentiellement de deux tubes cylindriques verticaux A, B (fig. 140) reliés entre eux par un tube horizontal ab de petit diamètre, et remplis de mercure qui s'élève d'abord au même niveau dans les deux branches.

Chacun de ces tubes est entouré d'un manchon (fig. 141). On remplit de glace le manchon qui contient le tube A, et l'on verse dans celui qui entoure B de l'huile que l'on chauffe à une température t, au moyen d'un fourneau.

Les deux colonnes de mercure prennent des densités différentes

d, d', et leurs hauteurs h, h' au-dessus du tube de séparation ab sont inversement proportionnelles à ces densités :

$$\frac{h}{h'} = \frac{d'}{d}.$$

Soit μ le coefficient de dilatation du mercure entre 0° et t°. On

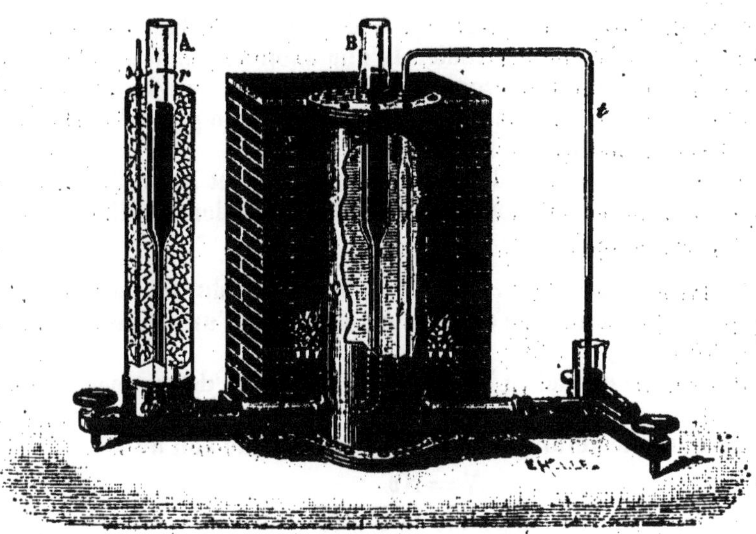

Fig. 141. — Appareil de Dulong et Petit.

sait que les densités d, d' sont inversement proportionnelles aux binômes de dilatation correspondants (175).

On a donc : $$\frac{d'}{d} = \frac{1}{1 + \mu t},$$

et, en tenant compte de la relation précédente :

$$\frac{h}{h'} = \frac{1}{1 + \mu t};$$

d'où : $$\mu = \frac{h' - h}{ht}.$$

La température t est donnée par un thermomètre, et à l'aide d'un cathétomètre on peut mesurer la hauteur h et la différence $h' - h$.

Résultats. — Entre 0° et 100° le coefficient moyen de dilatation du mercure est à peu près constant et égal à :

$$\frac{1}{5550} \quad \text{ou} \quad 0{,}00018018.$$

Au delà de 100° il augmente légèrement avec la température.

Sa valeur entre 0 et t° est exprimée par la formule

$$\mu = \frac{179}{10^6} + \frac{25}{10^9}\,t,$$

qui donne, entre 0 et 100° : 0,0001815
» 0 et 200° : 0,0001840
» 0 et 300° : 0,0001865.

179. Dilatomètre à tige. — Le dilatomètre à tige, que l'on emploie généralement pour étudier la dilatation des liquides, n'est autre qu'une enveloppe thermométrique ordinaire, dont le tube est gradué en parties d'égal volume, au-dessus d'un zéro pris arbitrairement vers la naissance de la tige.

Avant de se servir d'un dilatomètre à tige, il faut d'abord déterminer le volume relatif de son réservoir, et le coefficient de dilatation de son enveloppe.

1° Jaugeage du réservoir. — Soit N le rapport du volume V du réservoir jusqu'au zéro de l'échelle, au volume v d'une division de la tige.

Il est inutile de connaître V et v, mais il s'agit de déterminer leur rapport N, qui exprime combien de fois le volume d'une division v est contenu dans le volume V du réservoir, puisque l'on a :

$$V = Nv.$$

Pour obtenir N, on détermine la masse P de mercure à 0° qui remplit la tige jusqu'à une division quelconque n, puis la masse P' de mercure à 0° qui la remplit jusqu'à une autre division n'.

En désignant par D la densité du mercure à 0°, on a :

$$P = (N + n)vD,$$
$$P' = (N + n')vD;$$

d'où :

$$\frac{P}{P'} = \frac{N + n}{N + n'},$$

et enfin :

$$N = \frac{Pn' - P'n}{P' - P}.$$

2° Coefficient de dilatation de l'enveloppe. — Pour obtenir ce coefficient K, on introduit du mercure dans l'enveloppe ; on porte l'instrument dans la glace fondante, puis dans un bain à une température connue t, et on observe les divisions a, b, où le mercure s'arrête à 0° et à t°.

En écrivant qu'à t° le volume du contenant est égal au volume du contenu, on obtient l'équation :

$$(N + b)(1 + Kt) = (N + a)(1 + \mu t),$$

qui permet de calculer K, puisque l'on connaît μ.

Les constantes N et K, relatives à un dilatomètre donné, étant déterminées une fois pour toutes, l'instrument peut servir à étudier la dilatation d'un liquide quelconque.

1° Dans la pratique, on peut se borner à calculer K par différence, au moyen de la relation approchée :

$$\mu = \mu' + K; \quad \text{d'où} \quad K = \mu - \mu',$$

μ' étant le coefficient de dilatation apparente du mercure dans le verre.

D'après l'expérience qui précède, ce coefficient μ' est défini par la formule :

$$N + b = (N + a)(1 + \mu' t).$$

Pour le verre ordinaire on obtient :

$$\mu' = \frac{1}{6480}.$$

Le coefficient de dilatation de l'enveloppe est alors :

$$K = \frac{1}{5550} - \frac{1}{6480} = \frac{1}{38700}.$$

Telles sont les valeurs approchées que l'on adopte généralement dans la pratique.

2° Ce nombre μ' est dit le *coefficient thermométrique* du thermomètre à mercure ordinaire. C'est le rapport qui existe entre le volume v de chaque division de la tige et le volume V du réservoir au-dessus du zéro.

En effet, v est la dilatation apparente de V pour une élévation de température de 1 degré.

On a donc : $$\mu' = \frac{v}{V} = \frac{1}{6480};$$

d'où : $$V = 6480v.$$

3. DILATATION DES AUTRES LIQUIDES

180. Dilatation d'un liquide quelconque. — On introduit dans le dilatomètre à tige le liquide dont on cherche le coefficient moyen de dilatation Δ, entre 0° et t°.

On plonge l'instrument dans la glace fondante, puis dans un bain à t°, et l'on observe les divisions a, b, où s'arrête le niveau du liquide à 0° et à t°.

En écrivant qu'à t° le volume du contenant est égal au volume du contenu, on obtient l'équation :

$$(N + b)(N + Kt) = (N + a)(1 + \Delta t);$$

d'où l'on tire Δ, connaissant les constantes N et K du dilatomètre.

On pourrait se borner à déduire de cette expérience le coefficient de dilatation apparente Δ' du liquide dans le verre.

On aurait : $$(N + b) = (N + a)(1 + \Delta' t).$$

Connaissant K et Δ', on calculerait Δ par addition, au moyen de la formule approchée : $$\Delta = \Delta' + K.$$

Résultats. — Les liquides sont plus dilatables que les solides. La dilatation de l'unité de volume croît plus rapidement que la température, et sa courbe figurative présente une courbure assez accentuée (fig. 142).

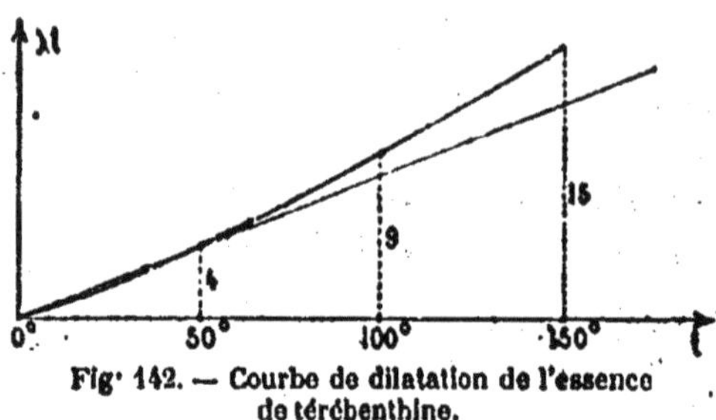

Fig. 142. — Courbe de dilatation de l'essence de térébenthine.

Il s'ensuit que le coefficient moyen de dilatation d'un liquide, entre 0 et t°, n'est pas constant, mais qu'il croît avec la température. Les formules usuelles de dilatation ne sont donc généralement pas applicables aux liquides, ou elles ne donnent une approximation acceptable que sur une très petite portion de l'échelle des températures.

Pour quelques liquides, le coefficient moyen de dilatation entre 0° et t° peut être représenté par une fonction du premier degré en t :

$$\Delta = a + bt,$$

dans laquelle a et b sont des constantes numériques; alors la formule de dilatation devient : $V_t = V_0(1 + \Delta t) = V_0(1 + at + bt^2)$.

Pour l'essence de térébenthine, par exemple, on a :

$$a = 0{,}0008474 \qquad b = 0{,}000001248.$$

Sa courbe de dilatation est celle que représente la figure 142.

La loi de dilatation des autres liquides est encore plus compliquée : leur coefficient moyen de dilatation ne peut être représenté que par une fonction du second degré en t : $\Delta = a + bt + ct^2$.

Alors on a : $V_t = V_0(1 + at + bt^2 + ct^3)$.

Pour l'alcool, par exemple :

$$a = 0{,}001048630, \quad b = 0{,}0000001751, \quad c = 0{,}000000001.$$

Pour l'éther :

$$a = 0{,}0015132448, \quad b = 0{,}0000002359, \quad c = 0{,}000000004.$$

4. DILATATION DE L'EAU

181. Dilatation de l'eau. — La dilatation de l'eau à partir de 0° présente cette particularité remarquable, qu'elle commence par être négative.

Introduisons de l'eau dans un dilatomètre à tige, plongeons la partie inférieure de l'instrument dans un mélange réfrigérant, et observons les variations que subit le volume apparent de l'eau intérieure. On constate que ce volume diminue d'abord avec la température; puis, qu'il passe par un minimum, et qu'il augmente ensuite jusqu'au moment où la congélation se produit, à une température qui est d'ailleurs inférieure à 0°, à cause de l'étroitesse du tube.

Inversement, plongeons le dilatomètre dans de la glace fondante pour noter le volume V_0 de l'eau à 0°; puis plaçons-le, avec un thermomètre à mercure, dans un bain à 0°, dont nous laisserons croître graduellement la température. On constate que de 0° à 4° le volume apparent de l'eau diminue; de 4° à 8°, il augmente, de manière à reprendre à 8° la même valeur qu'à 0°. Après cela, la température continuant à s'élever, le volume de l'eau augmente indéfiniment.

Maximum de densité de l'eau. — Comme la densité d'une masse quelconque est inversement proportionnelle à son volume, il s'ensuit qu'au minimum de volume présenté par l'eau, correspond un maximum de densité.

Des expériences précises ont montré que la température de ce maximum de densité est égale à 4°, à 0,01 de degré près.

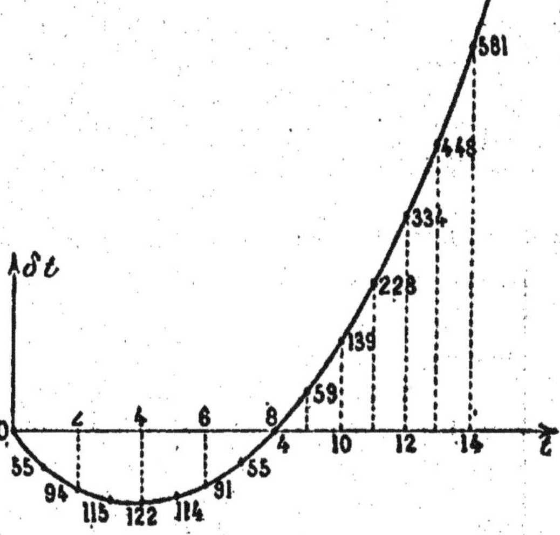

Fig. 143. — Courbe de dilatation de l'eau entre 0° et 15°.

La figure 143 représente les dilatations de l'unité de volume de l'eau prise à 0°. Les chiffres inscrits indiquent, en millimètres cubes, les dilatations négatives ou positives d'un litre d'eau mesuré à 0°.

Applications. — L'existence d'un maximum de densité de l'eau à 4° explique ce fait que, dans une masse d'eau inégalement chaude, mais tout entière au-dessus de 4°, les couches horizontales, rangées par ordre de densités décroissantes, sont disposées, au contraire, par ordre de température croissante; tandis que si la masse d'eau est tout entière plus froide que 4°, les couches rangées par ordre de densités décroissantes se succèdent par ordre de températures décroissantes.

On vérifie cette conséquence dans les cours, en répétant l'expérience de Hope (fig. 144).

Une éprouvette E, entourée vers son milieu d'un manchon R, est traversée par deux thermomètres horizontaux T, T'. Le manchon étant rempli de glace, si l'on verse de l'eau dans l'éprouvette, on constate que le thermomètre inférieur descend rapidement jusqu'à 4°. Le thermomètre supérieur, d'abord stationnaire, descend ensuite à 4°, puis au-dessous ; et tandis que des glaçons se forment à la surface de l'eau, le liquide inférieur se maintient à 4°.

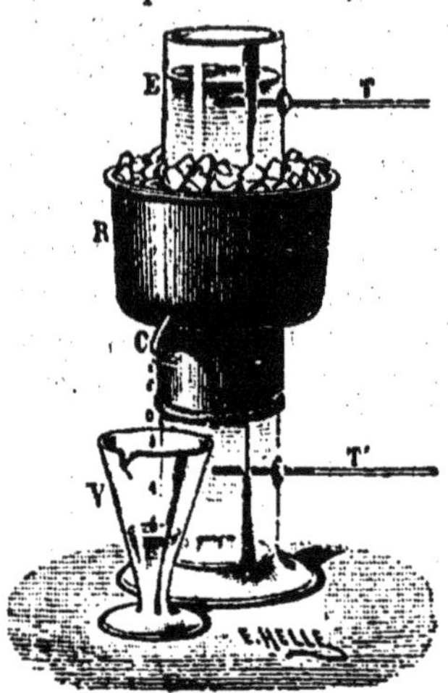

Fig. 144. — Expérience de Hope sur le maximum de densité de l'eau.

C'est, en petit, le phénomène qui se produit dans les lacs pendant l'hiver, et qui permet aux êtres animés de vivre dans les profondeurs, tandis que l'eau des couches supérieures se refroidit à des températures très basses.

VOLUME ET DENSITÉ D'UN GRAMME D'EAU A DIVERSES TEMPÉRATURES

$t°$	VOLUME	DENSITÉ	$t°$	VOLUME	DENSITÉ
0	1,000.122	0,999.878	10	1,000.261	0,999.739
1	067	933	20	1,001.731	0,998.272
2	028	972	30	1,004.253	0,995.765
3	007	973	40	1,007.700	0,992.350
4	1	1	50	1,011.950	0,988.200
5	1,000.008	0,999.992	60	1,016.910	0,983.380
6	031	969	70	1,022.560	0,977.940
7	067	933	80	1,028.870	0,971.940
8	118	882	90	1,035.670	0,965.560
9	181	819	100	1,043.120	0,958.650

5. APPLICATIONS

182. Applications de la dilatation des liquides. — Corrections barométriques. — *Une hauteur barométrique* H *ayant été observée à* $t°$, *en un lieu où l'intensité de la pesanteur est* g, *réduire cette hauteur à 0°, au niveau de la mer et à une latitude de 45°.*

On connaît les densités du mercure D_0, D, *à 0° et à* $t°$, *son coefficient de dilatation* μ, *l'intensité de la pesanteur* g_0 *au niveau de la mer, à une latitude de 45°, et enfin le coefficient de dilatation linéaire λ de la règle métallique utilisée.*

La règle métallique étant à t^o, chacune de ses divisions vaut alors $(1 + \lambda t)$, et la hauteur lue vaut en réalité :

$$H(1 + \lambda t).$$

D'après la formule fondamentale de l'hydrostatique, elle représente une pression de : $H(1 + \lambda t)Dg$.

Soit H_o la hauteur demandée. La même pression sera :

$$H_o D_o g_o.$$

On a donc : $H_o D_o g_o = H(1 + \lambda t)Dg$;

d'où : $H_o = H(1 + \lambda t)\frac{D}{D_o} \cdot \frac{g}{g_o}$.

Mais le rapport des densités est égal au rapport inverse des binômes de dilatation : $\frac{D}{D_o} = \frac{1}{1 + \mu t}$.

La formule précédente devient :

$$H_o = H \cdot \frac{1 + \lambda t}{1 + \mu t} \cdot \frac{g}{g_o}.$$

La correction d'altitude est négligeable tant que celle-ci ne surpasse pas 200 ou 300 mètres.

Si l'on ne connaît H qu'à 0^{mm} 1 près, et si la température n'est pas très élevée, la correction de température peut s'effectuer en remplaçant le rapport des binômes par sa valeur approchée :

$$1 - (\mu - \lambda)t.$$

La formule de réduction prend la forme simple :

$$H_o = H\,|\,1 - (\mu - \lambda)t\,|.$$

CHAPITRE IV

DILATATION DES GAZ

§ I. LES DEUX COEFFICIENTS DE DILATATION DES GAZ

1. DÉFINITIONS ET FORMULES

183. Différentes sortes de dilatation des gaz. — Le volume V d'une masse gazeuse dépend à la fois de sa pression H, et de sa température t.

Chacune de ces variables, V, H, t est fonction des deux autres;

c'est-à-dire que pour tout système de valeurs attribuées à deux d'entre elles, la troisième prend une valeur bien déterminée.

Si l'une des trois variables, V, H, t est maintenue constante, les deux autres sont fonctions l'une de l'autre; c'est-à-dire qu'à toute valeur attribuée à la seconde, correspond pour la troisième une valeur déterminée. Il y a trois cas à considérer.

1° *A une température constante :* le volume et la pression varient simultanément. Si le gaz suit la loi de Mariotte, on a :

$$VH = C^{te}.$$

2° *A une pression constante :* le volume et la température varient simultanément. Ainsi un accroissement de température produit un accroissement de volume, ou une *dilatation* proprement dite.

3° *Sous un volume constant :* la pression et la température varient simultanément. Ainsi, un accroissement de température produit un accroissement de pression; ou ce que l'on appelle improprement une *dilatation à volume constant.*

En étudiant le premier cas, nous avons été conduit à *la loi de Mariotte,* qui représente la loi de compressibilité des gaz avec une approximation suffisante pour la pratique (à condition que le gaz soit assez éloigné de son point de liquéfaction).

Il nous reste à étudier les deux autres cas. Nous serons conduit de même à la loi de *Gay-Lussac*, qui représente la loi de dilatation des gaz avec une approximation analogue.

184. Variation du volume d'un gaz sous pression constante. — Considérons une masse gazeuse maintenue sous une pression constante H_0, et supposons qu'elle occupe un volume V_0 à 0°, et un volume V à t° :

1° Coefficient moyen de dilatation sous pression constante. — *On appelle coefficient moyen de dilatation d'un gaz de 0° à t°, l'accroissement α que subit l'unité de volume de ce gaz, pour une élévation de température de 1 degré.*

On a donc : $$\alpha = \frac{V - V_0}{V_0 t};$$

d'où : $$V = V_0(1 + \alpha t). \quad (1)$$

2° Loi de Gay-Lussac. — *Pour une même pression, le coefficient de dilatation d'un gaz est constant.*

A une température t', la même masse gazeuse aura pour volume :

$$V' = V_0(1 + \alpha t'). \quad (2)$$

Les formules (1) et (2) donnent :

$$V_0 = \frac{V}{1+\alpha t} = \frac{V'}{1+\alpha t'}.$$

Ainsi : *A une pression constante, les volumes d'une même masse gazeuse sont proportionnels aux binômes de dilatation.*

Le rapport constant $\frac{V}{1+\alpha t}$ n'est autre que le volume de la masse gazeuse ramenée à 0° sans changement de pression.

185. Variation de pression à volume constant. — Considérons une masse gazeuse maintenue dans un volume constant V_0, et supposons qu'elle ait une pression H_0 à 0°, et une pression H à $t°$.

1° Coefficient moyen d'accroissement de pression à volume constant. — *On appelle coefficient moyen d'accroissement de pression d'un gaz entre 0° et t°, l'accroissement β que subit l'unité de pression de ce gaz pour une élévation de température de 1 degré.*

On a :

$$\beta = \frac{P - P_0}{P_0 t};$$

d'où :

$$P = P_0(1 + \beta t). \qquad (1')$$

2° Loi de Gay-Lussac. — *Pour un même volume, le coefficient d'accroissement de pression d'un gaz est constant.*

A une température t', la même masse gazeuse aura pour pression :

$$P' = P_0(1 + \beta t'). \qquad (2')$$

Les formules (1) et (2) donnent :

$$P_0 = \frac{P}{1+\beta t} = \frac{P'}{1+\beta t'}.$$

Ainsi : *Sous un volume constant, les pressions d'une même masse gazeuse sont proportionnelles aux binômes d'accroissement de pression.*

Le rapport constant $\frac{P}{1+\beta t}$ n'est autre que la pression de la masse gazeuse ramenée à 0° sans changement de volume.

186. Relation entre α et β. — *Pour un gaz qui suit la loi de Mariotte, les deux coefficients α et β sont égaux.*

Considérons une masse gazeuse qui occupe à 0° un volume V_0 sous la pression H_0.

Chauffons-la de 0° à $t°$.

1° Si $H_0 = C^{te}$, elle prend un volume V.

2° Si $V_0 = C^{te}$, elle acquiert une pression H ($H > H_0$).

Ainsi, à la même température t, cette masse peut occuper indifféremment :

Un volume V, sous la pression H_0;

Ou un volume V_0, sous la pression H.

Si le gaz suit la loi de Mariotte, on a :

$$VH_0 = V_0H;$$

et, en remplaçant V par son expression (1) et H par son expression (1') : $V_0H_0(1 + \alpha t) = V_0H_0(1 + \beta t);$

d'où : $\alpha = \beta.$

Remarque. — *Suivant que la compressibilité du gaz est* **supérieure** *ou* **inférieure** *à celle qu'indique la loi de Mariotte, son coefficient de dilatation est supérieur ou inférieur à son coefficient d'accroissement de pression.*

En effet, les hypothèses :

$$\frac{V_0H}{VH_0} \lessgtr 1 \quad \text{entraînent :} \quad \frac{\alpha}{\beta} \gtrless 1.$$

187. Gaz parfaits. — 1° *On entend par* **gaz parfait** *un gaz qui suivrait exactement les lois de Mariotte et de Gay-Lussac.*

Pour un tel gaz, le coefficient de dilatation α et le coefficient d'accroissement de pression β sont égaux; ils ne représentent qu'un seul et même nombre, indépendant de la température, du volume et de la pression.

2° Les **gaz réels** ne suivent pas exactement les lois de Mariotte et de Gay-Lussac, et ils s'en écartent d'autant plus qu'ils s'approchent davantage de leur point de liquéfaction.

Néanmoins, Gay-Lussac a démontré que les gaz difficilement liquéfiables s'en écartent très peu, et que, dans la pratique, on peut admettre sans erreur sensible :

1° *Qu'ils se comportent comme des gaz parfaits,* dans les limites usuelles de température et de pression;

2° *Que leur coefficient de dilatation est constant;*

3° *Que ce coefficient est le même pour tous les gaz.*

Dans les applications, nous admettrons que les gaz difficilement liquéfiables suivent les lois de Mariotte et de Gay-Lussac, et que leur coefficient de dilatation commun a pour valeur :

$$\alpha = \frac{1}{273} = 0{,}00367.$$

188. Équation des gaz parfaits. — *Le volume d'une masse gazeuse, sa pression, et l'inverse du binôme de dilatation relatif à sa température, ont un produit constant.*

Pour faire passer une masse gazeuse des conditions :

$$V,\ H,\ t,$$

aux conditions : $V',\ H',\ t',$

faisons varier successivement la pression, puis la température.

A la température constante t, si la pression passe de H à H', le volume passe de la valeur V à une certaine valeur V_1.

A la pression constante H', si la température passe de t à t', le volume passe de la valeur V_1 à la valeur V'.

La masse gazeuse s'est donc trouvée dans les conditions suivantes :

(1) $V,\ H,\ t;$

(2) $V_1,\ H',\ t,$

(3) $V',\ H',\ t'.$

Dans le passage de (1) à (2), la température étant constante, on peut appliquer la loi de Mariotte, qui donne :

$$VH = V_1 H'.$$

Dans le passage de (2) à (3), la pression étant constante, on peut appliquer la loi de Gay-Lussac :

$$\frac{V_1}{1+\alpha t} = \frac{V'}{1+\alpha t'}.$$

Si l'on multiplie membre à membre ces deux égalités, V_1 disparaît et l'on obtient : $$\frac{VH}{1+\alpha t} = \frac{V'H'}{1+\alpha t'}. \qquad \text{(A)}$$

Telle est l'*équation des gaz parfaits*[1].

On peut l'écrire : $$\frac{VH}{1+\alpha t} = C^{te}.$$

189. Volume normal d'une masse gazeuse. — Problème. — *Connaissant le volume V d'une masse gazeuse sous la pression H et à la température t, calculer son volume V_0 aux conditions normales, c'est-à-dire à 0°, sous la pression 76^{cm}.*

La formule des gaz parfaits, appliquée dans les conditions successives : $V,\ H,\ t,$ et $V_0,\ 76,\ 0,$

donne immédiatement :

$$\frac{VH}{1+\alpha t} = V_0 \cdot 76;$$

d'où : $$V_0 = \frac{VH}{76(1+\alpha t)}.$$

[1] Cette équation résume les lois de Mariotte et de Gay-Lussac. Elle ne représente donc, comme ces dernières, qu'une première approximation des lois de compressibilité et de dilatation des gaz réels.

Tel est le volume normal de la masse gazeuse.

On peut l'écrire : $V_0 = V \cdot \frac{H}{76} \cdot \frac{1}{1+\alpha t}$.

Alors le second facteur représente la correction de pression, et le troisième facteur représente la correction de température.

190. Équation d'un mélange de gaz parfaits. — *La constante caractéristique d'un mélange de plusieurs gaz sans action mutuelle, est égale à la somme des constantes caractéristiques de ces divers gaz.*

Soient v, h, t; v', h', t'; v'', h'', t''; les conditions individuelles de plusieurs masses gazeuses sans actions chimiques les unes sur les autres, et V, H, T les conditions de leur mélange.

D'après la loi de Dalton, on sait qu'à une même température, la pression d'un mélange de gaz est égale à la somme de leurs pressions individuelles, dans le volume final du mélange.

Avant d'effectuer le mélange, ramenons chaque gaz au volume V et à la température T que doit avoir ce mélange. Soient x, y, z les pressions individuelles qu'ils acquièrent dans ces conditions. La loi de Dalton étant alors applicable, on aura :

$$H = x + y + z.$$

Les pressions x, y, z sont données par la formule des gaz parfaits :

$$\frac{Vx}{1+\alpha T} = \frac{vh}{1+\alpha t},$$

$$\frac{Vy}{1+\alpha T} = \frac{v'h'}{1+\alpha t'},$$

$$\frac{Vz}{1+\alpha T} = \frac{v''h''}{1+\alpha t''}.$$

Additionnant ces trois relations membre à membre, et tenant compte de l'égalité qui précède, on obtient :

$$\frac{VH}{1+\alpha T} = \frac{vh}{1+\alpha t} + \frac{v'h'}{1+\alpha t'} + \frac{v''h''}{1+\alpha t''}.$$

Chacun des termes du second membre étant une constante, il en est de même de leur somme.

Inversement, de quelque manière qu'une masse gazeuse soit partagée, les constantes caractéristiques des masses partielles ont une somme invariable, égale à la constante caractéristique de la masse totale.

2. MESURE DES DEUX COEFFICIENTS DE DILATATION

191. Mesure du coefficient de dilatation d'un gaz sous pression constante. — Méthode de Regnault. — Un ballon de verre A (fig. 145) communique par un tube capillaire avec un manomètre à air libre BC, entouré d'une cuve pleine d'eau à une température connue θ. La branche fermée présente un renflement gradué entre deux traits de repère B et D.

Au moyen d'un tube de raccord *t* qui communique avec la pompe à gaz, on remplit le ballon A du gaz sur lequel on veut opérer[1].

On s'arrange de manière qu'à 0° et à la pression atmosphérique du moment H, le gaz remplisse le ballon de volume V et les tubes de volume *v* jusqu'au point de repère B. A ce moment, le mercure du manomètre s'élève au même niveau B dans les deux branches.

Au moyen d'une étuve qui entoure le ballon A, on le chauffe à une température connue T.

Alors le gaz se dilate, refoule le mercure en B et le fait monter dans la branche C. Mais, en ouvrant le robinet R, on fait descendre le mercure dans les deux branches, et le volume *u* du renflement BD est calculé de telle sorte qu'au moment où le mercure arrive au point de repère D, il se retrouve au même niveau dans les deux branches. Ainsi, la pression finale du gaz est encore égale à la pression extérieure, et l'on peut dire que le gaz s'est dilaté sous pression constante.

Si les enveloppes ne s'étaient pas dilatées, et si toute la masse gazeuse était à la même température T, on aurait donc :

$$(V + v + u) = (V + v)(1 + \alpha T);$$

équation d'où l'on tirerait la valeur de α.

En réalité le calcul est moins simple.

Dans la première expérience le volume V est à 0°, mais le volume *v* est à la température extérieure *t*. La constante caractéristique de la masse totale a donc pour expression :

$$VH + \frac{vH}{1 + \alpha t}, \qquad (1)$$

Dans la deuxième expérience, la masse gazeuse prend une valeur H' qui diffère légèrement de H.

Le volume V est devenu $V(1 + KT)$ par suite de la dilatation du verre; le volume *v* a pris une nouvelle température *t'*; le volume *u* est à la tempéra-

[1] Ce gaz doit être pur et bien sec. On procède comme il suit. On place d'abord le ballon A dans de la vapeur d'eau bouillante, pour vaporiser l'humidité qui adhère à la paroi intérieure; puis, le robinet R étant fermé, on fait le vide dans le ballon A; après quoi on y laisse rentrer le gaz pur, à travers une série de tubes desséchants. On fait de nouveau le vide, puis on laisse encore rentrer le gaz. On procède ainsi une vingtaine de fois, de manière que le ballon A soit parfaitement *rincé*. C'est alors qu'on entoure A de glace fondante, que l'on règle la pression finale, et que l'on ferme à la lampe le tube de raccord *t*.

ture θ du bain. La constante caractéristique de la masse totale prend donc la forme :

$$\frac{V(1+KT)H'}{1+\alpha T} + \frac{vH'}{1+\alpha t'} + \frac{uH'}{1+\alpha\theta}. \qquad (2)$$

En égalant entre elles les expressions (1) et (2), on obtient l'équation qu'il faut résoudre par rapport à α.

Mais cette équation étant du 4e degré, on procède par la méthode des approximations successives. Pour cela, dans les trois termes correctifs, on rem-

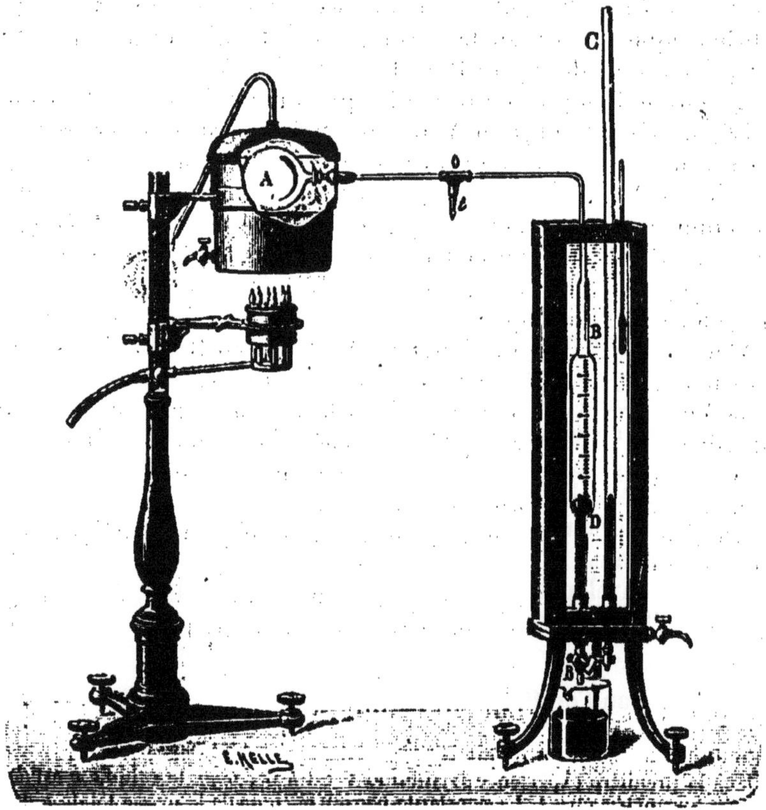

Fig. 145. — Dilatation d'un gaz à pression constante.

place l'inconnue α par sa valeur approchée α_1 déterminée antérieurement par Gay-Lussac (187).

L'équation devient :

$$\left(V + \frac{v}{1+\alpha_1 t}\right)H = \left\{V\frac{1+KT}{1+\alpha T} + \frac{v}{1+\alpha_1 t'} + \frac{u}{1+\alpha_1\theta}\right\}H';$$

d'où :

$$\frac{VH'(1+KT)}{1+\alpha T} = VH + \frac{vH}{1+\alpha_1 t} - \frac{vH'}{1+\alpha_1 t'} - \frac{uH'}{1+\alpha_1\theta}.$$

En résolvant cette équation par rapport à α, on obtient une nouvelle valeur α_2 que l'on substitue à α_1. En résolvant de nouveau par rapport à α, on obtient une troisième valeur approchée α_3.

On continue ainsi, jusqu'à ce que l'on obtienne deux valeurs approchées consécutives qui diffèrent aussi peu que l'on veut. On s'arrête au nombre formé par leurs chiffres communs : c'est le coefficient de dilatation du gaz à pression constante.

192. Mesure du coefficient d'accroissement de pression sous volume constant. — Méthode de Regnault. — L'appareil (fig. 146) est analogue au précédent, mais le manomètre n'est plus

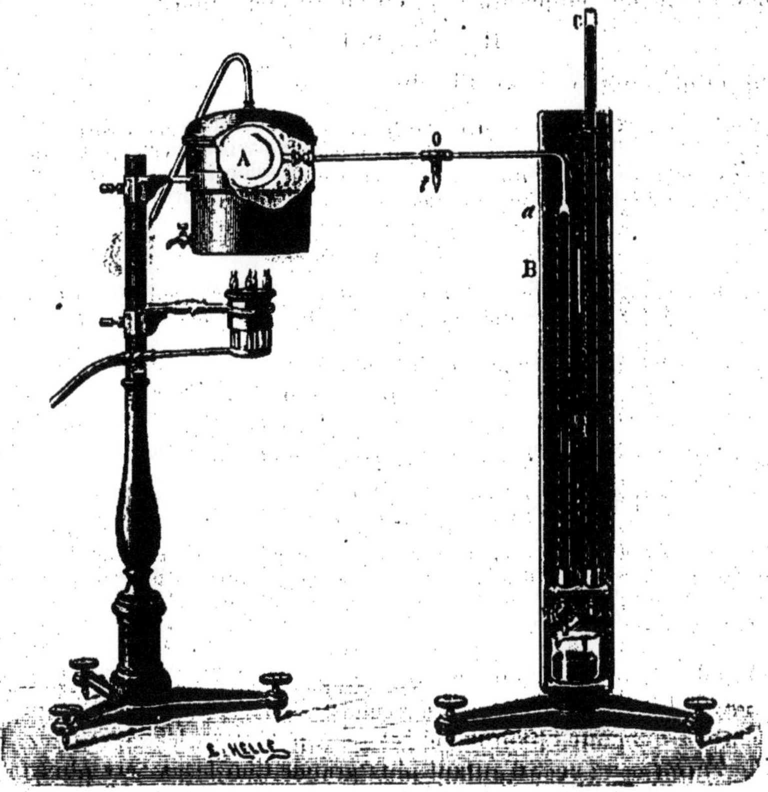

Fig. 146. — Dilatation d'un gaz à volume constant.

entouré d'eau, et sa branche fermée est cylindrique, jusqu'au point de jonction *a* du tube capillaire qui la relie au ballon A.

Dans la première partie de l'expérience, la masse gazeuse à 0° occupe le volume du ballon V et le volume *v* du tube, jusqu'au point de repère *a*. Le mercure s'élevant au même niveau dans les deux branches du manomètre, la pression barométrique du moment fait connaître la pression initiale H.

On chauffe le ballon A à T°, au moyen de l'étuve.

Alors le gaz se dilate, il refoule le mercure en a, et le fait monter dans la branche C. Mais, pour que son volume reste le même, on verse du mercure dans la branche C, de manière que dans la branche B le niveau remonte jusqu'au repère a.

Il s'établit ainsi entre les deux branches une différence de niveau h, qui mesure l'accroissement de pression du gaz.

Si l'enveloppe ne s'était pas dilatée et si toute la masse gazeuse était à la même température T, on aurait l'équation :

$$H + h = H(1 + \beta t),$$

qui ferait connaître le coefficient β.

Voici le calcul de l'expérience, en tenant compte des diverses corrections.

La masse gazeuse se partage d'abord en deux parties : un volume V à 0° sous la pression H, et un volume v à $t°$ sous la pression H.

Sa constante caractéristique a donc pour première expression :

$$VH + \frac{vH}{1 + \beta t}.$$

La même masse gazeuse se partage ensuite en deux autres parties : un volume $V(1 + Kt)$ à T° sous une pression H', et un volume v à $t'°$ sous la même pression H'.

Sa constante caractéristique prend la forme :

$$\frac{V(1 + KT)H'}{1 + \beta T} + \frac{vH'}{1 + \beta t'}.$$

En égalant entre elles ces deux expressions on obtient l'équation :

$$\left(V + \frac{v}{1 + \beta t}\right)H = \left\{\frac{V(1 + KT)}{1 + \beta T} + \frac{v}{1 + \beta t'}\right\}H',$$

qu'il faut résoudre par rapport à β. Comme elle est du troisième degré, on procède par la méthode des approximations successives, en prenant pour première valeur approchée de β celle qu'on obtient en négligeant d'abord les deux termes correctifs.

Résultats. — 1° les coefficients α et β sont différents pour tous les gaz réels.

On a $\alpha < \beta$ pour l'hydrogène, et $\alpha > \beta$ pour tous les autres gaz. La différence $(\alpha - \beta)$ est d'autant plus grande que le gaz est plus facilement liquéfiable, et qu'il s'écarte davantage de la loi de Mariotte.

	α	β	$\alpha - \beta$
Hydrogène	0,003661	0,003667	-6.10^{-6}
Air	0,003670	0,003665	$+5.10^{-6}$
Gaz carbonique	0,003710	0,003688	22.10^{-6}
Gaz sulfureux	0,003903	0,003847	56.10^{-6}

2° Pour un même intervalle de température, mais *pour des pressions croissantes,* les deux coefficients α et β commencent par croître, mais chacun d'eux passe ensuite par un maximum, et diminue ensuite.

3° *Pour des températures croissantes,* α commence par croître, puis il passe par un maximum et diminue ensuite. Au contraire, β diminue continuellement (Amagat).

3. THERMOMÈTRE NORMAL ET TEMPÉRATURES ABSOLUES

193. Thermomètre normal. — Le thermomètre normal est identique à l'appareil de Regnault (fig. 146) pour la mesure du coefficient d'accroissement de pression des gaz à volume constant.

On le remplit d'hydrogène pur et sec, à la température de 0° et sous la pression $H_0 = 1^m$.

On chauffe ensuite le ballon A, à la température qu'il s'agit de mesurer. On verse du mercure dans la branche C pour maintenir le volume du gaz à sa valeur initiale, limitée au repère *a*, et l'on mesure la pression finale H acquise par l'hydrogène.

Pour coefficient d'accroissement de pression de l'hydrogène, on adopte :

$$\beta = \alpha = \frac{1}{273}.$$

La température T est donnée par l'équation connue (192) :

$$\left(V + \frac{v}{1+\alpha t}\right)H_0 = \left\{\frac{V(1+KT)}{1+\alpha T} + \frac{v}{1+\alpha t'}\right\}H.$$

Ce thermomètre normal est très sensible, et ses indications sont toujours comparables entre elles. On ne l'utilise pas au-dessous de —150°, afin de ne pas trop s'approcher du point de liquéfaction de l'hydrogène.

Si le ballon est en verre peu fusible, on peut le chauffer sans inconvénients jusqu'à 500°; mais pour des températures supérieures, on se sert d'un ballon de porcelaine qui peut être chauffé, sans subir de déformation, jusqu'à 1 200 ou 1 500°.

194. Température absolue. — *Le coefficient d'accroissement de pression de l'hydrogène est invariable;* non pas en vertu d'un fait expérimental ou d'une loi physique, mais d'après la définition même de la **température normale** par le thermomètre à hydrogène.

Soient $P_0 = 1^m$ la pression de l'hydrogène à 0° dans ce thermomètre normal et P sa pression à $t°$.

Cette température t est définie par la relation :

$$P = P_0 (1 + \beta t).$$

On a sensiblement : $$\beta = \frac{1}{273}.$$

Dès lors : $$P = P_0\left(1 + \frac{t}{273}\right),$$

et enfin : $$t = \frac{(P - P_0)273}{P_0}.$$

On appelle **zéro absolu** *la température normale définie par la condition* $P = 0$; *et* **température absolue** *la température* T *comptée à partir de ce zéro absolu.*

Pour $P = 0$, la formule précédente donne :

$$t = -273^\circ.$$

Ainsi, le zéro absolu est à 273° au-dessous du zéro centigrade; et, dès lors, il en est de même de toute température absolue T, par rapport à la température normale correspondante t.

On a donc : $$T = 273 + t.$$

195. Équation des fluides parfaits. — L'équation des fluides parfaits :

$$\frac{VP}{1 + \alpha t} = V_0P_0$$

suppos : $$\alpha = \beta = \frac{1}{273}.$$

Alors, température absolue peut s'écrire :

$$T = \frac{1}{\alpha} + t.$$

On a donc : $$1 + \alpha t = \alpha T,$$

et l'équation des gaz parfaits devient :

$$\frac{VP}{\alpha T} = V_0P_0\,;$$

ou en multipliant par α :

$$\frac{VP}{T} = \alpha V_0P_0.$$

Comme α est constant, c'est ce dernier produit qui devient la constante caractéristique de la masse gazeuse considérée.

Convenons d'appliquer la formule à l'*unité de masse* gazeuse, et dans cette hypothèse posons : $$\alpha V_0P_0 = R = C^{te}.$$

La formule des gaz parfait devient :

$$VP = RT.$$

196. Équation d'un fluide réel. — Formule de Van der Waals. — En se laissant guider par des considérations théoriques, on a cherché à obtenir une équation qui traduise plus exactement la relation qui existe entre la volume V, la pression P et la température T, de l'unité de masse d'un gaz réel.

On a supposé, par exemple, que le volume extérieur V devait être diminué d'une certaine quantité v, égale au volume propre occupé par les molécules gazeuses; et que, d'autre part, la pression P devait être augmentée d'une quantité $\frac{p}{V^2}$ qui dépend des actions mutuelles de ces mêmes molécules, actions qui varient avec la distance des molécules, c'est-à-dire avec le volume V.

On aurait donc, en réalité :

$$(V - v)\left(P + \frac{p}{V^2}\right) = RT.$$

D'après l'ensemble des données numériques fournies par l'étude expérimentale des gaz, Van der Waals a constaté qu'il existe effectivement, pour chaque gaz réel, deux nombres constants v et p, tels que la formule précédente soit exactement satisfaite pour toutes les valeurs des variables V, P et T.

§ II. DENSITÉS DES CORPS GAZEUX

1. DÉFINITIONS ET FORMULES

197. Densité absolue ou masse spécifique d'un gaz. — La *densité absolue* d'un gaz est la masse de l'unité de volume, c'est-à-dire de 1^{cm^3} de ce gaz.

Elle est essentiellement variable avec les conditions de température et de pression.

Connaissant la masse spécifique D_0 *d'un gaz aux conditions normales,* proposons-nous de *calculer sa masse spécifique* D, *aux conditions* H *et* t.

Soient V_0 et V les volumes de la masse gazeuse considérée, aux conditions 0°,76 et t, H.

En égalant entre elles deux expressions de cette masse, et en lui appliquant l'équation des gaz parfaits, on a les deux équations :

$$VD = V_0D_0,$$

et

$$\frac{VH}{1+\alpha t} = V_0 76;$$

d'où, par division membre à membre :

$$\frac{D(1+\alpha t)}{H} = \frac{D_0}{76};$$

et enfin :

$$D = D_0 \cdot \frac{H}{76} \cdot \frac{1}{1+\alpha t}.$$

Ainsi, la masse spécifique d'un gaz est proportionnelle à sa pression H, et inversement proportionnelle au binôme de dilatation $(1+\alpha t)$ relatif à sa température.

198. Densité relative d'un gaz par rapport à l'air. — *On appelle densité d'un gaz par rapport à l'air, le rapport de la masse de ce gaz à la masse d'un égal volume d'air, pris dans les mêmes conditions de température et de pression.*

Si le gaz et l'air suivaient exactement les lois de Mariotte et de Gay-Lussac, la densité relative serait indépendante de la température et de la pression. Comme il n'en est pas ainsi d'une manière rigoureuse, il est nécessaire de spécifier les conditions dans lesquelles on se place. A moins d'indication contraire, la densité d'un gaz par rapport à l'air sera toujours prise *aux conditions normales*, c'est-à-dire à 0° et à 76^{cm}.

Dans le langage courant, quand on parle de la densité d'un gaz sans ajouter d'épithète, il faut entendre non pas la densité *absolue* de ce gaz, mais sa densité *relative* par rapport à l'air.

199. Formule de la masse d'un gaz. — **Problème.** — *Connaissant la masse normale* a *d'un centimètre cube d'air,* proposons-nous de *calculer la masse* m *d'un gaz de densité* d, *qui occupe un volume* V *à* t° *sous la pression* H.

Soit m' la masse d'un égal volume d'air pris aux mêmes conditions. D'après la définition de la densité relative, on a :

$$d = \frac{m}{m'}; \quad \text{d'où :} \quad m = dm'. \qquad (1)$$

Pour évaluer la masse d'air m', ramenons-la aux conditions normales, dans lesquelles nous connaissons sa masse spécifique a. L'équation des gaz parfaits donne :

$$V_0 . 76 = \frac{VH}{1+\alpha t}; \quad \text{d'où :} \quad V_0 = \frac{VH}{76(1+\alpha t)}.$$

On a donc : $$m' = V_0 a = \frac{VHa}{76(1+\alpha t)}.$$

En tenant compte de cette valeur, la formule (1) devient :

$$m = \frac{VHad}{76(1+\alpha t)}. \qquad (2)$$

Ainsi, pour calculer la masse d'un gaz, il ne suffit pas de connaître ses conditions de volume, de pression et de température; il faut connaître en outre sa *densité relative*, et la *masse spécifique de l'air* aux conditions normales.

2. MESURE DE LA DENSITÉ DES GAZ

200. Difficultés de la pesée d'un gaz. — La masse normale d'un centimètre cube d'air a est une constante numérique indispensable, que nous apprendrons plus tard à déterminer. Si on la suppose connue, la formule (2), écrite sous la forme :

$$d = m . \frac{76(1+\alpha t)}{VHa},$$

suggère, pour obtenir la densité d'un gaz, une méthode qui serait théoriquement très simple. Il suffirait d'isoler un volume V de ce gaz, sous des conditions connues H, t, et de peser exactement sa masse m.

Mais cette méthode n'est pas pratique, à cause des difficultés que présente la pesée d'un gaz.

En effet, pour peser un gaz, on se sert d'un grand ballon de verre fermé par une garniture à robinet, et l'on détermine l'accroissement de poids qu'éprouve ce ballon quand on le pèse vide puis rempli de gaz. Mais, les pesées étant faites dans l'air, il faut tenir compte de la poussée de l'air sur le ballon. Or cette poussée est très difficile à évaluer, car elle dépend de la pression, de la température, de l'état hygrométrique et même de la composition chimique de l'air, qui varient à chaque instant. Il faut aussi tenir compte de l'humidité condensée à la surface du ballon, et dont la masse subit elle-même des variations qu'il est presque impossible d'évaluer.

Ballon-tare. — Mais si, au lieu de peser une masse gazeuse m, on se propose simplement de trouver son rapport à une autre masse gazeuse m', qu'on peut lui substituer dans un même ballon A, on peut éliminer complètement toutes les causes d'erreur, au moyen d'un artifice très simple imaginé par Regnault.

Fig. 147. — Emploi d'un ballon-tare dans la pesée d'un gaz.

Au lieu de faire la tare avec des corps quelconques, on fait équilibre au ballon A à l'aide d'un second ballon A' identique au premier (fig. 147).

L'équilibre, une fois établi, subsiste, quels que soient les changements qui surviennent dans l'atmosphère; parce que, à chaque instant, les ballons se font équilibre séparément au point de vue de chacune des influences diverses : poids réel, poussée, humidité, etc.

201. Mesure de la densité d'un gaz par la méthode de Regnault. — On emploie deux ballons de verre identiques, A, A', fermés par des garnitures à robinet.

On place le ballon A dans de la glace fondante (fig. 148). Il est mis en communication par des tubes, avec un manomètre, une machine pneumatique et une série de tubes desséchants qui aboutissent au réservoir à gaz.

Après avoir fait le vide dans le ballon, on y laisse pénétrer le gaz; puis on refait le vide et on laisse de nouveau rentrer le gaz. On recommence ainsi plusieurs fois, pour que le ballon soit bien desséché à l'intérieur, et que le gaz qu'on y introduira reste bien sec.

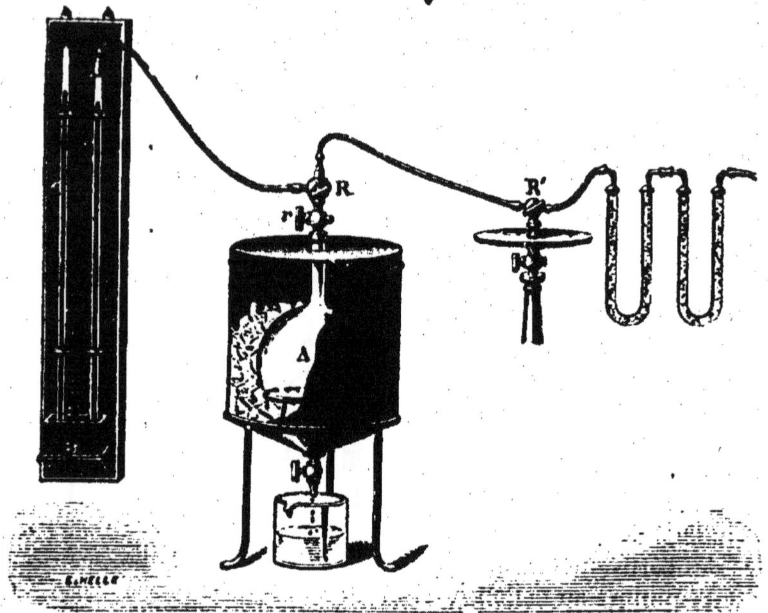

Fig. 148. — Détermination de la densité d'un gaz.

Enfin on laisse le ballon se remplir de gaz, à une pression déterminée H. On ferme ensuite le ballon, on l'essuie avec un linge humide (pour ne pas l'électriser), on le suspend sous l'un des plateaux de la balance, et on fait la tare avec le ballon compensateur A'.

On remet alors le ballon A dans la glace, et on y fait le vide. Soit h la pression restante.

On reporte le ballon sous le plateau de la balance, et on rétablit l'équilibre en ajoutant une masse échantillonnée qui fait connaître la masse m du gaz que l'on a retiré du ballon.

Cette masse a pour expression :

$$m = \frac{V_0(H - h)ad}{76};$$

V_0 représentant le volume du ballon, d'ailleurs inconnu, et d la densité cherchée.

On recommence les mêmes opérations en remplaçant le gaz par de l'air. Soient m' et $(H'-h')$ la masse et la pression de l'air sec à 0°, que l'on extrait du ballon pendant cette seconde expérience.

On a : $$m' = \frac{V_0(H'-h')a}{76}.$$

Divisant ces deux relations membre à membre, on obtient :

$$\frac{m}{m'} = \frac{(H-h)d}{H'-h'};$$

d'où : $$d = \frac{m}{m'} \cdot \frac{H'-h'}{H-h}.$$

Résultats. — Bornons-nous à indiquer la densité normale d'un petit nombre de gaz :

Hydrogène	0,0695	Acétylène	0,9056
Azote	0,9672	Gaz carbonique	1,5287
Oxygène	1,1052	Gaz sulfureux	2,2631

3. MASSE SPÉCIFIQUE DE L'AIR

202. Détermination de la masse spécifique de l'air aux conditions normales. — Pour obtenir la masse a d'un centimètre cube d'air aux conditions normales, il suffit de déterminer la masse m de l'air qui remplit un ballon à 0°, sous la pression 76, et le volume V_0 de ce ballon à 0°.

On a : $$a = \frac{m}{V_0}.$$

Regnault a trouvé : $a = 0,001293$.

Ainsi, la masse normale d'un litre d'air est 1gr,293.

Dans la recherche de la densité d'un gaz par la méthode de Regnault, nous avons vu comment on détermine la masse m. Il nous reste à apprendre comment on mesure le volume V_0 d'un ballon.

Jaugeage d'un ballon. — Pour déterminer le volume V_0 d'un ballon, on détermine la masse M de l'eau qui remplit ce ballon à 0°. Connaissant la densité d_0 de l'eau à 0°, on aura :

$$V_0 = \frac{M}{d_0}.$$

Le poids apparent du ballon vide a pour expression :

$$B - p_1.$$

B étant le poids réel du verre et p_1 la poussée de l'air sur le verre, dans les conditions de cette première expérience.

Le poids apparent du ballon plein d'eau à 0° est :

$$B - p_2 + M - m.$$

M désignant la masse de l'eau, p_2 et m les poussées de l'air sur le verre et sur l'eau, dans les conditions de cette seconde expérience.

Au moyen de la balance, on détermine la différence de ces deux poids apparents.

La différence des poussées p_1, p_2 étant négligeable vis-à-vis des autres termes, la différence des poids apparents peut s'écrire :

$$M - m.$$

Or on sait calculer m.

On peut donc en déduire M, et par suite V_0.

L'expérience doit se faire à une température inférieure à 8°, afin que, le ballon étant fermé et rempli d'eau à 0°, on puisse lui laisser prendre la température ambiante sans crainte de rupture (181).

4. APPLICATIONS

203. Problèmes. — 1° *Quel est le poids* π *d'un volume* V *d'air sec, à* t° *sous la pression* H?

Un centimètre cube d'air normal pèse :

$$a \text{ (grammes)} \quad \text{ou} \quad ag \text{ (dynes)}.$$

Or, le volume normal de la masse d'air considérée est :

$$V_0 = \frac{VH}{76(1+\alpha t)}.$$

Son poids est donc :

$$\pi = \frac{VHa}{76(1+\alpha t)} \text{ (grammes)} \quad \text{ou} \quad \frac{VHag}{76(1+\alpha t)} \text{ (dynes)}.$$

2° *Quel est le poids* p *d'une masse gazeuse de densité* d, *qui occupe un volume* V, *à la température* t, *sous la pression* H?

Soit π le poids du même volume d'air, pris dans les mêmes conditions.

On a : $$d = \frac{p}{\pi}; \quad \text{d'où : } p = \pi d.$$

Et, en remplaçant π par sa valeur :

$$p = \frac{VHad}{76(1+\alpha t)} \text{ (grammes)} \quad \text{ou} \quad \frac{VHadg}{76(1+\alpha t)} \text{ (dynes)}.$$

CHAPITRE V

PREMIER CHANGEMENT D'ÉTAT

FUSION ET SOLIDIFICATION

204. **Changements d'état.** — La plupart des corps sont susceptibles de revêtir successivement les trois états physiques : solide, liquide, gazeux.

L'état d'un corps, à un instant donné, dépend des conditions de température et de pression dans lesquelles il se trouve.

Si l'on prend un corps à l'état solide, sous la pression atmosphérique ordinaire, et qu'on élève progressivement sa température, il arrive un moment où ce corps passe de l'état solide à l'état liquide : c'est le phénomène de la **fusion**. Si l'on continue à élever la température, le corps passe de l'état liquide à l'état de vapeur, c'est-à-dire à un état gazeux plus ou moins parfait : c'est le phénomène de la **vaporisation**[1].

Inversement, si l'on prend un corps sous la forme de gaz ou de vapeur, et que l'on modifie convenablement les conditions de température et de pression, on peut faire subir à ce corps le phénomène de la **liquéfaction**, puis le phénomène de la **solidification**.

Nous étudierons d'abord les changements qui se produisent entre l'état solide et l'état liquide : *fusion et solidification ;* puis ceux qui se produisent entre l'état liquide et l'état gazeux : *vaporisation et liquéfaction*.

§ I. FUSION

205. **Fusion.** — *La* **fusion** *est le passage d'un corps de l'état solide à l'état liquide, sous l'influence de la chaleur.*

Quand on élève progressivement la température d'un corps solide, trois cas peuvent se présenter :

Certains corps échappent à la fusion parce qu'ils se décomposent sous l'action de la chaleur. Tels sont le bois, la houille, les tissus, les pierres calcaires, etc.

D'autres présentent le phénomène de *la fusion pâteuse ;* ils se ramollissent progressivement à mesure que leur température s'élève,

[1] Certains corps solides, chauffés sous la pression ordinaire, passent directement de l'état solide à l'état de vapeur ; c'est ce que l'on appelle la *sublimation*. Nous ne parlerons pas ici de ce phénomène, qui sera étudié dans un autre cours.

et ils ne parviennent à l'état liquide qu'après avoir traversé une suite d'états intermédiaires plus ou moins consistants. Tels sont la cire, le verre, etc.

Les autres corps subissent une **fusion brusque** ou **fusion franche**, c'est-à-dire qu'ils passent de l'état solide à l'état liquide brusquement et sans intermédiaire; de sorte que, pendant toute la durée du phénomène, le corps se partage nettement en deux parties : l'une solide et l'autre liquide. Il en est ainsi pour la glace, le soufre, l'étain, le plomb, etc.

1. LOIS DE LA FUSION

206. **Lois de la fusion brusque.** — *Lorsqu'on chauffe un corps solide quelconque, sous une pression déterminée; par exemple, à la pression atmosphérique ordinaire :*

1° *Ce corps commence à fondre à une température déterminée que l'on appelle son* **point de fusion**;

2° *Pendant toute la durée de la fusion, la température du corps, tant solide que liquide, demeure invariable* malgré l'action du foyer de chaleur;

3° *En général, la fusion est accompagnée d'un brusque changement de volume.*

Les deux premières lois se vérifient au moyen du thermomètre, qui sert également pour déterminer les points de fusion.

Ces lois ne sont applicables qu'à la fusion brusque.

Un corps à fusion pâteuse n'a pas un point de fusion déterminé, et il peut y avoir un intervalle plus ou moins considérable, entre la température où il commence à se ramollir, et celle où il devient nettement liquide.

Certains métaux, tels que le fer, n'entrent en fusion qu'à la température des hauts fourneaux; le platine et la silice exigent la température du chalumeau oxhydrique; la chaux fond seulement dans les fours électriques.

POINTS DE FUSION

Mercure	— 39°,5	Bronze	800°
Glace	0	Argent	954
Cire	76	Or	1045
Alliage Darcet	94	Cuivre	1054
Soufre	113,6	Fonte	11 à 1200
Étain	233	Acier	14 à 1500
Plomb	325	Fer	1500
Zinc	433	Platine	1775

207. Changement de volume pendant la fusion. — Pour étudier la dilatation d'un corps au voisinage de son point de fusion, on l'enferme dans un dilatomètre à tige, avec un liquide convenablement choisi. En chauffant graduellement l'appareil, on observe la dilatation apparente du système formé par les deux corps. Connaissant la dilatation du liquide et celle de l'enveloppe, on peut en déduire la dilatation du corps soumis à l'expérience.

Pour tracer la *courbe de dilatation* de ce corps, on porte en abscisse les températures, et en ordonnées les dilatations de l'unité de volume.

En général, les dilatations du corps sont assez régulières tant qu'il conserve un même état : les dilatations du solide et celles du liquide sont représentées sensiblement par des segments rectilignes; mais, dans le voisinage du point de fusion, le volume éprouve des variations brusques, représentées ordinairement par un segment rectiligne vertical, et quelquefois par une ligne courbe raccordant les deux portions de droite.

1° *En général, le corps augmente brusquement de volume pendant la fusion, et il est plus dilatable à l'état liquide qu'à l'état solide.*

Le phosphore, par exemple, se dilate régulièrement à l'état solide, comme le représente la droite AB (fig. 149); vers le point de fusion il subit une dilatation brusque, figurée par la courbe ascendante BE, puis sa dilatation se régularise avec un nouveau coefficient de dilatation, supérieur au premier, comme l'indique la droite EF, plus inclinée que AB sur l'axe des températures.

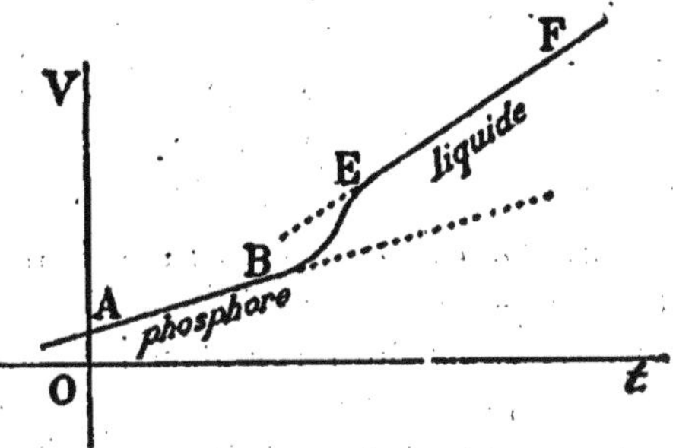

Fig. 149. — Dilatation du phosphore dans le voisinage de son point de fusion.

2° *Certains corps, en très petit nombre, diminuent de volume dans le voisinage de leur point de fusion.* Tels sont l'*eau*, la *fonte*, l'*argent*, le *bismuth*, l'*antimoine* et l'*alliage de Rose* (ou d'Erman), formé de 2 parties de bismuth, 1 de plomb et 1 d'étain.

Les portions de droites AB, EF (fig. 150) représentent respectivement les dilatations de la glace et les dilatations de l'eau. La glace présente un maximum de volume un peu avant le point de fusion. L'eau continue à se contracter à partir de 0°, elle passe par un minimum de volume à 4°; elle se dilate ensuite, reprend vers 8° le même volume qu'à 0°, et sa dilatation se poursuit d'une manière régulière avec un coefficient de dilatation (0,00038) inférieur à celui de la glace (0,00073).

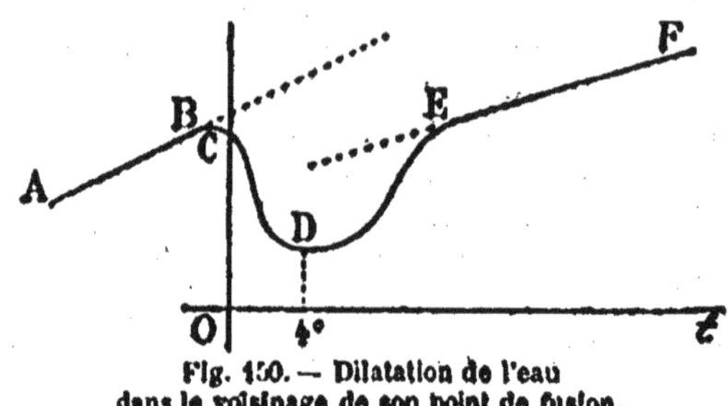

Fig. 150. — Dilatation de l'eau dans le voisinage de son point de fusion.

L'alliage de Rose (fig. 151) présente aussi un maximum et un minimum de volume dans le voisinage de son point de fusion ; mais il finit par reprendre, à l'état liquide, le même coefficient de dilatation qu'à l'état solide, et les portions rectilignes AB, EF de sa courbe de dilatation, appartiennent à une même droite.

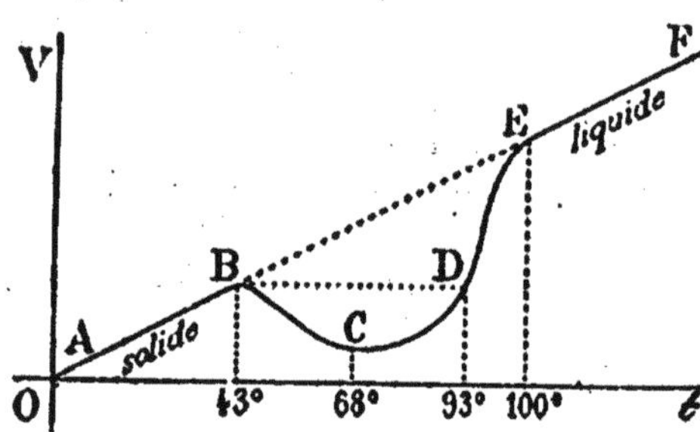

Fig. 151. — Dilatation de l'alliage de Rose.

208. **Influence de la pression sur le point de fusion.** — Un accroissement de pression considérable fait varier le point de fusion ; mais cette variation se produit dans un sens ou dans l'autre, suivant que le corps se dilate ou se contracte pendant la fusion.

1° En général, le corps se dilate en fondant ; alors la pression gêne la fusion, et le point de fusion s'élève.

Par exemple, en portant successivement la pression de 1^{atm} à 500^{atm} et à 800^{atm}, Hopkins a trouvé pour le soufre et la cire les points de fusion suivants :

	CIRE	SOUFRE
A la pression atmosphérique,	64°	107°
— de 500^{atm},	74°	135°
— de 800^{atm},	80°	140°

Les autres corps, les métaux notamment, se comportent d'une manière analogue[1].

[1] **Application à la géologie.** — On sait que la température s'élève de plus en plus, à mesure que l'on s'enfonce dans les profondeurs de la terre. Elle croît de 1° chaque fois que

2° Dans les cas exceptionnels où le corps se contracte en fondant, la pression favorise la fusion, et dès lors le point de fusion s'abaisse.

La glace, par exemple, fond à 0° sous la pression atmosphérique; mais lord Kelvin a constaté que son point de fusion s'abaisse à —0°,06 sous une pression de 10 atmosphères, à —0°,13 sous 17 atmosphères, etc. Dans l'expérience suivante, due à Mousson, on fait fondre de la glace à la température de —20° sous une pression évaluée à 14000 ou 15000 atmosphères.

Un cylindre en acier très épais (fig. 152) est fermé à son extrémité inférieure par un écrou, et à l'autre extrémité par un piston plongeur que l'on peut enfoncer à l'aide d'une vis; il contient une balle métallique et de l'eau, que l'on fait congeler au moyen d'un mélange réfrigérant, en ayant soin de retourner l'appareil, afin que la balle métallique soit immobilisée par la glace au sommet du cylindre. Alors on redresse l'instrument, et l'on exerce sur la glace une forte pression en tournant la vis. Si l'on débouche ensuite le cylindre par le fond, on constate que la balle a traversé la glace d'un bout à l'autre. Il faut en conclure que la glace s'est fondue momentanément, que la balle est tombée à travers le liquide, et que celui-ci s'est congelé de nouveau lors de la décompression.

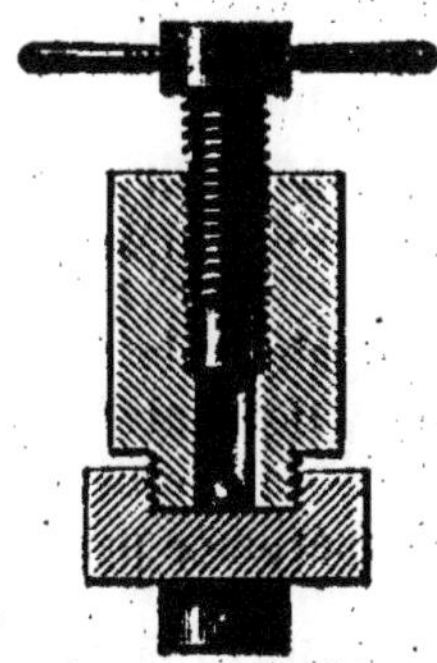

Fig. 152. — Expérience de Mousson sur la compression de la glace.

2. CHALEUR DE FUSION

209. Chaleur de fusion. — Quand on chauffe un corps, c'est-à-dire quand on lui fournit de la chaleur à l'aide d'un foyer, sa température s'élève d'abord jusqu'à son point de fusion. A partir de ce moment, la masse du corps passe progressivement de l'état solide à l'état liquide, et ce passage est plus ou moins rapide, suivant l'activité du foyer; mais la partie liquide et la partie solide sont à une même température, qui demeure invariable pendant toute la durée de la fusion. Dès l'instant où commence la fusion, la chaleur absorbée par le corps n'est plus employée qu'à produire le changement d'état sans changement de température.

---

la profondeur augmente de 30m. De sorte qu'aux profondeurs de 10km, 25km, 57k régneraient des températures de 330°, 830°, 1700°.

Si le point de fusion des métaux et des roches était invariable, on ne tarderait donc pas à rencontrer ces corps à l'état liquide. Le plomb serait fondu à une profondeur de 10k, l'argent à 30k, etc. Il faudrait en conclure que l'écorce solide de notre globe est extrêmement mince en regard du rayon terrestre (6370km).

En réalité, l'épaisseur de cette couche solide doit être beaucoup plus considérable, car les températures de fusion des matériaux qui la composent augmentent avec la profondeur, à cause de l'accroissement de pression.

A une profondeur de 100km, la pression est de 30 000 atmosphères. Or, sous une pareille pression, d'après les nombres d'Hopkins, l'argent ne fondrait plus qu'à 3000°, et le soufre resterait à l'état solide à une température de 1000°.

Ainsi, l'influence de la pression sur le point de fusion des roches doit avoir pour effet d'accroître considérablement l'épaisseur et la solidité de l'écorce terrestre.

Mais que le corps change d'état ou qu'il change de température, son énergie s'accroît à chaque instant de toute la quantité de chaleur absorbée.

On appelle **chaleur de fusion** *d'un corps la quantité de chaleur qu'absorbe 1 gramme de ce corps, pour passer de l'état solide à l'état liquide sans changement de température.*

D'après le principe de la conservation de l'énergie, cette quantité de chaleur est encore égale à celle qu'abandonne 1 gramme du corps en passant de l'état liquide à l'état solide, sans changement de température.

La chaleur de fusion d'un corps peut être déterminée par la méthode des mélanges.

Chaleur de fusion de la glace. — Prenons, dans un vase contenant de la glace fondante, un morceau de glace à 0°, et plongeons-le dans l'eau d'un calorimètre. Son poids P sera déterminé à la fin de l'expérience par l'augmentation de poids du calorimètre.

Soient x sa chaleur de fusion, M la capacité calorifique du calorimètre, t la température initiale, θ la température finale.

Écrivons que la quantité de chaleur gagnée par la glace pour fondre, et par l'eau de fusion pour s'échauffer de 0° à $t°$, est égale à la quantité de chaleur cédée par le calorimètre pour se refroidir de $t°$ à $\theta°$.

Nous obtenons l'équation du mélange :

$$Px + P\theta = M(t - \theta);$$

d'où :

$$x = \frac{M(t - \theta) - P\theta}{P}.$$

On trouve $x = 80$ calories, à un centième près.

Ainsi, pour fondre à 0°, ou pour se congeler à 0°, un gramme d'eau absorbe ou dégage 80 calories.

Chaleur de fusion d'un corps, solide à la température ordinaire. — Soit x la chaleur de fusion d'un corps dont on connaît les chaleurs spécifiques c, c' à l'état solide et à l'état liquide. Chauffons un poids P de ce corps à une température T, supérieure à son point de fusion T', et plongeons-le dans un calorimètre dont la capacité calorifique est M et la température initiale t.

Soit θ la température finale du mélange.

La chaleur perdue par le corps est la somme des trois parties suivantes :

Pour se refroidir de T à T' : $Pc'(T - T')$,

pour se solidifier à T'° : Px,

pour se refroidir de T' à $\theta°$: $Pc(T' - \theta)$.

La chaleur gagnée par le calorimètre pour s'échauffer de t à θ est :

$$M(\theta - t).$$

L'équation du mélange est donc :

$$Pc'(T - T') + Px + Pc(T' - \theta) = M(\theta - t).$$

On en tire immédiatement la valeur de l'inconnue x.

CHALEURS DE FUSION

Eau	80	Zinc	28,13	Soufre	9,37
Fer	60	Argent.	21,07	Plomb	5,37
Platine.	38	Étain.	14,25	Mercure	2,83

3. APPLICATION : CALORIMÈTRE A GLACE

210. Calorimètre de Bunsen. — En fondant à 0° sans changement de température, 1 gramme de glace absorbe toujours 80 calories, et son volume subit une contraction bien déterminée. On peut donc mesurer une quantité de chaleur quelconque par la quantité de glace qu'elle peut fondre à 0° ; et cette quantité de glace peut être mesurée à son tour par la contraction qui accompagne sa fusion sans changement de température.

Tel est le principe du calorimètre de Bunsen.

Ce calorimètre à glace (fig. 153) est tout en verre. Le moufle ou tube laboratoire A est une éprouvette soudée à la partie supérieure d'un cylindre B, qui forme l'une des branches d'un tube en U : BCD. Ce tube contient de l'eau en BC, et du mercure M en CD. Le bouchon D, qui ferme la seconde branche, est traversé par un tube capillaire coudé, dont la partie horizontale est graduée en parties d'égal volume, comme la tige d'un thermomètre.

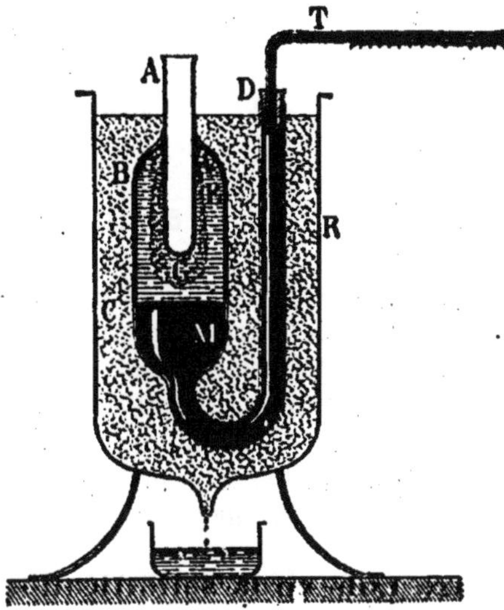

Fig. 153. — Calorimètre à glace de Bunsen.

L'appareil, plongé dans un récipient R, est complètement entouré de glace fondante.

Pour préparer l'instrument en vue d'une mesure calorimétrique, on fait évaporer dans le moufle un peu d'éther ou de chlorure de méthyle, de manière à déterminer autour de ce moufle la production d'un manchon de glace G. La dilatation qui accompagne la formation de cette glace refoule le mercure dans le tube T. Quand l'équilibre est établi, on amène l'extrémité du mercure à la division que l'on veut, en enfonçant plus ou moins le bouchon D.

Graduation. — La graduation consiste à déterminer une fois pour toutes la *constante* de l'instrument. Cette constante est la quantité de chaleur k qui se dégage dans le moufle quand l'extrémité de la colonne mercurielle rétrograde d'une division sur la tige T. Pour l'obtenir, on verse dans le moufle m grammes d'eau à t^o. Il se dégage mt calories, et le mercure rétrograde de n divisions.

On a donc : $$k = \frac{mt}{n}.$$

Mesure d'une chaleur spécifique. — Soit à déterminer la chaleur spécifique c d'un corps, entre 0° et t^o. On chauffe à t^o, P grammes de ce corps, que l'on introduit ensuite dans le moufle. En se refroidissant de t^o à 0°, le corps dégage Pct calories et le mercure rétrograde de n divisions.

On a donc : $$Pct = nk;$$

d'où : $$c = \frac{nk}{Pt}.$$

§ II. SOLIDIFICATION

211. Solidification. — *La* **solidification** *est le passage de l'état liquide à l'état solide.* Elle prend le nom de *congélation* quand elle se produit à basse température.

C'est le phénomène inverse de la fusion. Comme cette dernière, la solidification est brusque ou pâteuse; et, d'après le principe de la conservation de l'énergie, elle met en jeu, mais en sens contraire, la même quantité de chaleur.

212. Lois de la solidification. — Ces lois correspondent à celles de la fusion.

Lorsqu'on refroidit un liquide sous la pression ordinaire : 1° *La solidification commence généralement à une température déterminée,* égale au point de fusion du corps.

Cependant la condition de température n'est pas toujours suffisante pour provoquer la solidification, et nous verrons que, dans certaines circonstances, un corps peut conserver l'état liquide à une température inférieure à son point de fusion. On dit alors que ce corps est en **surfusion**.

2° *La température reste constante pendant toute la durée de la solidification.*

Le corps dégage, en se solidifiant, la même quantité de chaleur qu'il a absorbée en fondant ; sa solidification ne progresse que dans la mesure où cette quantité de chaleur lui est enlevée par l'action d'un réfrigérant extérieur.

3° *La solidification est accompagnée d'un brusque changement de volume*, égal et de signe contraire à celui qui se produit pendant la fusion.

Ainsi tous les corps se contractent en se solidifiant, excepté l'eau, la fonte, l'argent, le bismuth,... qui, au contraire, augmentent de volume.

La fonte se dilate en se solidifiant. C'est pourquoi elle jouit de la propriété de prendre exactement la forme des moules.

La glace est plus légère que l'eau, puisqu'elle flotte à la surface du liquide.

La dilatation de l'eau par congélation augmente de 0,091 le volume primitif, et abaisse la densité à 0,916. Elle se produit avec une force expansive considérable, qui brise les vases et les bassins, délite les pierres *gélives*, désorganise les tissus de certaines plantes. Un cylindre en fer rempli d'eau, fermé hermétiquement et plongé dans un mélange réfrigérant, éclate au moment où l'eau se congèle

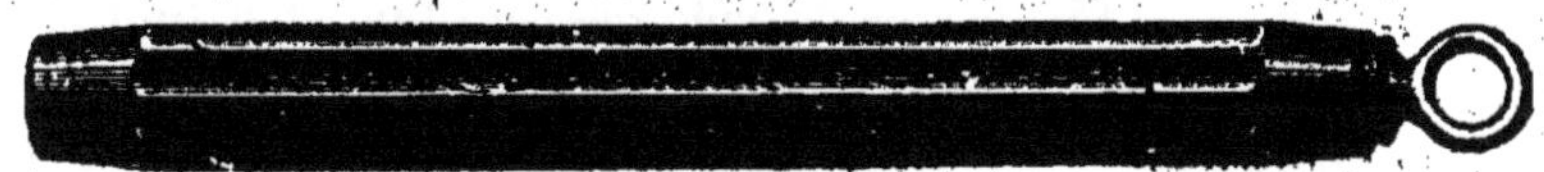

Fig. 154. — Une enveloppe métallique pleine d'eau éclate au moment de la congélation.

(fig. 154). On peut faire éclater de même une bombe métallique très épaisse.

213. Influence de la pression sur le point de solidification. — En général, un accroissement de pression élève la température de fusion.

Ainsi la benzine, qui se solidifie à 0° sous la pression normale, reste liquide jusqu'à 20° sous une pression de 700 atmosphères.

C'est le contraire pour l'eau, la fonte, et les autres corps exceptionnels qui se dilatent en se solidifiant : pour tous ces corps, le point de solidification s'abaisse de plus en plus, à mesure que la pression augmente.

Ainsi, dans tous les cas, la pression et la température de fusion d'un corps sont fonctions l'une de l'autre ; et leurs variations simultanées sont généralement de même sens ; mais il existe certains corps, en petit nombre, pour lesquels ces variations simultanées sont de sens contraires.

Regel. — De l'eau fortement comprimée reste liquide à une température inférieure à 0° ; mais dès que la pression vient à diminuer jusqu'à la pression atmosphérique, cette eau se congèle immédiatement. C'est le phénomène du **regel**.

La variation du point de fusion de la glace sous l'influence de la pression donne à la glace une plasticité apparente, qui joue un rôle considérable dans le mouvement des glaciers.

Deux morceaux de glace fortement pressés l'un contre l'autre se soudent et n'en forment plus qu'un. Si l'on comprime des fragments de glace dans un moule, on obtient une masse de glace compacte ayant la forme du moule. Dans ces expériences, la pression abaisse le point de fusion de la glace, et la fait fondre à une température inférieure à 0° ; mais dès que la pression cesse, l'eau de fusion se regèle et se prend en une seule masse compacte.

L'expérience suivante, due à Tyndall, est très caractéristique. On pose un bloc de glace à cheval entre deux supports (fig. 155). On l'entoure d'un fil métallique tendu inférieurement par un poids. Ce fil pénètre lentement dans la glace, sans laisser de vide derrière lui, et il finit par la traverser entièrement, sans que les deux moitiés du bloc, entre lesquelles il a passé, cessent de former une seule masse compacte. L'explication est la même. En comprimant la glace, ce fil la fait fondre au-dessous de lui ; mais l'eau de fusion passe au-dessus du fil, et, n'étant plus comprimée, elle se regèle aussitôt.

Fig. 155. — Expérience de Tyndall sur le regel.

214. Surfusion. — Un corps solide chauffé jusqu'à son point de fusion commence toujours à fondre ; mais un liquide refroidi jusqu'à cette même température, qui est son point de solidification, ne commence pas toujours à se solidifier.

Quand ce liquide est dans un tube capillaire, ou dans un petit vase fermé, à l'abri de toute agitation, il peut se maintenir à l'état liquide à une température très inférieure à son point de fusion.

C'est le phénomène de la **surfusion**.

La surfusion de l'eau s'observe aisément au moyen de l'appareil représenté par la figure 156. Un petit flacon soudé autour du réservoir d'un thermomètre est à moitié rempli d'eau pure. En le refroidissant avec précaution, on peut amener cette eau à $-12°$ sans qu'elle se congèle; mais dès qu'on l'agite, on la voit se congeler en partie, en même temps que sa température remonte à 0°.

L'étain, le soufre, le phosphore, etc., présentent le même phénomène.

Le phosphore se solidifie normalement à 44°; mais on peut le maintenir en fusion jusqu'à 10°. L'expérience suivante est due à Gernez. Le phosphore, introduit dans un tube et recouvert d'eau (fig. 157), est placé à côté d'un thermomètre, dans un ballon rempli d'eau. On chauffe à 50° ou 60°, puis on abandonne l'appareil à lui-même. Le phosphore se refroidit lentement et reste en surfusion.

Pour provoquer la solidification brusque d'un liquide surfondu, il suffit le plus souvent de l'agiter ou d'y introduire un solide plus froid; mais un procédé infaillible, c'est d'y introduire la moindre parcelle solide du même corps, ou de tout autre corps *isomorphe*.

215. Cristallisation. — La plupart des corps prennent, en se solidifiant, une figure géométrique définie, appelée *forme cristalline*, ou *cristal;* tels sont le soufre, le bismuth, l'arsenic, etc.

La congélation de l'eau est elle-même une véritable cristallisation, comme on l'observe dans la neige (fig. 158), le givre, et les glaçons qui se déposent pendant l'hiver sur les vitres des fenêtres extérieures.

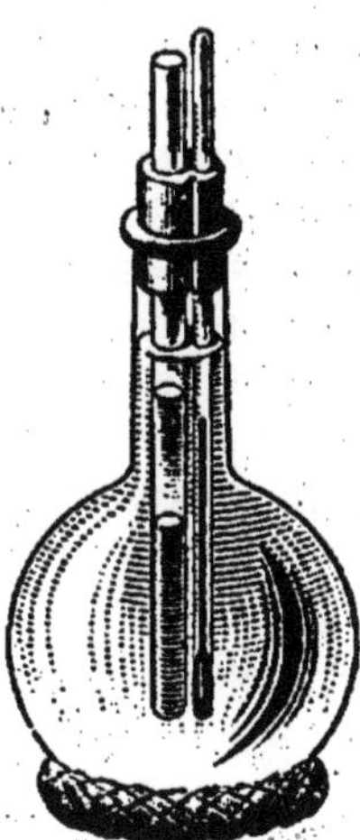

Fig. 157. — Surfusion du phosphore.

Fig. 156. Surfusion de l'eau.

Fig. 158. — Cristaux de neige.

CHAPITRE VI

DEUXIÈME CHANGEMENT D'ÉTAT

§ I. VAPORISATION

216. Vaporisation. — *Le passage de l'état liquide à l'état gazeux s'appelle* **vaporisation**, parce que le corps gazeux obtenu prend ordinairement le nom de **vapeur**.

Nous verrons bientôt la différence qui existe entre une *vapeur* et un *gaz* proprement dit.

Le phénomène de la vaporisation peut se produire dans des circonstances diverses, que nous étudierons successivement. On distingue :

1° La *vaporisation dans le vide ;*
2° La *vaporisation dans un espace déjà occupé par un gaz;*
3° L'*évaporation ;*
4° L'*ébullition.*

1. VAPORISATION DANS LE VIDE

PROPRIÉTÉS DES VAPEURS

217. Vaporisation dans le vide. — 1° *Un liquide introduit dans un espace vide se vaporise instantanément; mais, à une température donnée, la tension de sa vapeur ne peut pas dépasser une certaine limite, que l'on appelle la* **tension maxima** *ou* **pression saturante** *de cette vapeur, à la température considérée.*

Prenons plusieurs tubes de Torricelli, constituant autant de baromètres (fig. 159). Laissons le premier intact, pour indiquer la pression barométrique, et introduisons respectivement dans les autres, au moyen d'une pipette, de l'eau, de l'alcool, du sulfure de carbone et de l'éther; jusqu'à ce qu'il reste au-dessus de la colonne mercurielle un peu de liquide en excès.

Les colonnes mercurielles se dépriment instantanément, mais inégalement : la dépression de chacune d'elles mesure la pression acquise par la vapeur correspondante.

Supposons que l'expérience soit faite à la température de 20°.

On constate que la pression de la vapeur d'eau peut augmenter jusqu'à 17^{mm}. Les gouttes d'eau s'évaporent instantanément, à mesure qu'on les introduit ; mais, quand la dépression du mercure atteint 17^{mm}, on voit paraître de l'eau liquide au sommet de la colonne de mercure. Si l'on continue à introduire de l'eau, la dépression reste invariable; la couche de liquide en excès augmente, mais il ne se produit plus d'évaporation. On dit que la vapeur d'eau a atteint sa **tension maximum** à 20°, qu'elle est **saturante**, ou que l'espace situé au-dessus du mercure est **saturé** de vapeur d'eau.

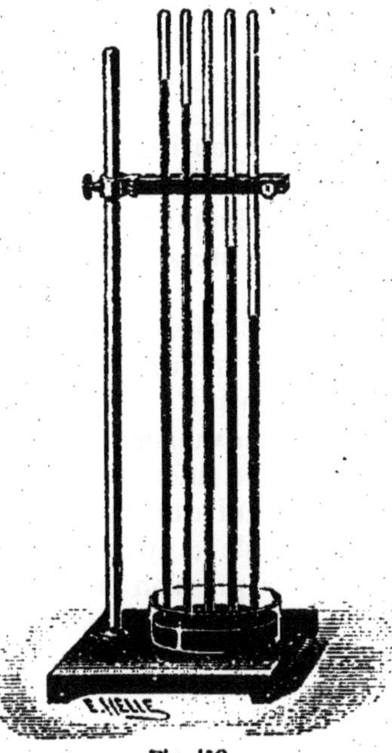
Fig. 159. Pressions saturantes de différentes vapeurs.

Les autres liquides se comportent d'une manière analogue; mais, à cette même température de 20°, les pressions saturantes de leurs vapeurs sont plus grandes que celles de la vapeur d'eau.

C'est ce que l'on exprime en disant que ces liquides sont plus *volatils* que l'eau.

Les dépressions du mercure sont de $4^{cm},5$ pour l'alcool, de $30^{cm},2$ pour le sulfure de carbone et de $43^{cm},3$ pour l'éther.

2° *Quand une vapeur n'est pas saturée, elle se comporte comme un gaz; c'est-à-dire que son volume varie en raison inverse de sa pression.*

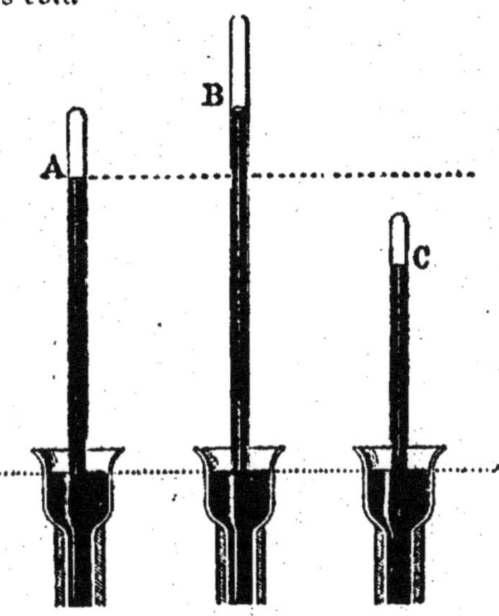

Fig. 160. — Vapeur non saturée.

Dans un tube de Torricelli A, installé sur une cuvette profonde (fig. 160), introduisons de l'éther en quantité très petite, de manière que sa vaporisation soit complète. La vapeur n'est pas saturée; sa tension est mesurée par la dépression du mercure.

Si l'on soulève un peu le tube, le mercure monte (B); ainsi la pression de la vapeur diminue; mais on constate que son volume augmente.

Si l'on abaisse le tube, au contraire, le mercure descend (C); ainsi, la pression de la vapeur augmente; mais on constate que son volume diminue.

3° *La pression d'une vapeur saturée est indépendante de son volume.*

Dans le tube barométrique A, installé sur une cuvette profonde (fig. 161), introduisons de l'éther, et augmentons la quantité de liquide jusqu'à ce que la dépression du mercure atteigne son maximum. La vapeur est alors saturée.

Si l'on enfonce progressivement le tube en A', A'', on constate que le niveau du mercure reste invariable. A mesure que le volume de la vapeur diminue, une partie de cette vapeur se liquéfie; mais la pression commune de la vapeur et du liquide en présence reste constante, jusqu'au moment où la vapeur est entièrement liquéfiée. Si l'on continue alors à enfoncer le tube, le mercure est entraîné, et il exerce sur le liquide une pression croissante.

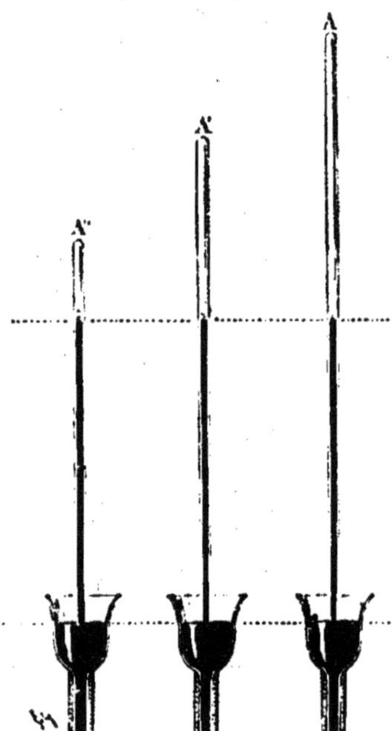

Fig. 161. — Vapeur saturée.

Inversement, soulevons progressivement le tube, et élevons-le de plus en plus.

Tant que l'éther reste entièrement à l'état liquide, la hauteur du mercure augmente. Il s'ensuit que la pression du liquide diminue.

Dès que la vapeur commence à se former, le niveau du mercure devient fixe.

Le volume de la vapeur augmente, celui du liquide diminue; mais leur pression commune, c'est-à-dire la pression de saturation, demeure invariable, tant qu'il reste du liquide en contact avec la vapeur.

Quand il n'y a plus de liquide et que le volume de la vapeur augmente, cette vapeur n'est plus saturée, et sa pression varie en raison inverse de son volume.

4° *La pression saturante d'une vapeur donnée croît rapidement avec la température.*

Pour le constater, il suffit de répéter l'expérience indiquée par la figure 159, à l'intérieur d'un manchon de verre rempli d'eau, dont on puisse élever graduellement la température (fig. 162).

L'appareil représenté par la figure 162 est celui dont se servait Dalton pour mesurer la tension maximum de la vapeur d'eau à diverses températures.

Le manchon plonge dans une chaudière C contenant du mercure, et chauffée sur un fourneau.

Le baromètre B sert de terme de comparaison.

Le baromètre A contient de l'eau, en quantité suffisante pour qu'elle ne se réduise que partiellement en vapeur. La pression saturante à chaque température est marquée par la différence des niveaux du mercure.

L'eau s'échauffe en même temps que le mercure, et l'on rend sa température uniforme au moyen d'un agitateur D.

On constate que la pression saturante croît rapidement, à mesure que la température s'élève.

Le tableau suivant indique la pression saturante de divers liquides, à des températures croissantes.

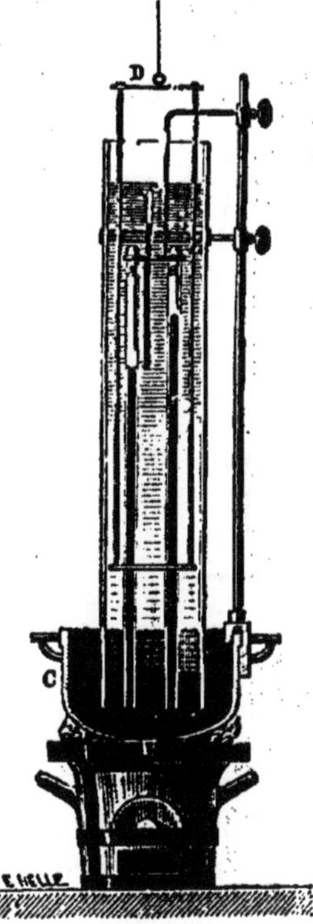

Fig. 162. — Appareil de Dalton pour la mesure des pressions saturantes.

PRESSIONS SATURANTES

TEMPÉRATURE	EAU	ALCOOL	SULFURE DE CARBONE	ÉTHER
— 20°	0cm,09	0cm,3	4cm,7	6cm,9
0°	0, 40	1, 3	12, 8	18, 4
+ 20°	1, 74	4, 5	30, 2	43, 3
40°	5, 50	13, 4	61, 7	90, 8
60°	14, 88	35	116	173
80°	35, 46	81	210	302
100°	76	170	333	495
120°	149	322	515	770
140°	272	564	755	

218. Isothermes d'un fluide. — 1° Pour représenter graphiquement les variations de volume d'un fluide, à une température constante *t*, on porte en abscisse la pression H, et en ordonnée le volume V de l'unité de masse, c'est-à-dire d'un gramme de ce fluide (fig. 163).

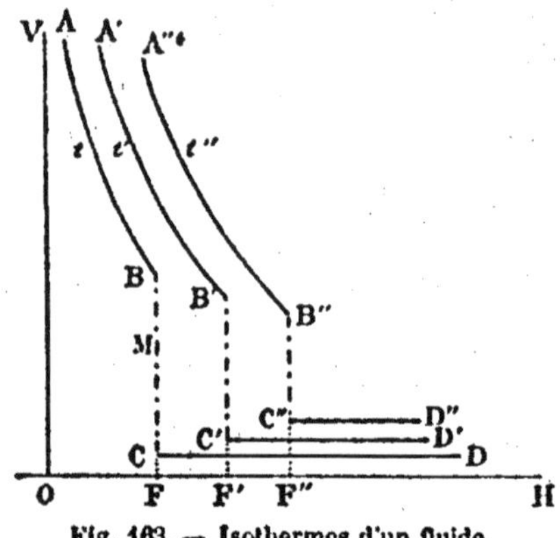

Fig. 163. — Isothermes d'un fluide.

Pour des valeurs de H inférieures à la pression saturante F, le fluide est à l'état gazeux, et il obéit à peu près à la loi de Mariotte (VH = Cte). Ses variations de volume sont alors représentées sensiblement par un arc AB d'hyperbole équilatère (ayant pour asymptotes les axes coordonnés OH, OV).

A la tension maxima F, la vapeur est saturée et prend un volume FB. Mais elle peut alors subsister en contact avec son liquide. Il suffit de diminuer son volume pour la faire liquéfier, et il est impossible d'augmenter sa pression avant qu'elle soit entièrement liquéfiée, et que le volume total du fluide se réduise au volume FC du liquide obtenu.

A partir de ce moment la compression porte sur ce liquide, et le volume de celui-ci n'éprouve plus que des variations très légères, figurées par une ligne CD sensiblement droite et parallèle à OH.

L'ensemble de la ligne figurative ABCD constitue ce que l'on appelle l'*isotherme* du fluide pour la température *t*.

Le point B est le *point de saturation*, le segment rectiligne BC est le *segment de liquéfaction*, le point C est le point de *liquéfaction totale*. Un point quelconque M pris sur ce segment représente le fluide sous deux états coexistants. Le segment MB indique le volume de la vapeur qui s'est déjà liquéfiée. Le rapport de la partie liquide à la partie gazeuse est sensiblement égal au rapport de MB à MC.

2° Les isothermes relatives à des températures croissantes *t*, *t'*, *t''* sont des lignes analogues : ABCD, A'B'C'D', A''B''C''D''. Mais il importe de remarquer que, pour ces températures croissantes, les pressions saturantes : F, F', F'' vont en augmentant; les volumes minima de la vapeur sèche : FB, F'B', F''B'' vont en diminuant, les volumes maxima du liquide total : FC, F'C', F''C'' vont en augmentant. Si la température croît d'une manière continue, le point de saturation B décrit une ligne continue descendante BB'B'', le point de liquéfaction complète C décrit une ligne ascendante CC'C'', et le segment de liquéfaction prend des valeurs de plus en plus petites BC, B'C', B''C'', qui tendent nécessairement vers zéro.

Le segment de liquéfaction représente la variation de volume qui se produit entre la vaporisation totale et la liquéfaction totale.

Cette variation de volume diminue à mesure que la température s'élève.

On conçoit donc qu'il existe une température pour laquelle le fluide passe de l'état gazeux à l'état liquide, ou inversement, sans éprouver aucun changement de volume. Cette température remarquable est ce que l'on appelle la **température critique** du fluide considéré.

219. Expériences d'Andrews. — Les expériences d'Andrews se traduisent par le réseau des isothermes de l'anhydride carbonique.

Les recherches postérieures ont montré que tous les fluides ont un réseau d'isothermes analogues, qui résume un grand nombre des propriétés générales des fluides.

La figure 164 représente les isothermes de l'anhydride carbonique. Pour fixer les idées, on considère l'unité de masse, c'est-à-dire un gramme du fluide. On porte en abscisse sa pression p, et en ordonnée son volume v. Tout point de la figure représente cette masse fluide dans des conditions bien déterminées : ses coordonnées mesurent la pression et le volume ; la ligne isotherme qui passe par ce point fait connaître sa température.

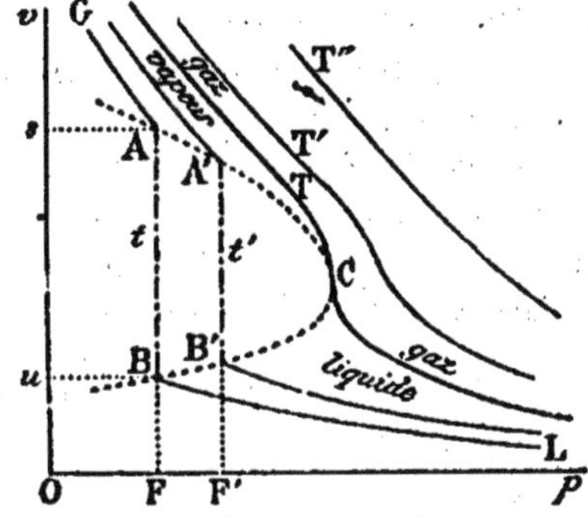

Fig. 164. — Courbes d'Andrews.

1° La température critique de l'anhydride carbonique est T = 31°.

2° Pour toute température t inférieure à T, l'isotherme comprend trois parties distinctes : Une courbe GA, qui représente la loi de compressibilité de la vapeur à $t°$; un segment de liquéfaction AB ; et une courbe BL, qui figure la compressibilité du liquide à $t°$.

3° La longueur du segment de liquéfaction AB représente l'accroissement de volume que subit un gramme de liquide, en se vaporisant à la température t.

Ce changement de volume augmente ou diminue suivant que la température de vaporisation s'abaisse ou s'élève, et il tend vers zéro quand cette température tend elle-même vers la température critique par des valeurs croissantes.

4° Quand la température t augmente, et tend vers la *température critique* T, le point A descend rapidement, le point B s'élève, et ils tendent vers une position limite commune C, que l'on nomme le **point critique** du réseau. Son abscisse p_c est la *pression critique*, son ordonnée v_c est le *volume critique* du fluide.

5° A la température critique T, l'isotherme TC présente, au point critique C, un point d'inflexion où la tangente est verticale. Pour les pressions inférieures à la pression critique p_c, le fluide reste gazeux ; mais il se liquéfie totalement à la pression p_c, et reste liquide à toutes les pressions supérieures.

6° A toute température T' supérieure à la température critique T, l'isotherme se réduit à une ligne continue, représentant les variations de volume d'une masse fluide qui reste à l'état gazeux à toutes les pressions.

Pour des températures croissantes, l'isotherme tend à se confondre avec une hyperbole équilatère figurant l'équation de Mariotte : $pv = C^{te}$.

7° La ligne AA'CB'B est dite la *courbe de saturation*. En tout point intérieur, le fluide peut coexister sous les deux états : liquide et gazeux. En tout point extérieur, il est entièrement liquide ou entièrement gazeux.

8° La ligne BB'CL est la *courbe de liquéfaction totale*. Au-dessous de cette ligne le fluide est entièrement liquide. Quand il traverse l'arc BC, il pénètre dans la zone de saturation, où il peut se vaporiser progressivement.

Mais, lorsqu'il traverse l'arc CL, il se vaporise totalement sans transition, à la température critique.

9° La ligne AA'CL est la *courbe de vaporisation totale*. Au-dessus de cette ligne le fluide est entièrement gazeux. Quand il traverse l'arc AC, il se liquéfie progressivement ; mais, en traversant l'arc CL, il subit sans transition une liquéfaction totale.

10° Dans la région ACTG, le fluide est à l'état de *vapeur*. Pour le liquéfier, il suffit de lui faire décrire une ligne isotherme, c'est-à-dire de le comprimer sans changement de température.

11° Dans toute la région située au-dessus de l'isotherme critique TCL, le fluide est *un gaz proprement dit*. Alors il est impossible de le liquéfier sans abaisser sa température.

220. Existence de la température critique. — Expérience de Natterer. — *On appelle* **température critique d'un fluide** *la température à laquelle ce fluide passe de l'état liquide à l'état gazeux par une transition insensible;* et notamment, sans changer de volume, ni par suite de densité.

L'existence de la température critique se démontre expérimentalement, d'une manière très simple, au moyen des tubes de Natterer (fig. 165). Ce sont des tubes en verre très épais, que l'on a scellés à la lampe, après y avoir introduit de l'anhydride carbonique liquide, dont la vapeur a expulsé complètement l'air qui restait.

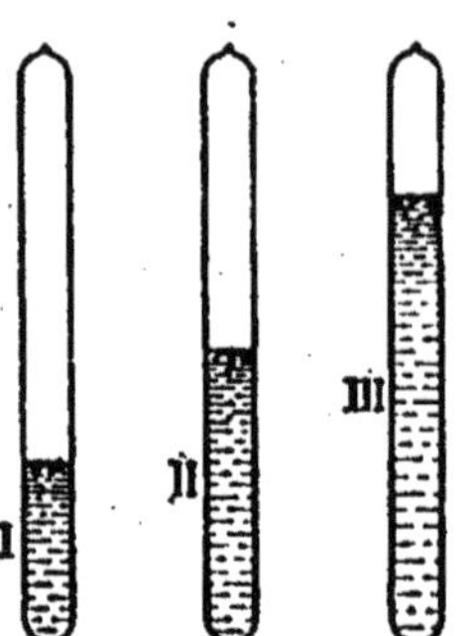

Fig. 165. — Tubes de Natterer.

1° Soit le tube n° I, dans lequel l'anhydride carbonique liquide n'occupe que le tiers du volume environ.

Chauffons progressivement ce tube, en le plongeant dans un bain d'eau, dont nous élèverons graduellement la température.

On constate que le liquide se vaporise peu à peu, et disparaît complètement à une température inférieure à 31°.

2° Chauffons de même le tube n° III, qui est rempli aux trois quarts par l'anhydride carbonique liquide.

On constate au contraire que la vapeur se condense. Le liquide se dilate et finit par envahir entièrement le tube, à une température inférieure à 31°. Mais si l'on chauffe à une température supérieure à 31°, le fluide change d'état sans transition, et présente ensuite l'aspect d'un gaz.

3° Enfin si l'on chauffe progressivement le tube n° II, on constate d'abord que le ménisque se déplace peu ou point; mais à la température de 31°, cette surface de séparation devient indécise, le liquide et la vapeur prennent le même aspect, enfin le ménisque disparaît. On aperçoit des stries qui ondoient dans toute la masse, et bientôt le tube entier ne paraît plus contenir qu'un seul fluide homogène.

Les mêmes expériences réussissent avec d'autres fluides, mais à des températures très variables. Ainsi, l'acétylène devrait être chauffé jusqu'à 37°, l'ammoniac jusqu'à 130°. Le méthane, au contraire, devrait être refroidi jusqu'à — 80° et l'oxygène jusqu'à — 118°.

Il existe donc pour chaque liquide une température critique, c'est-à-dire une température de vaporisation totale sans changement de volume.

Pour se rendre compte des faits observés dans les trois expériences de Natterer, il suffit de se reporter au réseau des isothermes.

Soient ACB la courbe de saturation et TCL l'isotherme critique (fig. 166).

Dans le tube n° I, on a une petite quantité de liquide en présence d'un plus grand volume de vapeur. La masse fluide est représentée par le point *a*. Quand on chauffe cette masse sous un volume constant, le point figuratif décrit une droite *aa'* parallèle à l'axe des pressions.

On voit que le liquide diminue peu à peu; et qu'au point *a'*, à une température *t* inférieure à la température critique, il subit une vaporisation totale.

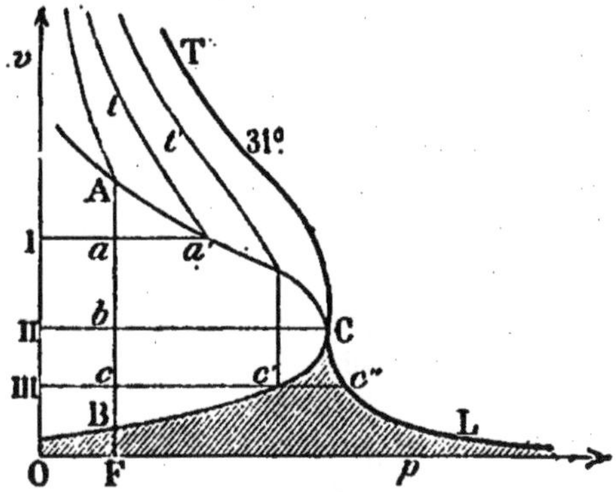

Fig. 166. — Expériences de Natterer expliquées par les courbes d'Andrews.

Dans le tube n° II, on a des volumes égaux de liquide et de vapeur. La masse fluide est représentée par le point *b*. Quand la température s'élève jusqu'à 31°, ce point figuratif décrit l'horizontale *b*C, et lorsqu'il parvient au point critique C il y a vaporisation totale.

Dans le tube n° III, on a un petit volume de vapeur en présence d'un plus grand volume de liquide. La masse est représentée par le point *c*. Quand la température s'élève, ce point décrit l'horizontale *cc'c''*. On voit que la partie gazeuse diminue peu à peu et disparaît au point *c'*, à une température inférieure à 31°. La masse est alors entièrement liquide sur le segment rectiligne *c'c''*; mais, au point *c''*, elle passe sans transition de l'état liquide à l'état gazeux.

221. Gaz et vapeur. — Quand on comprime une masse gazeuse sans faire varier sa température, il peut se présenter deux cas.

Si le fluide est au-dessous de sa température critique, on peut toujours le liquéfier par une pression suffisante.

Si le fluide est au-dessus de sa température critique, il conserve l'état gazeux, si grande que soit la pression qu'on lui fasse subir.

La notion de la température critique permet donc d'établir une distinction très nette entre les gaz et les vapeurs :

On convient de dire que tout corps gazeux est une **vapeur** s'il est au-dessous de sa température critique. Au-dessus de sa température critique, c'est un **gaz proprement dit.**

Ainsi, une vapeur peut toujours être liquéfiée par compression, sans changement de température; mais il est impossible de liquéfier un gaz sans le refroidir.

2. VAPORISATION DANS UNE ATMOSPHÈRE GAZEUSE

222. Vaporisation dans un gaz. Lois du mélange des gaz et des vapeurs. — Les lois suivantes, énoncées par Dalton, ont été vérifiées par Gay-Lussac et par Regnault.

1° *Dans un espace déjà occupé par un gaz, un liquide se vaporise comme dans le vide, mais non plus d'une manière instantanée : la vaporisation est d'autant plus lente que le gaz est plus comprimé.*

2° *La pression d'un mélange de gaz et de vapeurs est égale à la somme de leurs pressions individuelles.*

3° *La pression saturante d'une vapeur dans une atmosphère gazeuse est la même que dans le vide à la même température.*

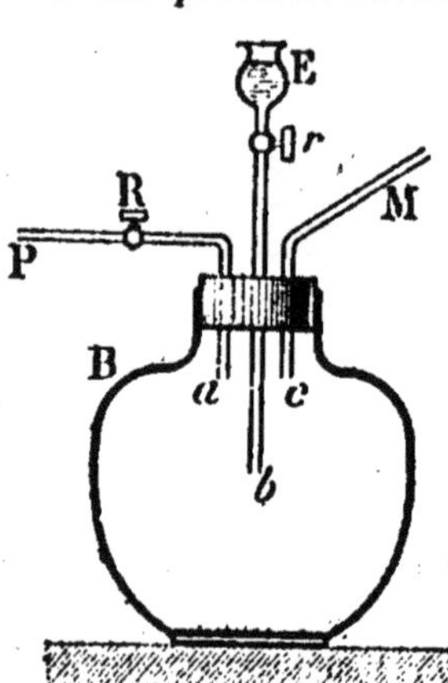

Fig. 167. — Vaporisation d'un liquide, dans un espace occupé par un gaz.

Il s'ensuit que, quand l'atmosphère gazeuse est saturée de vapeur, sa pression finale est égale à la pression individuelle du gaz, augmentée de la pression saturante de la vapeur dans le vide, à la température de l'expérience.

On peut vérifier ces lois au moyen d'un ballon de verre B (fig. 167) solidement fermé par une garniture traversée par des tubes *a*, *b*, *c*, dont les deux premiers portent des robinets R, *r*. Le tube *a* communique avec une machine pneumatique ou une pompe à gaz P; le tube *b* est surmonté d'un entonnoir E contenant un liquide volatil; le tube *c* aboutit à un manomètre M, qui indiquera la pression du mélange gazeux contenu dans le ballon.

On fait le vide dans le ballon, puis on y introduit un gaz sec à une pression déterminée h. Le robinet R étant fermé, on ouvre le robinet r, de manière à introduire quelques gouttes du liquide E, dont on connaît la pression saturante F dans le vide à la température de l'expérience.

On constate que la pression manométrique augmente lentement, c'est-à-dire que la vaporisation du liquide n'est pas instantanée.

En augmentant peu à peu la quantité de liquide, et en observant les variations progressives de la pression intérieure, on constate que la vaporisation est limitée. Il arrive un moment où le liquide en excès s'accumule sans évaporation nouvelle, et où le manomètre indique une pression invariable.

On constate que cette pression finale de l'atmosphère gazeuse saturée de vapeur est précisément égale à la somme $h + F$.

3. ÉVAPORATION

223. Évaporation. — *On appelle* **évaporation** *d'un liquide la vaporisation qui se produit à sa surface libre.*

Un liquide s'évapore à toute température, pourvu que la tension actuelle de sa vapeur dans l'atmosphère gazeuse environnante soit inférieure à sa pression maximum à la même température.

Dans une atmosphère limitée, l'évaporation s'arrête quand la vapeur devient saturante.

Dans une atmosphère illimitée, la saturation ne saurait être atteinte, sauf pour la vapeur d'eau; et l'évaporation se continue jusqu'à siccité. C'est ce qui arrive pour l'éther ou l'alcool exposés à l'air libre, car la vapeur de ces liquides n'existe pas dans l'air atmosphérique. Il en est de même pour l'eau en petite quantité, parce que l'atmosphère n'est généralement pas saturée de vapeur d'eau.

Lois de l'évaporation.— Ces lois concernent la vitesse de l'évaporation, caractérisée par le poids de liquide P, qui s'évapore pendant l'unité de temps. Elles se résument dans la formule suivante, établie expérimentalement par Dalton :

$$P = A \cdot \frac{S(F - f)}{H}.$$

S désigne l'étendue de la surface libre, H la pression atmosphérique, f la tension actuelle de la vapeur du liquide dans l'atmosphère, F sa pression saturante à la même température, et A un coefficient numérique qui dépend de la nature du liquide et des conditions de l'expérience, notamment de l'agitation de l'air.

1° *La vitesse d'évaporation est proportionnelle à l'étendue de la surface libre.* Cette propriété est utilisée pour l'extraction du sel, dans les marais salants et les bâtiments de graduation.

2° *Elle est sensiblement proportionnelle à l'excès* $F - f$.

Elle augmente avec F : c'est pourquoi l'évaporation est d'autant plus rapide que le liquide est plus volatil, et la température plus élevée.

Elle varie en sens contraire de f. Ainsi l'évaporation est rapide dans une atmosphère sèche; mais elle se ralentit de plus en plus à mesure que l'atmosphère environnante se rapproche de la saturation.

3° *Elle est inversement proportionnelle à la pression atmosphérique* H. L'évaporation est instantanée dans le vide, mais sa rapidité diminue à mesure qu'augmente la pression supportée par la surface libre.

4° *L'agitation de l'air favorise l'évaporation,* en renouvelant sans cesse les couches d'air qui se saturent au contact de la surface libre.

Ces diverses lois interviennent dans un grand nombre d'applications usuelles. Dans les séchoirs, par exemple, les linges mouillés sèchent rapidement lorsqu'ils sont étendus, que la température est élevée, que l'air est sec et que la ventilation est active.

Fig. 168. — Ébullition de l'eau.

4. ÉBULLITION

224. Ébullition. — *L'ébullition est la vaporisation rapide d'un liquide, sous forme de bulles de vapeur qui naissent à l'intérieur du liquide, et viennent crever à sa surface.*

Quand on chauffe progressivement un liquide en présence d'une atmosphère gazeuse (fig. 168), l'évaporation qui se produit à sa surface devient de plus en plus rapide. Puis, de petites bulles de vapeur se forment au fond du vase. D'abord, ces bulles se condensent en s'élevant au sein du liquide; mais il arrive un moment où elles grossissent au contraire en montant, et où elles viennent crever à la surface et se dégager dans l'atmosphère. On dit alors que le liquide entre en **ébullition**.

225. Lois de l'ébullition. — 1° *Un même liquide, sous une pression déterminée, commence toujours à bouillir à une même température.*

C'est ce que l'on vérifie très simplement à l'aide d'un thermomètre. On constate par exemple qu'à la pression atmosphérique normale, chaque liquide bout à une température fixe, que l'on nomme le *point d'ébullition normal* de ce liquide.

2° *Sous une pression constante, la température du liquide reste invariable pendant toute la durée de l'ébullition.*

Dès que le liquide entre en ébullition, sa température ne s'élève plus, et la chaleur qu'il absorbe est employée tout entière à produire le travail moléculaire qui correspond au changement d'état.

Plus loin nous apprendrons à mesurer les **chaleurs de vaporisation.**

3° *Le point d'ébullition d'un liquide, sous une pression donnée, est la température pour laquelle la pression saturante de sa vapeur est égale à cette pression extérieure.*

On sait, par exemple, que la pression saturante de la vapeur d'eau croît rapidement avec la température, et qu'à la température de 100° elle devient égale à 76^{cm}. C'est pourquoi l'eau bout à 100° sous la pression atmosphérique normale de 76^{cm}.

On le vérifie directement à l'aide d'un tube recourbé *Aa* (fig. 169) dont la grande branche est ouverte et dont la petite branche, fermée, contient de l'eau emprisonnée par une petite colonne de mercure.

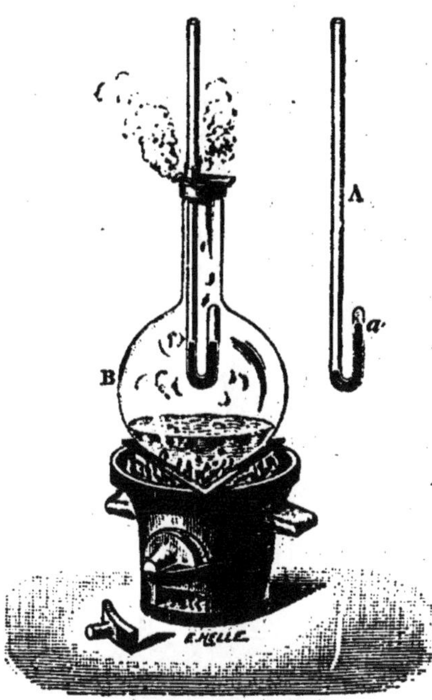

Fig. 169. — Quand l'eau bout sous une pression H, la pression saturante de sa vapeur est égale à H.

On plonge ce tube dans de la vapeur d'eau bouillante. Dès qu'il en a pris la température, l'eau de la petite branche se réduit elle-même en vapeur, et l'on constate que les niveaux du mercure s'égalisent. Ainsi, la pression de cette vapeur est égale à la pression atmosphérique, c'est-à-dire à la pression qui règne à la surface de l'eau en ébullition. Donc, *quand on chauffe un liquide à l'air libre, il entre en ébullition quand la pression saturante de sa vapeur devient égale à la pression atmosphérique.*

D'ailleurs, cette loi est une conséquence immédiate des propriétés des vapeurs.

1° Considérons une bulle de vapeur qui s'élève au sein du liquide en ébullition (fig. 168). A peu de distance de la surface libre la pression de cette vapeur est égale à la pression atmosphérique. Or cette vapeur, en contact avec son liquide, est évidemment saturée, c'est-à-dire que sa pression est égale à la pression saturante à la température du liquide. Donc cette pression saturante est égale à la pression atmosphérique.

2° Quand l'ébullition se prolonge, la vapeur chasse l'air et remplit entièrement le ballon au-dessus de la surface libre. Or cette vapeur, en contact avec son liquide, dans un espace vide d'air, est saturée; et d'autre part, elle est à la pression atmosphérique. Donc la pression saturante à la température d'ébullition, est égale à la pression atmosphérique.

226. Influence de la pression sur le point d'ébullition. — La pression d'une vapeur saturée étant une fonction croissante de sa température (217,4°), il s'ensuit, d'après la troisième loi de l'ébullition, que *la température d'ébullition varie toujours dans le même sens que la pression exercée sur le liquide.*

Pour faire monter ou descendre à volonté cette température, il suffit donc d'augmenter ou de diminuer suffisamment la pression.

1° *Ébullition à l'air libre.* Le point d'ébullition de l'eau varie avec la pression atmosphérique et par suite avec l'altitude. Dans le voisinage de la pression normale, une variation de pression de $2^{mm},7$ entraîne, pour le point d'ébullition de l'eau, un déplacement de $0°,1$.

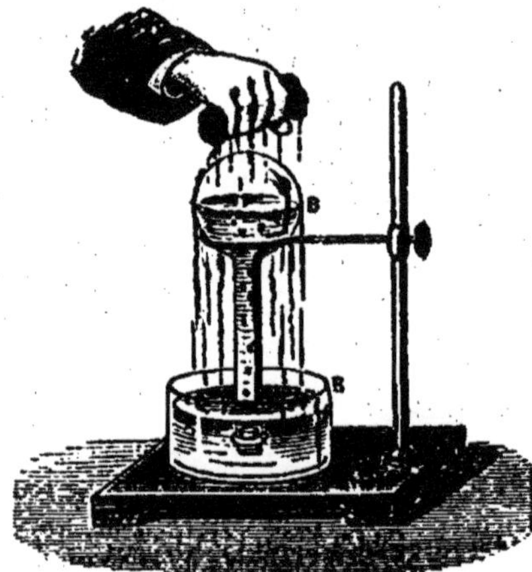

Fig. 170. — Expérience de Franklin.

A Paris, où la pression atmosphérique oscille entre 72 et 79^{cm}, le point d'ébullition de l'eau varie entre $98°,5$ et $101°,1$; à Quito, dont l'altitude est de 2900^{m}, l'eau bout à $90°,1$; au sommet du Mont-Blanc, elle bout à 85°.

2° *Ébullition dans l'air raréfié.* Un vase contenant de l'eau, tiède ou froide, étant introduit sous le récipient d'une machine pneumatique, il suffit de réduire suffisamment la pression intérieure pour que cette eau entre en ébullition.

3° *Expérience de Franklin.* Ayant fait bouillir de l'eau dans un ballon, on ferme ce ballon rempli de vapeur, on le retourne, et on en plonge au besoin le goulot dans l'eau, pour empêcher la rentrée de l'air (fig. 170).

L'ébullition est arrêtée par la pression de la vapeur qui surmonte le liquide; mais pour la provoquer de nouveau, à une température inférieure à 100°, il suffit de refroidir la paroi libre, avec une éponge imbibée d'eau froide. La vapeur se condense, la pression intérieure diminue et l'ébullition peut se renouveler.

4° *Ébullition en vase clos.* Dans un vase clos dont la température est uniforme, l'ébullition est impossible. Soient h la pression de l'air intérieur, et F la pression saturante à la température T, commune au liquide et aux parois du récipient.

Cette pression saturante F croît avec la température T; mais, comme elle s'ajoute constamment à la pression h, pour exercer sur le liquide une pression totale $h + F$, la condition nécessaire de l'ébullition ne sera jamais remplie.

Pour rendre l'ébullition possible, il faut réduire cette pression totale à une valeur inférieure à F. Par exemple, on peut absorber chimiquement la vapeur qui surmonte le liquide, ou la faire condenser par refroidissement, comme dans l'expérience de Franklin, ou enfin, lui ménager une issue au dehors.

5° *Marmite de Papin.* Le chauffage de l'eau en vase clos et son ébullition aux températures élevées se réalisent avec la *marmite de Papin* (fig. 171). C'est une chaudière à parois très épaisses, dont le couvercle est maintenu par une vis de pression. Elle présente une soupape, sur laquelle appuie un levier dont la pression peut être réglée à l'aide d'un poids curseur. Quand cette soupape est fermée, la vapeur s'accumule au-dessus du liquide et l'empêche d'entrer en ébullition. La chaleur n'étant plus absorbée par la vaporisation, la température s'élève rapidement au-dessus de 100° et la pression intérieure augmente de plus en plus.

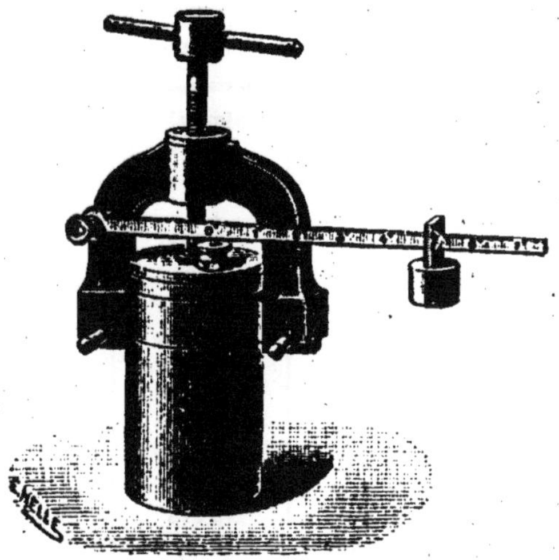

Fig. 171. — Marmite de Papin.

Les tableaux suivants (pages 208 et 209) indiquent la correspondance qui existe entre la pression de la vapeur et sa température.

Le deuxième fait connaître la température qui correspond à une pression donnée en atmosphères.

Le premier indique la pression saturante à diverses températures; cette pression est évaluée successivement en centimètres de mercure, en atmosphères, puis en kilogrammes ou en mégadynes par centimètre carré.

Formule de Duperray. — Entre 100 et 200°, les pressions saturantes sont exprimées approximativement par la formule :

$$P = T^4,$$

dans laquelle T désigne la température exprimée en centaines de degrés, et P la pression évaluée en kilogrammes par centimètres carrés.

Cette formule, imaginée par Duperray, donne des résultats suffisamment exacts pour les applications industrielles. Ces résultats, inscrits dans la dernière colonne du tableau, pourront être comparés avec les valeurs exactes, placées en regard dans la quatrième colonne.

PRESSIONS SATURANTES DE LA VAPEUR D'EAU

TEMPÉRATURE t°	PRESSION PAR CENTIMÈTRE CARRÉ				
	en centimètres de mercure : H	en atmosphères H : 76	en kilogr^{es} HD	en mégadynes HDg	en kilog T^4
100°	76^{cm}	1	1,0336	1,01	1
110	107	1,415	1,462	1,43	1,46
120	149	1,963	2,033	2	2,07
130	203	2,671	2,76	2,70	2,85
140	272	3,576	3,696	3,63	3,84
150	358	4,712	4,87	4,75	5,06
160	465	6,121	6,326	6,21	6,55
170	596	7,814	8,107	7,95	8,35
180	754	9,929	10,26	10,06	10,49
190	944	12,425	12,84	12,6	13,03
200	11.689	15,380	15,89	15,6	16
210	14.324	18,848	19,48	19,1	
220	17.390	22,882	23,64	23,2	
230	20.926	27,535	28,46	27,9	

TEMPÉRATURE DE LA VAPEUR D'EAU
POUR UNE PRESSION SATURANTE DONNÉE

F	t	F	t	F	t
1atm	100°	6	160°	15	200°
2	121°	7	166°	20	214°
3	135°	8	172°	25	220°
4	145°	9	177°	30	230°
5	153°	10	181°	200	365°

227. Influence des substances dissoutes sur la température d'ébullition. — La température d'ébullition d'une dissolution saline est toujours plus élevée que celle du dissolvant pur.

La variation du point d'ébullition est proportionnelle à la quantité de matière dissoute. C'est là le principe de la *méthode ébullioscopique,* utilisée en chimie pour la détermination des poids moléculaires.

En dissolvant dans l'eau une quantité croissante de sel marin, on peut élever graduellement la température de 100° à 108°.

228. Retard à l'ébullition. — Pour qu'un liquide commence à bouillir, il faut que sa tension de vapeur, croissant avec la température, devienne égale à la pression supportée par le liquide. Mais cette condition nécessaire n'est pas suffisante; il faut encore que le liquide soit pur, non visqueux, de faible épaisseur, et surtout qu'il existe des bulles d'air adhérentes aux parois du vase.

Nous avons vu que les matières salines en dissolution élèvent le point d'ébullition. Dans ce cas, la température du liquide bouillant et celle de sa vapeur saturée croissent simultanément et restent égales entre elles.

Il n'en est plus de même quand l'une des autres conditions énoncées vient à faire défaut. Alors, l'ébullition ne se produit plus d'une manière normale. Il y a simplement *retard à l'ébullition ;* la température du liquide bouillant s'élève au-dessus du point d'ébullition assigné par la pression extérieure; mais la température de la vapeur saturante ne change pas, et sa pression reste égale à la pression atmosphérique.

1° **Influence de la viscosité.** — La viscosité, ou cohésion d'un liquide, fait obstacle à la formation des bulles de vapeur. C'est pourquoi l'acide sulfurique, par exemple, bout difficilement, et par soubresauts.

2° **Influence de la profondeur du liquide.** — Pour qu'une bulle de vapeur puisse se former au fond du vase, il faut que sa tension soit égale à la pression extérieure, augmentée de la pression exercée par le liquide. Pour faire bouillir une couche d'eau de 37cm, il faut chauffer à 101° sa surface inférieure.

3° **Influence de la nature du vase.** — L'eau bout moins facilement dans un ballon de verre que dans un vase métallique. Cela tient à l'influence des bulles d'air qui adhèrent moins au verre qu'au métal.

4° **Influence des bulles gazeuses, à l'intérieur du liquide, ou sur les parois du vase.** — L'ébullition normale exige qu'il y ait à l'intérieur du liquide, ou sur les parois du vase, des bulles d'un gaz étranger. L'absence d'air ou de bulles gazeuses retarde l'ébullition, ou la rend impossible.

Expérience de Gernez. — Quand l'eau a bouilli pendant très longtemps dans un vase de verre, la température de cette eau bouillante s'élève notablement. Il en est de même dès le commencement de l'ébullition quand le vase a été parfaitement nettoyé, au point qu'il ne reste aucune bulle d'air adhérente aux parois.

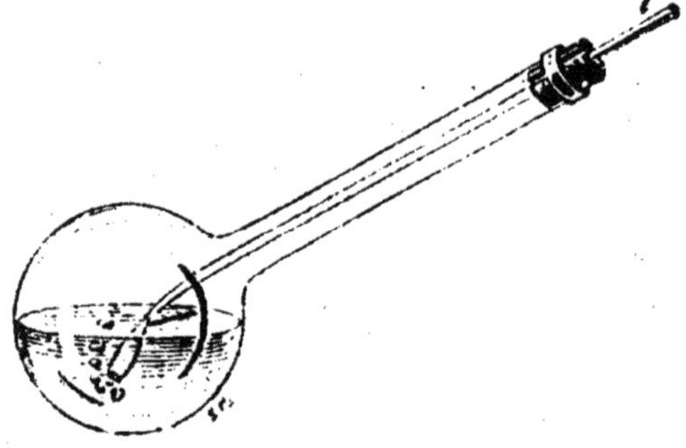

Fig. 172. — Expérience de Gernez.

Dans les deux cas, l'eau peut être maintenue à une température de 102 ou 103°, sous la pression de 76cm, sans entrer en ébullition.

Mais, pour provoquer l'ébullition, et pour la ramener aux conditions normales, il suffit d'introduire de l'air au sein du liquide, par exemple au moyen d'une petite cloche de verre tenue à l'extrémité d'une tige (fig. 172), ou plus simplement à l'aide d'un corps poreux ou d'une tige métallique un peu rugueuse.

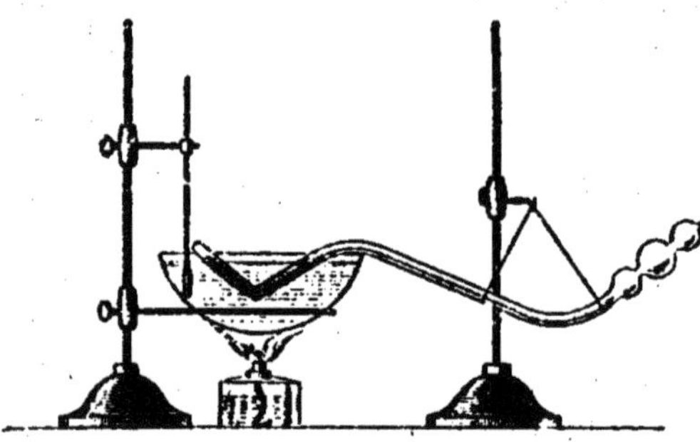

Fig. 173. — Expérience de Donny.

Expérience de Donny (fig. 173). — Un tube de verre deux fois recourbé est terminé, à l'une de ses extrémités, par des boules séparées par des étranglements. A l'autre extrémité, il contient de l'eau privée d'air, et le reste du tube est plein d'air raréfié.

Cette eau, qui ne supporte qu'une faible pression, devrait bouillir au-dessous de 100°; mais l'absence de bulles gazeuses à l'intérieur, retarde énormément son ébullition. En la plongeant dans une dissolution de chlorure de calcium (fig. 173), on peut, sans la faire bouillir, élever sa température jusqu'à 130°.

Mais, vers 138°, l'ébullition se produit avec violence, et l'eau est projetée jusque dans les boules destinées à amortir le choc.

229. Mesure du point d'ébullition des liquides. — On détermine le point d'ébullition d'un liquide, à la pression normale, au moyen d'un thermomètre; mais le retard à l'ébullition est une cause d'erreur contre laquelle il importe de se prémunir.

Si l'ébullition ne se produit qu'à une température supérieure à celle de l'air ambiant, on plonge le thermomètre non pas dans le liquide bouillant, mais dans sa vapeur saturée. On peut utiliser pour cela une étuve à double enveloppe, comme celle qui nous a servi à déterminer le point 100 du thermomètre à mercure.

Dans le cas contraire, la vapeur étant toujours surchauffée, on plonge le thermomètre dans le liquide lui-même; mais on a soin d'introduire dans celui-ci un corps poreux, tel que du charbon des cornues ou de la pierre ponce, afin de réaliser toutes les conditions de l'ébullition normale.

230. Vaporisation totale. — Un liquide surchauffé en vase clos, jusqu'à sa température critique, éprouve le phénomène de la vaporisation totale, dans l'une ou l'autre des trois circonstances que nous avons observées, en surchauffant de l'anhydride carbonique dans les tubes de Natterer.

POINTS D'ÉBULLITION NORMALE ET TEMPÉRATURES CRITIQUES

Substance.	Point de fusion.	Point d'ébullition.	Température critique.
Acide acétique	16°	118°	321°
Eau	0°	100	365
Alcool	— 90	78	243
Éther	— 32	35	194
Acide sulfureux	— 79	— 10	156
Chlorure de méthyle		— 23	141
Acétylène		— 85	37
Gaz carbonique		— 80	31
Méthane	— 185	— 164	— 82
Oxygène		— 181	— 118
Azote	— 213	— 193	— 145
Hydrogène		— 243	— 234

5. MESURE DES PRESSIONS SATURANTES

231. Mesure des pressions saturantes. — Les tensions maxima de la vapeur d'eau pour les diverses températures, ont été déterminées successivement par Dalton, Gay-Lussac et Regnault.

La méthode employée par Regnault entre 60° et 230° est fondée

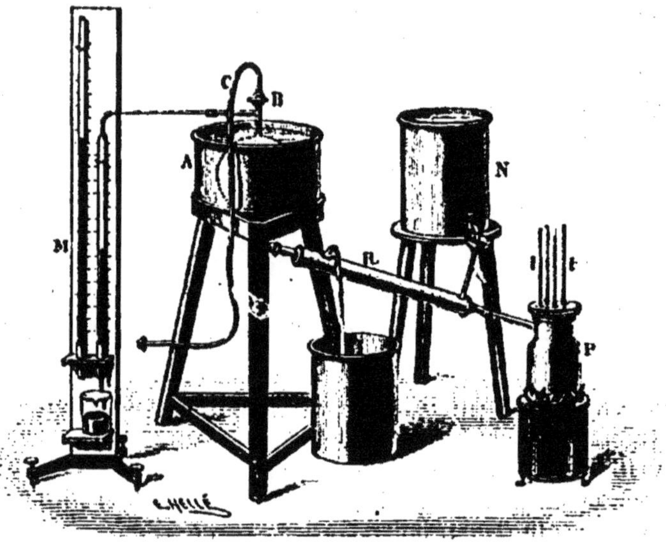

Fig. 174. — Appareil de Regnault pour la mesure des pressions saturantes.

sur la troisième loi de l'ébullition : *La tension de vapeur d'un liquide en ébullition est égale à la pression qui s'exerce sur la surface libre.*

Tout revient à faire bouillir de l'eau sous une pression variable H, et à déterminer pour chaque valeur de H la température d'ébullition *t*.

A cette température *t*, la pression saturante est H.

On fait bouillir l'eau dans une chaudière P, dont le couvercle est traversé par des thermomètres *t* (fig. 174). Cette chaudière communique avec un ballon plein d'air B.

Le tube de communication est entouré d'un manchon R, dans lequel circule de l'eau froide pour condenser la vapeur. Le ballon B communique avec une pompe pneumatique par le tube C, et avec un manomètre M qui indique la pression intérieure.

Résultats. — Les résultats donnés par l'expérience peuvent être consignés dans une table numérique ; mais on peut aussi les figurer graphiquement par une courbe, ou les représenter analytiquement par une formule.

1° Nous avons déjà fait connaître (pages 208 et 209) les pressions saturantes aux températures supérieures à 100°. Voici encore quelques nombres extraits des tables de Regnault.

PRESSIONS SATURANTES DE LA VAPEUR D'EAU

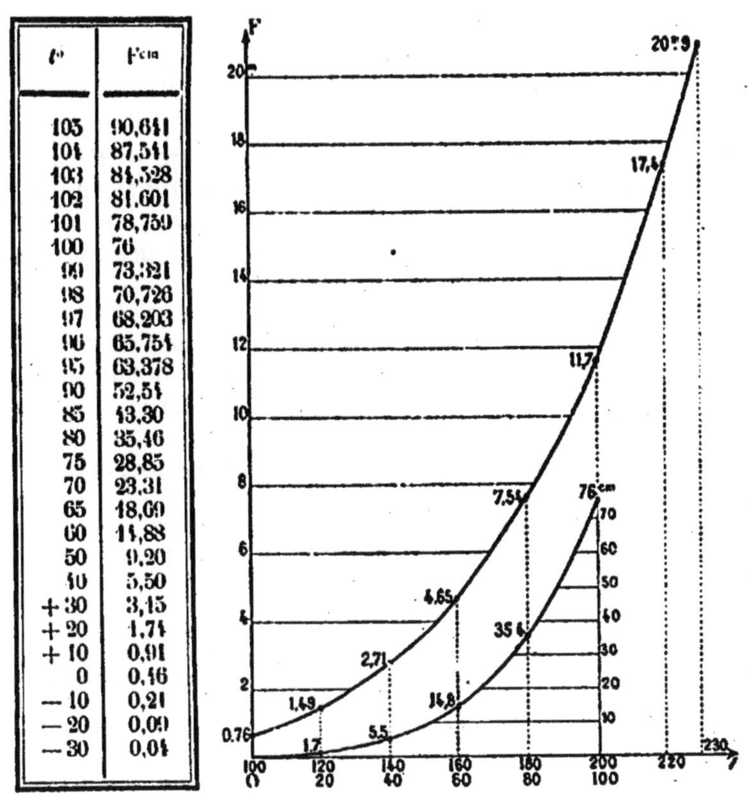

$t°$	F^{cm}
105	90,641
104	87,541
103	84,528
102	81.601
101	78,759
100	76
99	73,321
98	70,726
97	68.203
96	65.754
95	63.378
90	52,54
85	43.30
80	35,46
75	28,85
70	23.31
65	18,69
60	14,88
50	9,20
40	5,50
+ 30	3,15
+ 20	1,74
+ 10	0,91
0	0,46
— 10	0,21
— 20	0,09
— 30	0,04

Fig. 175. — Pressions saturantes de la vapeur d'eau.

2° En portant les températures en abscisses, et les tensions maximum en ordonnées, on obtient la courbe des variations de la pression saturante F, considérée comme une fonction de la température *t*. La figure 175 représente cette fonction, dans l'intervalle compris entre 0° et 230°. Mais la courbe a été partagée en deux parties. L'arc inférieur correspond à l'intervalle de 0° à 100° ; l'arc supérieur correspond aux températures supérieures à 100°. Pour ce deuxième arc, les ordonnées sont représentées à une échelle dix fois plus petite ; c'est-à-dire que la longueur qui représente 10^{cm} de mercure dans la première partie de la courbe, représente 1^{m} de mercure dans la seconde partie.

3° Enfin on peut représenter les mêmes résultats par une formule. Regnault a donné une formule très exacte, mais un peu compliquée. Dans la pratique, on peut faire usage de la formule approchée indiquée par Duperray (226).

6. CHALEURS DE VAPORISATION

232. Chaleur de vaporisation. — Définition. — *On appelle* **chaleur de vaporisation** *d'un liquide à t°, la quantité de chaleur qu'il faut fournir à 1^{kg} de ce liquide, pris à la température t°, pour le transformer en vapeur saturante sans changement de température.*

Méthode de mesure. — Dans un calorimètre dont on connaît la capacité calorifique M et la température initiale t', on fait condenser un poids P de la vapeur saturée à t°, et l'on note la température finale θ.

Soient x la chaleur de vaporisation de la substance, et c sa chaleur spécifique à l'état liquide.

La chaleur cédée par la vapeur pour se condenser à $t°$ est Px.

La chaleur cédée par le liquide pour se refroidir de $t°$ à $\theta°$ est :

$$Pc(t - \theta).$$

Enfin la chaleur gagnée par le calorimètre est : $M(\theta - t')$.

En écrivant que la somme des chaleurs perdues est égale à la chaleur gagnée, on obtient l'équation :

$$Px + Pc(t - \theta) = M(\theta - t');$$

d'où l'on tire : $$x = \frac{M(\theta - t') - Pc(t - \theta)}{P}.$$

Appareil de Berthelot (fig. 176). — L'appareil employé par M. Berthelot pour la détermination des chaleurs de vaporisation se compose d'une fiole de verre contenant le liquide D, et traversée par un tube vertical *ab*, qui descend en dessous pour s'ajuster avec un serpentin CS. Ce serpentin, plongé dans le calorimètre de Berthelot, est terminé inférieurement par un réservoir R, qui communique avec l'atmosphère.

La fiole est chauffée par une rampe à gaz circulaire G, recouverte d'une toile métallique EE'.

Des lames de carton et de bois métallisé NN', protègent le calorimètre contre le rayonnement de la flamme.

Pour faire une expérience, on introduit le liquide dans la fiole et on en fait la tare, puis on place la fiole sur le calorimètre. Dans une première phase, destinée à chauffer le liquide, on allume la rampe et on note de 20ˢ en 20ˢ la température du calorimètre. Dans une seconde phase, pendant laquelle la vapeur saturée tombe dans le serpentin, on continue à suivre les indications du thermomètre pendant 3 à 4 minutes. Après cela on éteint le feu, on retire la fiole, on la bouche, et on la repo[illegible] sur la balance pour déterminer sa diminution de poids, qui donne le poids P du liquide vaporisé. Enfin, pendant une troisième phase, tandis que le calorimètre se refroidit, on continue à noter ses variations de température jusqu'à ce qu'elles deviennent régulières.

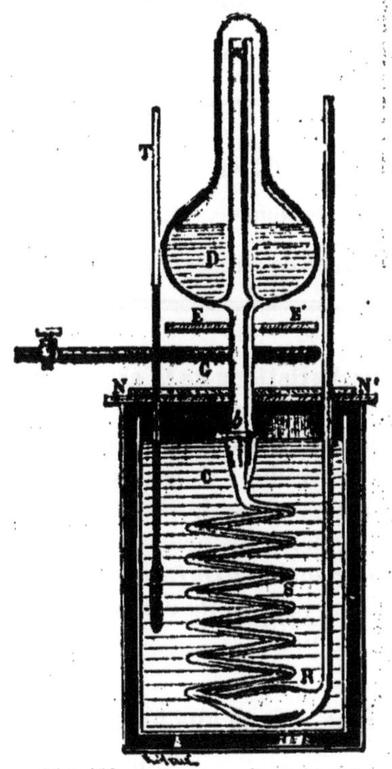

Fig. 176. — App[illegible] de Berthelot pour la mesure [illegible] chaleurs de vap[illegible]isation.

On possède alors toutes les données nécessaires pour effectuer, avec les corrections convenables, le calcul de la ch[illegible]eur de vaporisation du liquide soumis à l'expérience.

Résultats. — 1° Chaleur de vaporisation normale. — Le tableau suivant indique, pour quelques liquides, la chaleur de vaporisation à la température d'ébullition normale sous une pression de 76^{cm}. De tous les liquides, c'est l'eau qui exige le plus de chaleur pour se vaporiser.

CHALEURS DE VAPORISATION NORMALE

SUBSTANCE	TEMPÉRATURE D'ÉBULLITION	CHALEUR DE VAPORISATION
Eau.	100°	537
Alcool méthylique.	66°	264
Alcool.	78°	208
Acide acétique.	118°	102
Éther.	35	91
Essence de térébenthine.	156	74

2° **Variations de la chaleur de vaporisation.** — Pour déterminer la chaleur de vaporisation d'un liquide à diverses températures, il faut modifier la pression de manière à faire bouillir le liquide à la température voulue. Pour cela il suffit de faire communiquer l'intérieur de l'appareil de Berthelot avec le récipient d'une pompe à gaz.

L'expérience prouve que, *pour tous les liquides, la chaleur de vaporisation diminue quand la température s'élève.*

Pour l'eau, elle est exactement représentée, entre 60° et 220°, par la formule :

$$q = 606,5 - 0,695t, \qquad (1)$$

qui lui assigne aux températures 0°, 50°, 100° les valeurs :

606,5 ; 571,75 ; 537.

Pour la plupart des autres liquides, elle ne peut être représentée que par une fonction du second degré en t.

3° **Chaleur totale de vaporisation.** — *On appelle* **chaleur totale** *de vaporisation d'un liquide à t°, la quantité de chaleur nécessaire pour chauffer un gramme de ce liquide de 0° à t°, et pour le transformer en vapeur saturante à t°.*

Pour l'eau, par exemple, il faut sensiblement t calories pour chauffer un gramme d'eau de 0° à t°. La chaleur de vaporisation de l'eau à t° est donc, en tenant compte de la formule (1) :

$$\begin{aligned} Q &= t + q \\ &= 606,5 - 0,695t + t \\ &= 606,5 + 0,305t. \qquad (2) \end{aligned}$$

Elle croît proportionnellement à la température.

Les variations de la fonction (1) et celle de la fonction (2) sont représentées par la figure 177, dans laquelle toutes les ordonnées ont été diminuées de 500. La chaleur de vaporisation est représentée

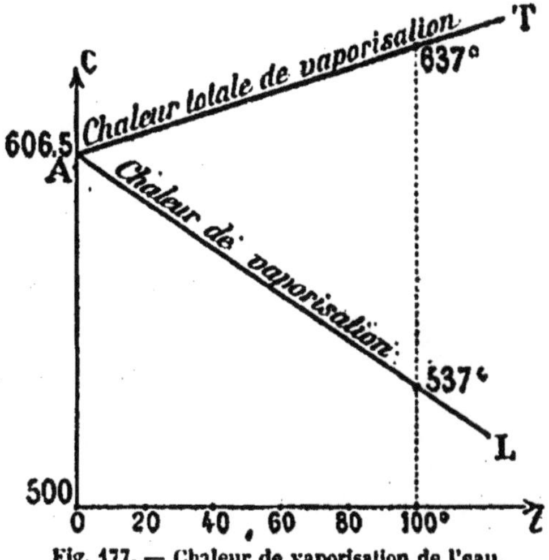

Fig. 177. — Chaleur de vaporisation de l'eau.

par une droite descendante AL; et la chaleur totale, par une droite ascendante AT.

233. Production du froid par la vaporisation. — Quand un liquide se vaporise en l'absence d'une source de chaleur, la chaleur de vaporisation est empruntée aux corps environnants et au liquide lui-même. Il peut en résulter un abaissement de température considérable.

1° *Vaporisation de l'eau.* Dès 1810, *Leslie* congelait de l'eau en la faisant bouillir dans le vide. Sous la cloche d'une machine pneumatique (fig. 178), une capsule contenant de l'eau est placée sur un cristallisoir renfermant de l'acide sulfurique pour absorber les vapeurs. Quand on fait le vide, l'eau se vaporise rapidement, et sa température s'abaisse au-dessous de 0°, de sorte que l'eau non évaporée se congèle.

Fig. 178. — Expérience de Leslie : congélation de l'eau dans le vide.

La même expérience se répète aisément avec la machine pneumatique de *Carré* (fig. 179). La pompe P, actionnée par un levier L, fait le vide dans la carafe C, et dans un récipient R, contenant de l'acide sulfurique. Cet acide, constamment agité par une tige *t*, absorbe la vapeur d'eau qui se produit. L'eau entre en ébullition, mais sa température s'abaisse rapidement et elle ne tarde pas à se congeler, d'abord à la surface, puis dans toute sa masse.

Fig. 170. — Machine pneumatique de Carré.

2° *Vaporisation de l'éther*. En activant l'évaporation de l'éther à l'air libre, au moyen d'un soufflet, on abaisse aisément sa température au-dessous de 0°. En faisant bouillir le liquide sous le récipient d'une machine pneumatique, on obtient la congélation du mercure à (— 39°).

3° Dans les laboratoires, on emploie comme réfrigérants des liquides très volatils ou des *gaz liquéfiés*, que l'on fait bouillir dans le vide. Sous une pression réduite à quelques millimètres de mercure, le chlorure de méthyle bout à (— 70°); l'éthylène à (— 140°); l'oxygène liquide à (— 200°). Un mélange de neige carbonique et de chlorure de méthyle se refroidit à (— 85°) sous la pression atmosphérique, et à (— 125°) dans le vide.

§ II. LIQUÉFACTION DES VAPEURS ET DES GAZ

234. Liquéfaction. — *La* **liquéfaction** *est le passage d'un corps de l'état gazeux à l'état liquide.*

La méthode à employer est immédiatement suggérée par les propriétés des vapeurs ou des gaz.

1° *Pour liquéfier* **une vapeur saturée,** il suffit de réduire son volume ou d'abaisser sa température.

Dans le premier cas, la vapeur conserve sa pression saturante; mais sa masse se réduit proportionnellement à son volume, et l'excès de vapeur se condense aussitôt.

Dans le second cas, la pression saturante diminue, et une partie de la vapeur se condense par refroidissement.

2° *Pour liquéfier* **une vapeur non saturée,** il faut d'abord l'amener à saturation, ce que l'on peut toujours faire, soit par compression, soit par refroidissement, soit à la fois par les deux moyens combinés.

3° *Pour liquéfier* un gaz proprement dit, *c'est-à-dire un fluide au-dessus de sa température critique*, il est indispensable de le refroidir d'abord au-dessous de son point critique.

235. Distillation. — *La* distillation *a pour but de séparer un liquide des substances fixes, ou moins volatiles, avec lesquelles il peut être mélangé.*

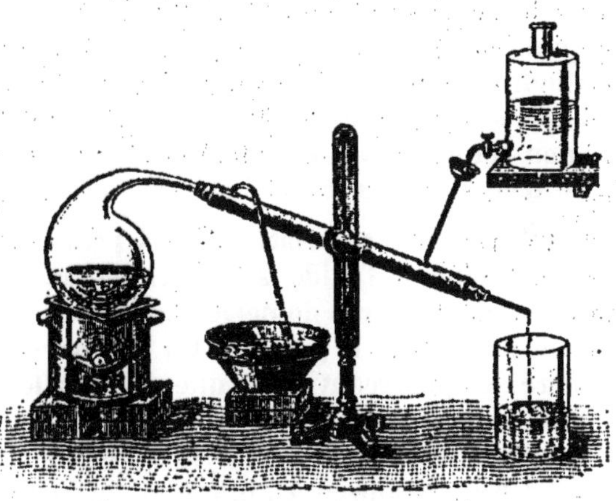

Fig. 180. — Distillation.

Elle comprend deux opérations, qui s'effectuent d'ailleurs simultanément : la *vaporisation* du liquide et la *condensation* de sa vapeur.

1° Dans les laboratoires, on fait bouillir le liquide à distiller dans une cornue à long col (fig. 180), et la vapeur se condense dans un tube incliné, entouré d'un manchon réfrigérant.

2° Dans l'industrie, on distille au moyen d'un *alambic* (fig. 181).

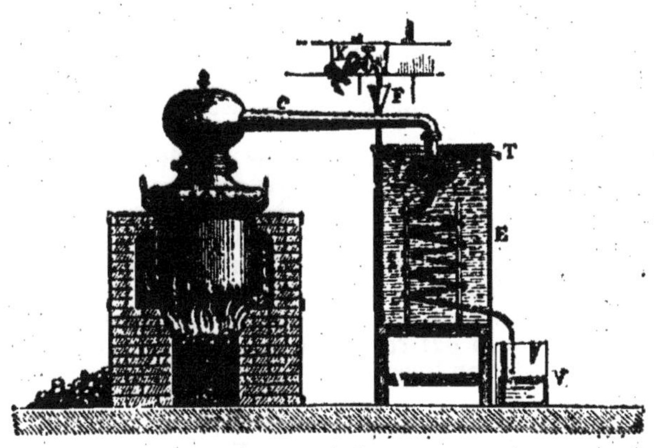

Fig. 181. — Alambic.

Une chaudière A, surmontée d'un *chapiteau* B, communique par l'*allonge* c avec le *serpentin* S. Celui-ci est plongé dans un courant d'eau froide, que le tube F amène au fond du condenseur E et que le tube T laisse échapper à la partie supérieure.

236. Procédés de liquéfaction. — 1° Par compression. — A la température ordinaire, l'*acétylène* se liquéfie sous une pression de 38 atmosphères, et l'*anhydride carbonique* sous 60 atmosphères.

Le gaz carbonique liquide est livré au commerce dans des cylindres en fer forgé très résistant. Il suffit de tourner une vis pour que le liquide s'échappe par un ajutage. En recevant le jet dans une boite cylindrique munie d'un orifice d'échappement, ou mieux dans un simple sac de laine, le froid produit par la détente, et par la vaporisation d'une partie de ce liquide, suffit à congeler le reste, que l'on recueille sous forme de neige à la température de (— 79°).

2° Par refroidissement. — A la pression ordinaire, le chlore, le gaz ammoniac, l'acide sulfhydrique, etc., se liquéfient dans une éprouvette entourée de neige carbonique.

On fait arriver le gaz dans un tube vertical fermé à sa partie inférieure, et plongeant dans une éprouvette remplie de neige carbonique mouillée d'éther ou de chlorure de méthyle. Cette éprouvette, métallisée à l'extérieur, est entourée elle-même d'une éprouvette plus large métallisée à l'intérieur, et dans laquelle on fait le vide. Ainsi protégée contre le rayonnement extérieur, la neige carbonique s'évapore assez lentement.

Cascade de réfrigérants. — Dans la méthode imaginée par Pictet, on procède par refroidissements successifs, au moyen d'une série de gaz, dont les points d'ébullition et les températures critiques vont en décroissant. Par exemple, on commence par faire évaporer de l'acide sulfureux liquide, dans une atmosphère constamment raréfiée. L'évaporation abaisse suffisamment la température pour liquéfier de l'acide carbonique. Alors on fait bouillir à son tour ce nouveau liquide dans une atmosphère raréfiée, ce qui produit une deuxième chute de température, etc.

Au moyen d'une cascade de réfrigérants, constituée par 2, 3, 4 chutes de température, on peut liquéfier tous les gaz connus.

Les gaz auxiliaires, rangés par ordre de points d'ébullition décroissants, sont disposés dans un même nombre d'enceintes concentriques. Le premier, bouillant dans le vide, liquéfie le deuxième; celui-ci, bouillant à son tour dans le vide, liquéfie le troisième, et ainsi de suite.

C'est ainsi qu'au moyen de l'*acide sulfureux* liquide ou du *chlorure de méthyle,* on liquéfie le *gaz carbonique;* avec celui-ci on liquéfie l'*éthylène;* avec l'éthylène liquide on liquéfie l'*air,* l'*oxygène* ou l'*azote;* avec l'air liquide on liquéfie l'*hydrogène.*

3° Refroidissement par la détente. — La méthode de Cailletet consiste à comprimer fortement le gaz dans un espace clos, à parois peu conductrices; puis, quand ce gaz a repris la température extérieure, à supprimer brusquement la pression. La détente subite du gaz produit un abaissement de température considérable, qui suffit pour liquéfier la plupart des gaz, malgré leur décompression.

Air liquide. — Les machines industrielles qui produisent aujourd'hui l'air liquide en grande quantité, n'emploient pas d'autre réfrigérant que la détente.

L'appareil de M. Linde se compose essentiellement de deux serpentins intérieurs l'un à l'autre, aboutissant à leur extrémité inférieure dans un récipient clos. On commence par comprimer l'air à 220 atmosphères dans le petit serpentin; puis on le laisse détendre à 20 atmosphères dans le récipient et dans le gros serpentin, par lequel cet air remonte au compresseur. La détente produit un abaissement de température de 50° environ. On recommence la même opération indéfiniment. L'air qui vient de se détendre refroidit constamment celui qui va se détendre à son tour. L'expérience prouve que la température s'abaisse progressivement dans le récipient, et qu'une partie de l'air s'y condense d'une manière continue. On soutire cet air au moyen d'un robinet.

L'appareil doit être protégé contre le rayonnement extérieur; et, au sortir du compresseur, l'air passe dans un manchon d'eau froide qui lui enlève la chaleur développée par la compression.

L'air liquide présente une légère teinte bleue; sa température est de (— 191°). On peut le conserver assez longtemps dans un ballon ouvert, formé de deux enveloppes entre lesquelles on a fait le vide. C'est un explosif puissant et un réfrigérant énergique.

Quelques gouttes enfermées dans un tube métallique épais suffisent pour le faire éclater. L'éponge imbibée d'air liquide brûle comme du fulmi-coton. Les cartouches constituées par de l'air liquide et du charbon en poudre détonent comme celles de dynamite.

L'eau versée dans l'air liquide s'y congèle immédiatement; l'alcool y prend la consistance d'un sirop très épais, le mercure y acquiert la dureté du fer.

Les premières vapeurs qui s'échappent de l'air liquide sont formées d'oxygène presque pur; ce qui fournit, pour la préparation de l'oxygène, un mode de préparation économique.

237. Solidification des gaz. — La plupart des gaz liquéfiés se solidifient quand on les fait bouillir dans le vide. Le froid produit par la vaporisation d'une partie du liquide détermine la solidification du reste. Le *bioxyde d'azote* bouillant dans le vide se solidifie à (— 153°), le *méthane* à (— 185°), l'*azote* à (— 214°).

CHAPITRE VII

HYGROMÉTRIE

238. Définitions. — Dans un lieu donné, l'atmosphère contient de la vapeur d'eau en quantité variable, suivant que l'air est sec ou humide.

C'est ce que l'on constate immédiatement par l'observation des *substances hygrométriques,* qui absorbent suivant le cas une quantité d'eau plus ou moins grande. Les unes, comme le verre, se recouvrent simplement d'humidité ; d'autres s'en imprègnent, comme le sel de cuisine ; enfin, il y en a qui manifestent le degré d'humidité de l'air en changeant de forme ou de grandeur : les cordes à boyau, par exemple, se tordent par la sécheresse et se détordent par l'humidité.

1° L'*hygrométrie* a pour but de déterminer le degré d'humidité de l'air atmosphérique à un instant donné.

2° *On appelle* **état hygrométrique de l'air** *à un instant donné, le rapport qui existe entre la tension actuelle de la vapeur d'eau dans l'air, et la pression saturante de cette vapeur à la même température.*

Soient f la tension actuelle de la vapeur d'eau dans l'atmosphère, et F la pression saturante de la vapeur d'eau à la même température. L'*état hygrométrique* est le rapport :

$$E = \frac{f}{F}$$

que l'on pourrait appeler la *fraction de saturation* à l'instant considéré.

3° On nomme *hygromètres* les appareils qui servent à déterminer l'état hygrométrique.

Il en existe de plusieurs sortes, mais nous étudierons seulement les *hygromètres à condensation.*

239. Hygromètres à condensation. — Les hygromètres à condensation servent à déterminer le *point de rosée,* pour en déduire l'état hygrométrique.

Point de rosée. — *Le point de rosée est la température pour laquelle la tension actuelle de la vapeur d'eau contenue dans l'air deviendrait saturante.*

Si l'on abaisse la température d'un petit volume d'air, il arrive un moment où la vapeur d'eau atteint la saturation et commence à se condenser.

La température exacte où la vapeur commence à se condenser est ce que l'on appelle le *point de rosée.*

Observation du point de rosée. — Dans un godet d'argent contenant un thermomètre, versons quelques gouttes d'éther, dont l'évaporation abaissera la température. La couche d'air qui entoure le godet se refroidit peu à peu, et il arrive un moment où la vapeur d'eau contenue dans cet air se dépose à la surface du godet sous forme de rosée. A ce moment, on note la température t marquée par le thermomètre, et l'on cesse de refroidir. Le godet se réchauffe peu à peu, et l'on ne tarde pas à constater que la rosée commence à disparaître. On note la température t' marquée à cet instant.

Comme température du point de rosée, on prend la moyenne arithmétique θ des deux températures observées :

$$\theta = \frac{t + t'}{2}$$

Calcul de l'état hygrométrique. — Connaissant le point de rosée θ, et la température de l'atmosphère T, on en déduit aisément l'état hygrométrique.

L'état hygrométrique est le rapport de la tension actuelle f de la vapeur d'eau dans l'air, à sa pression saturante F à la même température T.

Or, la tension actuelle f n'est autre que la pression saturante à la température θ du point de rosée.

Donc, il suffit de chercher, dans les tables de Regnault, la pression saturante f à la température du point de rosée θ et la pression saturante F à la température de l'air T.

L'état hygrométrique est le quotient :

$$E = \frac{f}{F}.$$

Exemple. — *Quel est l'état hygrométrique de l'air, quand la température est* $T = 18^\circ$ *et le point de rosée* $\theta = 5^\circ$?

A 5°, la pression saturante de la vapeur d'eau est $6^{mm},53$;

A 18°, la pression saturante est $15^{mm},36$.

L'état hygrométrique est donc :

$$F = \frac{6,53}{15,36} = 0,425$$

Pour l'usage de l'hygromètre à condensation, Regnault a dressé la table des pressions saturantes de demi-degré en demi-degré, pour les températures usuelles.

Voici un extrait de cette table :

PRESSIONS SATURANTES DE LA VAPEUR D'EAU

$t°$	F^{mm}	$t°$	F^{mm}	$t°$	F^{mm}	$t°$	F^{mm}	$t°$	F^{mm}
— 10°	2,09	0°	4,60	10°	9,16	20°	17,39	30°	31,55
— 9	2,27	1	4.94	11	9.79	21	18,49	31	33,41
— 8	2,46	2	5.30	12	10.46	22	19,66	32	35,36
— 7	2.66	3	5.69	13	11.16	23	20.89	33	37,41
— 6	2,88	4	6,10	14	11.91	24	22.18	34	39.57
— 5	3,11	5	6,53	15	12,70	25	23,55	35	41,83
— 4	3,37	6	7,00	16	13.54	26	24.99	36	44,20
— 3	3.64	7	7,49	17	14,42	27	26.51	37	46,69
— 2	3,94	8	8.02	18	15,36	28	28.10	38	49,30
— 1	4,26	9	8,57	19	16,35	29	29.78	39	52,04

Imaginé par Leroy, médecin à Montpellier, l'hygromètre condensateur a été perfectionné successivement par Daniell, puis par Regnault, et enfin par M. Alluard, directeur de l'Observatoire du Puy-de-Dôme, qui lui a donné la forme pratique usitée aujourd'hui.

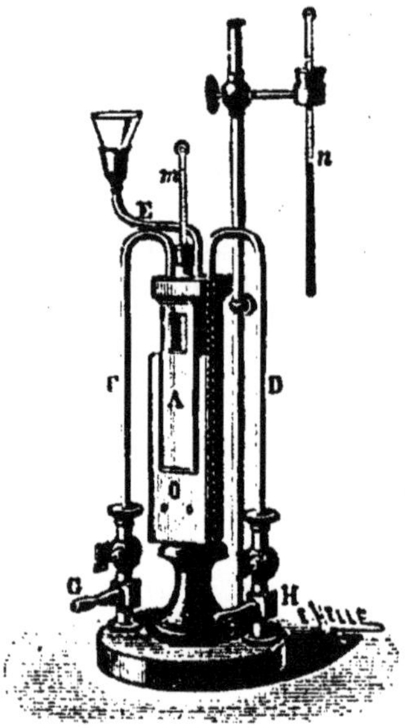

Hygromètre d'Alluard (fig. 182). — Cet instrument se compose d'un vase prismatique A, en laiton mince, dans lequel plonge un thermomètre *m*. La face A est dorée et parfaitement polie. Une lame de même nature O l'encadre sans la toucher.

Un entonnoir E permet de verser l'éther dans le vase A, où l'on active sa vaporisation par un courant d'air, qui pénètre par le tube HD jusqu'au fond du liquide, et s'échappe par le tube CG.

L'observateur se tient à distance (fig. 183). On insuffle l'air au moyen d'un tube de caoutchouc et d'un soufflet. L'éther se vaporise, se refroidit, et le dépôt de rosée ne tarde pas à s'accuser sur le métal A, par une

Fig. 182. — Hygromètre d'Alluard.

teinte mate qui contraste avec l'éclat de la lame O. A l'aide d'une lunette L, on lit sur le thermomètre m la température d'apparition, puis la température de disparition de la rosée, dont la moyenne θ sera prise pour point de rosée. Un thermomètre fronde n, adjoint à l'appareil, permet de déterminer avec précision la température T de l'air ambiant.

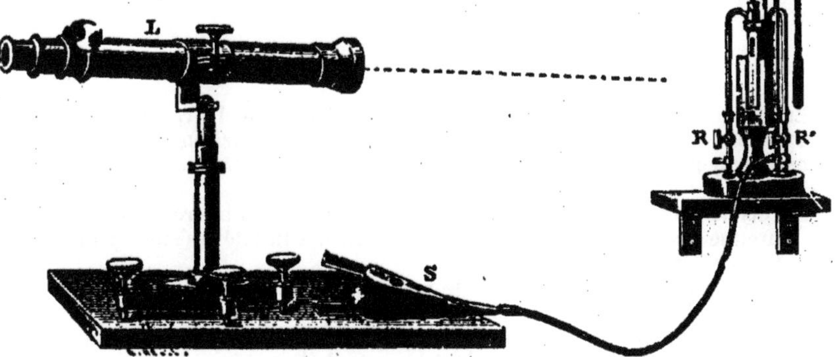

Fig. 183. — Détermination de l'état hygrométrique.

210. Applications. — 1° *Calculer la masse* P *d'un volume* V *d'air humide, connaissant sa pression* H, *sa température* t, *et son état hygrométrique* e.

Soient a la densité absolue de l'air sec, d la densité relative de la vapeur d'eau, α le coefficient de dilatation des gaz, et F la pression saturante de la vapeur d'eau à $t°$.

La pression actuelle de la vapeur d'eau dans l'air humide est $f = Fe$, et celle de l'air sec $(H - Fe)$.

La masse demandée se compose de la masse p d'un volume d'air sec à $t°$ sous la pression $(H - Fe)$, et de la masse p' d'un volume V de vapeur d'eau à $t°$ sous la pression Fe.

La formule de la masse d'un gaz (199) donne respectivement :

$$p = \frac{V(H - Fe)a}{76(1 + \alpha t)}, \qquad (1)$$

et

$$p' = \frac{VFead}{76(1 + \alpha t)}. \qquad (2)$$

On a donc, au total :

$$P = p + p' = \frac{Va}{76(1 + \alpha t)}(H - Fe + Fed),$$

et enfin :

$$P = \frac{Va\{H - (1 - d)Fe\}}{76(1 + \alpha t)}.$$

Numériquement, on sait que l'on a :

$$a = 0{,}001293 \quad \text{et} \quad d = \frac{5}{8}.$$

La formule précédente peut donc s'écrire :

$$P = \frac{V \times 0{,}001293}{76(1 + \alpha t)}\left(H - \frac{3}{8}f\right).$$

2° *Connaissant la pression* H *d'une masse d'air humide, et la tension actuelle f de la vapeur d'eau qu'elle contient, calculer sa* **richesse hygrométrique**, *c'est-à-dire le rapport du poids de la vapeur à celui de l'air sec.*

En conservant les notations du problème précédent, la richesse hygrométrique est le rapport de p' à p. On l'obtient immédiatement en divisant l'expression (2) par l'expression (1); ce qui donne :

$$\frac{p'}{p} = \frac{Fed}{H - Fe}.$$

Ou, en remarquant que Fe est égal à f, et en remplaçant d par sa valeur $\frac{5}{8}$:

$$\frac{p'}{p} = \frac{5}{8} \cdot \frac{f}{H - f}.$$

En faisant connaître la composition hygrométrique de l'air, c'est-à-dire la proportion de vapeur et d'air sec, la *richesse hygrométrique* nous donne un renseignement beaucoup plus précis que l'*état hygrométrique* ou fraction de saturation.

En déterminant la richesse hygrométrique d'heure en heure, et en prenant la moyenne pour chaque jour de l'année, on a constaté qu'elle éprouve les variations suivantes :

1° Elle croît chaque jour depuis le matin jusque vers midi ou trois heures; puis elle diminue jusqu'au coucher du soleil et pendant toute la nuit.

2° Elle augmente depuis le mois de janvier jusqu'au mois de juillet ou au mois d'août, puis elle décroît pendant le reste de l'année.

En été, elle est trois ou quatre fois plus grande qu'en hiver.

CHAPITRE VIII

MÉTÉOROLOGIE

241. Météorologie. — La **météorologie** *est l'étude des phénomènes physiques qui se produisent à la surface du globe et dans l'atmosphère.*

Elle comprend la **climatologie**, qui s'occupe des climats et de la répartition de la température à la surface de la terre ; la **météorologie dynamique** ou étude des *météores aériens* et des *météores aqueux*, c'est-à-dire des perturbations qui surviennent dans l'état normal de l'atmosphère; enfin elle s'occupe aussi des météores lumineux, tels que l'arc-en-ciel; de l'électricité atmosphérique, du magnétisme terrestre, etc.

On aura l'occasion, dans le cours de Géographie, d'étudier les principales notions relatives à la climatologie.

Nous n'avons à nous occuper ici que des *météores aqueux* et des *météores aériens*.

1. MÉTÉORES AQUEUX

242. Météores aqueux. — On appelle ainsi les phénomènes atmosphériques produits par la condensation de la vapeur d'eau ; c'est-à-dire les brouillards, les nuages, la pluie, la neige, etc.

Brouillards et nuages. — Les *brouillards* sont constitués par de fines gouttelettes d'eau liquide, qui flottent dans l'air et troublent sa transparence.

Ils ont pour causes ordinaires le refroidissement d'une masse d'air voisine de son point de saturation, ou la rencontre de deux masses d'air saturées d'humidité et inégalement chaudes.

Quand ils se produisent dans les régions élevées, les brouillards prennent le nom de *nuages*.

Certains nuages qui se forment dans les plus hautes régions de l'atmosphère sont constitués par des aiguilles de glace extrêmement ténues.

Principaux types de nuages. — Les nuages prennent des formes

Fig. 184. — Différents types de nuages.

très variables, que l'on rapporte à quatre types principaux (fig. 184).

1° Les *cirrus* ont l'apparence de stries blanches, très déliées, semblables à des flocons de laine. Ils présagent d'ordinaire la fin d'une période de beau temps. Situés à une hauteur moyenne de

7 à 8000 mètres, où la température se maintient au-dessous de 0°, ils sont constitués par de fines aiguilles de glace.

2° Les *cumulus* sont des masses arrondies, mamelonnées, qui semblent entassées les unes sur les autres. Ils apparaissent généralement dans les journées de forte chaleur, à une altitude comprise entre 1000^m et 3000^m.

3° Les *stratus* sont de longues bandes horizontales qui apparaissent souvent au coucher du soleil.

Ce ne sont probablement que des cumulus en couches peu épaisses, que l'on aperçoit de loin, par leur tranche.

4° Les *nimbus* sont de gros nuages sombres, à contours mal définis, qui occupent de vastes étendues dans les basses régions de l'atmosphère. Constitués par des gouttelettes d'eau relativement grosses, ils finissent habituellement par se résoudre en pluie.

Pluie. — La pluie est le résultat d'une condensation de la vapeur d'eau, assez abondante pour que les gouttelettes ne puissent rester en suspension dans l'atmosphère, et qu'elles se précipitent sur la terre.

Quand un nuage très élevé se résout en pluie, il peut se faire que les gouttelettes viennent à rencontrer, en tombant, une région sèche dans laquelle elles s'évaporent. Mais si elles ne traversent que des couches humides, elles grossissent au contraire dans leur chute; leur vitesse s'accélère à mesure que leur volume augmente, et elles parviennent ainsi jusqu'au sol.

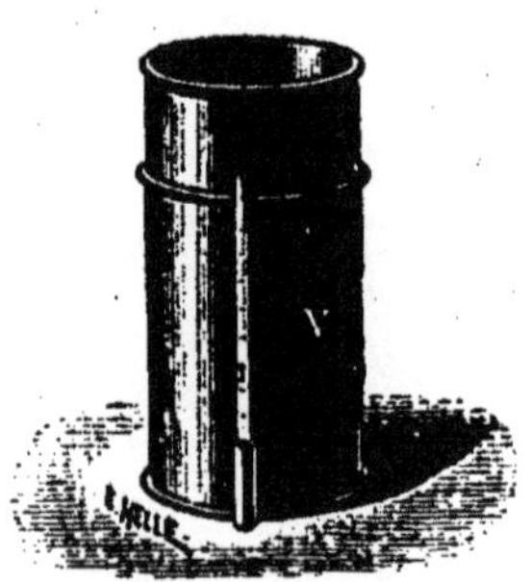

Fig. 185. — Pluviomètre.

Pour évaluer la quantité d'eau qui tombe en un lieu dans le cours d'une année, on se sert du *pluviomètre* (fig. 185). Cet appareil se compose essentiellement d'un cylindre recouvert d'un entonnoir, et communiquant par sa partie inférieure avec un tube de verre gradué en millimètres.

La quantité de pluie qui tombe annuellement varie beaucoup avec le climat et la latitude. Elle diminue de l'équateur au pôle. Elle dépasse 2^m à la Havane, et se réduit à 57^{cm}, à Paris.

Rosée. — La rosée se dépose pendant les nuits sereines, sur les corps placés à découvert.

Ce n'est pas de la pluie. Elle se forme par la condensation de la vapeur d'eau sur les corps qui se refroidissent au-dessous du point de rosée. On a constaté effectivement que, pendant la formation de la rosée, la température du sol est notablement inférieure à celle de l'air voisin.

243. Neige. — La neige n'est que de la pluie qui se forme à une température inférieure à 0°. Au lieu de se condenser sur des gouttelettes liquides, la vapeur d'eau se congèle sur de menus cristaux de glace.

Les flocons de neige sont constitués par de petits cristaux en forme d'aiguilles, enchevêtrées régulièrement et symétriquement, de manière à présenter toujours l'aspect d'une étoile à six branches, mais plus ou moins compliquée (fig. 158).

Le *grésil* est une pluie qui se congèle avant de tomber sur le sol, et dont chaque goutte se transforme en un petit nodule de glace.

La *grêle* se produit en temps d'orage, dans une atmosphère violemment agitée. Les grêlons présentent un noyau central, entouré de plusieurs couches d'aspect différent. Il est probable qu'ils prennent naissance dans un nuage en surfusion, et qu'ils s'accroissent par la rencontre d'un grand nombre de gouttes d'eau également en surfusion; mais on ne possède encore aucune explication satisfaisante de ce phénomène, où l'électricité paraît jouer un certain rôle.

Le *verglas* est une pluie en surfusion, qui se congèle subitement à la rencontre d'un sol très froid.

2. MÉTÉORES AÉRIENS

244. Vents. — Les vents, ou courants d'air atmosphérique, proviennent d'une différence de densité, ou de pression, entre deux régions de l'atmosphère.

1° Il peut se faire que la masse d'air située près du sol dans une région AB (fig. 180) devienne plus légère que l'air des régions environnantes.

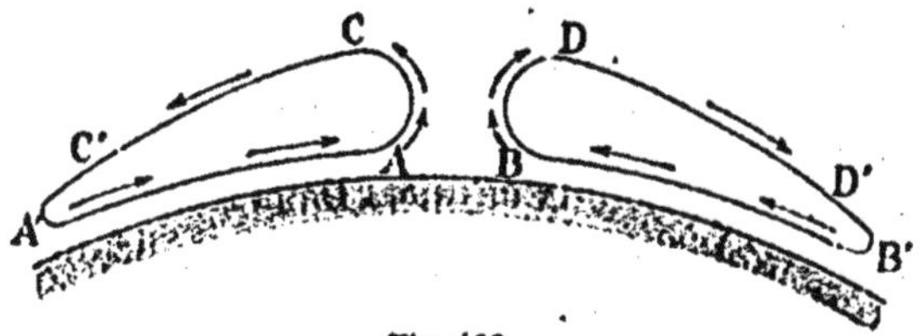

Fig. 180.
Centre de basse pression dans une région surchauffée.

C'est ce qui a lieu, par exemple, quand l'air vient à être surchauffé au contact du sol; ou quand l'air se charge d'humidité, car l'air humide est moins dense que l'air sec; ou enfin, à la suite d'une pluie, à cause de l'énorme diminution de volume qui résulte de la condensation des vapeurs.

Supposons donc que, pour une raison quelconque, l'air de la région AB subisse une diminution de densité. D'après le principe d'Archimède, cette masse d'air s'élève dans l'atmosphère, en un courant ascendant AB, CD. Pour combler le vide, l'air des régions voisines afflue de tous côtés, en produisant des courants horizontaux A'A ou B'B. Tandis que l'air ascendant parvenu à un certain niveau CD, se déverse en CC' ou DD', en produisant dans les couches supérieures de l'atmosphère des courants de sens contraires à ceux qui règnent dans la région inférieure.

2° **Relation du vent avec les isobares.** — L'étude des vents est intimement liée avec l'étude de la répartition des pressions atmosphériques, représentée par le réseau des *lignes isobares*.

On appelle **isobare** *une ligne qui réunit, sur une carte géographique, tous les points où la pression barométrique est la même à un instant donné.*

Habituellement, les isobares répondant aux diverses pressions sont des lignes fermées, qui entourent un *centre de haute pression*, ou un *centre de basse pression*.

Une région surchauffée, telle que AB (fig. 186), est un *centre de basse pression*, entouré d'isobares sur lesquels la pression augmente à mesure qu'on s'éloigne du centre.

Si les déplacements d'air n'étaient dus qu'à l'existence d'un centre de basse pression, le vent soufflerait de tous les côtés vers ce point central; mais le phénomène est toujours compliqué par d'autres causes, et les mouvements rectilignes convergents se transforment en un mouvement giratoire.

Direction et vitesse du vent. — La direction du vent est donnée par les **girouettes**; sa vitesse est mesurée et enregistrée par les *anémomètres*.

Un vent est *faible* quand sa vitesse ne dépasse pas 4^m par seconde; il devient *très fort* quand elle atteint 10^m. Au-dessus de 12^m, les vents sont dangereux en mer. Dans les tempêtes, la vitesse du vent croît de 25 à 30^m, et dans les ouragans, de 30 à 45^m.

245. **Vents réguliers.** — On distingue les vents **constants**: *alizés et contre-alizés;* les vents **périodiques** : *moussons et brises;* et enfin des vents **irréguliers.**

Alizés et contre-alizés. — Les vents alizés règnent continuellement à l'équateur et dans les régions tropicales.

Ils soufflent du nord-est au sud-ouest dans l'hémisphère nord, du sud-est au nord-ouest dans l'hémisphère sud, et de l'est à l'ouest sur l'équateur.

Ces vents sont dus à l'ascension de l'air rendu plus léger, dans les régions équatoriales, par l'accroissement de température ou d'humidité. Il en résulte une aspiration permanente de l'air moins chaud ou moins humide, qui afflue continuellement des deux hémisphères en rasant la surface du globe. Si la terre était immobile, ces courants de sens contraires marcheraient dans la direction des méridiens ; mais, à cause du mouvement de rotation de la terre, qui se produit de l'ouest à l'est, ils sont déviés dans les deux zones tropicales et se combinent sur l'équateur comme nous l'avons indiqué.

L'air chaud qui s'élève dans les régions équatoriales se refroidit peu à peu, s'étale, et reflue ensuite au nord et au sud vers les pôles, en formant les courants supérieurs appelés *contre-alizés*.

En se refroidissant de plus en plus dans leur marche, ces *contre-alizés* s'alourdissent, se rapprochent du sol, et finissent par s'abaisser jusqu'à terre, en produisant les vents du sud-ouest, qui apportent souvent un temps chaud et humide, jusque dans nos contrées.

La figure 187 représente le mouvement général de l'atmosphère sur l'Atlantique nord pendant la saison chaude.

Deux causes principales interviennent : la distribution des pressions barométriques, et la rotation de la terre de l'ouest à l'est.

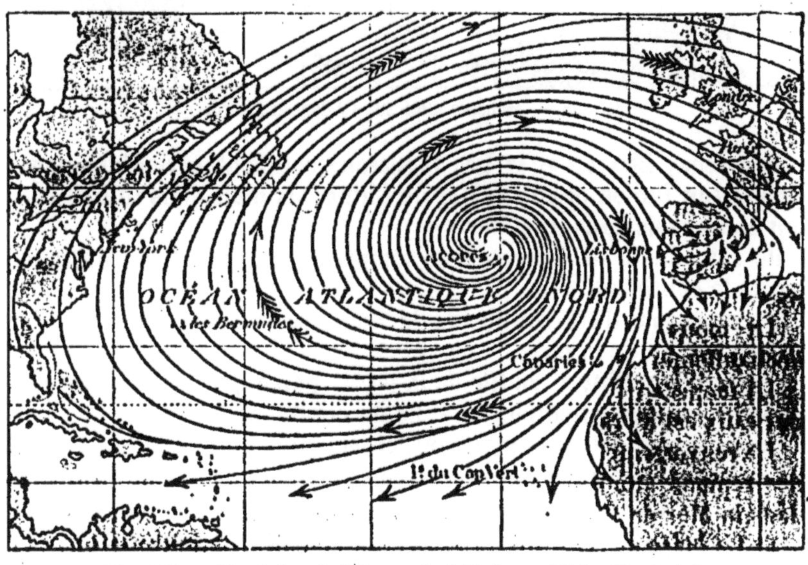

Fig. 187. — Circulation de l'air, pendant l'été, sur l'Atlantique nord.

La figure 188 représente les *isobares*, qui entourent, pendant l'été, un *centre de haute pression* situé vers les Açores. L'air tend à se déverser à partir de ce point dans toutes les directions.

Mais, par suite de la rotation de la terre, les courants qui vont vers l'équateur sont déviés vers l'ouest, et ceux qui remontent vers le pôle sont déviés vers l'est. Il s'ensuit que l'ensemble de la masse d'air qui s'éloigne du centre de haute pression prend le mouvement giratoire indiqué par la figure 187.

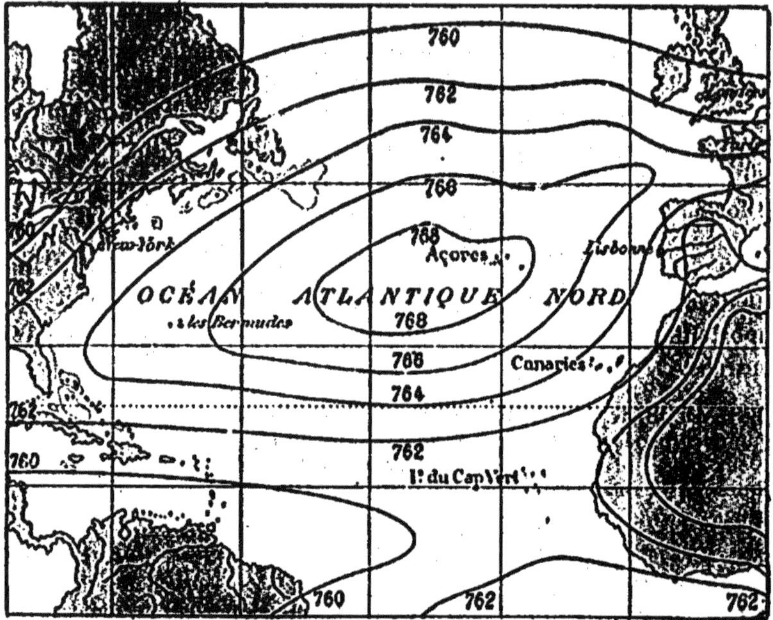

Fig. 188. — Isobares d'été sur l'Atlantique nord.

Moussons ; Brises. — 1° Les *moussons* soufflent périodiquement sur l'Océan Indien et sur la Mer de Chine, six mois dans une direction et six mois dans une autre.

Ils sont dus à la différence de température qui s'établi entre la mer et le continent.

La mousson d'été souffle de la mer vers la côte, à cause de l'échauffement de la terre.

La mousson d'hiver souffle de la terre, parce que la température des eaux est alors supérieure à celle du continent.

Le renversement de la mousson, en octobre et en avril, provoque des remous atmosphériques dangereux, que l'on nomme *typhons* dans la Mer de Chine, *cyclones* ou *tornados* dans l'Océan Indien.

2° La *brise de mer* afflue vers la côte pendant le jour; la *brise de terre* souffle vers la mer pendant la nuit.

Ces mouvements s'expliquent par l'excès de température qui se produit sur la terre pendant le jour, et sur l'eau pendant la nuit.

246. Vents irréguliers. — En général, les courants atmosphériques ont un mouvement tourbillonnaire. Tout le monde a observé, dans un cours d'eau un peu rapide, ces petits tourbillons qui se forment à la rencontre de deux nappes liquides animées de vitesses inégales. Ils se traduisent par un mouvement giratoire autour d'un centre de dépression, qui est entraîné lui-même au fil de l'eau.

Le même phénomène se produit en grand dans l'air atmosphérique. Les masses d'air en mouvement tournent autour d'un axe vertical, qui se déplace parallèlement à lui-même.

Suivant l'étendue et la vitesse de la masse en mouvement, le courant tourbillonnaire constitue un *orage*, une *tempête*, un *cyclone* ou une *trombe*.

Marche des tempêtes. — Au centre de la région atteinte par une tempête, à un instant donné, la pression barométrique est moindre que dans tous les pays environnants. C'est donc un centre de basse pression.

Si l'on a soin de tracer tous les jours, pour une même heure, les lignes isobares de la région, on obtient pour chaque jour un système de courbes fermées, concentriques, autour du centre de la tempête (fig. 189).

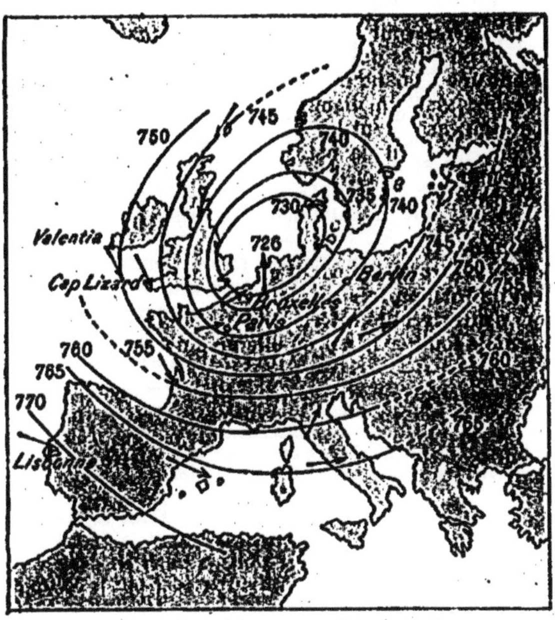

Fig. 189. — Diagramme d'une tempête.

Ce point central se déplace d'un jour à l'autre, comme on le voit par la comparaison des isobares de deux jours consécutifs.

Si l'on indique par des flèches la direction du vent en différents points, on constate que le vent souffle tangentiellement aux isobares, et qu'il tourne autour du centre, en sens inverse du mouvement des aiguilles d'une montre.

En un lieu donné, on peut suivre la marche de la tempête d'après les indications fournies par le baromètre et par la girouette.

Les tempêtes qui traversent nos contrées se forment le plus souvent dans le golfe du Mexique; leur centre décrit à peu près le chemin marqué par le Gulf-Stream; avec une vitesse sensiblement constante, elles mettent huit ou dix jours pour atteindre les côtes de France.

Le bureau central météorologique de Paris, en relation télégraphique avec un grand nombre de points de l'Europe, de l'Amérique et de l'Océan, reçoit communication des observations faites chaque jour à la même heure, en tous ces points, concernant la pression atmosphérique, la vitesse et l'orientation du vent, etc. En condensant ces données, et en traçant les isobares sur une carte, on peut suivre la marche des tempêtes, en reconnaître l'importance, et prédire à coup sûr leur passage en un point géographique donné.

Les *grandes tempêtes* sont d'immenses tourbillons qui s'étendent sur un rayon de plusieurs centaines de kilomètres.

Les *cyclones* ont une étendue moindre, mais leur vitesse de rotation est plus considérable. Parfois, sur un diamètre de 60 à 100 kilomètres, ils dévastent tout sur leur passage, arrachent les arbres, renversent les maisons, etc. [1].

Les *orages* ordinaires sont de petits tourbillons de quelques kilomètres de diamètre. Les phénomènes électriques qui les accompagnent, le tonnerre, les éclairs, etc., ont pour cause le frottement des masses d'air les unes contre les autres.

Les *trombes* sont des tourbillons de très faible étendue, mais d'une violence extrême. De loin, une trombe apparaît comme une colonne nuageuse animée d'un mouvement de rotation très rapide autour de son axe. Elle s'évase par le haut, tandis que son extrémité inférieure, très amincie, descend parfois jusqu'à terre, et semble fouiller le sol où elle produit souvent de grands ravages.

---

[1] *Règle de la manœuvre en cas de cyclone.* — Comme le mouvement de rotation d'un cyclone se combine avec le mouvement de translation de son axe, la vitesse du vent est loin d'être la même de part et d'autre du chemin décrit par la tempête. D'un côté les deux vitesses s'ajoutent : c'est le *demi-cercle dangereux;* de l'autre, les vitesses se retranchent : c'est le *demi-cercle maniable.*

L'approche d'un cyclone, en mer, est signalée par une baisse rapide du baromètre. Dès qu'un navire se sent menacé, il doit avant tout déterminer la direction où se trouve le centre du cyclone. Voici la règle de Piddington (applicable seulement dans l'hémisphère nord) : *Faites face au vent, et étendez le bras droit; le centre est dans cette direction.*

Ainsi orienté, le navigateur n'a plus qu'à manœuvrer pour fuir le centre de la tempête.

CHAPITRE IX

PROPAGATION DE LA CHALEUR

247. Propagation de la chaleur. — Si les diverses parties d'un même corps, ou si plusieurs corps en présence, sont inégalement chauds, ils tendent à se mettre en équilibre de température.

Pour cela, il faut que la chaleur se propage, ou se transmette d'un point à un autre. Cette propagation peut s'opérer de diverses manières :

1° *Par rayonnement :* La chaleur se transmet à distance, d'un corps chaud à un corps froid, sans échauffer le milieu intermédiaire.

2° *Par conductibilité :* La chaleur passe d'un corps à un autre par l'intermédiaire d'un milieu interposé, qui s'échauffe lui-même de proche en proche.

3° *Par convection :* La chaleur est propagée par un fluide mobile, dont les diverses parties viennent s'échauffer successivement au contact d'un corps chaud, et transportent ensuite la chaleur en se déplaçant elles-mêmes.

1. RAYONNEMENT DE LA CHALEUR

248. Chaleur rayonnante. — L'expérience vulgaire montre qu'un corps chaud émet de la chaleur, qui se propage autour de lui dans tous les sens; à la manière d'un corps lumineux, qui rayonne de la lumière dans toutes les directions. Ce mode de propagation est le *rayonnement*, ou la *chaleur rayonnante.*

Une source de chaleur dont la température est inférieure à 200 ou 300° n'est pas lumineuse; elle n'émet que de la *chaleur obscure.* Mais si la source est à une température très élevée, comme une flamme, un métal, un charbon incandescent, elle rayonne à la fois de la chaleur et de la lumière, ou de la *chaleur lumineuse.*

Le caractère essentiel de la chaleur rayonnante, lumineuse ou obscure, n'est autre que son identité avec la lumière. Il convient donc d'ajourner l'étude de ses propriétés, qui se rattachent à l'optique.

Nous nous bornerons ici à indiquer les deux suivantes :

1° *La chaleur rayonnante traverse le vide, et elle se commu-*

nique d'un corps à un autre sans échauffer les corps intermédiaires.

La chaleur du soleil, comme sa lumière, nous arrive par rayonnement, à travers des espaces vides de matière pondérable.

Au moyen de l'appareil représenté par la figure 190, on constate directement que la chaleur se propage dans le vide. C'est un thermomètre, dont la boule est entourée par un ballon ou une ampoule de verre soudée à la tige, et où l'on a fait le vide. Quand on plonge ce ballon dans de l'eau froide ou dans de l'eau chaude, le thermomètre en prend immédiatement la température.

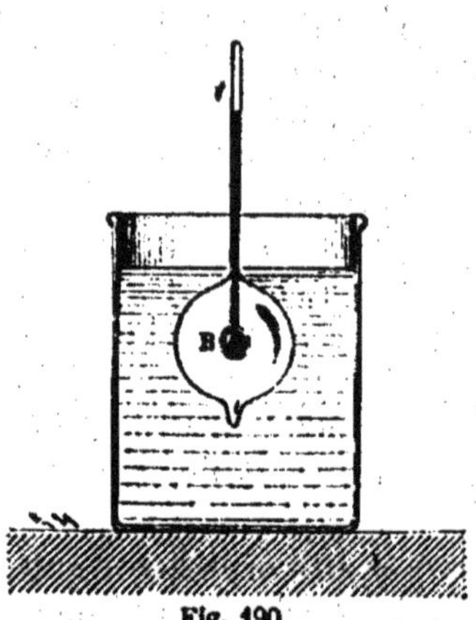

Fig. 190.
La chaleur se propage dans le vide.

2° *Dans un milieu homogène, la chaleur rayonnante se propage en ligne droite.*

On le constate en interposant, entre une source de chaleur et un thermomètre, un écran percé d'une ouverture. La condition pour que le thermomètre s'échauffe, c'est que l'ouverture de l'écran soit sur la droite qui joint le réservoir à la source de chaleur.

249. Pouvoir émissif. — Tout corps chaud est une source de chaleur rayonnante, dont l'intensité dépend de la température de ce corps et de la nature de sa surface.

On appelle **pouvoir émissif** *d'un corps, à une température donnée, le nombre de calories émises en une seconde, par un centimètre carré de la surface, dans une direction perpendiculaire à cette surface.*

Pour la chaleur obscure, le noir de fumée est la substance qui a le pouvoir émissif le plus considérable. On convient de le représenter par 100, et de le choisir comme terme de comparaison pour évaluer le pouvoir émissif des autres corps. Le nombre ainsi obtenu pour un corps quelconque est dit son **pouvoir émissif relatif au noir de fumée** : *c'est le rapport qui existe entre les quantités de chaleur émises par ce corps et par le noir de fumée, dans les mêmes conditions de température, de surface et de temps.*

Le pouvoir émissif d'une surface, à basse température, varie beaucoup avec le degré de poli et la densité de la couche superficielle. On en jugera par le tableau suivant :

POUVOIRS ÉMISSIFS A 100°

Noir de fumée	100	Acier	17
Blanc de céruse	100	Platine	11
Papier	98	Laiton	7
Encre de Chine	85	Cuivre	5
Minium	80	Argent mat	5,4
Gomme laque	72	Argent poli	3
Plombagine	75	Argent bruni	2,5

2. ABSORPTION DE LA CHALEUR

250. Action d'un corps sur la chaleur rayonnante. — Si un faisceau de chaleur rayonnante vient à rencontrer un corps, la quantité de chaleur qu'il propage se partage en plusieurs parties :

Une partie est *réfléchie* ou *diffusée* par la surface ; c'est-à-dire qu'elle ne pénètre pas dans le corps, mais qu'elle est renvoyée du côté de la source, dans une ou plusieurs directions.

Une autre partie, *absorbée* par le corps, est employée à élever sa température.

Enfin, une dernière partie est *transmise* par le corps, c'est-à-dire qu'elle le traverse sans l'échauffer, et sans perdre sa qualité de chaleur rayonnante.

251. Pouvoir absorbant. — *On appelle* **pouvoir absorbant** *d'un corps pour la chaleur rayonnante, le rapport qui existe entre la quantité de chaleur qu'il absorbe et la quantité de chaleur qu'il reçoit.*

On a constaté que le pouvoir absorbant du noir de fumée est sensiblement égal à l'unité, c'est-à-dire que le noir de fumée absorbe à peu près la totalité de la chaleur incidente.

Dans la pratique on représente le pouvoir absorbant du noir de fumée par le nombre 100, et on le prend comme terme de comparaison pour évaluer tous les autres. On obtient ainsi **les pouvoirs absorbants relatifs au noir de fumée.**

Pour un corps quelconque, *ce pouvoir absorbant relatif est le rapport qui existe entre la quantité de chaleur absorbée par ce corps, et la quantité de chaleur absorbée par le noir de fumée dans les mêmes conditions.*

Le pouvoir absorbant d'un corps varie avec la nature de la source de chaleur ; il n'est pas le même pour la chaleur obscure que pour la chaleur lumineuse, et il change notablement avec la température.

On en jugera par le tableau suivant, dans lequel chaque colonne se rapporte à une source de chaleur particulière.

POUVOIRS ABSORBANTS

NATURE DES CORPS	Lampe à huile.	Métal incandescent.	Métal à 400°.	Métal à 100°.
Noir de fumée	100	100	100	100
Encre de Chine.	96	93	87	85
Céruse	53	56	89	100
Colle de poisson.	52	54	64	91
Gomme laque.	43	47	70	72
Surface métallique.	14	13,5	13	13

232. Égalité des pouvoirs émissif et absorbant. — *Pour un même corps, et pour des radiations de même nature, le pouvoir émissif est égal au pouvoir absorbant.*

C'est ce que l'on constate en comparant les nombres qui représentent le pouvoir émissif et le pouvoir absorbant d'une même substance, pour une même espèce de chaleur rayonnante, émise ou absorbée.

D'ailleurs, ce fait d'expérience se rattache à un principe d'ordre général, dont on rencontrera dans le cours de physique plusieurs autres applications.

233. Refroidissement. — Loi de Newton. — Le refroidissement d'un corps chaud dans une enceinte plus froide est un phénomène complexe. Il dépend d'abord de la température de ce corps et de son pouvoir émissif; puis de la température et du pouvoir émissif des corps environnants; enfin, si le corps est plongé dans une atmosphère gazeuse, son refroidissement ne s'opère pas seulement par rayonnement, mais encore par conduction et par convection. Le gaz est plus ou moins conducteur, suivant sa nature; de plus, les couches gazeuses peuvent venir s'échauffer successivement à la surface du corps et s'y renouveler sans cesse.

Cependant, malgré la diversité de ces causes, le refroidissement s'effectue sensiblement, dans la plupart des cas, d'après la loi suivante, énoncée par Newton:

Quand l'excès de la température d'un corps sur celle du milieu extérieur ne dépasse pas 20 ou 30°, les abaissements de température qui se produisent pendant des intervalles de temps égaux très courts, sont proportionnels aux excès moyens pendant ces intervalles.

Par exemple, si les excès de température aux instants 0, 1, 2 sont t, t_1, t_2, on a :

$$\frac{t_1 - t}{\frac{t_1 + t}{2}} = \frac{t_2 - t_1}{\frac{t_2 + t}{2}}.$$

Il s'ensuit que *si les temps croissent en progression arithmétique, les excès de température croissent en progression géométrique.*

En effet, la relation précédente peut s'écrire, toutes réductions faites :

$$t_1^2 = tt_2; \quad \text{d'où} \quad t_2 = \frac{t_1^2}{t}.$$

Si l'on pose $t_1 = kt$, il vient $t_2 = k^2t$.

Donc, aux instants 0, 1, 2, 3... les excès de température sont :

$$t, \quad kt, \quad k^2t, \quad k^3t...,$$

c'est-à-dire qu'ils forment une progression géométrique décroissante.

La même loi de Newton est encore applicable à l'*échauffement* d'un corps froid, placé dans une enceinte à température plus élevée.

234. Équilibre mobile de température. — Quand plusieurs corps inégalement chauds sont mis en présence, les plus chauds se refroidissent, les plus froids s'échauffent, jusqu'au moment où tous ces corps sont en équilibre de température.

Tous ces corps, chauds ou froids, rayonnent de la chaleur; mais comme les pouvoirs émissifs varient dans le même sens que les températures, les corps les plus chauds émettent plus de chaleur qu'ils n'en absorbent, et les corps les plus froids en absorbent, au contraire, plus qu'ils n'en émettent.

Quand tous les corps en présence arrivent à la même température, le rayonnement ne cesse point pour cela. Mais alors chaque corps reçoit autant de chaleur qu'il en donne, et sa température demeure invariable. Il y a équilibre de température; mais cet équilibre résulte d'une compensation qui s'établit à chaque instant entre les quantités de chaleur émises et absorbées. C'est ce que l'on exprime en disant qu'il y a équilibre *mobile* de température.

3. CONDUCTIBILITÉ CALORIFIQUE

235. Conductibilité. — La conductibilité calorifique est la transmission de la chaleur dans un milieu matériel, qui s'échauffe de proche en proche, de telle sorte qu'un point éloigné de la source ne s'échauffe pas avant que tous les points intermédiaires se soient eux-mêmes échauffés.

Les divers corps ne possèdent pas également cette propriété conductrice.

Une barre de cuivre chauffée à l'une des extrémités s'échauffe peu à peu jusqu'à l'autre extrémité. Une tige de verre ou de bois, au contraire, fortement chauffée à l'un des bouts, s'échauffe à peine sur une longueur de quelques centimètres.

Les corps tels que les métaux, qui transmettent aisément la chaleur sont appelés *bons conducteurs;* les autres, comme le bois, les liquides, les gaz, qui la transmettent difficilement, sont dits *mauvais conducteurs.*

256. **Conductibilité des solides.** — Pour comparer les corps solides, au point de vue de la conductibilité calorifique, on peut utiliser l'*appareil d'Ingenhousz* (fig. 191). Dans l'une des faces d'une caisse métallique sont implantées des tiges de substances différentes, que l'on a recouvertes d'une légère couche de cire, en les plongeant pendant quelques instants dans un bain de cire fondue. Quand on remplit la caisse d'eau chaude, la cire fond sur chaque tige avec plus ou moins de rapidité, et sur une longueur d'autant plus considérable que la conductibilité de cette tige est plus grande.

Fig. 191. — Les corps solides ne conduisent pas également la chaleur.

L'argent est le métal le plus conducteur; on le prend comme terme de comparaison, et l'on représente sa conductibilité par 100.

Tous les métaux sont conducteurs, mais à des degrés divers, comme l'indique ce tableau de leurs pouvoirs conducteurs comparés à celui de l'argent.

CONDUCTIBILITÉ CALORIFIQUE

Argent	100	Fer	12
Cuivre	75	Plomb	9
Or	53	Platine	8
Laiton	24	Alliage de Rose	3
Zinc	19	Bismuth	2

Les autres corps solides sont mauvais conducteurs. Les suivants sont rangés par ordre de conductibilité décroissante :

Verre, marbre, porcelaine, charbon, bois.

De tous les solides usuels, le bois est le moins conducteur. C'est ce qui explique l'usage des manches en bois pour les outils que l'on introduit dans le feu, ou pour les ustensiles : théières, casseroles, etc., qui peuvent être fortement chauffés.

257. **Conductibilité des liquides.** — A l'exception du mer-

cure, qui se comporte comme un métal, tous les liquides sont mauvais conducteurs.

Fig. 192. Fig. 193.

Les liquides sont mauvais conducteurs de la chaleur.

Si l'on brûle de l'alcool à la surface de l'eau, dans une éprouvette (fig. 192), un thermomètre implanté à une faible profondeur au-dessous de la surface libre n'accuse que très lentement une légère élévation de température.

On peut faire bouillir de l'eau à la partie supérieure d'un tube (fig. 193), sans faire fondre un morceau de glace retenu au fond.

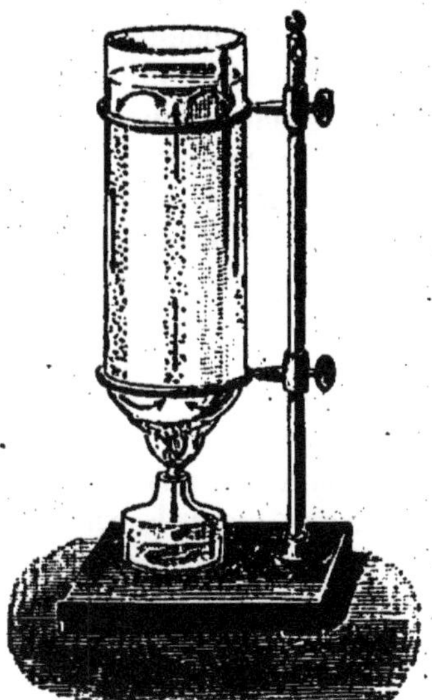

Fig. 194. — Échauffement de l'eau par convection.

Convection dans les liquides. — Quand on chauffe un liquide par la partie inférieure du vase, les couches profondes s'échauffent et se dilatent. Devenues plus légères, elles s'élèvent au sein du liquide et sont remplacées par les couches supérieures restées plus denses. C'est par suite de ces mouvements ascendants et descendants que les diverses parties de la masse liquide se mettent en équilibre de température. Ce mode de propagation de la chaleur est connu sous le nom de *convection*. On l'observe aisément (fig. 194) lorsqu'on chauffe dans une cloche en verre de l'eau contenant de la sciure de bois en suspension.

258. Conductibilité des gaz. — Les gaz sont très mauvais conducteurs. Ils s'échauffent aisément par convection; mais quand ils sont emprisonnés dans une matière filamenteuse, telle que le duvet, qui divise la masse et rend la circulation difficile, on constate qu'ils ont une conductibilité extrêmement faible. C'est ce qui explique l'usage des fourrures, des édredons, des vêtements de laine.

L'hydrogène est le seul gaz auquel on puisse attribuer une certaine conductibilité. Une spirale de platine incandescente se refroidit beaucoup plus vite dans l'hydrogène que dans l'air. Cela tient sans doute à la conductibilité de l'hydrogène.

259. Applications usuelles de la conductibilité. — 1° Quand on applique la main sur du fer ou sur du marbre, on éprouve une sensation de froid que l'on ne ressent pas en touchant du bois à la même température. C'est que la chaleur de la main échauffe seulement le bois à la surface, parce qu'il est mauvais conducteur; tandis qu'elle pénètre plus profondément dans une masse plus conductrice.

2° Les vêtements ou les couvertures de laine nous garantissent du froid pendant l'hiver, parce qu'ils emprisonnent une couche d'air mauvais conducteur.

3° Pour conserver de la glace, pendant l'été, il suffit de l'envelopper de laine, ou de l'entourer de sciure de bois. Ces corps mauvais conducteurs empêchent l'accès de la chaleur.

Les briquettes fabriquées avec du liège aggloméré constituent un isolant très efficace contre le chaud ou contre le froid. On en tapisse les parois internes des glacières, et l'on en recouvre extérieurement les tuyaux dans lesquels on conduit à distance de l'eau chaude ou de la vapeur.

4° Dans les pays froids, on construit les habitations avec des matériaux mauvais conducteurs, comme la brique ou le bois. On a recours aux doubles parois ou aux doubles fenêtres, qui immobilisent une couche d'air.

Les fourneaux en briques ou en faïence s'échauffent moins rapidement que s'ils étaient en fonte ou en fer; mais ils se refroidissent aussi beaucoup plus lentement.

5° Quand on introduit une toile métallique horizontale au milieu d'une flamme, cette flamme subsiste au-dessous de la toile, mais elle ne la traverse pas. Inversement, si l'on fait passer à travers une toile métallique le courant de gaz qui s'échappe d'un brûleur, on peut enflammer ce gaz au-dessus de la toile, mais la flamme ne descend pas au-dessous.

On explique ces deux expériences par la conductibilité du métal, et par la grande surface de la toile, qui dissipe rapidement dans l'air la chaleur qu'elle reçoit. Le gaz enflammé qui traverse cette toile éprouve un abaissement de température assez considérable pour empêcher la combustion.

Cette propriété des toiles métalliques est utilisée dans la construction des *lampes de sûreté*, imaginées par Davy, pour préserver des explosions du *grisou* les ouvriers qui travaillent dans les mines de houille.

La lampe de sûreté est une lampe à huile, dont la flamme est entourée d'une cheminée de verre, surmontée d'un cylindre en toile métallique fermé par le haut.

Le grisou peut s'enflammer à l'intérieur de cette lampe, mais la toile métallique empêche la combustion de se propager au dehors.

Pour prévenir toute imprudence, la lampe est construite de telle façon que le mineur ne peut pas l'ouvrir sans commencer par l'éteindre.

CHAPITRE X

PRINCIPE DES MACHINES A VAPEUR

260. Machines thermiques. — On appelle *machine thermique* toute machine capable de produire un travail mécanique, moyennant une dépense de chaleur.

Les divers genres de machines thermiques sont fort nombreux. On distingue les machines à vapeur, les moteurs à pétrole, les moteurs à gaz, etc., et chacun de ces genres comprend à son tour des types extrêmement variés.

Nous n'avons à nous occuper ici que des machines à vapeur, en nous bornant à quelques généralités sur les types les plus communs.

261. Machine à vapeur. — La machine à vapeur est un appareil destiné à transformer en énergie mécanique, une partie de l'énergie chimique qui se trouve emmagasinée dans un combustible, par exemple dans le charbon de terre. En brûlant le charbon de terre, on transforme son énergie en chaleur, que l'on confie à un corps intermédiaire, qui la transformera lui-même en travail.

Fig. 195.

Ce corps intermédiaire est l'eau. On chauffe l'eau en vase clos; elle passe à l'état de vapeur; et c'est la pression de cette vapeur qui est utilisée comme force motrice.

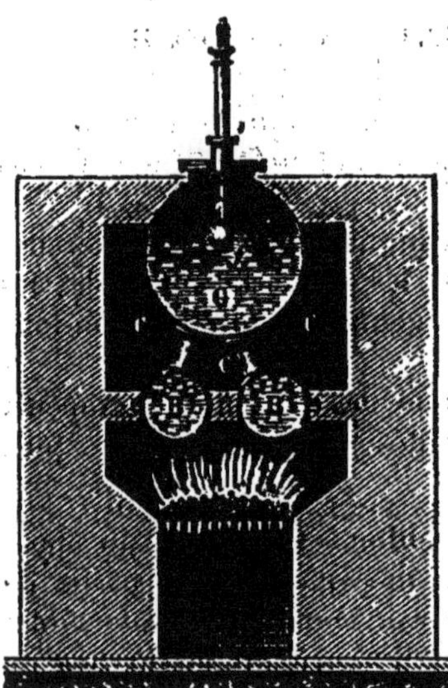

Fig. 196. — Chaudière à bouilleurs.

La machine à vapeur se compose de plusieurs parties essentielles: la vapeur est produite dans une chaudière ou *générateur*. Un mécanisme de *distribution* la fait agir alternativement sur les deux faces d'un *piston*, mobile dans un *cylindre*. Enfin, le mouvement de va-et-vient du piston est transformé, par un mécanisme spécial, en un mouvement circulaire continu, imprimé à un *arbre de couche* qui actionne les *machines-outils*.

262. Générateur (fig. 195 et 196). — Dans les grandes machines fixes, la *chaudière* ou *générateur* se compose d'un vaste cylindre G arrondi à ses extrémités et communiquant par de gros tubes avec deux cylindres B, B' placés au-dessous. Ces *bouilleurs* B, B' reçoivent directement l'action de la flamme. Après avoir contourné les bouilleurs et le générateur, les gaz chauds produits par la combustion s'échappent par une cheminée K.

Les accessoires du générateur sont :

1° Un orifice T, appelé *trou d'homme*, pour le nettoyage et les réparations.

2° Un *flotteur* à contrepoids *c*, qui fait connaître le niveau de l'eau.

3° Un *sifflet d'alarme s*, qui se ferait entendre automatiquement, si le niveau de l'eau descendait au-dessous de la surface de chauffe.

4° Une *soupape de sûreté* S, qui s'ouvrirait d'elle-même si la pression intérieure dépassait une certaine limite.

5° Un *tube d'alimentation a*, pour l'introduction de l'eau.

6° Un tube *v*, pour la prise de vapeur.

7° Il y a en outre un *niveau d'eau* en verre, et un *manomètre* métallique qui indique la pression.

203. Distribution de la vapeur. — Il faut faire agir la vapeur alternativement sur les deux faces du piston T, mobile à l'intérieur du cylindre (fig. 197). A cet effet, le cylindre porte en son milieu une chambre rectangulaire appelée *boîte à vapeur*, dans laquelle la vapeur arrive par un tube *c*, et qui présente encore trois autres ouvertures : les deux premières *a*, *b*, dites *lumières d'admission*, communiquent respectivement avec les deux extrémités du cylindre ; la troisième *o*, dite *lumière d'échappement*, communique avec l'atmosphère ou avec un *condenseur*. Un *tiroir* que la machine fait mouvoir elle-même, au moyen d'une tige *t*, ferme alternativement chacune des lumières *a* et *b*.

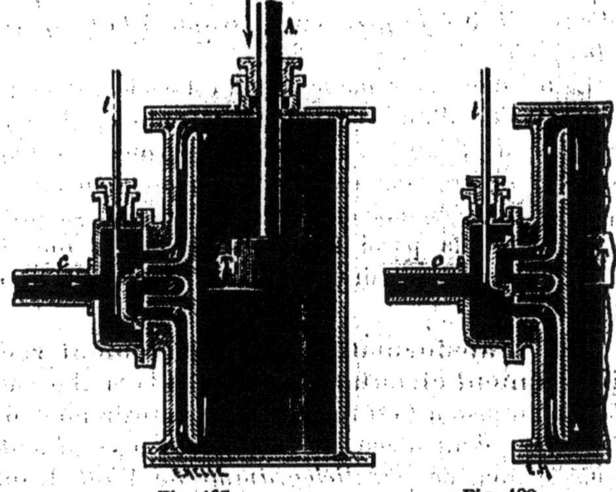

Fig. 197. Fig. 198.
Distribution de la vapeur.

Quand le piston est en bas de sa course, le tiroir est en haut de la sienne (fig. 198).

Alors la vapeur pénètre par l'orifice *b*, presse le piston par-dessous, et le fait remonter jusqu'en haut. Pendant ce temps, la vapeur qui était au-dessus du piston est chassée dans le tiroir par l'orifice *a*, et elle s'échappe au dehors par l'orifice *o*.

Quand le piston arrive en haut de sa course, le tiroir est en bas de la sienne (fig. 198). Alors la vapeur pénètre dans le cylindre par l'orifice *a*, elle presse le piston par-dessus et le fait descendre, tandis que la vapeur confinée au-dessous est refoulée dans le tiroir, puis dans le condenseur par les orifices *b* et *o*.

264. **Détente.** — Si la vapeur pénétrait dans le cylindre pendant toute la course du piston, elle exercerait sur celui-ci une pression constante; mais, par une disposition convenable du tiroir, on ne la laisse pénétrer que pendant une partie de la course, par exemple $\frac{1}{5}$ ou même $\frac{1}{10}$ de la course du piston. Sur ce trajet, la vapeur introduite agit à pleine pression; après quoi elle se *détend*, et sa pression diminue de plus en plus; mais cette pression reste suffisante pour chasser le piston jusqu'à l'extrémité de sa course. On fait ainsi une grande économie de vapeur, et l'expérience prouve que la force motrice de la vapeur est mieux utilisée.

265. **Condenseur.** — Le condenseur est un réservoir clos, dans lequel on injecte constamment de l'eau froide, et où vient se condenser presque instantanément la vapeur qui s'échappe du cylindre.

Son emploi est fondé sur le principe suivant, dit **principe de Watt**, ou de la **paroi froide** : *Quand une vapeur est dans une enceinte à parois inégalement chaudes, sa pression est partout la même, et elle se réduit à la pression saturante à la température du point le plus froid.*

La force qui entraîne le piston est égale à la poussée de la vapeur qui travaille d'un côté, moins la poussée de la vapeur qui est refoulée de l'autre côté. Si cette dernière s'échappe dans l'atmosphère, sa pression est égale à la pression atmosphérique; mais quand elle s'échappe dans un condenseur, sa pression, d'après le principe de la paroi froide, se réduit à une valeur beaucoup moindre; ce qui diminue d'autant la force antagoniste appliquée au piston.

266. **Transformation du mouvement rectiligne en un mouvement circulaire.** — **1° Dans la machine de Watt (fig. 199)**, la tige du piston *t* est reliée à l'une des extrémités d'un *balancier* B, au moyen d'un ingénieux système de tiges articulées JHC, connu sous le nom de *parallélogramme de Watt*. L'autre extrémité du balancier C' s'articule avec une *bielle* D, et celle-ci avec une manivelle M, calée sur l'*arbre de couche*, c'est-à-dire sur un cylindre horizontal pouvant tourner sur des coussinets.

Le parallélogramme de Watt transforme le mouvement rectiligne alternatif du piston en un mouvement circulaire alternatif imprimé au balancier ; puis, le système bielle et manivelle transforme ce mouvement du balancier en une rotation continue, imprimée à l'arbre de couche.

Enfin, sur cet arbre de couche sont calées des *poulies*, qui, à l'aide de courroies, actionnent les *machines-outils*.

Fig. 199.

Le mouvement de la machine est régularisé au moyen d'un *régulateur à boules* K, et d'une grande roue massive V, appelée *volant*.

2° Dans la plupart des machines modernes (fig. 200), il n'y a pas de balancier. La tige du piston s'articule directement en *n* avec la bielle *n*D, et son mouvement rectiligne alternatif est transformé en mouvement circulaire continu par le système bielle et manivelle, *n*D, ME.

Le tiroir T est actionné par une tige S commandée par un excentrique E, calé comme la manivelle M, sur l'arbre de couche O.

267. Rendement théorique. — Soit Q la quantité de chaleur fournie à l'eau de la chaudière pour la transformer en vapeur. Si l'on désigne par J l'équivalent mécanique de la calorie, cette quantité de chaleur représente une quantité d'énergie égale à JQ.

En actionnant le piston, la vapeur se refroidit, et toute la chaleur qu'elle perd se transforme en travail. Soit W cette quantité de

Fig. 200.

travail effectuée sur le piston, et transmise par lui aux divers mécanismes.

En sortant du cylindre, la vapeur n'est jamais dépourvue de chaleur ; elle en conserve toujours une quantité notable Q', qui va se perdre dans atmosphère ou dans le condenseur.

Cette chaleur perdue Q' représente une quantité d'énergie JQ' qui ne s'est pas transformée en travail.

L'énergie fournie à la machine est exactement égale à l'énergie rendue ; on a :

$$JQ = W + JQ';$$

mais une partie seulement a été restituée sous forme de travail.

Il en est toujours ainsi : *Une machine thermique ne restitue jamais intégralement sous forme de travail l'énergie qu'elle reçoit sous forme de chaleur.*

On appelle **rendement théorique** *de la machine le rapport qui existe entre le travail obtenu* W, *et l'énergie calorifique dépensée* JQ.

D'après l'équation précédente, on a :

$$W = JQ - JQ' = J(Q - Q').$$

Le rendement théorique est donc :

$$\frac{W}{JQ} = \frac{J(Q-Q')}{JQ} \quad \text{ou} \quad \frac{Q-Q'}{Q}.$$

Dans une machine *parfaite*, ce rendement maximum dépend uniquement des températures extrêmes t, t', de la chaudière et du condenseur.

Si l'on représente par $T = 273 + t$, et $T' = 273 + t'$, les températures *absolues* de la chaudière et du condenseur, on démontre que l'on a :

$$\frac{Q}{Q'} = \frac{T}{T'}; \quad \text{d'où :} \quad \frac{Q-Q'}{Q} = \frac{T-T'}{T}.$$

Par exemple, pour $t = 147°$, et $t' = 42°$, le rendement maximum est :

$$\frac{147-42}{147+273} = \frac{1}{4} = 0,25;$$

mais l'expérience prouve qu'avec nos meilleures machines, le rendement théorique ne dépasse pas 0,16.

Ainsi les machines à vapeur ne rendent pas sous forme de travail les $\frac{4}{25}$ de l'énergie qu'on leur fournit sous forme de chaleur, et elles dépensent en pure perte plus des $\frac{21}{25}$ de cette énergie.

Nous allons voir que leur rendement pratique est encore beaucoup plus petit.

268. Rendement pratique. — L'énergie calorifique réellement dépensée n'est pas la quantité de chaleur absorbée par l'eau pour se transformer en vapeur; elle doit se mesurer par le combustible brûlé dans le foyer. Un gramme de charbon dégage, en brûlant, à peu près 8000 calories; mais une grande partie se perd dans la cheminée et n'est pas utilisée à l'échauffement de l'eau.

D'autre part, le travail réellement utile n'est pas celui que la vapeur effectue sur le piston; c'est celui qui parvient jusqu'aux machines-outils. Or, une grande partie du travail moteur effectué sur le piston est absorbé en pure perte par les mécanismes : dans les chocs, les frottements et toutes les résistances passives.

Aussi, le rendement théorique surpasse-t-il de beaucoup le rendement pratique.

Le **rendement pratique** *est le rapport qui existe entre le travail réellement utilisé, et l'énergie calorifique totale dépensée dans le foyer.*

L'expérience prouve que, dans les meilleures machines à vapeur, ce *rendement pratique* est compris entre 0,08 et 0,09 ; ce qui correspond, en moyenne, à une dépense de 1 kilogramme de charbon, par cheval et par heure.

269. **Puissance.** — On appelle **puissance** *d'une machine la quantité de travail qu'elle peut fournir en l'unité de temps.*

Son unité dépend des unités adoptées pour le travail et pour le temps.

1° Dans le système C. G. S., l'**unité de puissance** *est la puissance d'un moteur qui effectue 1 erg dans 1 seconde. L'unité pratique* est le **watt**, qui vaut un *joule* (ou 10^7 ergs) par seconde.

2° L'ancienne unité industrielle, ou **cheval-vapeur**, *est une puissance de 75 kilogrammètres par seconde.*

Elle vaut :	$75 \times 9,81 \times 10^7$	ergs par seconde,
ou	$75 \times 9,81$	joules par seconde,
ou à peu près	736	watts.

ACOUSTIQUE

CHAPITRE PREMIER

NATURE DU SON

270. **Nature du son.** — **L'Acoustique** *a pour objet l'étude physique des* **sons**, c'est-à-dire des *phénomènes que nous percevons par le sens de l'ouïe.*

Un son résulte de trois phénomènes successifs :

1° Sa *production*, par le mouvement vibratoire d'un corps sonore;

2° Sa *transmission*, par un milieu élastique qui propage ce mouvement suivant le mode ondulatoire ;

3° Sa *réception* par l'oreille.

Ce dernier phénomène ressort de la physiologie. Nous nous occuperons seulement des deux premiers, et nous nous bornerons à en faire une étude sommaire.

Fig. 201.
Vibrations d'une verge.

§ I. VIBRATIONS SONORES

271. **Production du son.** — *Tout son est produit par le mouvement vibratoire d'un corps.*

Toutes les fois qu'un corps rend un son, l'expérience prouve que ce corps est animé d'un mouvement *vibratoire;* c'est-à-dire d'un mouvement de va-et-vient très rapide, autour d'une position d'équilibre.

1° Une *verge d'acier* étant fixée à l'une de ses extrémités (fig. 201), on la fait vibrer en l'écartant de sa position d'équilibre et en l'abandonnant ensuite à elle-même. Elle rend un son dès qu'elle effectue des oscillations suffisamment rapides.

2° Une *corde métallique* tendue fait entendre un son lorsqu'on la *pince*. Alors elle est animée d'un mouvement vibratoire très rapide, qui lui donne l'aspect d'un fuseau (fig. 202), à cause de la

Fig. 202. — Vibrations d'une corde.

persistance des impressions lumineuses.

3° Une *cloche en verre* ou en cristal rend un son quand on frotte ses bords avec un archet (fig. 203). Son mouvement vibratoire peut être mis en évidence au moyen d'un petit pendule P, dont la boule est vivement repoussée par les chocs.

Fig. 203. — Vibrations d'une cloche.

4° On fait parler, au moyen d'une soufflerie, un tuyau sonore ayant une face en verre (fig. 204). Si l'on introduit dans ce tuyau une petite membrane, tendue horizontalement et recouverte de sable, l'agitation du sable manifeste le mouvement vibratoire de l'air intérieur.

Fig. 204. — Vibrations de l'air dans un tuyau sonore.

Diapasons. — Dans les expériences d'acoustique, on emploie souvent, pour la production des sons, de petits instruments appelés *diapasons*.

Un *diapason* est une fourchette d'acier à deux branches. On le met en vibration en le frottant avec un archet (fig. 205), ou en écartant brusquement ses deux branches à l'aide d'un petit cylindre que l'on fait passer entre elles (fig. 206).

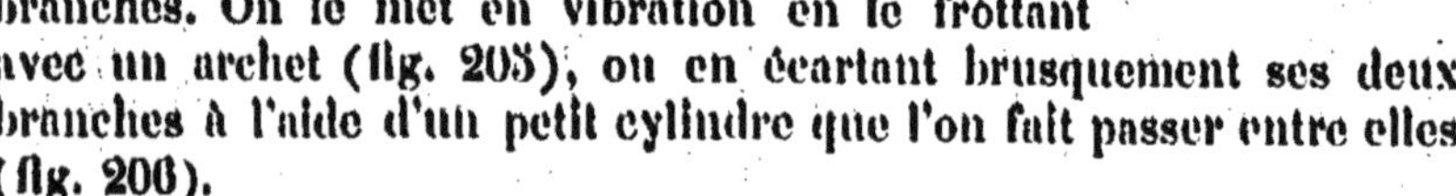

Si le diapason est assujetti sur une caisse de résonance, on peut l'entendre de loin; si non, il faut l'approcher de l'oreille.

En approchant la pointe tout près du doigt ou des lèvres, on perçoit très facilement le mouvement vibratoire dont les deux branches sont animées. Quand ce mouvement s'arrête, le son disparaît avec lui.

Méthode graphique. — La méthode la plus simple et la plus précise pour mettre en évidence le mouvement vibratoire d'un corps sonore, et pour étudier ce mouvement en lui-même, sans le secours de l'oreille, est la *méthode d'enregistrement graphique.*

Cette méthode consiste à faire tracer par le corps sonore lui-même la courbe figurative de son mouvement.

Fig. 205. — Diapason sur une caisse de résonance.

Fig. 206. — Diapason mis en vibration par un cylindre passé de force entre ses branches.

1° *Inscription sur une surface plane.* A l'extrémité de l'une des branches d'un diapason, fixons un petit stylet flexible, une soie de porc, par exemple, qui appuiera sur une plaque de verre noircie au noir de fumée (fig. 207). Si la plaque restait fixe, le stylet, dans son

Fig. 207. — Inscription d'un mouvement vibratoire sur une plaque noircie.

mouvement de va-et-vient, dessinerait simplement une petite droite; mais si l'on déplace la plaque d'un mouvement assez rapide, on obtient une courbe sinueuse.

2° *Inscription sur un cylindre.* Pour obtenir des sinuosités bien régulières, il faudrait donner à la plaque de verre un mouvement de translation uniforme. Il est plus commode de lui substituer un cylindre (fig. 208), que l'on fait tourner à l'aide d'une manivelle, ou

Fig. 208. — Vibroscope : inscription sur un cylindre.

mieux, à l'aide d'un mouvement d'horlogerie. Le cylindre est porté par un axe fileté, qui s'engage dans un écrou ; de sorte qu'en tournant, il se déplace aussi parallèlement à son axe.

Quand le diapason ne vibre pas, et que l'on fait tourner le cylindre, le stylet décrit une hélice. Cette hélice devient sinueuse quand le diapason vibre, et chaque sinuosité représente une vibration.

§ II. ONDES SONORES

272. Transmission du son. — Pour qu'un son parvienne à l'oreille, il faut qu'il existe, entre le corps sonore et l'oreille, une suite non interrompue de milieux élastiques, capables de participer au mouvement vibratoire du corps sonore, et de le transmettre au tympan.

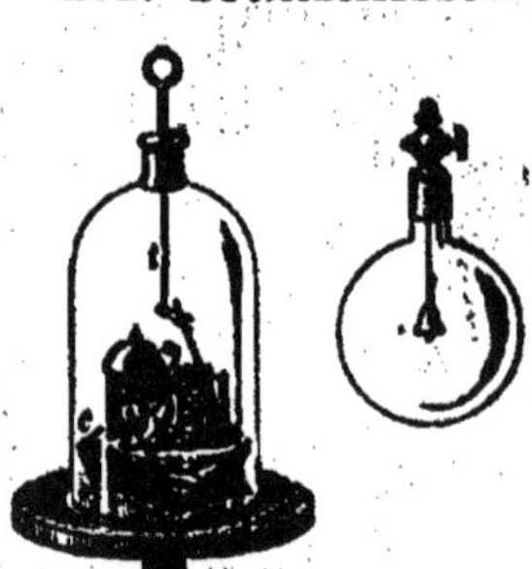

Fig. 209. — Le son ne se propage pas dans le vide.

1° *Le son ne se propage pas dans le vide.* Sous la cloche d'une machine pneumatique, plaçons sur un coussinet de laine une sonnerie actionnée par un mouvement d'horlogerie (fig. 209). A mesure qu'on fait le vide, le bruit de la sonnerie s'affaiblit de plus en plus, et il finit par devenir imperceptible. Quand on laisse rentrer l'air d'une manière progressive, le bruit se fait entendre de nouveau, avec une intensité croissante.

2° *L'air qui transmet un mouvement vibratoire participe lui-même à ce mouvement.* Si l'on place à proximité d'un corps sonore une membrane verticale tendue, contre laquelle s'appuie un pendule léger, le mouvement vibratoire de l'air se transmet à la membrane, comme on le constate par l'agitation du pendule.

3° *Le son se propage mieux dans les liquides que dans les gaz; et mieux encore dans les solides.*

En appliquant l'oreille à l'une des extrémités d'une poutre en bois ou en fer, on entend facilement un frottement léger exercé à l'autre extrémité.

Les corps mous, comme le caoutchouc, la laine, le coton, ne conduisent pas le son; n'ayant pas l'élasticité voulue pour participer au mouvement vibratoire, ils éteignent les vibrations sonores.

Propagation ondulatoire du mouvement sonore. — Le son se propage dans tous les sens autour du corps sonore, de manière que l'air ambiant se divise en couches sphériques concentriques qui grandissent de plus en plus (fig. 210).

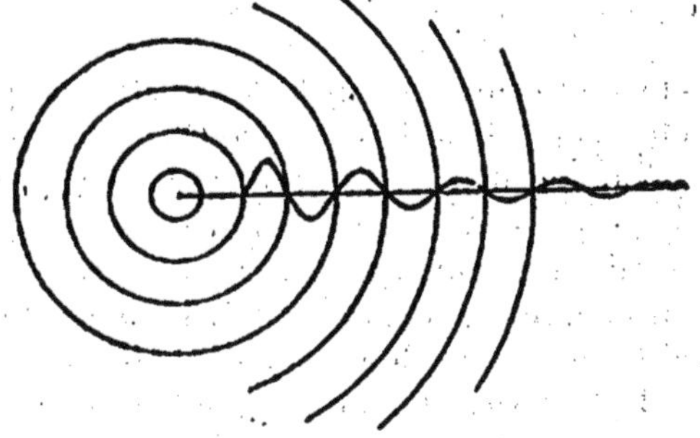
Fig. 210.

Les ondes sonores peuvent être comparées aux ondes liquides qui se produisent à la surface d'une eau tranquille, autour d'un point ébranlé par la chute d'une pierre.

Le mécanisme de cette propagation ondulatoire sera étudié dans un autre cours.

Vitesse de propagation du son. — 1° **Dans l'air** à 0°, le son se propage avec une vitesse v_0, égale à 331m par seconde.

Cette vitesse augmente avec la température. A t°, elle devient :

$$v = v_0 \sqrt{1 + \alpha t};$$

α étant le coefficient de dilatation des gaz.

Vers 15°, la vitesse du son dans l'air est de 340m par seconde.

2° **Dans l'eau**, à la température de 8°, la vitesse du son est :

$$V = 1435^m.$$

3° **Dans la fonte**, le son se propage dix fois plus vite que dans l'air.

273. Réflexion du son. — Quand les ondes sonores issues d'un point O (fig. 211) rencontrent un obstacle plan MN, elles se réflé-

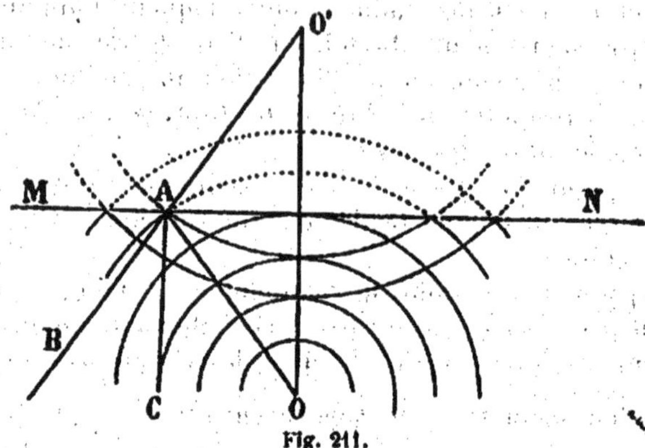

Fig. 211.

chissent contre cet obstacle, et elles se propagent ensuite comme si elles émanaient d'un centre O' symétrique de O par rapport à MN.

On appelle rayon sonore toute droite OA suivant laquelle le son se propage. A chaque *rayon incident* OA issu du centre O, correspond un *rayon réfléchi* AB, qui semble venir du point O'. Menons au plan MN la *normale* AC. L'angle OAC se nomme l'*angle d'incidence*, et l'angle CAB l'*angle de réflexion*.

La réflexion du son s'opère d'après les lois suivantes, qui régissent aussi la réflexion de la lumière.

1° *Le rayon réfléchi est situé dans le plan d'incidence;*

2° *L'angle de réflexion est égal à l'angle d'incidence.*

274. Écho. — L'écho est la répétition d'un son qui parvient successivement à l'oreille de deux manières différentes : d'abord d'une manière directe, puis après s'être réfléchi contre un obstacle.

Pour que l'oreille entende distinctement deux sons brefs consécutifs, il faut qu'il s'écoule entre eux un intervalle d'au moins $\frac{1}{10}$ de seconde.

D'après cela, cherchons à quelle distance minimum un observateur doit se placer en face d'un grand mur, par exemple, pour entendre l'écho de sa voix.

Si le mur est à une distance d, le son incident, puis le son réfléchi parcourent une distance totale $2d$; ce qui, à raison de 340^{m} par seconde, exige un temps : $\frac{2d}{340}$.

En écrivant que cette durée surpasse $\frac{1}{10}$ de seconde, on obtient la condition :

$$\frac{2d}{340} > \frac{1}{10};$$

d'où :

$$d > 17^{m}.$$

Ce n'est là qu'une limite extrême, qui doit généralement être doublée pour un écho monosyllabique, à cause de la durée d'émission d'un cri ou d'une syllabe.

Si la distance minimum devient double, triple, quadruple, l'écho peut répéter un ensemble de 2, 3, 4 syllabes.

CHAPITRE II

QUALITÉS DU SON

275. Qualités physiologiques du son. — Les sons différents se distinguent entre eux par la *hauteur*, l'*intensité* ou le *timbre*.

1° *La* **hauteur** *est la qualité que l'on exprime en disant que deux sons sont* **à l'unisson**, *ou bien que l'un est* **plus grave** *et l'autre* **plus aigu.**

2° **L'intensité** *est la qualité d'après laquelle un son nous paraît* **faible** *ou* **fort.**

3° *Le* **timbre** *est la qualité qui différencie deux sons de même hauteur et de même intensité, produits par des instruments différents;* par exemple, la même note donnée par un violon, une flûte, un cor de chasse.

Interprétation physique. — Chacune de ces qualités de la sensation auditive correspond à une particularité du mouvement vibratoire dont le corps sonore est animé.

Cette particularité se retrouve dans chacune des vibrations; car le mouvement vibratoire est *périodique*, c'est-à-dire que toutes les vibrations sont semblables, et qu'elles sont représentées graphiquement par des sinuosités identiques.

La *hauteur* est caractérisée par la *durée* des vibrations : aux vibrations sonores les plus lentes correspondent des sons graves, aux plus rapides des sons aigus.

L'*intensité* dépend de l'*amplitude* des vibrations : elle varie dans le même sens que cette amplitude.

Le *timbre* dépend de la *forme* des vibrations, c'est-à-dire de la forme des sinuosités de la courbe figurative.

§ I. — HAUTEUR DES SONS

270. Hauteur. — *La hauteur d'un son se mesure par la fréquence des vibrations ;* c'est-à-dire par le nombre des vibrations que le corps sonore effectue en une seconde.

Deux sons de même hauteur correspondent à un même nombre de vibrations par seconde.

Pour deux sons de hauteurs différentes, les vibrations sont moins rapides pour le son grave, plus rapides pour le son aigu.

C'est ce que l'on vérifie aisément par la méthode graphique.

On inscrit côte à côte, sur un même cylindre enregistreur, les diagrammes des deux mouvements vibratoires ; par exemple, le mouvement d'un diapason et celui d'une corde vibrante (fig. 212) ; puis on compte sur les deux courbes le nombre des sinuosités comprises entre deux génératrices quelconques tracées sur le cylindre ; c'est-à-dire des vibrations effectuées dans un même intervalle de temps.

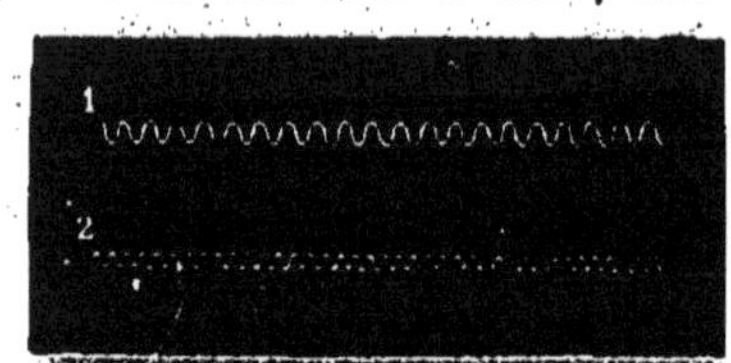

Fig. 212. — La hauteur d'un son dépend de la hauteur des vibrations.

Pour deux sons de même hauteur, on trouve toujours un même nombre de sinuosités sur les deux courbes.

Pour un son plus aigu, on constate que les sinuosités sont plus nombreuses.

Cylindre enregistreur de Marey. — Quand on veut faire ces expériences d'une manière un peu précise, on emploie le cylindre enregistreur de Marey (fig. 213). C'est un cylindre mobile autour d'un

Fig. 213. — Cylindre enregistreur de Marey.

axe horizontal, et actionné par un mouvement d'horlogerie, rendu isochrone par un régulateur à ailettes. En général, son axe n'est pas fileté, et il ne prend pas de lui-même de mouvement de translation. Mais certains appareils sont montés sur un chariot, qu'un mécanisme déplace lentement sur des rails parallèles à l'axe du cylindre.

Les battements d'un pendule à seconde peuvent être enregistrés sur le cylindre par un style commandé par un électro-aimant, dans lequel un courant électrique très court est lancé à chaque battement du pendule.

Mesure de la hauteur d'un son. — Mesurer la hauteur d'un son, c'est déterminer le nombre de vibrations que le corps sonore accomplit pendant chaque seconde.

Pour cela, on fait inscrire à la fois sur le cylindre enregistreur le mouvement vibratoire de ce corps et les battements d'un pendule à seconde. Tout revient ensuite à compter sur la courbe le nombre des sinuosités comprises entre deux battements de l'horloge.

A défaut de cette dernière, on peut mesurer le temps au moyen d'un diapason dont on fait inscrire le mouvement sur le cylindre, et dont les vibrations ont une durée connue. Ou bien, on régularise le mouvement de rotation du cylindre, et, en comptant le nombre de rotations qu'il effectue en un temps donné, on détermine la durée de chaque tour.

277. Échelle musicale. 1° Gamme. — La gamme naturelle est une suite de sons dont les nombres de vibrations sont proportionnels aux nombres suivants (inscrits sous le nom des notes correspondantes) :

ut	*ré*	*mi*	*fa*	*sol*	*la*	*si*	*ut*
1	$\frac{9}{8}$	$\frac{5}{4}$	$\frac{4}{3}$	$\frac{3}{2}$	$\frac{5}{3}$	$\frac{15}{8}$	2

ou, en multipliant tous ces nombres par 24,

24, 27, 30, 32, 36, 40, 45, 48.

2° Octave. — Deux notes sont dites à l'octave l'une de l'autre quand leurs nombres de vibrations sont dans le rapport de 1 à 2. Quoique ces deux notes soient très différentes, puisque l'une est plus grave que l'autre, on leur donne le même nom, parce que notre oreille les identifie pour ainsi dire, comme si elle retrouvait dans la seconde la même note que dans la première.

3° Échelle musicale. — L'échelle des notes usitées en musique comprend une série de gammes semblables, telles que la dernière note de chacune est la première note de la gamme suivante.

Ainsi, les notes de chaque gamme sont les octaves aiguës des notes de la précédente, et les octaves graves des notes de la suivante.

On distingue entre elles les différentes gammes par des indices 1, 2, 3..., toutes les notes d'une même gamme étant affectées du même indice.

La gamme ut_1 $ré_1$ mi_1... est celle qui commence à l'*ut* grave du violoncelle.

4° **Diapason normal.** — La hauteur de l'échelle musicale est arbitraire, car on peut la faire commencer à la note que l'on veut.

Mais on est convenu de la fixer d'une manière précise à l'aide d'un *diapason*, sur lequel les musiciens peuvent accorder leurs instruments.

Le diapason adopté donne le *la* normal ou la_3, qui correspond à 435 vibrations complètes (ou 870 vibrations simples) par seconde.

§ II. — INTENSITÉ DES SONS

278. Intensité. — *L'intensité du son dépend uniquement de l'amplitude des vibrations;* elle décroît à mesure que l'amplitude diminue ou que les vibrations s'amortissent.

Quand on fait vibrer un diapason, on constate que le son s'affaiblit avec le temps et qu'il finit par s'éteindre. Si l'on enregistre sur un cylindre les vibrations de ce diapason (fig. 214), on reconnaît que les sinuosités conservent la même longueur (caractéristique d'une hauteur invariable), mais qu'elles occupent une largeur de plus en plus petite, à mesure que le son s'affaiblit.

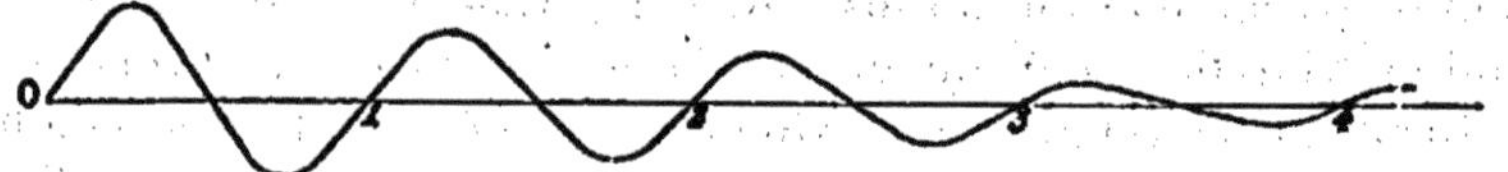

Fig. 214. — Amortissement d'un mouvement vibratoire.

L'intensité du son est mesurée par l'énergie mise en jeu dans le mouvement vibratoire, et cette énergie est proportionnelle au carré de l'amplitude des vibrations.

Variation de l'intensité du son avec la distance. — Quand l'oreille est située à une certaine distance du corps sonore, l'intensité de la sensation dépend, non pas de l'amplitude des vibrations du corps sonore lui-même, mais de l'amplitude des vibrations de l'onde sonore qui parvient à l'oreille.

Or cette dernière amplitude diminue à mesure que les ondes sonores s'agrandissent; et l'*intensité sonore est en raison inverse du carré de la distance.*

L'intensité sonore est mesurée par l'énergie du mouvement vibratoire. Or cette énergie se répand sur des ondes sphériques dont le rayon augmente avec la distance.

On sait que la surface d'une sphère est proportionnelle au carré du rayon.

Donc aux distances 1, 2, 3, 4..., l'énergie est distribuée sur des surfaces 1, 4, 9, 16..., et dès lors, en chaque point, elle devient 4, 9, 16... fois plus petite.

§ III. — TIMBRE DES SONS

279. Timbre. — ***Le timbre d'un son dépend de la forme de sa vibration;*** c'est-à-dire de la forme de la courbe figurative tracée par le corps sonore sur le cylindre enregistreur.

Deux sons de même hauteur et de même intensité, rendus par des instruments différents, donnent des courbes périodiques dont les périodes ont la même longueur et la même largeur, mais ne sont cependant pas identiques.

Les diapasons donnent des courbes dont la forme est particulièrement simple (fig. 215).

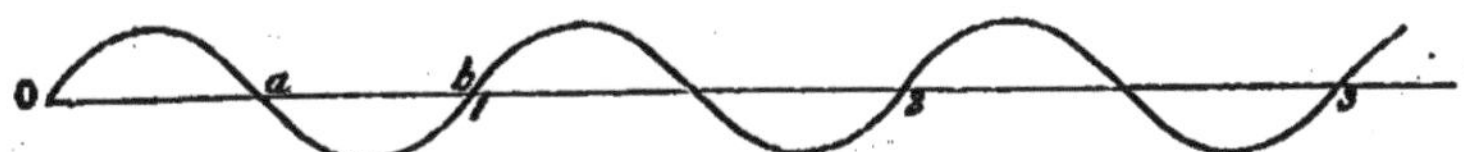

Fig. 215. — Le mouvement pendulaire est représenté par une sinusoïde.

Cette forme est dite ***sinusoïdale***, et le mouvement vibratoire correspondant est ce que l'on appelle un mouvement ***pendulaire.***

Les tuyaux sonores, les cordes vibrantes, les cloches donnent des courbes périodiques de plus en plus compliquées (fig. 216, A, B, C).

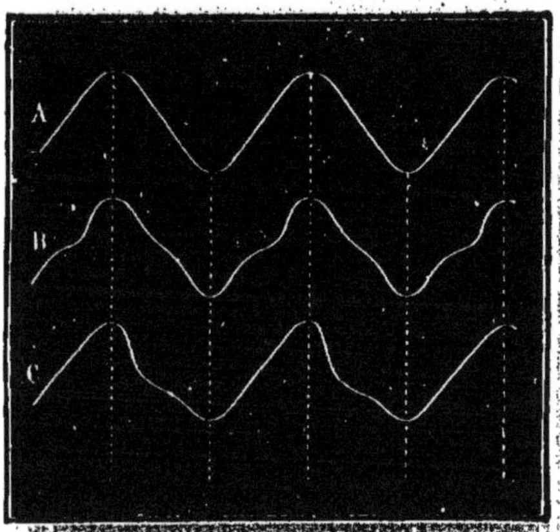

Fig. 216. — Les timbres [les] plus harmonieux correspondent aux vibrations les plus compliquées.

FIN

PROBLÈMES

MÉCANIQUE

CHAPITRE I — CINÉMATIQUE

Mouvement uniforme

1. — *Un bicycliste a parcouru un espace* $e = 18^{km}$ *en un temps* $t = 45^{m}$. *Quelle a été sa vitesse moyenne en mètres par seconde?*

2. — *La terre tourne sur elle-même en* 23.870 *heures solaires moyennes. Quelle est, dans ce mouvement, la vitesse d'un point de l'équateur, sachant que la circonférence équatoriale a pour longueur* $40.076.625^{m}$.

3. — *Tracer la ligne figurative du mouvement représenté par chacune des équations suivantes :*

1° $$e = 4 + 2t;$$

2° $$e = -1 + \frac{t}{3};$$

3° $$e = 3 - t;$$

4° $$e = -5\left(1 + \frac{t}{2}\right).$$

4. — *Trouver la formule d'un mouvement uniforme, sachant qu'aux instants* 5 *et* 8 *les espaces sont respectivement* 7 *et* 16.

5. — *Un mobile décrit une droite d'un mouvement uniforme. A l'origine du temps, il est à* 15^{m} *de l'origine des espaces; deux secondes après, il n'en est plus qu'à* 12^{m}. *A quelle époque sera-t-il au point pris pour origine des espaces?*

6. — *Un mobile décrit une droite avec une vitesse constante. A l'origine du temps il est à* 6^{m} *de l'origine des espaces, où il a passé* 10 *secondes auparavant. A quelle époque le temps et l'espace seront-ils mesurés par un même nombre?*

7. — *Un train met* a *secondes pour pénétrer dans un tunnel, et il commence à en sortir* b *secondes après. Quelle est sa vitesse, sachant que le tunnel a une longueur* l?

Application : $a = 8^{s}$, $b = 40^{s}$, $l = 600^{m}$.

8. — *Un mobile décrit une droite d'un mouvement uniforme, avec une vitesse* v. *Après un temps* t_1 *il est à une distance* e_1 *d'un point de repère* O, *pris pour origine des espaces. A quelle distance* e *sera-t-il de ce même point* O *après un temps* t?

Application : $v = 8^{cm}$, $t_1 = 25^s$, $e_1 = 20^{cm}$, $t = 60^s$.

9. — *Une locomotive conduirait un train de marchandise à sa destination en un temps* t; *une autre locomotive emploierait un temps* t'. *Combien mettront-elles ensemble, en supposant que leurs vitesses s'ajoutent?*

Application : $t = 2^h$, $t' = 1^h,45^m$.

10. — *Deux mobiles se meuvent sur une droite, dans le même sens* AB, *avec des vitesses constantes* v, v'. *A un certain instant, leur distance est* AB = d. *Déterminer l'époque de leur rencontre.*

Application : $v = 8^{cm}$, $v' = 12^{cm}$, $AB = 100^{cm}$.

11. — *Une personne dispose d'un temps* t *pour faire une promenade. Quel chemin peut-elle parcourir, sachant qu'elle part en voiture avec une vitesse* V *et qu'elle revient à pied avec une vitesse* v?

Application : $t = 4^h$, $V = 12^{km}$, $v = 6^{km}$ à l'heure.

12. — *Deux mobiles vont à la rencontre l'un de l'autre, avec des vitesses constantes* v, v'. *A un certain instant, leurs positions respectives* A, B *sont situées de part et d'autre d'un point* C *et aux distances* AC = a, CB = b. *A quelle distance du point* C *se rencontreront-ils?*

Application : $v = 2^{cm}$, $v' = 3^{cm}$, $a = 86^{cm}$, $b = 119^{cm}$.

13. — *Deux locomotives partent au même instant de deux gares* A *et* B. *Chacune d'elles se déplace avec une vitesse constante. Si elles vont à la rencontre l'une de l'autre, elles se rencontrent à* a^{km} *de la station* A. *Si elles avancent toutes deux dans le sens* AB, *elles se rencontrent à* b^{km} *de cette même station. Calculer la distance* AB.

Application : $a = 3^{km}$, $b = 15^{km}$.

14. — *Un train devait parcourir un chemin* e *en un temps* t; *mais, après un temps* t', *le mécanicien est obligé de s'arrêter pendant un temps* θ. *De combien doit-il accroître sa vitesse pendant le reste du trajet pour atteindre sa destination à l'heure indiquée?*

Application : $e = 300^{km}$, $t = 6^h$, $t' = 4^h$, $\theta = 45^m$.

15. — *Deux mobiles cheminent sur une droite avec des vitesses constantes. Trouver l'époque et le lieu de leur rencontre, sachant que leurs abscisses respectives sont* a *et* b *à l'origine du temps et qu'ils passent respectivement à l'origine des espaces aux instants* b *et* a.

16. — *Deux mobiles partent ensemble d'un point* O *avec des vitesses constantes* v, v'. *Ils se dirigent vers un même point* A *donné par la distance* OA = a. *A quel instant diviseront-ils harmoniquement le segment* OA?

17. — *Deux mobiles décrivent une même droite, et leurs distances, à une origine commune, sont données par les formules :*

$$e = 12 - 3t, \qquad e = 6 - 2t.$$

Étudier les variations du rapport de ces distances.

18. — *Deux mobiles décrivent une même droite; leurs mouvements sont définis par les formules :*

$$e = a + bt$$
$$e = a' + b't.$$

Calculer la valeur commune que prennent les rapports de l'espace au temps à l'époque de la rencontre des mobiles.

19. — *Deux mobiles partent ensemble d'un même point O avec des vitesses constantes; ils se meuvent sur une même droite et passent en un point A aux instants θ, θ' respectivement. A quelle époque leurs distances au point A seront-elles dans un rapport donné k?*

20. — *Trois bicyclistes partent ensemble d'un même point dans la même direction. Leurs déplacements respectifs pour un coup de pédale sont proportionnels aux nombres a, a', a''; mais pendant que le premier donne n coups de pédale, le second en donne n' et le troisième n''. Quelle sera la distance mutuelle de ces deux derniers quand le premier aura parcouru un chemin l?*

Application: $a=10$, $a'=11$, $a''=12$, $n=20$, $n'=18$, $n''=16$, $l=1^{km}$.

Mouvement uniformément varié.

21. — *Un mobile se déplace sur une droite d'un mouvement uniformément varié dont l'accélération est γ. Il part sans vitesse initiale à l'origine du temps. Calculer la vitesse acquise et l'espace parcouru par ce mobile après un temps donné t.*

Application: $\gamma=5^{cm}$, $t=12^{s}$.

22. — *Un mobile part du repos et se meut d'un mouvement uniformément accéléré. Quel espace a-t-il parcouru au bout de 12 secondes, sachant qu'à cet instant sa vitesse acquise est égale à 60^{cm}?*

23. — *Un mobile décrit une circonférence de rayon R d'un mouvement uniformément varié, dont l'accélération est γ. Il part d'un point A sans vitesse initiale. Avec quelle vitesse passera-t-il en ce même point A quand il y reviendra pour la n^{me} fois?*

Application: $R=10^{cm}$, $\gamma=981^{cm}$, $n=12$.

24. — *Dans un mouvement uniformément accéléré sans vitesse initiale, le mobile parcourt une longueur l pendant la n^{e} seconde de son mouvement. Quel espace parcourra-t-il pendant la p^{e} seconde?*

Application: $l=48^{cm}$, $n=5$, $p=14$.

25. — *Tracer les lignes figuratives des espaces et des vitesses dans le mouvement qui a pour équations:* $e=4t+t^2$;

$$v=4+2t.$$

On tracera les deux lignes sur une même figure, en les rapportant aux mêmes axes rectangulaires.

26. — *Représenter graphiquement les espaces et les vitesses dans le mouvement défini par l'équation:* $e=3+2t-t^2$.

27. — *Tracer la courbe des espaces et celle des vitesses dans le mouvement donné par la formule:* $e=4-26t+4t^2$,

et déterminer les instants pour lesquels la vitesse et l'espace prennent la même valeur numérique.

28. — *Trouver les formules d'un mouvement uniformément varié, sachant que l'accélération est 8, que la vitesse s'annule pour* $t=3$, *et que l'espace s'annule pour* $t=11$.

29. — *Un mobile décrit une droite d'un mouvement uniformément varié. Aux instants 1, 2, 3, les espaces sont 70, 90 et 100.*
Calculer la vitesse initiale du mobile, son accélération et l'époque de son passage à l'origine des espaces.

CHAPITRE II. — STATIQUE ET DYNAMIQUE

Composition des forces.

30. — *Trois forces appliquées en un même point se font équilibre. Deux d'entre elles sont rectangulaires, et ont pour valeur commune* 10^{kg}*; calculer l'intensité de la troisième force.*

31. — *Deux forces parallèles et de même sens sont appliquées en des points A et B dont la distance est* $AB = 60^{cm}$*. Leurs intensités respectives sont* 5^{kg} *et* 7^{kg}*. Déterminer sur la droite AB le point d'application de leur résultante.*

32. — *Composer deux forces parallèles de sens contraires, d'intensités* 8^{kg} *et* 11^{kg}*, appliquées en deux points dont la distance est égale à* 30^{cm}*.*

33. — *Trois forces parallèles se font équilibre. Leurs points d'application A, B, C sont en ligne droite. Les points A et C sont de part et d'autre du point B, à des distances* $BA = 40^{cm}$ *et* $BC = 30^{cm}$*. La force appliquée en B étant égale à* 14^{kg}*, calculer les deux autres forces.*

Mouvement produit par une force constante.

34. — *Une force constante F est appliquée à une masse M qui part du repos et peut se mouvoir librement sous l'action de cette force. Quels sont, au bout d'un temps t, la vitesse acquise et l'espace parcouru par cette masse?*

Application : $F = 840$ dynes, $M = 35^{gr}$, $t = 5^{s}$.

35. — *Quelle force faut-il appliquer à un corps de masse m, pendant un temps t, pour lui communiquer une vitesse v?*

36. — *Quelle force faut-il appliquer à un corps de masse m, pour lui faire parcourir un espace e en un temps t?*

37. — *Un mobile décrit une trajectoire rectiligne de longueur l. Lancé par une force qui lui communique une accélération* γ*, et qui agit sur lui pendant un temps* θ*, il achève ensuite sa course en vertu de la vitesse acquise. Combien de temps lui faut-il pour parcourir sa trajectoire entière?*

Application : $l = 22^{m},40$, $\gamma = 40^{cm}$, $\theta = 4^{s}$.

38. — *Un obus de* $P = 100^{kg}$ *est lancé par un canon. Il parcourt un trajet de* $l = 2^{m},50$ *à l'intérieur de la pièce et s'en échappe avec une vitesse* $v = 600^{m}$ *à la seconde. Calculer la valeur moyenne de la force propulsive développée par l'explosion de la poudre.*

Travail et force vive.

39. — *Évaluer en kilogrammètres le travail effectué par une force constante* $F = 32^{kg}$ *qui déplace son point d'application de* 125^{cm} *dans sa propre direction.*

40. — *Convertir en kilogrammètres un travail de 11.822 joules.*

41. — *Une force constante* $F = 25^{kg}$, *fait parcourir à son point d'application un chemin rectiligne* $e = 16^{m}$, *dans une direction formant un angle* $\alpha = 60°$ *avec la direction de la force. Évaluer son travail en kilogrammètres et en joules.*

42. — *Un boulet de canon de poids* $P = 60^{kg}$ *est lancé avec une vitesse* $V = 500^{m}$; *quelle est sa force vive?*

43. — *Une force constante* $F = 10^{kg}$ *agit pendant un temps* $t = 6^{s}$ *sur une masse* $M = 12^{kg}$ *qui part du repos et se meut dans la direction de la force. On demande le travail produit par la force et la force vive acquise par la masse.*

Machines simples.

44. — *Un levier horizontal a* 2^{m} *de longueur. Son point fixe est à* 25^{cm} *de l'une des extrémités qui supporte un poids de* 350^{kg}. *Quelle est la force appliquée à l'autre extrémité pour maintenir l'équilibre?*

45. — *Un levier de* $1^{m},50$ *de longueur est mobile autour de l'une de ses extrémités. Il s'appuie contre un obstacle situé à* 12^{cm} *du point fixe et qui maintient la barre dans une position horizontale. Quelle sera la pression exercée sur cet obstacle par un poids de* 40^{kg}, *suspendu à l'autre extrémité?*

46. — *Pour faire équilibre à* 1^{kg} *placé sur l'un des plateaux d'une balance faussée, il faut placer* 1.007^{gr} *sur l'autre plateau. A quelle distance le point de suspension est-il du milieu du fléau, sachant que celui-ci a une longueur de* 54^{cm} ?

47. — *Une barre rigide mobile autour d'un point fixe est maintenue en équilibre par deux forces verticales de sens contraires, appliquées à* 48^{cm} *l'une de l'autre. Déterminer la position du point fixe, sachant que l'intensité de la force descendante est de* 9^{kg} *et celle de la force ascendante de* 25^{kg}.

48. — *Le rayon d'un treuil est* $r = 12^{cm}$ *et celui de sa manivelle* $R = 45^{cm}$. *On déploie une force motrice* $f = 30^{kg}$ *pour élever un fardeau d'une hauteur* $h = 8^{m}$. *Quel est le travail effectué?*

49. — *A l'aide d'un treuil dont la manivelle a* 50^{cm} *de longueur, un ouvrier doit élever d'une hauteur de* 6^{m} *un fardeau qui pèse* 200^{kg}. *Combien de tours devra-t-il effectuer, sachant qu'il exerce un effort de* 40^{kg} ?

PESANTEUR

CHAPITRE I. — POIDS DES CORPS

Accélération de la pesanteur.

50. — *Le poids d'un corps étant une force constante, tout corps abandonné librement à lui-même prend un mouvement rectiligne uniformément accéléré, sans vitesse initiale, à partir d'un point et d'un instant que l'on prend pour origines des espaces et des temps.*

L'accélération $g = 980^{cm}$ *est la même pour tous les corps.*

Les formules du mouvement sont :

$$v = gt, \qquad e = \frac{gt^2}{2};$$

ou :

$$v = 980\,t, \qquad e = 490\,t^2.$$

On propose de représenter graphiquement ces deux formules rapportées aux mêmes axes rectangulaires.

L'accélération étant dirigée suivant la verticale descendante, on lui conservera cette même direction.

La longueur choisie pour représenter une seconde sur l'axe des temps représentera 1.000^{cm} *sur l'axe des espaces.*

51. — *Un corps tombe en chute libre en un lieu où l'accélération de la pesanteur est* $g = 980^{cm}$. *Calculer la vitesse acquise et l'espace parcouru après* $t = 1^s,5$ *de chute.*

52. — *Combien de temps faut-il à un corps pour tomber en chute libre d'une hauteur de* 250^m $(g = 980)$?

53. — *Quelle est la vitesse acquise par un corps qui tombe librement d'une hauteur* $e = 18^m,62$?

54. — *On laisse tomber un corps du sommet de la tour Eiffel, dont la hauteur est de* 300^m. *Avec quelle vitesse parviendra-t-il au sol* $(g = 981)$?

55. — *De quelle hauteur un corps devrait-il tomber en chute libre pour acquérir une vitesse de* 70^m *par seconde* $(g = 980)$?

56. — *Pendant combien de temps un corps est-il tombé sous l'action de la pesanteur, sachant qu'il a parcouru* $10^m,60$ *pendant la dernière seconde de sa chute* $(g = 980)$?

57. — *Un corps tombe en chute libre. Trouver le rapport des temps qu'il emploie à parcourir la première et la deuxième moitié de sa course.*

Intensité de la pesanteur.

58. — *L'intensité de la pesanteur est* $g = 981$ *à Paris et* $g' = 978$ *à l'équateur. Quel est le poids à Paris d'un corps qui pèse* $p' = 1^{kg},630$ *à l'équateur ?*

59. — *Un dynamomètre a été gradué à Paris* $(g = 980,94)$. *Quelle est la* *différence des masses qui lui feraient subir, l'une à l'équateur* ($g'=978{,}1$), *l'autre au pôle* ($g''=983{,}1$), *la flexion repérée* 1^{kg}?

60. — *On sait que l'intensité de la pesanteur en un point est inversement proportionnelle au carré de la distance de ce point au centre de la terre. Sa valeur au niveau de la mer étant* $g=980$, *calculer sa valeur à une altitude* $h=300^{m}$ *sur la même verticale. On prendra pour rayon de la terre :*

$$R=6366^{km}.$$

Travail de la pesanteur.

61. — *Évaluer en ergs et en joules le travail de la pesanteur sur un corps de poids* $P=12^{kg}$, *qui tombe d'une hauteur* $h=5^{m}$.

62. — *Exprimer en joules le travail nécessaire pour soulever une masse de* 510^{gr} *à* 2^{m} *de hauteur.*

63. — *Une masse* $m=4^{kg}$ *tombe d'une hauteur* $h=27^{m}$ *à un niveau* $h'=12^{m}$. *Évaluer en kilogrammètres et en joules la variation de son énergie potentielle.*

64. — *Un corps de poids* $P=12^{kg}$ *est mobile autour d'un point fixe situé à* $d=1^{m},50$ *de son centre de gravité. Quelle énergie potentielle dépense-t-il lorsqu'il passe de sa position d'équilibre instable à sa position d'équilibre stable?*

CHAPITRE II. — MESURE DES MASSES ET DES POIDS

Balance.

65. — *On a des balles de plomb de trois diamètres différents. Calculer leurs poids respectifs, sachant que* $a=25$ *des premières, placées sur l'un des plateaux d'une balance, font équilibre à* $b=21$ *des secondes placées sur l'autre plateau ; que* $c=9$ *de celles-ci font équilibre à* $d=7$ *des troisièmes; et enfin que* $m=8$ *des secondes avec* $n=16$ *des troisièmes font équilibre à un poids connu* $P=500^{gr}$.

66. — *Un corps est équilibré par un poids* $p=10^{kg}$ *quand on le place dans l'un des plateaux d'une balance, et par un poids* $p'=10^{kg},201$ *lorsqu'on le met sur l'autre plateau. Calculer : 1° le poids* x *de ce corps ; 2° le rapport des longueurs* l, l' *des deux bras du fléau.*

67. — *Pour faire équilibre à un corps placé successivement sur les deux plateaux d'une balance, il a fallu respectivement* $p=3^{kg},267$ *et* $p'=3^{kg},675$. *Quelle erreur commettrait-on en prenant pour le poids de ce corps l'un ou l'autre de ces résultats ou leur demi-somme ?*

68. — *Pour faire équilibre à un corps placé sur l'un des plateaux d'une balance, il faut mettre* $P=2450^{gr}$ *sur l'autre plateau. Si l'on change de plateaux le corps et les poids marqués, l'équilibre est rompu et, pour le rétablir, il faut ajouter* $p=99^{gr}$ *à côté du corps. Quel est, d'après cela, le rapport des longueurs des deux bras du fléau ?*

CHAPITRE III. — DENSITÉS ET POIDS SPÉCIFIQUES

69. — *Quelle est la masse d'une poutre en fer de longueur* $l = 8^m,50$ *et de section* $s = 142^{cm^2}$, *sachant que la densité du fer est* $d = 7,2$?

70. — *Une cloche pèse* $P = 516^{kg}$. *La densité du bronze étant* $d = 8,4$, *quel est le volume du métal?*

71. — *Une pièce de bois pèse* $p = 1250^{gr}$; *on y creuse une cavité pour loger une plaque de fer qui la remplit exactement. Alors le système pèse* $P = 1745^{gr}$. *La densité du bois étant* $d = 0,6$ *et celle du fer* $D = 7,2$, *quel est le volume de la cavité?*

72. — *Une bonbonne contenait* $P = 77^{kg},7$ *d'acide sulfurique. Quelle masse de pétrole faudra-t-il pour la remplir, sachant que les densités respectives de l'acide et du pétrole sont :* $D = 1,85$ *et* $d = 0,78$?

73. — *Un flacon de* $V = 345^{cc}$ *est rempli d'éther, dont la densité est* $d = 0,73$. *Calculer la masse de ce liquide et son poids en dynes à Paris.*

74. — *Un vase conique contient des poids égaux de mercure et d'eau. Quel est le rapport de l'épaisseur de l'eau à la hauteur du mercure (densité :* $D = 13,6$).

Méthode du flacon.

75. — *Quelle est la densité d'un corps solide, sachant que si l'on introduit* P^{gr} *de ce corps dans un flacon entièrement rempli d'un liquide de densité* d, *le poids de ce flacon augmente de* p^{gr}?

Application : $P = 42^{gr},9$, $d = 13,6$, $p = 15^{gr},7$.

76. — *Un ballon plein de mercure pèse* P^{gr}. *On le vide, on le remplit de poudre, et on achève de le remplir avec du mercure. Dans cet état, il pèse* P'^{gr}. *Quelle est la densité de la poudre ?*

77. — *Calculer le volume, la masse et la densité d'un corps solide, sachant que si on l'introduit dans un vase entièrement rempli de liquide, il produit une augmentation de poids égale à* $P = 20^{gr},75$ *quand le vase est plein d'eau, et à* $P = 21^{gr},75$ *quand le vase est plein d'huile de densité* $d = 0,9$?

78. — *Un flacon rempli successivement d'eau, d'alcool et d'éther pèse respectivement* p, p', p''. *La densité de l'alcool étant* d, *quelle est celle de l'éther?*

79. — *Si l'on introduit dans un flacon* $a = 2^{cc}$ *de mercure et* $b = 11^{cc}$ *d'alcool, son poids augmente de* $c = 180^{gr}$. *Si les volumes introduits étaient* $a' = 5^{cc}$ *et* $b' = 18^{cc}$, *l'accroissement de poids serait* $c' = 412^{gr}$. *Quelle est la densité du mercure par rapport à l'alcool?*

80. — *Le plateau d'une balance supporte d'abord un flacon vide; puis, à côté de celui-ci, un morceau de plomb; ensuite le flacon est rempli d'eau, enfin le métal est introduit dans le flacon plein d'eau. Dans ces quatre circonstances, la charge du plateau devient respectivement* p, P, P', P''. *Quelle est la densité du plomb?*

81. — *On met sur l'un des plateaux d'une balance un flacon plein d'eau* *et un corps poreux (fragment de carbonate de magnésium) recouvert d'un vernis insoluble de poids négligeable; puis on fait la tare dans l'autre plateau. On retire le corps et on le remplace par des poids marqués* P=7gr,025, *que l'on enlève aussitôt. Si l'on introduit le corps dans le flacon, il faut* P'=1gr,593 *pour rétablir l'équilibre. Si on le dépouille de son vernis, et si, après l'avoir imbibé d'eau complètement, on le remet dans le flacon sur le plateau de la balance, il faut alors ajouter* P=4gr,658 *pour faire équilibre à la même tare. D'après ces données, on propose de calculer la densité apparente du corps poreux, sa densité réelle et la fraction de son volume total qui est occupée par ses pores.*

82. — *Pour déterminer la densité d'un corps soluble dans l'eau, mais insoluble dans l'éther, on emploie la méthode du flacon.*

Les données expérimentales sont les suivantes :

Poids du flacon vide : 16gr,349.

Poids du flacon contenant la substance : 20gr,624.

Poids du flacon contenant la substance et rempli d'éther : 63gr,604.

Poids du flacon plein d'éther : 61gr,299.

Poids du flacon plein d'eau : 77gr,092.

La température étant égale à 4° centigrades, on demande de calculer d'après les données précédentes la densité de la substance soluble.

HYDROSTATIQUE

CHAPITRE I ET II. — ÉQUILIBRE DES LIQUIDES

Pressions des liquides.

83. — *Quelle hauteur de mercure (densité 13,6) faudrait-il verser dans un vase cylindrique pour que le fond horizontal, ayant une surface de* 1dq,25, *supporte une pression de* 17kg ?

84. — *Un flacon cylindrique a* 8cm *de diamètre extérieur. Quel effort faudrait-il développer pour enfoncer verticalement ce flacon sur une hauteur de* 7cm,6 *dans un bain de mercure dont la densité est* 13,6?

85. — *Une vanne carrée verticale, de côté* a = 60cm, *descend jusqu'au fond d'un réservoir. Quelle est la pression totale qu'elle supporte quand la profondeur de l'eau est* h = 1m,80 ?

86. — *On verse un liquide dans une cuve prismatique dont la base est un rectangle de dimensions* a *et* b. *Quelle doit être la hauteur de ce liquide pour que la pression totale sur le fond de la cuve soit égale à la somme des pressions sur les parois latérales?*

87. — *Une fiole cylindrique de section* S *contient trois liquides de même masse* m *et de densités respectives* d, d', d'' *surmontés d'une couche d'air à la pression* H. *Calculer la pression sur chacune des surfaces de séparation et sur le fond du vase.*

88. — *Un vase rempli d'un liquide de densité* d *présente un fond horizon-*

tal. Il est surmonté de deux corps de pompe verticaux cylindriques, fermés par des pistons de sections respectives s, s′, *de poids* p, p′, *situés à des hauteurs* h, h′ *au-dessus du fond horizontal. La surcharge du premier étant* P, *quelle surcharge faut-il placer sur le second pour maintenir l'équilibre?*

89. — *Quelle est la pression supportée par une surface plane carrée, de côté* a, *plongée dans un liquide de densité* d? *Le carré est incliné à 45° sur l'horizon; l'une de ses diagonales est horizontale et située à une profondeur* h *au-dessous de la surface libre du liquide.*

Vases communicants.

90. — *Deux vases communicants contiennent du sulfure de carbone (densité 1,27). On verse dans l'une des branches une colonne d'eau qui s'élève à* 28^{cm} *au-dessus de la surface de séparation. A quelle hauteur le sulfure de carbone s'élève-t-il dans l'autre branche au-dessus de la même surface?*

91. — *Un tube en U est à moitié rempli d'eau. On verse dans l'une des branches de l'essence de térébenthine, dont on demande la densité, sachant qu'au moment où ce liquide forme une colonne de* 216^{mm}, *l'eau s'élève dans l'autre branche de* 25^{cm} *au-dessus de la surface de séparation.*

92. — *Deux tubes cylindriques verticaux* AB, EF, *de même section* S *et de même hauteur* h, *sont réunis par un long tube en* U : BCDE. *Ce tube, de section* s, *est complètement rempli de mercure jusqu'au niveau horizontal* BE. *On verse dans le vase* AB *un liquide de densité* d, *de manière à l'en remplir complètement. Le mercure se déprime dans la branche* BC *d'une hauteur que l'on propose d'évaluer en fonction du rapport des sections* $\frac{s}{S} = \sigma$, *et du rapport des densités* $\frac{D}{d} = \delta$.

93. — *Un tube en* U *contient un liquide de densité* D *surmonté dans l'une des branches d'une colonne de liquide de hauteur* h *et de densité* d. *Quelle hauteur* h′ *d'un liquide de densité* d′ *faut-il verser dans l'autre branche pour que les deux surfaces libres soient dans un même plan horizontal?*

Application : $D = 1{,}24$, $d = 0{,}7$, $h = 12^{cm}$, $d' = 1$.

94. — *Deux vases communicants contiennent du mercure de densité* D. *Dans l'une des branches, qui est cylindrique, verticale, de section* S, *le mercure est surmonté d'une hauteur* h *d'un liquide de densité* d. *Sur la surface de ce liquide on place un piston qui peut glisser sans frottement dans le tube cylindrique. Quel poids faut-il donner à ce piston pour que les niveaux des liquides soient à la même hauteur dans les deux branches?*

95. — *Deux corps de pompe verticaux communicants contiennent du mercure de densité* D. *Les surfaces libres sont surchargées de pistons qui peuvent glisser sans frottement : l'un de section* S *et de poids* P, *l'autre de section* s *et de poids* p. *On demande quelle est la différence de hauteur des deux niveaux de mercure.*

Application : $D = 13{,}6$, $S = 100^{cm^2}$, $P = 3500^{gr}$, $s = 50^{cm^2}$, $p = 390^{gr}$.

96. — *Un corps de pompe vertical de rayon* $R = 12^{cm}$ *contient de l'eau sur laquelle repose un piston de même diamètre et de poids* $P = 22^{kg},58$, *traversé par un tube cylindrique vertical ouvert à ses deux bouts et de diamètre* $2r = 1^{cm}$. *A quelle hauteur l'eau s'élève-t-elle dans ce tube au-dessus de la base inférieure du piston?*

97. — *Deux vases cylindriques communicants ont des sections inégales $s < S$. Dans la branche étroite, on verse du mercure de densité D jusqu'à un point de repère A, situé à une distance h au-dessous de l'extrémité du tube; puis on achève de remplir complètement ce tube en y versant un liquide de densité d. Quelle sera la dépression du mercure au-dessous du point A?*

Application : $S = 10\,s$, $D = 13{,}6$, $d = 0{,}96$, $h = 28^{cm}$.

98. — *Deux vases cylindriques de sections S, s reposent sur une même table horizontale et communiquent par leur partie inférieure à l'aide d'un tube de volume négligeable. On introduit dans ces vases un volume V d'un liquide de densité D, puis on verse dans le vase de section s un volume v d'un liquide de densité d ($d < D$). Ces liquides ne se mélangent pas entre eux; déterminer la position de leurs surfaces libres et de leur surface de séparation.*

99. — *Un tube recourbé ABCDE se termine par deux branches cylindriques verticales AB et DE dont les diamètres sont respectivement 6^{cm} et 1^{cm}. On verse du mercure dans ce tube jusqu'à ce que le niveau M dans la branche DE soit à 30^{cm} de l'extrémité E; puis on achève de remplir ce tube avec de l'eau. On demande de déterminer quelle sera alors la position de la surface de séparation de l'eau et du mercure dans le tube ED.*

On place ensuite dans le tube AB un cylindre du poids de 4^{kg}, reposant sur la surface du mercure et faisant fonction de piston. On demande de déterminer la nouvelle position de la surface de séparation de l'eau et du mercure dans le tube DE.

CHAPITRE III. — ÉQUILIBRE DES GAZ

Pression atmosphérique.

100. — *La pression atmosphérique étant équivalente à la pression de 76^{cm} de mercure à 0° (densité 13,596), quelle serait la hauteur de l'atmosphère supposée homogène et de densité 0,0001293 ?*

101. — *Quand la hauteur barométrique est de 76^{cm} à 0° à Paris, quelle est la pression atmosphérique en dynes par centimètre carré, et quelle est en kilogrammes la pression totale sur un décimètre carré?*

102. — *La hauteur barométrique étant égale à 76^{cm}, quelle est la pression exercée par l'atmosphère sur une surface plane équivalente à la surface totale du corps humain évaluée à $1^{mq},5$?*

103. — *Un baromètre marque la pression normale 76^{cm}. Quelle sera la variation de cette hauteur barométrique, si la pression atmosphérique augmente de 10^{gr} par centimètre carré?*

104. — *Dans un corps de pompe de diamètre intérieur 2R, fermé à l'une de ses extrémités, un piston hermétique peut se mouvoir sans frottement. Quelle est la force nécessaire pour maintenir ce piston dans une position fixe, sachant que sa face extérieure supporte la pression atmosphérique H, et que sa face intérieure ne supporte qu'une pression équivalente à h^{cm} de mercure?*

105. — *Deux hémisphères de Magdebourg ont un rayon extérieur* $R = 10^{cm}$. *La pression intérieure est* $h = 1^{cm}$, *la pression atmosphérique* $H = 76^{cm}$. *Quelle est la pression exercée par ces hémisphères l'un contre l'autre?*

106. — *Une soupape de poids* $P = 12^{kg}$ *ferme un orifice de surface* $S = 2^{cq}$. *De quel poids faut-il la surcharger si l'on veut qu'elle ne puisse être soulevée que par une pression de* $n = 6$ *atmosphères?*

107. — *On construit un baromètre avec de l'acide sulfurique, dont la densité est 1,85. Quelle hauteur marquera-t-il quand un baromètre à mercure indiquera* 76^{cm}*?*

108. — *La densité de l'alcool étant 0,791, quelle serait la hauteur d'une colonne de ce liquide qui ferait équilibre à la pression atmosphérique normale?*

109. — *Quand la hauteur barometrique est de* 76^{cm} *au niveau du sol, quelle est la pression atmosphérique à une altitude de* 100^{m}, *en supposant qu'en tous les points de cette verticale de 100 mètres la densité de l'air conserve une valeur constante* $a = 0{,}001293$*?*

110. — *Le baromètre marque* $76^{cm},12$ *au bas d'une tour et* $75^{cm},88$ *au sommet. Quelle est la hauteur de cette tour?*

111. — *Calculer la pression barométrique* H, *sachant qu'elle diminue de* $h = 0^{mm},93$ *quand on s'élève d'une hauteur* $l = 10^{m}$.

112. — *Calculer l'altitude du mont Blanc, sachant que la pression atmosphérique est de* 42^{cm} *au sommet de cette montagne, alors que le baromètre marque* 73^{cm} *à l'observatoire de Genève situé à* 408^{m} *au-dessus du niveau de la mer.*

Compressibilité des gaz : Loi de Mariotte.

Gaz comprimé par un piston solide.

113. — *La section droite d'un briquet à air est* s. *Le piston emprisonne une colonne d'air qui occupe une longueur* l *à la pression atmosphérique* 76^{cm}. *Que deviendra cette longueur si l'on exerce sur le piston un effort de* P^{gr}*?*

114. — *Le diamètre intérieur d'un briquet à air est* $2R = 2^{cm}$. *On enfonce le piston de manière que la colonne d'air emprisonnée, qui occupait une longueur* $l = 30^{cm}$ *à la pression atmosphérique* $H = 76^{cm}$, *soit réduite à une longueur* $l' = 5^{cm}$. *Quelle est la force nécessaire pour maintenir le piston ainsi enfoncé?*

115. — *Un corps de pompe vertical, de section* S, *contient* p^{gr} *d'air sec à* 0°, *comprimé sous un piston de poids* P. *Quelle doit être la surcharge de ce piston pour que la masse gazeuse occupe une longueur* l *quand la pression atmosphérique est* H*?*

Application : $S = 1^{dq}$, $p = 12^{gr},93$, $P = 5^{kg}$, $l = 58^{cm}$, $H = 76^{cm}$.

116. — *Un corps de pompe horizontal de section* S, *fermé à l'une de ses extrémités, contient de l'air séparé de l'atmosphère par un piston, et qui* *occupe une longueur l à la pression atmosphérique. On fait mouvoir le piston dans un sens et dans l'autre. Étudier les variations de la force nécessaire pour effectuer ces déplacements. On négligera le frottement du piston.*

117. — *Un cylindre vertical de section* S=75^{cq} *est fermé à la partie inférieure par une paroi fixe, et à la partie supérieure par un piston parfaitement mobile qui emprisonne une masse gazeuse occupant une hauteur* l=60^{cm} *quand la pression extérieure est* H=75^{cm}. *Quand on retourne ce cylindre de manière à placer le haut en bas, le piston se déplace de* a=5^{cm}. *Quel est le poids de ce piston, la densité du mercure étant* D=13,6?

118. — *Dans un cylindre vertical* AB *de section* s *et de longueur* 2l+e *glisse sans frottement un piston hermétique* C, *d'épaisseur* e *et de poids* P. *Le fond supérieur* A *et l'inférieur* B *sont munis d'ajutages à robinets* a *et* b. *On fait les expériences suivantes :*

1° C *étant maintenu à égale distance des bases, on ouvre les robinets* a, b *dans l'air atmosphérique où règne une pression* H; *puis on les ferme, et on laisse descendre le piston.*

2° *Ensuite on ouvre le robinet* b. *Calculer les deux déplacements successifs du piston.*

Gaz comprimé par un liquide.

119. — *Une cloche à plongeur cylindrique, ayant une hauteur de* 3^{m} *et une section de* 6^{mq}, *est descendue dans l'eau jusqu'à ce que son sommet soit à* 10^{m},16 *au-dessous de la surface. Quel volume d'air à la pression atmosphérique* 76^{cm} *faut-il y introduire pour empêcher l'eau d'y pénétrer?*

120. — *Une éprouvette cylindrique de longueur* l=20^{cm}, *pleine d'air à la pression atmosphérique* H=76^{cm}, *est plongée dans le mercure de manière que l'ouverture, maintenue en bas, descende à une profondeur* h=100^{cm} *au-dessous de la surface libre. Que devient la pression du gaz intérieur?*

121. — *Un tube cylindrique de longueur* l *et de section intérieure* s *est complètement fermé; mais sa base inférieure est percée d'une ouverture munie d'une soupape s'ouvrant de dehors en dedans. Ce tube étant complètement rempli à la pression atmosphérique d'un gaz insoluble dans l'eau, on l'enfonce dans la mer, à une profondeur que l'on demande de calculer, sachant qu'après avoir retiré l'appareil, on a trouvé à l'intérieur un poids* p *d'eau de mer, dont la densité est* d.

122. — *Une éprouvette cylindrique retournée sur la cuve à mercure contient de l'air qui occupe une longueur* l *quand le mercure est soulevé à l'intérieur d'une hauteur* h *au-dessus du niveau extérieur. De quelle longueur faudrait-il l'enfoncer pour faire coïncider les deux niveaux du mercure?*

123. — *Un ballon de verre de volume* V *est rempli de mercure, tandis que son col, cylindrique, de longueur* l *et de section* s, *reste plein d'air atmosphérique. Fermant ce tube avec la main, on le retourne sur la cuve à mercure, où on le maintient verticalement, enfoncé d'une longueur* l'. *Le mercure reste soulevé dans le tube d'une hauteur* h. *On demande de calculer la pression atmosphérique.*

124. — *Une éprouvette remplie de mercure est retournée sur une large cuve à mercure. La colonne mercurielle soulevée forme un cylindre de section* s *et de hauteur* h. *A quoi se réduit cette hauteur si l'on introduit dans l'éprouvette une masse gazeuse qui occupe un volume* v *à la pression extérieure* H?

125. — *Un tube de verre cylindrique de longueur l, fermé à son extrémité supérieure, est plongé verticalement d'une hauteur h dans un bain de mercure. Calculer la longueur x de la colonne de mercure qui pénétrera dans le tube.*

126. — *Un tube cylindrique AB, très étroit et fermé aux deux bouts, contient une colonne mercurielle de longueur MN = m séparant deux colonnes d'air. On demande de calculer la pression commune de ces deux colonnes d'air quand le tube est horizontal, sachant qu'elles occupent alors des longueurs AM = a, NC = b, et que, si l'on redresse le tube verticalement, B au sommet, la colonne mercurielle se déplace d'une longueur l.*

Application : $m = 15^{cm}$, $a = 20^{cm}$, $b = 10^{cm}$, $l = 2^{cm}$.

127. — *Un vase cylindrique vertical est partagé en deux compartiments par une cloison munie d'une petite ouverture à robinet. Le compartiment supérieur, ouvert par le haut, contient du mercure qui occupe une hauteur a; le compartiment inférieur, de hauteur b, est plein d'air à la pression atmosphérique H. Calculer la hauteur du mercure qui pénétrera dans ce compartiment si l'on vient à ouvrir le robinet.*

128. — *Un vase cylindrique contient de l'eau qui s'élève jusqu'à une distance h du bord. On y plonge verticalement une éprouvette de section n fois moindre, de longueur l, pleine d'air à la pression atmosphérique. De quelle longueur cette éprouvette pénétrera-t-elle dans le liquide, quand celui-ci atteindra le bord du vase?* — Discussion.

129. — *Un ballon d'un litre de capacité est terminé par un col cylindrique de 50^{cm} de long et 1^{cq} de section. Il est plein d'air à la température $0°$ et à la pression 76^{cm}. On le plonge verticalement jusqu'à la naissance du col dans une cuve à mercure dont la température est également $0°$. On demande jusqu'à quelle hauteur le mercure pénétrera dans le tube.*

Tube barométrique.

130. — *Un baromètre marque la pression 75^{cm} et sa chambre vide occupe une longueur de 10^{cm}. On soupçonne que cette chambre contient un peu d'air. Pour s'en assurer, on verse du mercure dans la cuvette de manière que son niveau s'élève de 10^{cm}. On constate alors que le sommet de la colonne intérieure ne s'est élevé que de 9^{cm}. D'après cela, quelle est la valeur de la pression atmosphérique?*

131. — *Un tube barométrique de 1^{cq} de section est installé sur une large cuve à mercure. La chambre vide occupe une longueur de 4^{cm}, quand la pression atmosphérique est égale à 77^{cm}. On introduit à l'intérieur de ce baromètre une masse d'air qui occupait un volume de 4^{cc} à la pression extérieure. Calculer la variation de la colonne mercurielle.*

132. — *Un baromètre est entouré d'un manchon rempli d'eau reposant sur la même cuve à mercure. On propose de calculer la pression atmosphérique, sachant que la colonne d'eau déprime de a^{cm} le mercure de la cuve et s'élève de b^{cm} plus haut que la colonne barométrique.*

Application : $a = 7^{cm},5$, $b = 18^{cm},5$.

Densité du mercure : $D = 13,6$.

133. — *Un volume v d'air sec à la pression atmosphérique, introduit dans la chambre d'un baromètre, fait baisser le niveau du mercure d'une hauteur* h; *un volume* v' *le ferait baisser de* h'. *Calculer la longueur primitive de la chambre vide, supposée cylindrique.*

134. — *Un baromètre contient de l'air qui occupe une longueur* $l = 20^{cm}$ *quand la hauteur du mercure est* $H = 47^{cm}$. *Si l'on introduit dans le tube une nouvelle masse d'air égale à la première, le niveau du mercure baisse de* $h = 10^{cm}$. *Quelle est la pression atmosphérique au moment de l'expérience?*

135. — *Si l'on introduit une certaine masse d'air dans un baromètre, la chambre occupe une longueur* l *et le mercure une hauteur* h. *Si l'on introduit une seconde masse d'air égale à la première, le niveau du mercure s'abaisse de* m. *Quelle est la pression atmosphérique au moment de l'expérience?*

136. — *Dans un tube A cylindrique, vertical, fermé à l'une de ses extrémités et long de* 1^{m}, *on verse du mercure jusqu'à une hauteur de* 80^{cm}. *On bouche ce tube avec le doigt et on le renverse sur une large cuve à mercure en le maintenant vertical. Quand il est enfoncé de* 5^{cm}, *on le débouche. On demande à quelle hauteur s'arrêtera le mercure.*
La pression atmosphérique est 76^{cm}, *l'air est supposé sec, et il n'y a pas de variation de température.*

137. — *Un baromètre à large cuvette et dont la chambre contient de l'air, marque respectivement* h, h', h'' *au lieu de* H, H', H''. *Quelle relation existe-t-il entre ces données?*

Cuvette profonde.

138. — *La chambre d'un baromètre contient de l'air sec. Dans une première expérience on lit la hauteur de* 751^{mm}. *On enfonce le tube dans la cuvette jusqu'à ce que le volume de la chambre soit réduit au* $\frac{1}{5}$ *de sa valeur; la hauteur lue est alors* 740^{mm}. *Quelle est la pression atmosphérique?*

139. — *Un tube de Torricelli contenant de l'air plonge dans une cuvette profonde. Quand la chambre barométrique occupe une longueur* l, *la colonne mercurielle s'élève à la hauteur* h. *Si la chambre prend une longueur* l', *la hauteur du mercure devient* h'. *Quelle est la pression atmosphérique au moment de l'expérience?*

140. — *Un tube de Torricelli retourné sur la cuvette profonde contient de l'air qui occupe une longueur* l *sous la pression atmosphérique* H. *On l'enfonce jusqu'au sommet dans le mercure. Quelle sera la dépression du liquide à l'intérieur du tube?*

Application : $l = 57^{cm}$, $H = 76^{cm}$.

141. — *Un tube de Torricelli contient de l'air qui occupe une longueur* l *quand le mercure de la cuvette profonde est soulevé d'une hauteur* h. *Que deviendra cette longueur si l'on enfonce le tube de* a^{cm} *de plus, la pression atmosphérique restant égale à* H?

Application : $l = 12^{cm}$, $h = 64^{cm}$, $a = 10^{cm}$, $H = 76^{cm}$.

142. — *Un tube de Torricelli de longueur* l *est plein d'air à la pression atmosphérique* H. *On le dispose verticalement, l'orifice en bas, et on l'enfonce d'une longueur* h *dans le mercure d'une cuvette profonde. Que devient la pression de l'air intérieur?*

143. — *Un tube barométrique en cristal flotte dans le mercure d'une cuvette profonde. Sa longueur est* $l = 100^{cm}$, *ses sections intérieure et extérieure sont* $s = 1^{cq}$, $S = 2^{cq}$. *La densité du cristal est* $d = 3,264$, *celle du mercure* $D = 13,6$. *Ce tube contient de l'air qui occupe une longueur* $l = 10^{cm}$ *à la pression atmosphérique* $H = 76^{cm}$. *Calculer la hauteur de la partie immergée.*

144. — *La longueur d'un tube de Torricelli est* l *et ses sections intérieure et extérieure* s, S. *On le remplit de mercure; on le retourne sur une cuvette profonde et on le maintient verticalement de manière qu'il émerge d'une hauteur* h *au-dessus de la surface libre. Connaissant les densités* D, d *du mercure et du verre, et la pression atmosphérique* H, *calculer son poids apparent dans cette position.*

Baromètre à siphon et tube de Mariotte.

145. — *Un tube en* U *à branches cylindriques est fermé à l'une de ses extrémités. La branche fermée contient de l'air occupant une longueur* l, *isolé par du mercure qui s'élève dans cette branche à une hauteur* h *au-dessus du niveau dans la branche ouverte. Quelle est la longueur de la colonne de mercure qu'il faut verser dans le tube pour ramener l'air à la pression atmosphérique* H?

146. — *Les deux branches d'un tube en* U *sont verticales, de même section* s, *et la plus courte est fermée. Elle contient une colonne d'air isolée par du mercure et occupant une longueur* l *à la pression atmosphérique* H. *Quel volume de mercure faut-il verser dans l'autre branche pour réduire la colonne d'air à une longueur* l'?

147. — *Les deux branches d'un tube en* U *sont verticales et de même longueur. L'une d'elles, fermée, contient de l'air qui occupe une longueur* l *à la pression atmosphérique* H. *A quoi se réduira cette longueur si l'on achève de remplir complètement l'autre branche avec du mercure?*

148. — *On verse du mercure dans un tube de Mariotte. L'air comprimé dans la petite branche occupe une longueur* $a = 32^{cm}$ *quand il supporte la pression atmosphérique* $H = 76^{cm}$ *augmentée d'une colonne de mercure de hauteur* $l = 48^{cm}$. *De quelle hauteur s'élèvera le mercure dans la petite branche s'il s'élève de* $h = 44^{cm}$ *dans la grande branche?*

149. — *Un tube barométrique à siphon possède une section constante de* 1^{cq}. *A un instant donné, la chambre barométrique* BC *contient de l'air qui occupe une longueur de* 20^{cm}, *et la différence des niveaux du mercure est* $AB = 61^{cm}$. *Si l'on verse* 15^{cc} *de mercure dans la branche ouverte, la différence des niveaux se réduit à* 56^{cm}.

Calculer les variations éprouvées par les deux niveaux du mercure et la valeur de la pression atmosphérique.

150. — *Un tube en* U, ABC, *de section constante, est fermé à l'extrémité* A. *Il contient une colonne d'air* AM *à la pression atmosphérique* H, *isolée par du mercure* MBM'. *On verse dans la branche* CM' *une colonne de liquide de hauteur* h *et de densité* d. *Connaissant les longueurs* AM = MB = l *et la densité du mercure* D, *calculer la longueur finale de la colonne d'air.*

151. — *La branche fermée d'un tube de Mariotte contient une colonne d'air de longueur* a *isolée par du mercure au même niveau dans les deux branches. On remplit d'eau complètement la branche ouverte, qui s'élève à une hauteur* h *au-dessus de la petite branche. Que devient la longueur de la colonne d'air?*

152. — *Les deux branches d'un baromètre à siphon ont même diamètre intérieur. La petite branche est fermée et contient de l'air qui occupe une longueur* l *quand la différence des niveaux du mercure est* h, *en un lieu où l'intensité de la pesanteur est* g.

Exprimer l'intensité de la pesanteur g' *dans un autre lieu, sachant qu'à la même température la différence des niveaux du mercure y serait égale à* h'.

153. — *Un système de vases communicants est formé de deux vases cylindriques* A, B *dont le diamètre intérieur est de* $2R = 8^{cm}$. *Ils sont reliés l'un à l'autre par un tube deux fois recourbé dont le diamètre est de* $2r = 1^{cm}$. *Ces deux vases contiennent, en* A *de l'eau (densité* $a = 1$*), et en* B *de la benzine* ($b = 0,899$). *La surface de séparation de ces deux liquides est en* M.

Le vase A *est ouvert dans l'atmosphère,* B *est en relation avec une capacité close où règne d'abord la pression atmosphérique* $H = 76^{cm}$. *Calculer le déplacement que subit le niveau* M *lorsque la pression dans cet espace clos augmente de un millième d'atmosphère :* $h = 0^{cm},076$.

154. — *Un tube en* U *contient du mercure qui s'élève à la même hauteur dans les deux branches. L'une des branches, fermées, contient de l'air qui occupe une longueur* l. *L'autre branche peut être mise en communication avec un récipient à gaz. Quelle est la pression qui règne dans ce récipient lorsqu'elle détermine une différence de niveau égale à* 2h?

155. — *Le tube bien calibré d'un manomètre à air comprimé est divisé en* 110 *parties d'égale capacité. Quand la pression extérieure est de* 76^{cm}, *le mercure dans le tube et dans la cuvette se tient au zéro de l'échelle. On met ce manomètre en relation avec un récipient à gaz où règne une pression que l'on propose d'évaluer, sachant que le mercure s'élève de* 45^{cm} *à l'intérieur du tube et parvient ainsi à la* 80e *division de l'échelle.*

156. — *Deux cylindres verticaux, communicants par la partie inférieure, ont pour sections* $S = 10^{cq}$ *et* $s = 5^{cq}$. *Ils contiennent du mercure sur lequel repose dans le premier cylindre un piston mobile sans frottement. On ferme l'autre branche qui contient alors une colonne d'air de longueur* $l = 50^{cm}$ *à la pression atmosphérique* $H = 73^{cm}$. *Quel poids faut-il placer sur le piston pour réduire de moitié le volume de cet air confiné?*

157. — *Deux corps de pompe verticaux communiquant par leur partie inférieure contiennent un liquide de densité* d *qui supporte la pression atmosphérique* H *sur ses deux surfaces libres. On introduit dans l'un des cylindres un piston hermétique, qui emprisonne une colonne d'air de hauteur* l *à la pression atmosphérique. Que deviendra la différence des niveaux si l'on enfonce le piston de manière que la hauteur de la colonne d'air se réduise à* l'?

158. — *Un vase cylindrique de section* S, *fermé à sa partie supérieure, communique inférieurement avec un tube vertical de section* s *ouvert par le haut. Il est plein de mercure qui s'élève à la même hauteur dans l'autre branche. On y introduit à l'aide d'une pompe un volume* V *d'air sec mesuré à la pression atmosphérique* H. *De quelle hauteur le mercure s'élève-t-il dans le tube?*

159. — *Deux vases cylindriques verticaux d'égale section* S *reposent sur une table horizontale : l'un,* A, *de longueur* l, *fermé par le haut, est plein d'air à la pression atmosphérique* H; *l'autre,* B, *ouvert à la partie supérieure, contient une colonne de mercure de hauteur* h. *De combien s'abaissera le niveau de ce mercure si l'on met les deux vases en communication par leur partie inférieure à l'aide d'un tube de volume négligeable?*

160. — *Un ballon de verre soudé à l'une des extrémités d'un tube en U, cylindrique, de section s, contient un volume V d'air sec isolé par du mercure qui s'élève à la même hauteur dans les deux branches quand la pression atmosphérique est H.*

Celle-ci éprouve une diminution que l'on propose d'évaluer, sachant qu'à la même température il s'est établi entre les deux niveaux du liquide une différence h.

Application : $s = 1^{cq}$, $V = 389^{cc}$, $H = 78^{cm}$, $h = 2^{cm}$.

161. — *Les deux branches d'un tube en U ont même diamètre; l'une des branches, fermée à sa partie supérieure, contient une colonne d'air de longueur $l = 15^{cm}$, isolée par du mercure qui s'élève à la même hauteur dans les deux branches. De combien s'élèvera le mercure dans cette première branche si l'on met l'autre branche en communication avec une chaudière où la pression est de H = 6 atmosphères?*

162. — *Un tube cylindrique vertical fermé par le haut est muni d'un robinet à sa partie inférieure, qui communique d'autre part avec un tube vertical débouchant dans l'atmosphère. Il contient du mercure et de l'air sec qui occupe une longueur l à la pression atmosphérique H. En ouvrant le robinet on fait écouler du mercure. Le niveau s'abaisse de h dans la branche ouverte. Quelle est alors la longueur occupée par la colonne d'air?*

163. — *Un vase à deux branches verticales : A, fermée, de section S, B, ouverte, de section s, contient du mercure qui emprisonne en A une colonne d'air occupant une longueur l à la pression atmosphérique H. On fait communiquer la branche B avec un récipient R, et le mercure s'élève de a dans la branche B. Quelle est la pression finale dans le récipient R?*

Application : $S = 10^{cq}$, $s = 2^{cq}$, $a = 10^{cm}$, $l = 20^{cm}$, $H = 77^{cm}$.

Mélange des gaz : Loi de Dalton.

164. — *Un récipient à gaz comprimé contient un volume $V = 12^{l}$ d'air à la pression $H = 3^{m}$. On en fait sortir $v = 30^{l}$ à la pression atmosphérique 76^{cm}. Que devient la pression dans le récipient?*

165. — *Dans un récipient de volume $V = 10^{l}$, contenant de l'oxygène, on introduit un volume $v = 15^{l}$ d'hydrogène mesuré à la pression atmosphérique. La pression du mélange est $H = 171^{cm}$. Quelle est sa composition centésimale en volume?*

166. *On fait passer sous une cloche graduée reposant sur la cuve à mercure trois masses gazeuses qui occupaient respectivement des volumes v, v', v'' sous des pressions h, h', h''. Quel sera le volume du mélange mesuré à la pression atmosphérique H?*

167. — *D'un récipient de volume V on retire v^1 d'air mesurés sous la pression h et on les remplace par v'^1 mesurés à la pression h'. On constate que la pression dans le récipient devient égale à H'. Quelle était la pression initiale?*

168. — *Un réservoir à gaz, de volume V, contient une masse gazeuse à la pression H. On en retire une partie qui occupe un volume v sous la pression h et on la remplace par une masse d'hydrogène qui occupait un volume v' sous la pression h'. Quelle est la pression finale dans le réservoir?*

169. — *Un baromètre marque une pression de* 76^{cm}. *Son rayon intérieur est* 1^{cm} *et sa hauteur au-dessus du mercure de la cuve est égale à* 1^{m}. *On fait passer à l'intérieur du tube* 40^{cc} *d'azote à la pression de* 72^{cm} *et* 60^{cc} *d'oxygène à la pression de* 78^{cm}. *Que devient la hauteur de la colonne mercurielle?*

170. — *On mélange deux gaz qui occupaient les volumes* v, v' *aux pressions* h, h' *respectivement; puis on soumet la masse totale à une pression* H. *Que devient alors la pression individuelle de chaque gaz?*

171. — *Si l'on mélangeait deux à deux trois masses gazeuses, les pressions de ces mélanges partiels seraient* h, h', h'' *sous des volumes respectifs* v, v', v''. *Quelle sera la pression du mélange des trois masses sous un volume* V?

172. — *Un tube cylindrique* AB *fermé, très étroit, vertical,* A *au sommet, contient une colonne de mercure* $A'B' = h$ *séparant deux colonnes d'air :* $AA' = a$, $B'B = b$. *Si l'on retourne ce tube,* B *au sommet, l'index mercuriel se déplace d'une longueur* d. *Quelle serait la pression de cet air confiné si le tube était horizontal?*

173. — *Les deux branches d'un tube en* U *ont même section* $s = 2^{cq}$. *L'une des branches s'ouvre dans l'atmosphère; l'autre branche, fermée par un robinet, contient de l'air qui occupe une longueur* $l = 50^{cm}$ *isolé par du mercure qui s'élève au même niveau dans les deux branches. De quelle hauteur variera le niveau du mercure dans cette branche, si on la met en communication avec un ballon contenant* $V = 200^{cc}$ *d'air sec à la pression* $H' = 152^{cm}$; *la pression atmosphérique étant* $H = 76^{cm}$?

Dissolution des gaz : Loi de Henry.

174. — *Dans une éprouvette graduée reposant sur la cuve à mercure, on introduit* $V = 500^{cc}$ *d'anhydride sulfureux mesurés à la pression* $H = 76^{cm}$ *et* $v = 5^{cc}$ *d'eau. Quand le niveau du mercure est devenu stationnaire, on constate qu'il reste* $V' = 402^{cc}$ *de gaz à la pression* $H' = 62^{cm}$. *Quel est le coefficient de solubilité du gaz dans l'eau à la température de l'expérience?*

175. — *Un récipient contient* $V = 300^{l}$ *d'un gaz à la pression atmosphérique* $H = 76^{cm}$, *et* $v = 5^{l}$ *d'eau saturée de ce gaz, dont le coefficient de solubilité est* $k = 12$ *à la température de l'expérience. A quelle pression faut-il soumettre ce mélange pour que le gaz soit entièrement dissous dans le liquide?*

176. — *Dans un tube de Torricelli de section intérieure* $s = 1^{cq}$, *et de hauteur* $l = 93^{cm},6$ *au-dessus du mercure de la cuvette, on introduit un volume* $v = 13^{cc},6$ *d'eau saturée de gaz carbonique à la pression atmosphérique* $H = 76^{cm}$. *Cette eau émet des vapeurs de poids négligeable, dont la tension est* $f = 1^{cm}$, *et une partie du gaz carbonique s'en échappe. Le coefficient de solubilité de ce gaz étant* $c = 1,8$, *calculer la hauteur où descendra le niveau du mercure dans le tube.*

177. — *L'air atmosphérique étant un mélange de 21 volumes d'oxygène pour 79 volumes d'azote, et ces deux gaz ayant pour coefficients de solubilité dans l'eau 0,041 et 0,021, déterminer la composition centésimale en volume de l'air dissous dans l'eau.*

178. — *Dans une éprouvette graduée retournée sur la cuve à mercure, on introduit un volume* v *d'eau pure et un volume* V *mesuré à la pression* H *d'un mélange de deux gaz dont on connaît les coefficients de solubilité* c, c'.
Quelle est la composition volumétrique de ce mélange, sachant qu'après un temps suffisant la masse gazeuse non dissoute occupe un volume V' *sous la pression* H'?

CHAPITRE IV. — PRINCIPE D'ARCHIMÈDE

Poussée des liquides.

Poids apparents. — Balance hydrostatique.

179. — *Un corps pèse* P^{gr} *dans le vide et* P'^{gr} *dans l'eau. Calculer sa densité et son poids spécifique.*

Application : $P = 180^{gr}$, $P' = 108^{gr}$.

180. — *Un morceau de liège pèse* p^{gr} *dans l'air. Pour l'immerger complètement dans l'eau, il faut une surcharge de* P^{gr}. *Quelle est la densité du liège?*

Application : $p = 42^{gr}$, $P = 133^{gr}$.

181. — *Quelle est la densité d'un corps qui pèse* P^{gr} *dans le vide et* P'^{gr} *dans un liquide de densité* d?

182. — *Quel est le poids d'un corps qui pèse* P^{gr} *dans un fluide de densité* d *et* P'^{gr} *dans un fluide de densité* d'?

183. — *Déterminer le volume* V *et la densité* D *d'un solide qui pèse* p^{gr} *dans un liquide de densité* d *et* p'^{gr} *dans un liquide de densité* d'.

184. — *Un corps pèse* $P = 7^{gr},55$ *dans le vide,* $P' = 7^{gr},17$ *dans l'eau et* $P'' = 6^{gr},35$ *dans un liquide dont on demande la densité ainsi que celle du corps solide.*

185. — *Un objet métallique pèse* $P = 1542^{gr}$ *dans le vide et* $p = 1382^{gr}$ *dans un liquide de densité* $d = 1,113$. *Quelle est sa densité et celle d'un autre liquide dans lequel ce même corps pèse* $p' = 1397^{gr}$?

186. — *Un corps pèse* $P = 850^{gr}$ *dans le vide et* $P' = 450^{gr}$ *dans l'eau. Quel sera son poids apparent dans un liquide de densité* $d = 1,8$?

187. — *Un même corps pèse respectivement* p, p', p'' *dans des liquides de densités* d, d', d''. *Quelle relation existe-t-il entre ces nombres, permettant de calculer l'un d'eux, connaissant les cinq autres?*

188. — *Une ancre en fer de poids* $P = 5600^{kg}$ *et de densité* $D = 7,5$ *est à une profondeur* $h = 18^{m}$ *dans l'eau de la mer, dont la densité est* $d = 1,03$. *Quel travail devra-t-on dépenser pour la ramener à la surface?*

189. — *Une éprouvette cylindrique à base circulaire de* 5^{cm} *de diamètre,* 25^{cm} *de hauteur et de poids négligeable, est remplie de mercure, et elle plonge de* 4^{cm} *dans un bain de ce liquide. Quel est son poids apparent dans cette position, et pourquoi est-il indépendant de la pression atmosphérique?*

190. — *Une sphère creuse en métal de densité D a pour rayon intérieur r et pour rayon extérieur R. Quel est son poids apparent dans un liquide de densité d?*

191. — *Une sphère creuse en métal de densité D pèse P^{gr} dans le vide et p^{gr} dans un liquide de densité d. Calculer ses rayons intérieur et extérieur.*

192. — *Un corps poreux pèse P^{gr}. Recouvert d'un vernis insoluble, il pèse P' dans un liquide de densité δ. Dépouillé du vernis et plongé dans le même liquide, qui l'imbibe alors complètement, il pèse P''. Calculer la densité apparente du corps poreux, sa densité réelle, et la fraction de son volume total qui est occupée par les pores.*

Application. — Pour un fragment de craie et de l'alcool, on a:

$$P=40{,}816, \quad \delta=0{,}834, \quad P'=10{,}541, \quad P''=27{,}472.$$

193. — *On attache un morceau de bois de p^{gr} à un morceau de plomb de densité D. Le système pèse P^{gr} dans l'air et P'^{gr} dans l'eau. Quelle est la densité du bois?*

Application: $p=16^{gr}$, $D=11{,}25$, $P=61^{gr}$, $P'=17^{gr}$.

194. — *Un thermomètre pèse P^{gr} dans l'air et p^{gr} dans l'eau. Quel est le poids du mercure intérieur, sachant que ce liquide remplit entièrement l'enveloppe à une température où sa densité est D; celle du verre étant d?*

Application: $P=34^{gr}09$, $p=25^{gr}$, $D=13{,}2$, $d=2{,}4$.

195. — *Un ballon de cristal scellé à la lampe et complètement rempli de mercure (densité $D=13{,}6$) contient $p=68^{gr}$ de ce liquide. Le système pèse $P=81^{gr},2$ dans le vide et $P'=72^{gr},2$ dans l'eau. On demande la densité du cristal.*

196. — *Dans un creuset de platine de poids $p=4^{gr},29$ et de densité $D=21{,}45$, on introduit quelques fragments d'une pierre précieuse. Alors le creuset pèse $P=7^{gr},307$ dans l'air et $P'=5^{gr},923$ dans l'eau. Quelle est la densité du minéral soumis à l'expérience?*

197. — *Une statuette en argent de densité 10,45 pèse $961^{gr},4$ dans l'air et 836^{gr} dans l'eau. Existe-t-il un vide à l'intérieur, et quel en est le volume?*

198. — *Un échantillon de quartz aurifère pèse $P=239^{gr},2$ dans l'air et $p=161^{gr},7$ dans l'eau. Quel poids d'or contient-il, sachant que la densité de l'or est $D=19{,}36$ et celle du quartz $d=2{,}65$?*

199. — *Quel est le rapport des masses P, P' de deux corps de densités D, D', qui se font équilibre sur les plateaux d'une balance au sein d'un fluide de densité d?*

200. — *Deux corps de même masse P, mais de densités différentes $d<D$, sont placés sur les plateaux d'une balance dans un fluide de densité δ. Quelle masse d'un corps de densité Δ faudra-t-il ajouter sur l'un des plateaux pour établir l'équilibre?*

Application: $P=199^{gr},68$, $d=2{,}56$, $D=7{,}8$, $\delta=0{,}8$, $\Delta=1{,}3$.

201 — *Un ballon vide pèse $p=100^{gr}$, plein de mercure (densité $D=13{,}5$), il pèse $P=7^{kg}$ dans le vide et $P'=6570^{gr}$ dans un liquide de densité $\delta=0{,}8$. Après avoir retiré le mercure, on introduit dans ce ballon de la grenaille de plomb (densité $D'=11{,}3$), de manière que le système flotte librement au sein de l'eau. On demande:*

1° *Le volume intérieur du ballon;*

2° *Le volume et la densité de la matière qui en constitue les parois;*
3° *Le volume du plomb qui a servi de lest.*

202. — *Un corps A, suspendu sous l'un des plateaux d'une balance, est équilibré par un corps B de poids* p *et de densité* d*, suspendu sous l'autre plateau. L'équilibre subsiste quand le corps A est entièrement immergé dans l'eau et qu'une fraction* f *du volume de B plonge dans un liquide de densité* δ*. Quelle est la densité du corps A?*

203. — *Deux corps de densités* d, d' *se font équilibre sous les plateaux d'une balance. L'équilibre subsiste quand on immerge complètement ces corps, le premier dans un liquide de densité* δ*, l'autre dans un liquide dont on demande la densité* x.

204. — *Un cylindre de volume* V *et de densité* D *est suspendu sous l'un des plateaux d'une balance. Il plonge dans un liquide dont on propose de calculer la densité, sachant que si l'on ajoute* p*gr sur l'autre plateau, le cylindre émerge d'une fraction* f *de sa hauteur.*

205. — *On suspend sous l'un des plateaux d'une balance une sphère de platine de rayon* r = 3cm*, et au-dessous de l'autre un cylindre de cuivre ayant le même rayon. On fait plonger la sphère dans le mercure et le cylindre dans l'eau. Quelle doit être la hauteur du cylindre pour que l'équilibre ait lieu?*

Densités du mercure δ = 13,6, *du platine* D = 22, *du cuivre* d = 8,8.

206. — *Deux corps de volumes* V, V' *et de densités* d, d' *sont fixés aux extrémités d'une tige cylindrique mobile autour d'un point qui la divise en deux parties de longueur* l, l'*. On propose d'exprimer la section droite et la densité de la tige, sachant que le système est en équilibre dans le vide et dans l'eau.*

Équilibre des corps flottants.

207. — *Un bloc de glace prismatique flotte sur la mer polaire en émergeant d'une hauteur* h*. Quelle est son épaisseur totale, sachant que la densité de la glace est* d = 0,924 *et celle de l'eau de mer* δ = 1,026?

208. — *Quel est le volume minimum d'un glaçon capable de soutenir hors de l'eau un homme du poids de* 60kg*, la densité de la glace étant* 0,93?

209. — *Une sphère creuse en aluminium pèse* 4kg,165*, ses rayons intérieur et extérieur sont* 8cm,5 *et* 10cm*. Quelle doit être la pression de l'air intérieur pour que le système flotte librement dans l'eau? A la température de l'expérience, la densité de l'eau est* 0,998 *et celle de l'air* 0,0012 *à la pression* 76cm.

210. — *Une éprouvette cylindrique flotte verticalement sur l'eau. Sa section est* S*, sa hauteur* h*, et elle s'enfonce dans l'eau sur une longueur* h'*. Quel volume de mercure (densité* D*) faut-il verser à l'intérieur pour qu'elle s'enfonce d'une hauteur* h''*?*

211. — *Une éprouvette cylindrique ouverte par le haut flotte verticalement à la surface d'un liquide, dans lequel elle s'enfonce d'une hauteur* l, l' *ou* l''*, suivant qu'elle contient un volume* v, v' *ou* v'' *d'un autre liquide. Quelle relation existe-t-il entre ces données?*

212. — *Quel doit être le rapport des poids* P, p *de deux corps de densités*

D, d, *attachés l'un à l'autre, pour que le système flotte au sein d'un liquide de densité* δ?

Application : $D = 21$, $d = 7{,}8$, $\delta = 13{,}6$.

213. — *Deux cylindres de même rayon, l'un en platine (densité* $D = 21{,}6$*), l'autre en fer (densité* $d = 7{,}6$*), sont fixés bout à bout. Quel est le rapport de leurs longueurs, sachant que le système, maintenu verticalement, flotte dans le mercure (densité* $\delta = 13{,}6$*), quand la base commune des cylindres est dans le plan de la surface libre du liquide?*

214. — *Quelle longueur faut-il donner à un cylindre de platine (densité* D*), qui doit lester un cylindre de fer (densité* d*) de même diamètre et de longueur* l*, pour que le système flotte verticalement dans le mercure (densité* Δ*) et en émerge d'une longueur* h*?*

Appplication : $D = 21{,}4$, $d = 7{,}7$, $\Delta = 13{,}6$, $l = 12^{cm}$, $h = 2^{cm}$.

215. — *Une sphère métallique de rayon* r *est noyée dans un morceau de verre exactement moulé à sa surface ; le solide entier pèse* p*, et lorsqu'on le fait flotter à la surface d'un bain de mercure, le* $\frac{1}{n^e}$ *de son volume se trouve immergé. Quelle est la densité du métal intérieur?*

216. — *Un cône de densité* d *flotte à la surface d'un liquide de densité* δ*. Le sommet est à la partie supérieure, et la hauteur émerge d'une fraction que l'on propose de calculer.*

217. — *Une enveloppe conique ouverte par la base flotte, la pointe en bas, sur un liquide de densité* δ*. Elle est faite d'une feuille de métal de densité* D *et d'épaisseur* e*, taillée dans un cercle de rayon* l*. Quel doit être l'angle générateur du cône pour que celui-ci s'enfonce dans le liquide d'une fraction* k *de sa hauteur?*

218. — *Une coupelle hémisphérique en porcelaine, de densité* d*, de rayon extérieur* R*, et remplie de mercure, flotte sur un bain de mercure dans lequel le* $\frac{1}{n^e}$ *de sa hauteur se trouve immergé. On propose de calculer son rayon intérieur.*

219. — *Une sphère creuse de poids* p*, en métal de densité* D*, flotte au sein d'un liquide de densité* d*. Quelle est l'épaisseur de l'enveloppe métallique?*

220. — *Une coupe hémisphérique en bois, de densité* d *et de rayons* R *et* r*, flotte à la surface de l'eau. On y verse de l'eau jusqu'à ce que le niveau intérieur coïncide avec le niveau extérieur. Quelle est alors la hauteur du segment immergé?*

221. — *Deux corps de densités* D, D'*, suspendus aux extrémités du fil d'une machine d'Atwood, se font équilibre dans un liquide de densité* d*. On fait descendre le vase qui contient ce liquide jusqu'à ce que l'un des corps émerge complètement dans l'air.*

On demande quelle fraction du volume de l'autre corps restera plongée dans le liquide?

222. — *Un cylindre en bois, de longueur* l *et de densité* d*, est lesté par un cylindre métallique de même diamètre, de longueur* l' *et de densité* d'*. L'ensemble de ces cylindres, réunis par une base commune, flotte verticalement à la surface d'un liquide de densité* δ*. Déterminer les positions relatives du centre de poussée, du centre de gravité du système et du centre de gravité de la partie immergée.*

223. — *Un tube en fer de longueur* $l = 2^m$, *de diamètre intérieur* $2r = 1^{cm}$, *de diamètre extérieur* $2R = 1^{cm},1$, *de densité* $d = 7,8$, *et fermé à l'une de ses extrémités, est complètement rempli de mercure et retourné dans une cuvette profonde où il peut se mouvoir verticalement. De quelle longueur s'enfoncera-t-il dans le mercure dans sa position d'équilibre?*

224. — *Un flotteur est constitué par un vase cylindrique en verre, de* 20^{cm} *de longueur et de* 15^{cq} *de section, muni à sa base supérieure d'une tige de* 1^{mmq} *de section et de capacité intérieure négligeable. Il est lesté par du mercure, qui en recouvre le fond sur une épaisseur de* 1^{cm}. *La tige est graduée de part et d'autre d'un zéro, la distance entre deux traits consécutifs étant* $0^{mm},39$.

L'appareil est en relation par un conduit souple, de poids négligeable, avec un réservoir contenant de l'air. Quand la pression dans ce réservoir est de 76^{cm}, *la tige affleure dans l'eau au degré 0. A quelle division l'affleurement se produira-t-il si la pression devient égale à* $76^{cm},5$, *le poids spécifique de l'air étant 0,0013 à la pression* 76^{cm}?

Corps flottants dans des liquides superposés.

225. — *Un corps solide de densité* d *flotte à la surface de séparation de deux liquides, de densités* D, D'. *Quel est le rapport des volumes immergés respectivement dans ces deux liquides?*

226. — *Quelle est la densité d'un solide cylindrique qui flotte verticalement à la surface de séparation de deux liquides de densités* D, d, *sachant que cette surface partage la hauteur du cylindre dans le rapport de* m *à* n?

227. — *Un corps cylindrique vertical, lesté à sa partie inférieure, se tient en équilibre sur un bain de mercure (densité* D) *surmonté d'une couche d'eau (densité* d), *et il émerge dans l'air d'une certaine longueur. De combien diminuera cette longueur, si l'épaisseur de la couche d'eau augmente de* h?

228. — *Un cylindre flotte verticalement sur le mercure et s'enfonce du quart de sa hauteur* $h = 40^{cm}$. *On verse sur le mercure une couche d'eau suffisante pour amener l'immersion complète du cylindre. Quelle sera dans ces conditions la hauteur de la partie plongée dans le mercure?*

229. — *Un vase contient du mercure, de l'eau et de l'huile, dans lesquels flotte un disque de fonte, dont les bases sont horizontales et équidistantes des deux surfaces de l'eau. Connaissant l'épaisseur du disque,* h, *et les densités* d, D, f *de l'huile, du mercure et du fer, on propose de calculer l'épaisseur de la couche d'eau.*

230. — *Un tube cylindrique de longueur* l, *en fer, de densité* d, *flotte verticalement dans une cuvette profonde, sur du mercure de densité* D. *On verse à l'intérieur de ce tube un liquide de densité* d, *de manière à le remplir jusqu'au sommet. Calculer la hauteur de la colonne liquide introduite.*

231. — *Une éprouvette cylindrique, divisée en parties d'égale capacité, contient deux liquides non miscibles superposés :* A, *de densité* D; B, *de densité* d. *On y laisse glisser un corps solide, qui vient flotter à la surface de séparation des deux liquides. Quelle est la densité de ce corps solide, sachant que le niveau de* A *s'est élevé de* a *divisions, et celui de* B, *de* b *divisions?*

Application : $D = 13,6$, $d = 1$, $a = 80,1$, $b = 150$.

Accroissements de pressions dûs aux flotteurs.

232. — *Un vase cylindrique de rayon* R *contient un liquide de densité* D. *De combien s'élèvera le niveau de ce liquide si l'on fait flotter à sa surface une sphère de rayon* r *et de densité* d?

233. — *Un vase contenant un liquide possède un fond plan et horizontal ayant une surface* S = 7dq; *la partie supérieure de ce vase, où s'arrête le niveau du liquide, est cylindrique et possède une section* s = 3dq. *On pose sur la surface libre du liquide un corps de poids* p = 1500gr, *qui y flotte en équilibre. De combien augmente la pression totale sur le fond du vase?*

234. — *Un vase, présentant un fond horizontal de surface* S, *est terminé à sa partie supérieure par un cylindre vertical de section* s. *Il contient un liquide de densité* δ *qui pénètre dans ce cylindre. Quel sera l'accroissement de pression sur la surface* S *si l'on fait flotter à la surface libre un corps moins dense que le liquide, et de poids* p?

235. — *Un vase cylindrique vertical a pour base un cercle horizontal de rayon* R = 10cm. *Il est en partie rempli d'eau. Étudier la variation de pression sur le fond du vase quand on laisse tomber au fond du liquide une sphère métallique de rayon* r = 3cm *et de densité* d = 7,5.

236. — *On fait pénétrer à l'intérieur d'un baromètre un cylindre de poids* p = 187gr *et de densité* d = 8,8 *qui envahit une partie de la chambre barométrique, sans en atteindre le sommet. De combien varie le volume de l'espace vide?*

237. — *Un vase prismatique vertical, ayant pour base un carré de côté* a, *contient un volume* V *de mercure. Quel sera l'accroissement de pression sur le fond du vase et sur chacune des faces latérales si l'on fait flotter à la surface du mercure un disque en fer de volume* v? *On donne les densités* D, d *du mercure et du fer à la température de l'expérience.*

Flotteurs dans des vases communicants.

238. — *Deux vases communicants cylindriques, verticaux, de sections* S, s, *contiennent un liquide de densité* D. *De combien s'élèveront les surfaces libres si l'on fait flotter sur l'une d'elles un corps de poids* p, *dont la densité est inférieure à celle du liquide?*

239. — *Deux vases cylindriques, verticaux, communicants, de sections* S, s, *contiennent du mercure, surmonté par de l'eau dans l'une des branches. De quelle hauteur le niveau de l'eau sera-t-il relevé si l'on fait flotter à la surface du mercure, dans l'autre branche, un corps de poids* p?

240. — *Deux vases communicants contiennent du mercure de densité* D. *Dans l'une des branches, on fait flotter verticalement un cylindre en fer de longueur* l *et de densité* d. *Dans l'autre branche, on verse un liquide de densité* δ, *sur une hauteur que l'on propose de calculer, de manière que la surface libre soit à la même hauteur que la base supérieure du cylindre de fer.*

241. — *Deux vases communicants contiennent du mercure de densité* D. *Dans l'une des branches, qui est cylindrique, verticale, de section* s, *on verse une hauteur* h *d'un liquide de densité* d, *sur lequel flotte un corps de poids* p. *Calculer la différence de niveau des deux surfaces libres.*

242. — *Deux vases communicants contiennent du mercure de densité* D. *Dans l'une des branches qui est cylindrique, verticale, et de section* s, *on verse un liquide de densité* d, *de manière que sa surface libre s'élève à une hauteur* a *au-dessus de la surface libre du mercure dans l'autre branche. Quel accroissement éprouvera cette différence de niveau* a, *si on laisse tomber dans le liquide supérieur un corps de poids* p, *dont la densité* Δ *est comprise entre* D *et* d?

Aréomètres à volume constant.

243. — *Pour qu'un aréomètre de Nicholson affleure dans l'eau, il faut mettre* $P=50^{gr}$ *sur le plateau supérieur. Un morceau de métal étant placé successivement sur le plateau supérieur et dans le plateau inférieur, il faut ajouter sur le plateau supérieur* $p=15^{gr}$ *dans le premier cas, et* $p'=19^{gr}$ *dans le second. Quelle est la densité du métal soumis à l'expérience?*

244. — *Un aréomètre à volume constant est plongé successivement dans des liquides de densités* $d=1{,}80$ *et* $d'=0{,}80$. *Pour obtenir l'affleurement, il a fallu le surcharger de* $p=376^{gr}$ *dans le premier cas, et de* $p'=56^{gr}$ *dans le second. Quel est le volume de la partie immergée?*

245. — *Un aréomètre à volume constant, de poids* P, *affleure dans un liquide de densité* d, *moyennant une surcharge* p. *Quelle est la densité du liquide dans lequel il affleure avec une surcharge* p'?

246. — *Un aréomètre à volume constant, de poids* P, *affleure dans un liquide de densité* δ, *lorsqu'on place sur son plateau inférieur* p^{gr} *d'un corps de densité* d. *Quel est le volume de l'appareil au-dessous du point d'affleurement?*

247. — *Pour faire affleurer un aréomètre de Nicholson dans un liquide de densité* δ, *il faut ajouter une surcharge* p *dans le plateau supérieur, ou bien il faut mettre dans le plateau inférieur* p^{gr} *d'un corps dont on propose de calculer la densité.*

248. — *Un aréomètre à volume constant, de poids* P, *affleure dans un liquide de densité* δ *quand on ajoute dans le plateau inférieur* p^{gr} *d'un corps de densité* d. *Quel poids* x *d'un corps de densité* d' *faut-il mettre dans le même plateau pour que l'appareil affleure dans un liquide de densité* δ'?

249. — *Calculer le poids d'un aréomètre de Fahrenheit et son volume au-dessous du point de repère, sachant que pour faire affleurer l'appareil dans des liquides de densités* d *et* d', *il faut mettre sur le plateau les surcharges respectives* p *et* p'.

250. — *Un aréomètre de Fahrenheit affleure dans un liquide de densité* d, *moyennant une surcharge* p, *et dans un liquide de densité* d' *avec une surcharge* p'. *Quelle est la densité d'un liquide dans lequel il affleurerait sans surcharge?*

Aréomètres à poids constant.

251. — *Avec une tige cylindrique de section* s *et de longueur* AB = l, *on veut construire un aréomètre à poids constant qui affleure en* A *dans un liquide de densité* d *et en* B *dans un liquide de densité* d'. *Calculer le volume à donner à la carène, la masse de l'instrument et la densité d'un liquide où l'affleurement se produira au milieu de* AB.

252. — *Un pèse-acides marque* a *dans un liquide de densité* d. *Combien marquerait-il dans ce même liquide, si le volume de l'instrument, restant semblable à lui-même, diminuait de son* $n^{ième}$?

Application : $a = 66°$, $d = 1,85$, $n = 25$.

253. — *La tige d'un aréomètre est graduée en parties d'égal volume. L'instrument pèse* P^{gr}, *il marque* 0° *dans l'eau pure et* n° *dans un liquide de densité* d. *Quel est le volume occupé par chaque division de la tige?*

254. — *Un pèse-acides marque* 0° *dans l'eau pure et* 66° *dans l'acide sulfurique de densité* 1,84. *Quel rapport existe-t-il entre le volume de l'instrument au-dessous du zéro et le volume de chaque division de la tige?*

255. — *Le volume d'un pèse-acides au-dessous du zéro est égal à* 144 *fois le volume de chaque division de la tige. Quelle est la densité du liquide dans lequel l'aréomètre marque* n = 15°?

256. — *Un pèse-acides de poids* $P = 117^{gr}$ *marque* 0° *dans l'eau et* 66° *dans l'acide sulfurique. Son volume au-dessous du zéro vaut* 144 *fois le volume de chaque division de la tige. Si l'on assujettit au sommet de la tige un petit objet métallique, l'instrument ne marque plus que* n = 62° *dans l'acide sulfurique. Quel est le poids de la surcharge?*

257. — *La tige d'un aréomètre est graduée à partir de sa base en parties d'égal volume* v. *Le volume de l'appareil au-dessous du zéro est* V. *L'instrument marque* n *dans un liquide de densité* d. *Combien marque-t-il dans un liquide de densité* d'?

258. — *Un pèse-acides marque* 0° *dans l'eau pure et* n° *dans un acide de densité* d. *Que marque-t-il dans un liquide de densité* d'?

259. — *Quelle est la densité d'un liquide qui marque* n° *au pèse-esprits, sachant que l'instrument marque* 10° *dans l'eau pure et* n'° *dans un liquide de densité* d'?

260. — *Dans un acide de densité* d, *un aréomètre à tige cylindrique affleure en un point* A. *Dans un liquide de densité* d' (d' > d) *il affleure au point* B *tel que* AB = h. *Quelle est la densité du liquide dans lequel il affleure au point* C *tel que* AC = kh?

261. — *Un pèse-acides marque* n° *dans de l'eau salée. Quelle proportion d'eau faut-il ajouter au mélange pour que l'aréomètre marque* n' (n' < n)? *On sait que le volume de l'instrument au-dessous du zéro est égal à* N *divisions de la tige.*

Application : $n = 24$, $n' = 16$, $N = 144$.

262. — *Un pèse-liqueurs marque* 10° *dans l'eau pure et* n° *dans un liquide de densité* d. *En fixant au sommet de la tige une surcharge convenable, on l'amène à marquer* n° *dans l'eau pure. Combien marque-t-il alors dans le liquide de densité* d'?

263. — *Un aréomètre à poids constant marque* 0° *dans l'eau et* n = 66° *dans l'acide sulfurique dont la densité est* d = 1,84. *Quelle est la densité de l'acide azotique où il marque* n' = 43°?

264. — *Un aréomètre à poids constant est gradué en parties d'égale longueur de part et d'autre d'un zéro marqué au milieu de la tige et qui est le* *point d'affleurement dans l'eau pure. Il affleure à la division* n = 73 *dans l'éther, de densité* d = 0,73. *Quelles seront les indications de l'appareil :*

1° *Dans l'éther acétique de densité* d' = 0,890?

2° *Dans le sulfure de carbone de densité* d'' = 1,203?

265. — *La tige d'un aréomètre à poids constant est graduée en parties d'égal volume de part et d'autre du point d'affleurement dans l'eau pure, qui est situé vers le milieu de la tige. Les degrés comptés à partir de ce point sont positifs au-dessus et négatifs au-dessous. Sachant que cet aréomètre marque* (— n°) *dans un liquide de densité* D, *calculer la densité du liquide dans lequel il marquera* (+ n°).

266. — *Un aréomètre à poids constant dont la tige est divisée en parties d'égal volume marque respectivement* n, n', n'', *dans des liquides de densités* d, d', d''. *Trouver la relation qui existe entre les six nombres donnés.*

267. — *Un aréomètre à tige cylindrique, dont le poids est* P = 27gr, *affleure à la division* n = 35 *dans l'eau, et à la division* n' = 50 *dans l'huile de densité* d = 0,9. *A quelle division affleurera-t-il dans une éprouvette contenant de l'eau surmontée d'une couche d'huile dont l'épaisseur équivaut à* k = 15 *divisions de la tige?*

268. — *On mélange à volumes égaux de l'eau pure et de l'alcool absolu dont la densité est* 0,79. *Il se produit une contraction égale au* $\frac{1}{29}$ *du volume total. Combien ce mélange marquera-t-il à l'alcoomètre centésimal?*

Densités des alliages et des mélanges.

Mélanges sans contraction.

269. — *Un fragment d'un alliage d'argent et d'or du poids de* 150gr *ne pèse plus que* 141gr *lorsqu'on le fait plonger dans la benzine. Quelle est sa composition, sachant que les densités sont : or* 19,5, *argent* 10,5, *benzine* 0,9?

On admettra que les deux métaux s'allient sans variation de volume.

270. — *Quelle est la composition en poids d'un alliage formé sans changement de volume, entre deux métaux de densités respectives* D, D', *sachant qu'un fragment de cet alliage pèse* Pgr *dans le vide et* P'gr *dans un liquide de densité* d?

271. — *Un sel se dissout dans l'eau sans aucun changement de volume. La dissolution au* $\frac{n}{100}$, *a pour densité* d. *Quelle doit être la proportion de sel pour que la densité soit* d'?

272. — *Une solution saline de densité* d = 1,32 *marque* n = 35° *à un aréomètre de Baumé. Quel poids d'eau faut-il ajouter à* P = 400gr *de cette dissolution pour qu'elle marque* n' = 25°, *en supposant nulle la contraction du mélange?*

273. — *Un aréomètre à tige cylindrique, dont le zéro (point d'affleurement dans l'eau) est à la partie supérieure, marque* 15 *dans un liquide dont la densité est* 1,15 *et* 35 *dans un second liquide. Quelle est la densité de ce dernier? A quelle division se fera l'affleurement dans un mélange formé avec ces deux liquides dans la proportion de* 7 *volumes du premier pour* 3 *volumes du second?*

274. — *Un aréomètre de Baumé marque* $n=5^{\circ}$ *quand il est plongé dans du lait pur, de densité* $d=1,036$ *et* $n'=3^{\circ}$, *dans du lait étendu d'eau. On demande la densité du lait fraudé et la quantité d'eau ajoutée par litre de lait.*

275. — *Un aréomètre de Baumé marque* 0° *dans l'eau pure, et le volume de l'instrument au-dessous du zéro est égal à* 144 *fois le volume d'une division de la tige. Si cet aréomètre marque* $n=5^{\circ}$ *dans du lait pur, combien marquera-t-il dans un mélange contenant* $k=400^{cc}$ *par litre de mélange?*

276. — *Trois liquides mélangés successivement deux à deux à poids égaux donneraient des mélanges de densités respectives* a, b, c. *Quelle est la densité du mélange de ces trois liquides, à poids égaux? On admettra que tous ces mélanges se font sans contraction.*

277. — *Trois masses liquides de densités respectives* a, b, c *peuvent se mélanger deux à deux sans changement de volume. La densité du mélange serait* A *avec* b *et* c, B *avec* a *et* c, C *avec* a *et* b. *Quelle relation existe-t-il entre ces données?*

Mélanges avec contraction.

278. — *Le bronze d'aluminium, composé de* $\frac{1}{10}$ *d'aluminium et de* $\frac{9}{10}$ *de cuivre en poids, a pour densité* 7,7. *Les densités du cuivre et de l'aluminium étant* 8,9 *et* 2,61, *quelle est la contraction de l'alliage?*

279. — *Quel poids d'eau a-t-on ajouté à* 50^{cc} *d'alcool (densité* $d=0,795$), *sachant que l'on a obtenu* 100^{cc} *d'un mélange de densité* $D=0,93$. *Quel est le coefficient de contraction de ce mélange?*

280. — *Deux liquides de densités* d, d' *forment un mélange de densité* d'', *dont le coefficient de contraction est* k. *Quelle est la composition de* P^{gr} *de ce mélange?*

281. — *Deux liquides de densités* d, d', *mélangés dans la proportion de* v^{cc} *du premier pour* v'^{cc} *du second, subissent une contraction de* k *par unité de volume. Quelle est la densité d'un corps solide qui flotte à la surface de ce mélange, de telle sorte que la partie immergée représente une fraction* f *de son volume total?*

282. — *On mélange deux liquides dans la proportion de* v^{cc} *de l'un pour* v'^{cc} *de l'autre. Quel est le coefficient de contraction du mélange, sachant qu'un même corps solide, plongé successivement dans les deux liquides et dans le mélange, reçoit les poussées respectives* p, p', p''?

283. — *On mélange* n *volumes d'un liquide de densité* d *avec* n' *volumes d'un liquide de densité* d'. *Le coefficient de contraction est* k. *Quelle est la densité d'un cylindre de longueur* l *qui plonge dans ce mélange et émerge d'une hauteur* h?

Application : $n=2$, $d=1,1$, $n'=5$, $d'=1,2$, $k=\frac{1}{136}$, $l=20^{cm}$, $h=1^{cm}$.

284. — *Un corps solide éprouve une poussée de* $p=10^{gr}$ *dans l'eau, de* $p'=18^{gr},4$ *dans l'acide sulfurique et de* $p''=15^{gr},73$ *dans un mélange de* $m=3$ *volumes d'eau avec* $n=5$ *volumes d'acide sulfurique. Quel est le coefficient de contraction du mélange?*

285. — *Une solution d'acide sulfurique, qui marque 10° Baumé, contient 10,8 pour 100 d'acide. Quelle quantité d'acide contient une solution qui marque 22° ? On admettra que la contraction du mélange d'eau et d'acide est proportionnelle à la quantité d'acide. Densité de l'acide sulfurique, 1,842; densité de la solution saline qui sert à déterminer le quinzième degré, 1,116.*

286. — *On connait la densité de l'alcool* d = 0,795, *et celle du mélange dans lequel l'alcoomètre centésimal doit marquer 50°* : d' = 0,935.

1° *Quelle est la composition volumétrique de ce mélange?*

2° *Dans quel rapport le volume de la tige graduée est-il partagé par la division 50?*

Poussées dans les gaz.

Poids apparents dans l'air.

287. — *Un ballon sphérique en verre a* R = 14^{cm} *de rayon. Quelle poussée éprouve-t-il dans l'air normal dont la densité est* a = 0,001293?

288. *Quel est le volume du gaz contenu dans un ballon en taffetas, sachant que ce ballon déplace une masse d'air de* P = 100^{kg}, *dans les conditions normales où le litre d'air pèse* a = 1^{gr},293 ?

289. *Quel est le poids apparent, dans l'air normal de densité* a = 0,001293, *d'un kilogramme de liège dont la densité est* d = 0,24?

290. *Un petit ballon de baudruche a une enveloppe de poids* p = 5^{gr} *et de volume* V = 7^{l}. *Quelle est sa force ascensionnelle quand il est rempli : 1° d'hydrogène, 2° de gaz d'éclairage?*

Poids du litre d'air : a = 1^{gr},293,

— *d'hydrogène :* a' = a × 0,069,

— *de gaz d'éclairage :* a'' = a × 0,63 ?

291. — *Un gâteau de cire pesé dans l'air est équilibré par* P = 3355^{gr} *de laiton. Quel est son poids dans le vide?*

Densité de la cire, d = 0,96; *densité du laiton,* D = 8,4; *densité de l'air,* a = 0,0013.

292. — *Une sphère métallique est placée dans un récipient à gaz comprimé. Quel est son volume, sachant que son poids apparent varie de* 38^{gr},70 *quand la pression du gaz croît de* 148^{cm} *à* 3^{m} *de mercure?*

293. — *Deux corps de densités* d, d' *se font équilibre dans l'air, dont la densité est* a. *Quel est le rapport de leurs volumes?*

294. — *Deux vases cylindriques identiques placés sur les plateaux d'une balance se font équilibre dans l'air. On verse dans l'un de ces vases une hauteur* h *d'un liquide de densité* d. *Quelle hauteur* h' *d'un liquide de densité* d' *faut-il verser dans l'autre pour rétablir exactement l'équilibre dans l'air?*

295. — *Un corps de densité* d = 5,1 *pèse* P = 60^{gr} *dans l'air, de densité* a = 0,001293, *et* P' = 50^{gr} *dans un liquide dont on demande la densité.*

296. — *Les boules d'un baroscope, suspendues aux plateaux d'une balance, se font équilibre dans l'air sec à 0°. Quelle est la pression de cet air, sachant que les masses des boules diffèrent de* p^gr^ *et leurs volumes de* v^cc^ *?*

297. — *Une balance est introduite dans un récipient plein d'air, dont on peut faire varier la pression. Ses plateaux contiennent respectivement* p^gr^ *d'un corps de densité* d *et* p'^gr^ *d'un corps de densité* d'. *A quelle pression y aura-t-il équilibre ?*

Application : $p = 215{,}30$, $p' = 215{,}17$, $d = 2$, $d' = 5$, $a = 0{,}0013$.

298. — *On place sur les plateaux d'une balance deux sphères métalliques, l'une, massive, de* 3^cm^ *de rayon; l'autre, creuse, de* 24^cm^ *de rayon. Elles se font équilibre dans l'air, dont la force élastique est de* 76^cm^.

La balance est portée dans un récipient plein de gaz, où l'on établit une pression de 456^cm^.

De quel côté penchera la balance, et quel poids faudra-t-il mettre dans l'un des plateaux pour rétablir l'équilibre ?

La densité normale de l'air est 0,001293.

299. — *Un corps flotte à la surface de l'eau dans un récipient où l'on peut faire varier la pression de l'air. Dans quel rapport augmente le volume de la partie émergée quand cette pression croît de* 1 *à* n *atmosphère? Densité de l'air,* $\frac{1}{770}$.

300. — *On met du mercure dans un vase en fer cylindrique de* 10^cm^ *de rayon ; au-dessus, on verse* 578^cc^ *d'eau; enfin, au-dessus de l'eau, se trouve une atmosphère que l'on peut comprimer. On met dans le vase un flotteur formé d'un prisme droit en verre de* 20^cm^ *de hauteur et* 500^cc^ *de volume (densité du verre,* 2,5) *et d'une boule de platine (densité* 20) *pesant* 3578^gr^. *On demande quelle position d'équilibre prendra le flotteur, l'appareil étant maintenu à* 4° *et l'air à une atmosphère?*

Densité du mercure, 13,5; *de l'air,* 0,00129. *Quel serait l'effet produit sur la position d'équilibre par un changement de pression de l'air ?*

301. — *Quel serait le rayon d'une enveloppe sphérique en aluminium de* 1^mm^ *d'épaisseur et parfaitement vide, qui flotterait sans poids apparent dans l'air normal ? Densités de l'aluminium et de l'air normal :*

$$d = 2{,}56, \quad a = 0{,}001\,293.$$

CHAPITRE V. — POMPES

Pompes à liquides.

302. — *Dans une pompe aspirante, le tuyau d'aspiration a* 5^m^ *de hauteur au-dessus du niveau de l'eau, la course du piston est de* 40^cm^ *et la section du corps de pompe est* 12 *fois plus grande que celle du tuyau d'aspiration. A quelle hauteur l'eau s'élèvera-t-elle dans ce tuyau par l'effet du premier coup de piston ?*

303. — *Le corps d'une pompe est* 10 *fois moins long et* 4 *fois plus large* *que le tuyau d'aspiration. Calculer la hauteur de ce dernier, sachant qu'il est exactement rempli d'eau par l'effet du premier coup de piston.*

304. — *Le piston d'une pompe foulante a une surface de* 30^{dq}. *La course du piston est de* 1^m. *On se sert de la pompe pour puiser dans un grand réservoir une dissolution saline dont la densité est* 1,1 *et pour refouler ce liquide à une hauteur de* 15^m.

On demande : 1° le poids du liquide refoulé à chaque coup de piston ; 2° le travail absorbé par chaque coup de piston.

305. — *Le tuyau d'aspiration d'une pompe plonge dans un liquide de densité* d ; *sa section est* s, *sa hauteur au-dessus du liquide* l ; *il est plein d'air à la pression atmosphérique équivalente à* H^{cm} *de mercure (densité* D). *De quelle hauteur faut-il soulever le piston, qui est au bas de sa course et dont la section est* S, *pour que le liquide vienne affleurer à l'orifice situé entre le tuyau d'aspiration et le corps de pompe ?*

306. — *La section d'un corps de pompe est* $S = 125^{cq}$ *et la course du piston* $L = 45^{cm}$. *La longueur du tuyau d'aspiration en dehors de l'eau est* $l = 5^m28$. *Quelle doit être la section intérieure de ce tuyau pour qu'au premier coup de piston l'eau pénètre dans le corps de pompe, et s'y élève à une hauteur* $h = 5^{cm}$ *quand la pression atmosphérique est* $H = 76^{cm}$?

307. — *Un corps de pompe muni d'un piston communique par un tuyau avec un réservoir d'eau. La longueur du tuyau est* l ; *la course du piston* L. *On demande à quelle hauteur* x *s'élèvera le niveau de l'eau au-dessus du niveau constant dans le réservoir après le premier coup de piston, celui-ci étant d'abord au bas de sa course, le diamètre du tuyau étant* d, *celui du piston* D, *la pression atmosphérique et la pression dans le tuyau avant le mouvement du piston étant* H, *exprimée en colonne d'eau. Discuter le résultat.*

Presse hydraulique.

308. — *Les pistons d'une presse hydraulique ont pour diamètres* $2R = 50^{cm}$ *et* $2r = 4^{cm}$. *Combien de coups faut-il donner du petit piston, dont la course est* $l = 25^{cm}$, *pour que le grand piston s'élève de* $h = 32^{cm}$?

309. — *Dans une presse hydraulique, les pistons ont pour rayons* R *et* r, *et la course du petit piston est* l. *On donne un coup de piston en exerçant un effort constant* f. *Calculer le déplacement du grand piston, l'effort qu'il supporte, et vérifier que le travail résistant est égal au travail moteur.*

310. — *Dans une presse hydraulique, les rayons des pistons sont* r *et* R, *le rayon du grand corps de pompe est* R' *et sa hauteur* h. *Enfin les bras du levier ont pour longueurs* l *et* L. *On agit sur le petit piston en exerçant un effort* f *à l'extrémité du grand bras de levier. Calculer la pression totale supportée : 1° par la base du grand piston ; 2° par la surface latérale du grand corps de pompe.*

311. — *A l'aide d'une presse hydraulique, dont les pistons ont pour sections droites* $S = 50^{dmq}$ *et* $s = 12^{cmq}$, *on comprime, dans le sens de ses arêtes, un prisme de base* $B = 30^{dmq}$. *Quand le petit piston supporte une pression de* $p = 20^{kg}$, *quelle est la pression par centimètre carré sur la section droite du prisme ?*

Siphon.

312. — *Un vase cylindrique fermé, de section S, est entièrement rempli d'eau. Sa base supérieure est traversée par un siphon dont la petite branche pénètre jusqu'au fond de l'eau, tandis que sa grande branche débouche à une distance* h *au-dessous du niveau supérieur du liquide.*

On refoule dans ce vase un volume d'air V, *mesuré à la pression atmosphérique* H, *par un orifice à robinet que l'on referme aussitôt. L'eau est chassée par le siphon, qui est ainsi amorcé.*

Quelle sera la hauteur occupée par l'air intérieur quand l'écoulement s'arrêtera ?

313. — *Un vase cylindrique complètement clos est muni d'un siphon. La hauteur de ce vase est* l. *Il renferme de l'eau surmontée d'une colonnne d'air de hauteur* l' *à la pression atmosphérique* H. *La petite branche du siphon plonge jusqu'au fond du vase, et la plus grande s'abaisse au-dessous du fond du vase d'une hauteur verticale* h. *On demande quelle sera la distance* x *du haut du vase au niveau du liquide lorsque l'écoulement s'arrêtera.*

314. — *Un siphon est employé à transvaser du mercure d'un vase* A *en un autre* B. *Le siphon est amorcé et ses extrémités plongent dans du mercure. Il est placé sous la cloche d'une machine pneumatique, où on diminue progressivement la pression. On demande quelle sera la pression sous la cloche, exprimée en mercure :* 1° *quand la colonne mercurielle se rompra au sommet du siphon ;* 2° *quand le mercure cessera de couler d'un vase dans l'autre.*

On donne : la distance du sommet S *au niveau* A, 25cm *; la distance verticale des niveaux* A *et* B, 30cm.

Pipette et Vase de Mariotte.

315. — *Une pipette cylindrique de longueur* l *est plongée sur une longueur* l' *dans un liquide de densité* d. *Ayant fermé l'orifice supérieur, on retire l'appareil dans l'atmosphère, où la pression est* H. *Calculer la hauteur* x *de la colonne de liquide qui restera à l'intérieur. Densité du mercure,* D.

316. — *Une pipette cylindrique de longueur* l, *plongée en partie dans un liquide de densité* d, *émerge d'une longueur* l'. *On la retire du liquide après avoir fermé l'orifice supérieur.*

Que devient alors la longueur occupée par l'air contenu dans le tube ?

317. — *Un vase cylindrique de* 20cm *de diamètre est plein d'eau jusqu'en* C. *Sa base supérieure est traversée en* A *par un tube droit* ACB, *qui pénètre dans le liquide sur une hauteur* BC = 30cm. *Sa base inférieure est percée d'une ouverture* O *en paroi mince ayant* 5mm *de diamètre. La distance verticale* OB *égale* 5cm. *On demande quel temps ce vase mettra à se vider de* C *en* B.

Sous la pression de hcm *de liquide, le jet s'échappe avec une vitesse* $v = \sqrt{2gh}$ *; mais, par suite de la contraction de la veine, le débit réel n'est que les* 0,62 *du débit théorique.*

Pompes à gaz.

Machine pneumatique.

318. — *On fait le vide à l'aide d'une machine pneumatique dans un récipient de volume* V. *Quel doit être le volume* v *du corps de pompe pour qu'après* n *coups de piston la pression initiale soit réduite dans un rapport donné* k?

319. — *Dans une machine pneumatique, le volume du corps de pompe et celui du récipient sont dans un rapport* φ. *Combien de coups de piston faut-il donner pour réduire la pression de* H_0 *à* H_n, *en admettant qu'il n'y ait point d'espace nuisible?*

Application : $\varphi = \frac{v}{V} = \frac{1}{10}$, $H_0 = 76^{cm}$, $H_n = 1^{cm},68$.

320. — *Dans une machine pneumatique, le récipient, de volume* $V = 4^l$, *est rempli d'air à la pression atmosphérique* $H = 76$. *Le volume du corps de pompe est* $v = 200^{cc}$, *y compris l'espace nuisible* $u = 2^{cc}$. *Quelle sera la pression dans le récipient après* $n = 2$ *coups de piston?*

321. — *Dans une machine pneumatique, le récipient, le corps de pompe et l'espace nuisible ont pour volumes respectifs:* $V = 5^l$, $v = 500^{cc}$, $u = 2^{cc}$. *La pression initiale étant* $H = 75^{cm}$, *quelle sera la pression dans le récipient après* $n = 3$ *coups de piston?*

322. — *Un ballon plein d'air à la pression atmosphérique* H *est maintenu à* 0° *dans la glace fondante. On y fait le vide de manière à réduire la pression à* h, *puis on y laisse rentrer de l'hydrogène, qui rétablit la pression initiale* H. *On fait de nouveau le vide jusqu'à la pression* h, *et on laisse pénétrer de l'hydrogène jusqu'à la pression* H. *On répète* n *fois la même opération. Quelle est alors la composition, en volume et en poids, du mélange contenu finalement dans le ballon?*

Pompe de compression.

323. — *Le volume d'une pompe de compression est le* $\frac{1}{n} = \frac{1}{10^e}$ *de celui du récipient. La pression dans ce récipient est d'abord égale à la pression atmosphérique* H. *Que deviendra-t-elle après* $n = 5$ *coups de piston? A quel instant la soupape s'ouvre-t-elle à chacun de ces coups de piston?*

324. — *Le tuyau d'aspiration et le tuyau de refoulement d'une pompe à main aboutissent au fond du corps de pompe, dont le volume est* v; *ils communiquent avec deux récipients de même volume* V, *dont le premier contient un gaz à la pression* H, *tandis que le second est vide. Quelle sera la pression dans ce dernier réservoir après* n *coups de piston, en supposant qu'il n'y ait point d'espace nuisible?*

CHALEUR

CHAPITRE I. — THERMOMÈTRES

Différentes échelles thermométriques.

325. — *Le thermomètre de Réaumur marque 0° dans la glace fondante, 80° dans la vapeur d'eau bouillante, et R° à la température centigrade C°. Calculer C en fonction de R.*

326. — *Le thermomètre de Fahrenheit marque 32° dans la glace fondante, 212° dans la vapeur d'eau bouillante et F° à la température de C° centigrades. Calculer C en fonction de F.*

327. — *A quelle température centigrade un thermomètre centigrade et un thermomètre Fahrenheit marquent-ils le même nombre?*

328. — *Déterminer la température centigrade qui est moyenne arithmétique entre les indications correspondantes des thermomètres Réaumur et Fahrenheit.*

329. — *Une même température étant mesurée par C° centigrades, R° Réaumur et F° Fahrenheit, vérifier que l'on a :*

$$F - R - C = C^{te}.$$

CHAPITRE II. — QUANTITÉS DE CHALEUR

Mesure des chaleurs spécifiques.

330. — *Dans un calorimètre contenant 500gr d'eau à 15°, on verse 500gr d'eau bouillante. La température finale est 52°,5. Quelle est la capacité calorifique du calorimètre et de ses accessoires?*

331. — *On chauffe à 100° dans une étuve un morceau de marbre pesant 250gr; puis on le plonge dans un calorimètre dont la valeur en eau est 1200gr. La température du calorimètre s'élève de 10° à 13°,8. Quelle est la chaleur spécifique du marbre?*

332. — *Un calorimètre dont la valeur en eau est 150gr contient 200gr de sulfure de carbone à la température de 10°. On y plonge un morceau de verre qui pèse 50gr,7 et que l'on a chauffé à 100°. La température du calorimètre s'élève à 12°,21. Connaissant la chaleur spécifique du verre, 0,198, calculer celle du sulfure de carbone.*

333. — *Quelle est la chaleur spécifique de l'essence de térébenthine sachant qu'un morceau de cuivre à 100° plongé dans 800gr d'essence élève sa température de 6° à 8°,5, et que le même morceau de cuivre chauffé à 100° et plongé dans 500gr d'eau élève la température de cette eau de 5°,1 à 6°,8?*

334. — *Dans un flacon de verre du poids de 80gr, on chauffe 100gr d'alcool à la température de 75° et on plonge le système dans un calorimètre dont la valeur en eau est 1200gr. La température de ce calorimètre s'élève de 10° à 13°,85. Ayant retiré le flacon, on y ajoute 50gr d'alcool, on le porte de nouveau à 75°, puis on le plonge dans le même calorimètre dont la température s'élève alors de 12° à 17°,13. Calculer les chaleurs spécifiques respectives du verre et de l'alcool.*

335. — *La quantité de chaleur nécessaire pour chauffer 1gr de fer de 0° à t° étant donnée par la formule :*

$$q = at + bt^2 + ct^3$$

dans laquelle on a :

$$a = 0{,}1062, \quad b = 0{,}000028, \quad c = 0{,}00000008;$$

calculer la chaleur spécifique du fer entre 0 et 100°, entre 0 et 200°, entre 0 et 300°.

336. — *Dans un calorimètre en cuivre pesant $p = 30$gr et contenant $M = 500$gr d'eau à $t = 10°$, on immerge un ballon en cuivre pesant $P = 100$gr et contenant 250cc d'air à 10 atmosphères de pression. Ce ballon et son contenu avaient été chauffés à $T = 100°$. On demande quelle est la chaleur spécifique de l'air, sachant que la chaleur spécifique du cuivre est $c = 0{,}09$ et que le poids du litre d'air à la pression atmosphérique et à la température à laquelle on a rempli le ballon est 1gr,3.*

On effectuera les calculs dans les deux cas suivants :

1° La température finale est $\theta = 11°,68$;

2° La température finale est $\theta' = 11°,73$.

De la comparaison des deux résultats obtenus, déduire l'erreur que l'on peut commettre sur la chaleur spécifique de l'air si l'on peut se tromper de $\frac{1}{20}$ de degré sur la température finale. — Pouvait-on prévoir ce résultat?

Mesure des quantités de chaleur.

337. — *Dans un premier vase on a de l'eau à 4°, et dans un second vase de l'eau à 84°. Combien doit-on prendre de grammes d'eau dans chacun d'eux pour former un bain de 1200gr à 24°, dans un vase en laiton du poids de 500gr, dont la température est 12° et la chaleur spécifique 0,095?*

338. — *Dans un flacon de verre contenant 120gr d'eau acidulée à la température de 18°, on fait dissoudre 5gr de tournure de cuivre. La température du liquide s'élève à 43°. Quelle est la quantité de chaleur dégagée par la combustion d'un gramme de cuivre?*

339. — *Un pyrhéliomètre de Pouillet est constitué par une boîte métallique pleine d'eau, dont l'une des faces, recouverte de noir de fumée, absorbe complètement la chaleur qu'elle reçoit quand on l'expose normalement aux rayons du soleil. Cette base ayant une surface de 325cq et la boîte avec son contenu étant équivalente à 1200gr d'eau, on constate que sa température s'élève de un demi-degré centigrade en 40 secondes. D'après cela, quelle est la quantité de chaleur reçue en une heure par une surface de un mètre carré, exposée normalement aux rayons solaires dans les conditions de l'expérience?*

340. — *Un calorimètre contient 300gr d'une dissolution à la température de 14°,5. On y ajoute 200gr d'une autre dissolution dont la température est 12°,8. Ces deux dissolutions réagissent l'une sur l'autre avec dégagement de* *chaleur. Après le mélange, la température du liquide est 14°,2. On demande quelle est la quantité de chaleur dégagée par la réaction.*

Le calorimètre pèse 80gr, sa chaleur spécifique est 0,03, et la chaleur spécifique des dissolutions est sensiblement égale à celle de l'eau.

341. — *Un alliage est formé d'argent et de cuivre, dont les chaleurs spécifiques respectives sont 0,057 et 0,095. On plonge 250gr de cet alliage à 100° dans un calorimètre ayant pour valeur en eau 300gr et dont la température s'élève alors de 10° à 14°,6. Quel est le titre de l'alliage?*

342. — *Un thermomètre à mercure pèse 60gr. On le chauffe à 110° et on le plonge dans un calorimètre dont la valeur en eau est 160gr. La température de l'eau s'élève de 6° à 10°.*

Déterminer les poids du mercure et du verre qui constituent le thermomètre.

Chaleur spécifique du mercure, 0,03;
Chaleur spécifique du verre, 0,19.

343. — *La chaleur spécifique moyenne du platine entre 0° et t° ayant pour expression :* $a + bt = 0{,}0317 + 0{,}000006t$,

quelle masse d'eau à 0° pourrait-on porter à l'ébullition en y projetant $P = 1000^{gr}$ *de platine à sa température de solidification :* $t = 2000°$?

Mesure d'une température par le calorimètre.

344. — *Un vase métallique est à une température que l'on se propose de déterminer. Dans ce but, on y verse un certain volume d'eau froide à* $t = 12°$ *et l'on mesure la température d'équilibre* $\theta = 20°$; *puis on ajoute aussitôt une seconde masse d'eau identique à la première et l'on mesure la nouvelle température d'équilibre* $\theta' = 18°$. *D'après ces données, quelle était la température primitive du vase?*

345. — *En vue de déterminer la température d'un vase métallique, on y verse un certain volume d'eau bouillante dont on mesure la température d'équilibre* $\theta = 70°$; *puis on ajoute un second volume d'eau bouillante égal au premier et l'on mesure la nouvelle température d'équilibre* $\theta' = 82°$. *D'après ces données, quelle était la température primitive du vase métallique?*

346. — *Une masse de platine de Pgr, chauffée à t°, est projetée dans un calorimètre à 0°, équivalent à Mgr d'eau. Quelle sera la température d'équilibre, sachant que la chaleur spécifique moyenne du platine entre 0° et t° a pour expression* $a + bt$.

347. — *Pour déterminer la température d'un foyer de chaleur, on fait prendre cette température à une masse de platine P, que l'on projette aussitôt dans un calorimètre à 0° équivalent à Mgr d'eau. La température d'équilibre étant θ°, et la chaleur spécifique du platine entre 0 et t° ayant pour expression* $a + bt$, *calculer la température initiale du platine soumis à l'expérience.*

CHAPITRE III. — DILATATIONS

Dilatations des solides.

Dilatations linéaires.

348. — *La longueur d'une tige métallique est* $l = 172^{cm}$ *à la température* $t = 15°$ *et* $l' = 172^{cm},18$ *à la température* $t' = 70°$. *Quel est son coefficient de dilatation linéaire entre ces deux températures?*

349. — *Un pendule compensateur de Leroy est une chaîne métallique comprenant une série de tiges verticales en fer, dont les dilatations s'ajoutent à la longueur du pendule, et une série de tiges en cuivre, dont les dilatations se soustraient à la longueur du pendule. Les coefficients de dilatation du fer et du cuivre étant :* $\lambda = 0,00001235$, *et* $\lambda' = 0,00001867$, *quelle relation doit-il exister entre les longueurs totales* l, l' *du fer et du cuivre pour que la longueur du pendule reste la même à toute température?*

350. — *Une règle de platine et une règle de zinc ont à 0° la même longueur* l_0. *Leurs coefficients de dilatation linéaire respectifs étant* λ *et* λ', *quelle différence de longueurs présenteront-elles à* $t°$?

Application : $l_0 = 1^m$, $t = 50°$, $\lambda = 0,0000086$, $\lambda' = 0,000034$.

351. — *A la température* t, *la longueur d'une tige de plomb est* l *et celle d'une tige de verre,* l'. *Quelle différence de longueurs ces deux tiges présentent-elles à 0°? Leurs coefficients de dilatation linéaire étant* λ, λ' *respectivement.*

Application : $t = 50°$, $l = 101^{cm}$, $l' = 100^{cm}$, $\lambda = 0,00003$, $\lambda' = 0,000009$.

352. — *A la température* $t = 20°$, *un fil de cuivre et un fil de platine ont pour longueurs respectives :* $l = 4^m,122$, *et* $l' = 4^m,125$.
A quelle température ces deux fils auront-ils la même longueur? Coefficients de dilatation linéaire du cuivre : $\lambda = 0,0000288$, *du platine :* $\lambda' = 0,0000088$.

353. — *A une température* t, *la longueur d'un fil de fer est* l, *et celle d'un fil de plomb,* l'. *Quelle est la longueur commune que prennent ces deux fils à une même température?*
Coefficients de dilatation linéaire du fer et du plomb : λ, λ'.

Application :
$t = 100°$, $l = 102^m,607$, $l' = 102^m,765$, $\lambda = 0,0000116$, $\lambda' = 0,0000288$.

354. — *Les coefficients de dilatation linéaire de deux barres métalliques sont* λ, λ'. *Leurs longueurs ont pour somme* l_0 *à 0° et* l_t *à* $t°$. *Quel est le rapport de leurs longueurs à 0°?*

Application :
$\lambda = 0,000017$, $\lambda' = 0,0000085$, $t = 100°$, $l_0 = 4^m$, $l_t = 4^m,0057$.

355. — *Quelle est à 0° la longueur d'une tige de zinc, à laquelle on a trouvé une longueur* l *en la mesurant à* $T°$ *au moyen d'une règle d'acier, qui avait été graduée à* $t°$ *par comparaison avec une règle de cuivre graduée elle-même exactement à 0°? On représentera par* z, a, c, *les coefficients de dilatation linéaire du zinc, de l'acier et du cuivre.*

Application :
$t = 10°$, $T = 20°$, $l = 10^m$, $a = 0,000011$, $c = 0,000018$, $z = 0,000034$.

356. — *Le fléau d'une balance est formé d'une tige prismatique en fer d'un centimètre carré de section et de* $2l = 40^{cm}$ *de longueur à* 0°, *suspendue par son centre de gravité. Calculer en milligrammes le poids qu'il faudra ajouter à l'une des extrémités du fléau pour le maintenir horizontalement, quand la température moyenne de l'un des bras étant* $t = 15^{\circ}$, *celle de l'autre bras est* $t' = 25^{\circ}$?

Densité du fer : $d = 7{,}8$.

Coefficient de dilatation linéaire du fer : $\lambda = 0{,}0000122$.

357. — *Un triangle métallique isocèle a ses côtés égaux en fer; leur longueur est* l *à* t°. *La base est en cuivre et sa longueur à* t° *est* l'. *A quelle température ce triangle sera-t-il équilatéral? On donne le coefficient de dilatation du fer* λ, *et celui du cuivre* λ'.

Application :

$$l = 1^{m}, \quad l' = 0^{m},997, \quad t = 200^{\circ}, \quad \lambda = \frac{1}{81600}, \quad \lambda' = \frac{3}{2}\lambda.$$

358. — *Un triangle articulé est formé par deux tiges de fer de même longueur* $a = 10^{m}$ *et par une tige de cuivre. Calculer la hauteur principale de ce triangle isocèle, sachant qu'elle est indépendante de la température. Les coefficients de dilatation linéaire du fer et du cuivre sont :*

$$\lambda = 0{,}0000122, \quad et \quad \lambda' = 0{,}0000188.$$

359. — *Entre quelles limites faut-il maintenir la température de deux barres métalliques si l'on veut que la différence de leurs longueurs, considérée en valeur absolue, reste inférieure au* $\frac{1}{n^{e}}$ *des valeurs égales qu'elle prend à* t_1° *et à* t_2° $(t_1 < t_2)$?

Dilatations superficielles.

360. — *A* 0°, *les dimensions d'une plaque de cuivre rectangulaire sont* $a = 1^{m},20$ *et* $b = 0^{m},80$. *Quelle est sa surface à la température* $t = 90^{\circ}$?

Coefficient de dilatation du cuivre : $\lambda = 0{,}000017$.

361. — *La toiture d'un hangar est constituée par des feuilles de zinc dont la surface totale à* 0° *est* S. *Le coefficient de dilatation linéaire du zinc étant* λ, *calculer la variation qu'éprouve cette surface totale entre les températures* t *et* t'.

Application : $S = 600^{mq}$, $\lambda = 0{,}00003$, $t = -15^{\circ}$, $t' = 35^{\circ}$.

362. — *Un triangle est formé de trois tiges de cuivre ayant pour longueurs respectives à* 0° : $a = 30^{cm}$, $b = 40^{cm}$, $c = 50^{cm}$. *Quelle est la surface de ce triangle à* $t = 100^{\circ}$? *Le coefficient de dilatation linéaire du cuivre étant* $\lambda = 0{,}000019$.

Dilatations cubiques.

363. — *Une cuve en fer contient exactement 150 hectolitres de liquide à* 0°. *Quelle sera sa capacité intérieure à la température de* $t = 35^{\circ}$?

Coefficient de dilatation linéaire du fer : $\lambda = 0{,}000012$.

364. — *Un réservoir en tôle a une capacité de* $V = 8^{mc}$ *à* 0°, *quel est son volume à* $t = 100^{\circ}$, *le coefficient de dilatation linéaire du fer étant* $\lambda = 0{,}0000125$?

365. — *Une sphère en acier de diamètre* l *repose sur un anneau horizon-*

tal, en cuivre, de diamètre intérieur l' ($l' < l$). *Le coefficient de dilatation linéaire de l'acier étant* λ, *celui du cuivre* λ', *à quelle température faut-il chauffer le système pour que la sphère passe à travers l'anneau?*

Application :

$$l = 12^{cm},31, \quad l' = 12^{cm},3, \quad \lambda = 0,0000111, \quad \lambda' = 0,0000188.$$

366. — *La densité du verre à 0° étant* $d_0 = 2,7$ *et son coefficient de dilatation cubique entre 0 et 350°,* $K = 0,00003131$, *quelle est sa densité à 350°?*

367. — *Un cylindre en fer a une capacité de* $V = 1.000^{cc}$ *à 0°. On le remplit exactement de plomb fondu à la température de fusion* $t = 325°$, *puis on refroidit le système à 0°. Quelle est, à cette température, la différence entre le volume du contenant et le volume du contenu?*

Le coefficient de dilatation linéaire du fer est $\lambda = 0,0000115$, *et celui du plomb* $\lambda' = 0,0000285$.

368. — *Un cube de cuivre dont l'arête est égale à* 10^{cm} *à 0°, est porté à une température de 1000°. Que devient son volume, en admettant que le coefficient moyen de dilatation linéaire du cuivre entre 0° et t° ait pour expression :*

$$\lambda = 0,000015960 + 0,0000000102t.$$

Quelle est la différence des résultats obtenus suivant que l'on applique l'une ou l'autre des formules :

$$V = V_0(1 + 3\lambda t), \quad ou \quad V = V_0(1 + \lambda t)^3?$$

369. — *Un vase en platine possède à 0° une capacité* $V_0 = 110^{cc},244$. *Que devient son volume dans le voisinage du point de fusion du platine, vers 2000°, en admettant que le coefficient moyen de dilatation linéaire du platine entre 0° et t° soit :*

$$\lambda = 0,000008626 + 0,0000000053t?$$

Dilatation des liquides[1].

370. — *Un flacon de verre vide pèse* $p = 17^{gr},004$; *plein d'eau à* $t = 15°$, *il pèse* $P = 45^{gr},609$; *plein d'eau à* $t' = 85°$, *il pèse* $P' = 44^{gr},796$. *Connaissant les densités de l'eau à 15°,* $d = 0,99915$, *et à 85°,* $d' = 0,96876$, *calculer le coefficient de dilatation cubique du verre.*

371. — *Quel est le volume à 0° d'un flacon de verre qui est complètement rempli par* $P = 500^{gr}$ *de mercure à* $t = 30°$?

Densité du mercure : $D = 13,59$.

Coefficient de dilatation absolue du mercure : μ.

Coefficient de dilatation linéaire du verre : $\lambda = \frac{1}{116000}$.

---

[1] A moins d'indications contraires, on adoptera pour les coefficients de dilatation usuels les valeurs suivantes, que nous nous dispenserons, en général, de reproduire explicitement dans les énoncés.

Coefficient de dilatation du mercure $\mu = \frac{1}{5.550} = 0,000\,180\,18$.

Coefficient de dilatation apparente du mercure dans le verre :

$$m = \frac{1}{6.480} = 0,000\,154\,32.$$

Coefficient de dilatation cubique d'une enveloppe de verre :

$$\Delta = \frac{1}{38.700} = 0,000\,025\,84.$$

372. — *La densité de l'alcool à 0° est $d_0 = 0{,}8151$. Quelle est sa densité à $t = 50°$, sachant qu'entre 0° et t°, la dilatation de l'unité de volume de ce liquide est :*

$$at + bt^2 + ct^3,$$

$$a = 0{,}00104863, \quad b = 0{,}00000175, \quad c = 0{,}00000000134?$$

373. — *Une éprouvette verticale en verre renferme du mercure à 0°. On demande à quelle température la colonne de mercure se sera accrue de la centième partie de sa hauteur.*

Coefficient de dilatation cubique du mercure : 0,00018.

Coefficient de dilatation linéaire du verre : 0,000025.

374. — *A quelle température un verre conique sera-t-il complètement rempli par le mercure qu'il contient, sachant qu'à t° la hauteur du vase est H et celle du mercure h?*

Coefficients de dilatation du verre et du liquide : K *et* Δ.

Thermomètre à mercure.

375. — *La tige d'un thermomètre à mercure a pour diamètre intérieur $2r = 0^{mm},26$ et $n = 15$ de ses divisions occupent une longueur $l = 43^{cm}$. Quelle est la capacité de son réservoir jusqu'au zéro?*

Coefficient de dilatation apparente du mercure dans le verre : Δ.

376. — *Quel serait le poids du mercure contenu dans un thermomètre si la tige avait un diamètre intérieur de $2r = 1^{mm}$ et si chaque degré occupait une longueur $l = 5^{mm}$?*

Densité du mercure : $D = 13{,}6$. *Coefficient de dilatation apparente du mercure dans le verre :* m.

377. — *L'enveloppe d'un thermomètre à tige pèse $p = 15^{gr}$. Remplie de mercure à 0°, d'abord jusqu'au point 0, puis jusqu'au point 100, elle pèse $P = 47^{gr},8$, puis $P' = 48^{gr},3$. En déduire le coefficient de dilatation apparente du mercure dans le verre.*

378. — *Un thermomètre à mercure pèse $32^{gr},8$ dans l'air et $25^{gr},2$ dans l'eau. Quel est le poids du mercure qu'il contient, sachant que ce mercure remplit entièrement l'enveloppe à 200°?*

Densités du mercure et du verre : 13,6 *et* 2,52.

Coefficient de dilatation du mercure dans le verre : m.

379. — *Le réservoir d'un thermomètre à mercure et sa tige jusqu'au degré $n = 6$ plongent dans une étuve à $T = 95°$; le reste est dans l'air à $t = 12°$. Quelle est la température marquée par ce thermomètre?*

Coefficient de dilatation absolue du mercure : μ.

Coefficient de dilatation cubique du verre : Δ.

380. — *Un thermomètre entièrement plongé dans une étuve marquerait T°. Quelle température marquera-t-il si on l'en retire jusqu'à la division $n (n < T)$, de manière que la partie supérieure de la tige soit à la température extérieure $t (t < T)$?*

Coefficient de dilatation apparente du mercure dans le verre : m.

Application : $T = 100°$, $n = 28°$, $t = 10°$.

381. — *Le réservoir d'un thermomètre et la tige jusqu'à la division $n = 20$ plongent dans une étuve dont on demande de calculer la température,* *sachant que le thermomètre marque* T = 80° *et que la partie supérieure de la tige est à la température de l'air ambiant :* t = 15°.

Coefficient de dilatation apparente du mercure dans le verre : Δ.

382. — *Un thermomètre plonge en partie dans une étuve, tandis que le reste de la tige se maintient à* 0°. *Il marque* a, b, c *respectivement quand la température de l'étuve est* A, B, C. *Quelle relation existe-t-il entre ces données?*

383. — *Une enveloppe thermométrique dont la tige est graduée en parties d'égal volume contient du mercure qui s'élève jusqu'à la division* n *à* t°, *et à la division* n' *à* t'°. *Quel est le rapport du volume du réservoir jusqu'au zéro, à celui d'une division de la tige? — Que devient ce rapport dans les hypothèses* n = t *et* n' = t' = 0?

384. — *Le zéro d'un thermomètre s'est déplacé; son réservoir, jusqu'au zéro de l'échelle, plonge dans une étuve, tandis que le reste de la tige se maintient à* 0° *dans l'atmosphère. Quand l'étuve est portée à* A°, *puis à* B°, *le thermomètre marque* a°, b° *respectivement. On propose de calculer, d'après ces données, le déplacement du zéro.*

385. — *On suppose que le liquide et l'enveloppe d'un thermomètre à mercure se dilatent proportionnellement à la température normale, avec des coefficients respectifs* Δ *et* K. *Dans ces hypothèses, on demande d'exprimer la température normale en fonction de la température définie par cet instrument.*

386. — *Un dilatomètre à tige gradué en parties d'égal volume à partir du réservoir, contient du mercure qui marque la division* n *à la température* t, *et la division* n' *à la température* t'. *Quelles divisions marquerait-il à* 0° *et à* 100°?

Dilatomètre à tige.

387. *Après avoir fixé les points* 0 *et* 100 *d'un thermomètre et gradué la tige, on remplace le mercure par un liquide dont le coefficient de dilatation absolue est* γ, *et qui, à* 0°, *remplit le réservoir et la tige jusqu'au* 0 *de la graduation. À quelle division s'arrêtera le niveau du liquide à* t°?

On donne le coefficient de dilatation apparente du mercure dans le verre, m, *et le coefficient de dilatation du verre,* k.

Application : On donne : *m*, Δ, *et* $\gamma = \frac{1}{2400}$.

388. — *On retire le mercure d'un thermomètre et on le remplace par de l'huile d'olive qui s'arrête exactement au point* 0 *dans la glace fondante. A quelle température l'instrument marquera-t-il* 100°?

Les coefficients de dilatation apparente de l'huile et du mercure dans le verre sont : m = 0,000154 *et* h = 0,0008.

389. — *On retire le mercure d'un thermomètre et on le remplace par de l'acide sulfurique. Dans ces conditions l'instrument marque* 2°,6 *dans la glace fondante et* 100° *à la température de* 25°. *Quel est le coefficient de dilatation de l'acide sulfurique, sachant que celui du verre est* 0,000026 *et que le coefficient de dilatation du mercure dans le verre est* 0,000154?

390. — *On remplace le mercure d'un thermomètre centigrade par de* *l'alcool qui occupe le même volume à 0°. A quelle division s'arrêtera le niveau de ce liquide à t°?*

Coefficients de dilatation cubique du mercure, de l'alcool et du verre :

$$\mu = 0{,}00018, \quad m = 0{,}00105, \quad k = 0{,}000026.$$

391. — *Le mercure d'un thermomètre centigrade est remplacé par un liquide qui s'élève jusqu'à la division n à t° et à la division n' à t'°. Quel est le coefficient de dilatation de ce liquide?*

Coefficients de dilatation du mercure : μ; *du verre :* k.

Application :

$$n = -30, \quad t = 10, \quad n' = 100, \quad t' = 28, \quad k = 0{,}000\,026, \quad \mu - k = m.$$

392. — *La dilatation de l'unité de volume d'éther entre 0° et t° étant exprimée par la formule :* $a + bt + ct^2$,
et sachant que 1000cc d'éther à 0° deviennent :

à 10°. . . . 1015cc,41,
à 20°. . . . 1031cc,53,
à 30°. . . . 1048cc,60,

1° *Calculer les coefficients* a, b, c.
2° *Calculer la dilatation que subit un litre d'éther entre 0° et 35°.*

393. — *Dans l'enveloppe d'un thermomètre à mercure on introduit des volumes égaux d'acide stéarique et de mercure. En chauffant ensemble dans un bain d'eau ce dilatomètre à tige et un thermomètre à mercure, on constate que le sommet de la colonne de mercure atteint la division* $n = -10$ *du dilatomètre à la température* $t = 60°$ *et la division* $n' = 30$ *à la température* $t' = 70°$.

A cette dernière température l'acide stéarique passe à l'état liquide, et le mercure du dilatomètre s'élève jusqu'à la division 92, sans que le thermomètre accuse d'élévation de température. On demande le coefficient de dilatation de l'acide stéarique solide et la dilatation que subit l'unité de volume de ce solide en fondant à 70° sans changement de température.

Coefficient de dilatation du verre : $K = 0{,}000.026$.

Coefficient de dilatation absolue du mercure : $\mu = 0{,}000180$.

Dilatomètre à poids.

394. — *Une enveloppe de verre terminée par un tube effilé est entièrement remplie par 482gr,26 de mercure à 0°. Quand on la chauffe de 0° à 100°, il en sort 7gr,38 de mercure. Le coefficient de dilatation absolue du mercure étant* μ, *quel est le coefficient de dilatation cubique de l'enveloppe de verre?*

395. — *Un thermomètre à poids est rempli à 0° par* Pgr = 2545gr *de mercure. En le chauffant de 0° à* t° = 100°, *on fait sortir* Pgr = 38gr,5 *de ce liquide. Le coefficient de dilatation du mercure étant* $\mu = 0{,}00018$, *calculer le coefficient de dilatation cubique du verre.*

396. — *Un thermomètre à poids contient* Pgr *de mercure à 0°. Il en laisse échapper* pgr *à une température que l'on propose de calculer. Densité du mercure,* D_0; *coefficients de dilatation du mercure et du verre,* μ *et* K.

Application : $P = 3^{kg}$, $p = 50^{gr}$, $D = 13{,}6$.

397. — *Un thermomètre à poids contient* Vcc *de mercure à 0° et son* *volume total est alors* V + v. *A quelle température sera-t-il entièrement rempli par ce mercure?*

Application : $V = 600^{cc}$, $v = 4^{cc}$.

Coefficients de dilatation cubique du mercure : $\mu = 0,000\,18$; *de l'enveloppe :* $k = 0,000020$.

398. — *Un flacon à densité contient du mercure et de l'eau qui le remplissent exactement à* 0°. *Pour expulser l'eau complètement, il suffit de chauffer ce flacon à* t°. *Quel était le rapport des volumes de l'eau et du mercure?*

On donne les coefficients de dilatation K *et* μ *du verre et du mercure.*

399. — *On chauffe progressivement un thermomètre à poids rempli d'abord de mercure à* 0°. *A quelle température faut-il le porter pour en faire sortir un poids total de mercure* n *fois supérieur à celui qui s'en est échappé de* 0° *à* t°?

400. — *Un dilatomètre à poids est rempli à* 0° *par* P^{gr} *de platine et* Mgr *de mercure. Quel poids de mercure en sort-il quand on le chauffe à* t°?

Densités à 0° : *platine* p, *mercure* m.

Coefficients de dilatation cubique ; platine, π; *mercure,* μ; *verre,* k.

Application : $P = 150$, $M = 500$, $t = 100$, $p = 21,4$, $m = 13,6$,
$\pi = 0,000026$, $\mu = 0,00018$, $k = 0,000022$.

401. — *Un thermomètre à poids est entièrement rempli par* P^{gr} *d'un liquide à* 0°. *Chauffé à* t°, *il en laisse échapper* p^{gr}. *Le coefficient de dilatation de l'enveloppe étant* K, *calculer celui du liquide.*

402. — *Un dilatomètre à poids est entièrement rempli à* 0° *par un corps solide de poids* p *et de densité* d, *et par* Mgr *de mercure dont la densité est* D. *Si on le chauffe à* t°, *il laisse échapper* m^{gr} *de mercure. Connaissant les coefficients de dilatation* μ *et* K *du mercure et du verre, calculer celui du corps solide contenu dans l'enveloppe.*

403. — *Connaissant les poids* p_0, p, p' *d'un certain liquide qui remplissent aux températures* 0°, t°, t' *un flacon à densité limité à son point d'affleurement, on propose de calculer le coefficient moyen de dilatation de ce liquide dans la portion de l'échelle thermométrique considérée.*

Application : A 0°, le flacon renferme 1020^{gr} de liquide; chauffé de 0° à 50°, il en laisse échapper $7^{gr},801$, et de 50 à 100°, $7^{gr},663$.

404. — *Un vase sphérique en acier poli supposé sans épaisseur porte un tube en verre de* 1^{mmq} *de section. Ce vase contient du mercure qui le remplit à* 0° *jusqu'à la base du tube. Le rayon de la sphère est alors de* 10^{cm}. *On chauffe le vase de manière que ce rayon augmente de* $0^{mm},2$.

1° *A quelle température a-t-il fallu le porter?*

2° *A quelle hauteur s'élève le mercure dans le tube?*

3° *Si le tube est divisé en millimètres, à partir du niveau du mercure à* 0°, *à quelle division affleurera le mercure dans l'expérience indiquée?*

Coefficients de dilatation cubique de l'acier, 0,00001; *du mercure,* μ; *du verre,* Δ.

Applications.

Dilatations compensées.

405. — *Un vase de fer a une capacité de* 128^{cc}. *On y introduit un lingot de platine et on achève de le remplir de mercure à* 0°. *Déterminer les poids respectifs du platine et du mercure pour que la dilatation apparente de l'ensemble soit nulle entre* 0° *et* 1°.

Poids spécifiques : $M = 13,6$, $P = 21$.

Coefficients de dilatation :

$$m = \frac{1}{5550}, \quad p = \frac{1}{36832}, \quad f = \frac{1}{27548}.$$

406. — *Un flacon possède à* 0° *une capacité de* 40^{cc}. *Quel poids de mercure faut-il verser dans ce flacon pour que le volume non occupé par le mercure demeure indépendant de la température?*

Coefficient de dilatation linéaire du verre : $\frac{1}{45000}$.

Coefficient de dilatation du mercure : μ.

Densité du mercure à 0° : 13,6.

407. — *On introduit du mercure dans une enveloppe de verre que l'on ferme ensuite à la lampe. Quel doit être le rapport des volumes à* 0° *du mercure et de l'enveloppe, pour que le volume de l'air emprisonné avec le mercure soit le même à toute température?*

Coefficients de dilatation du mercure et du verre :

$$\mu = 0,00018, \qquad k = 0,000025.$$

408. — *Dans un tube de fer, cylindrique, vertical, fermé à la base, on se propose d'introduire une colonne de mercure telle que l'espace resté vide conserve à toute température une longueur sensiblement invariable.*

Quelle fraction de la longueur du tube le mercure doit-il occuper?

Coefficient de dilatation linéaire du fer : $\lambda = 0,000012$.

Coefficient de dilatation absolue du mercure : $\mu = 0,00018$.

409. — *Un tube de verre est intérieurement de forme cylindrique; à* 0° *sa longueur est* l_0, *sa base égale* s. *On le maintient dans une position verticale et on y verse une colonne de mercure dont la longueur doit être telle que la distance* λ *de l'extrémité supérieure du tube au centre de gravité de la colonne mercurielle reste invariable quand la température s'élève. Quelle est cette longueur?*

Coefficients de dilatation du verre et du mercure : Δ *et* μ.

Application : $l_0 = 1^m$.

410. — *Un pendule se compose d'un tube cylindrique en fer, de poids* P, *contenant un poids égal de mercure. Quelle doit être sa section intérieure pour que la distance* OG *de son axe de suspension à son centre de gravité soit indépendante de la température? La distance du fond du cylindre à l'axe de suspension est* l, *et le centre de gravité du fer seul est au milieu de cette distance.*

Densité du mercure : D. *Coefficients de dilatation du mercure :* μ; *et du fer :* λ.

Application :

$$P = 1^{kg}, \quad l = 1^m, \quad D = 13,6, \quad \mu = 0,00018, \quad \lambda = 0,000012.$$

Corrections barométriques.

411. — *Évaluer en dynes la différence des pressions exercées par un centimètre de mercure : à Paris à la température de 0°, et à l'équateur à la température de 30°.*

412. — *Quelle est la pression atmosphérique quand la hauteur barométrique observée à t° est H? Coefficients de dilatation du mercure, μ; de l'échelle λ.*

Application : $t = -15°$, $H = 75,2$, $\lambda = 0,000018$.

413. — *Évaluer en mercure normal une hauteur barométrique de* $h = 75^{cm}$ *observée à l'équateur à la température de 30°.*

414. — *Deux hauteurs barométriques égales à* $H = 78^{cm}$ *ont été observées, l'une à* $t = -10°$, *l'autre à* $t' = +20°$. *Quelle est la différence des pressions atmosphériques correspondantes?*
Coefficients de dilatation du mercure : $\mu = 0,00018$; *de la règle de cuivre :* $\lambda = 0,000019$.

415. — *Dans un lieu où l'air est sec et la température* $t = 20°$, *on trouve pour hauteur barométrique* $H = 0^m,742$. *Quelle serait la hauteur du mercure si la température était 0° ? Que deviendrait la hauteur observée si l'on soulevait le baromètre verticalement de* $h = 6^m$?

416. — *Un baromètre à siphon est formé de deux branches cylindriques de même section, réunies par un tube capillaire horizontal. A 0°, la différence des niveaux du mercure est* 76^{cm}. *Quelle doit être la hauteur du mercure à 0° dans la petite branche pour que son sommet reste fixe à toute température?*
Coefficient de dilatation du mercure : μ. *Coefficient de dilatation apparente du mercure dans le verre :* m.

Poids apparents.

417. — *Un morceau de platine pèse* $P = 1^{kg}$ *dans le vide. Quel est son poids apparent dans le mercure à* $t = 100°$?

Densités du platine et du mercure : $p = 22$, $m = 13,6$.

Coefficients de dilatation : $\pi = 0,000026$, $\mu = 0,00018$.

418. — *Un corps solide pèse* $P = 509^{gr},6$ *dans le vide,* $p = 127^{gr},7$ *dans l'eau à 4°, et* $p' = 141^{gr},9$ *dans l'eau à* $t° = 95°$. *Quelle est la densité de cette dernière?*
Coefficient de dilatation du solide : $K = 0,000027$.

419. — *Une boule de verre éprouve une poussée de* p^{gr} *dans un liquide à 0° et de* p'^{gr} *dans le même liquide à t°. Le coefficient de dilatation du verre étant K, quel est celui du liquide?*

420. — *Une sphère de platine plongée dans le mercure perd de son poids :* $p = 50^{gr}$ *à 0° et* $p = 49^{gr},5415$ *à* $t = 60°$. *La densité du mercure à 0° étant* $m = 13,6$ *et son coefficient de dilatation* μ, *trouver le coefficient de dilatation cubique du platine.*

421. — *Un corps pèse* $P = 732^{gr},6$ *dans le vide*, $p = 610^{gr},5$ *dans l'eau à* $t = 4°$, *dont la densité est* $d = 1$; *et* $p' = 611,9$ *dans l'eau à* $t' = 54°$, *dont la densité est* $d' = 0,9876$. *Quel est le coefficient de dilatation de ce corps?*

422. — *Un thermomètre à mercure pèse* $27^{gr},4$ *dans l'air et* $22^{gr},82$ *dans l'eau ; à la température de* 60°, *le mercure remplit la totalité de l'instrument. Calculer le poids du mercure et celui du verre qui composent le thermomètre.*

Densité du mercure, 13,6; *du verre*, 2,5. *Coefficient de dilatation apparente du mercure dans le verre :* m.

423. — *Un corps solide est immergé complètement dans un liquide et y subit une poussée* p, *le tout étant à la température* t°. *La température devenant* t', *la nouvelle poussée est* p'. *Connaissant les coefficients de dilatation* k *et* m *du solide et du liquide, on demande de calculer le rapport* $\frac{p}{p'}$. *Quand ce rapport est-il égal à 1 ?*

424. — *Quel effort exigerait pour être soutenu dans du mercure à* $t = 50°$ *un tube de platine de* $a = 69^{mm}$ *de côté à 0° ?*

Densités : $p = 21,5$, $m = 13,6$. *Coefficients de dilatation :* $\pi = 0,000027$, $\mu = 0,00018$.

425. — *Une balance supposée parfaite porte aux extrémités de son fléau des poids égaux chacun à* 2^{kg}, *l'un en fer, l'autre en platine. On plonge simultanément et complètement ces poids dans du mercure à 20°. Quel poids faut-il ajouter sur l'un des plateaux pour rétablir l'équibre ? — On donne les densités à 0° et les coefficients du mercure, du fer et du platine :*

$m = 13,6$ $\qquad f = 7,$ $\qquad p = 21.$

$\mu = 0,00018018,$ $\qquad \varphi = 0,0000355,$ $\qquad \pi = 0,0000265.$

426. — *Un corps solide étant suspendu sous le plateau d'une balance, on constate qu'il perd* $p = 842^{gr}$ *de son poids quand on l'immerge dans l'eau à* $t = 10°$, *et* $p' = 829^{gr}$ *dans l'eau à* $t' = 60°$. *Quel est le coefficient de dilatation du corps solide, sachant qu'entre* t° *et* t'° *la dilatation de l'eau est* $m = 0,01666$ *par unité de volume?*

Corps flottants.

427. — *Une sphère métallique creuse, lestée avec du mercure, est en équilibre à 0° au sein d'un liquide. A cette température, le rayon extérieur de la sphère est* $r = 3^{cm}$ *et le poids spécifique du liquide* $d = 1$. *On porte le tout à* $t = 100°$. *Quel poids de mercure faut-il enlever de la sphère pour que l'équilibre subsiste?*

Coefficient de dilatation linéaire du métal : $\lambda = 0,000018$.

Coefficient de dilatation absolue du liquide : $\Delta = 0,0005$.

428. — *Un flacon de verre bouché à l'émeri pèse* P^{gr}, *et son volume extérieur à 4° est* V. *Quel volume de mercure faut-il introduire dans ce flacon pour qu'il s'immerge entièrement et flotte en équilibre dans l'eau à 4° ?*

429. — *Un cylindre en platine, creux sur une partie de sa longueur, flotte verticalement sur le mercure à 0°, dans lequel il s'enfonce d'une longueur* l. *De quelle longueur s'enfoncera-t-il dans le mercure à* $t° = 100°$?

Coefficients de dilatation cubique du platine : $k = 0,000024$; *du mercure :* $\mu = 0,0001815$.

430. — *Un cylindre en plomb flotte verticalement sur un bain de mercure. De quelle fraction de sa hauteur émergera-t-il à* $t° = 100°$?

Densités du mercure et du plomb : $D = 13,6$, $d = 11,25$.

Coefficients de dilatation cubique : $\Delta = 0,00018$, $\delta = 0,000086$.

431. — *Un cylindre de plomb de longueur l est lesté par un cylindre de platine de même section et de longueur l'. Le système flotte verticalement sur un bain de mercure contenu dans une chaudière. Calculer la fraction du premier cylindre qui sera émergée à la température t.*

Densités du plomb, du platine et du mercure : D, D', Δ.

Coefficients de dilatation : K, K', μ.

432. — *Dans un cylindre de platine de rayon R et de hauteur h, à la température de 0°, on creuse une cavité cylindrique, concentrique, de rayon r. Quelle doit être la profondeur de cette cavité pour que le cylindre plongé dans un bain de mercure, au milieu d'une enceinte à t°, y flotte en émergeant de la moitié de sa hauteur?*

Application numérique : $R = 5^{cm}$, $h = 30^{cm}$, $r = 4^{cm}$, $t = 100°$.

Densités à 0° : $\begin{cases} Hg, & d = 13,6, \\ Pt, & \delta = 22. \end{cases}$

Coefficients de dilatation : $\begin{cases} Hg, & n = 0,00018, \\ Pt, & k = 0,000026. \end{cases}$

433. — *Un disque en fer creux flotte à la surface d'un bain de mercure, et en émerge d'une hauteur constante aux diverses températures. Quelle est sa densité moyenne à 0°?*

434. — *Un petit flotteur est constitué par une boule de verre de volume V, à laquelle est suspendu un corps solide de volume v. Il est lesté de manière à s'enfoncer presque entièrement dans l'eau froide, et son poids total est P. On chauffe l'eau progressivement, et l'on constate qu'à la température t le flotteur, complètement immergé, se tient en équilibre au sein du liquide.*

Connaissant la densité D de l'eau à t° et le coefficient de dilatation cubique du verre k, calculer le coefficient de dilatation du corps solide soumis à l'expérience.

Application : $V = 22^{cc}$, $v = 6^{cc}$, $P = 27^{gr},35$, $t = 75°$, $D = 0,975$, $k = 0,000,026$.

435. — *Un aréomètre en verre flotte à la surface du sulfure de carbone. Il s'y enfonce à 0° de* $V = 6^{cc}67$, *et à* $t = 20°$ *de* $6^{cc},82$. *Le coefficient de dilatation du verre étant* $K = 0,000025$, *quel est entre 0 et t° le coefficient moyen de dilatation moyen du sulfure de carbone?*

436. — *Un pèse-esprits de Baumé marque 10° dans l'eau à la température de 4°. Combien marquera-t-il dans l'eau à la température* $t = 100°$? *On sait que le volume du réservoir et de la tige au-dessous du zéro vaut* $N = 170$ *fois le volume d'une division, et qu'entre 4° et* $t = 100°$, *la dilatation de l'unité de volume d'eau est* $m = 0,04321$.

Coefficient de dilatation du verre : $k = 0,000027$.

437. — *Un aréomètre à graduation uniforme marque 0° dans l'eau pure à 0°, 40° dans un liquide de densité 1,52 à la même température. A quelle division affleurerait-il dans ce dernier liquide à la température de 60°?*

Coefficients de dilatation cubique du verre : 0,000026 ; du liquide : 0,000836.

On néglige les effets capillaires, et on admet que la densité de l'eau à 0° ne diffère pas sensiblement de 1.

438. — *Un cylindre de densité* d_0 *et de hauteur* h_0 *à* 0° *est placé dans un vase qui contient deux liquides de densités* δ_0 *et* δ'_0 *à* 0°.

Le cylindre est vertical et abandonné à lui-même.

Étudier les divers cas d'équilibre.

On suppose que le cylindre, en équilibre et entièrement immergé, traverse la surface de séparation des deux liquides; que deviendraient à t° *les hauteurs comprises dans chacun des fluides?*

Coefficient de dilatation linéaire du cylidre : l.

— — *absolue du premier liquide :* a.

— — — *deuxième liquide :* b.

CHAPITRE IV. — DILATATION DES GAZ

Formule des gaz parfaits [1].

439. — *Une masse d'air occupe un volume* $V = 2^l,5$ *à la température* $t = 30°$. *A quelle température faut-il la porter sous pression constante pour que son volume devienne* $V' = 4^l,01$?

440. — *A quelle température faudrait-il chauffer un ballon de verre non fermé pour en expulser le tiers de la masse d'air qu'il contient à* 0°?

441. — *Quelle serait à* $t = 91°$ *sous la pression* $H = 76^{cm}$ *le volume* V *d'une masse gazeuse, qui est comprimée à* 30° *dans un récipient de* $V' = 5^l,7$ *sous la pression de* $H' = 303^{cm}$ *de mercure?*

442. — *Déterminer la température* t *d'une masse gazeuse, sachant qu'à la température* 31° *elle acquiert, sous un volume moitié moindre, une pression trois fois plus grande?*

443. — *Une masse d'air sec est à la température* $t = 9°$ *et à la pression* $H = 114^{cm}$. *Si la pression tombe à la valeur constante* $H = 76^{cm}$, *quelle devra être la température pour que le volume soit doublé?*

444. — *Un ballon en platine contient de l'air aux conditions normales. A quelle température faut-il le porter pour que la pression du gaz sur les parois soit de* $5^{kg},168$ *par centimètre carré? On négligera la dilatation du platine et l'on prendra pour densité du mercure* 13,6.

445. — *Une chaudière contient de l'air à la pression atmosphérique* $H = 76$ *et à la température* $t = 10°$. *Elle est fermée par une soupape de section* $S = 5^{cmq}$ *et de poids* $P = 2^{kg},584$. *A quelle température faudrait-il la porter pour que la soupape se soulève?*

446. — *Un vase fermé, en porcelaine, contient à* 0° *de l'air sec sous la pression de* 47^{cm} *de mercure; on chauffe alors ce vase à une température*

[1] A moins d'indications contraires, on adoptera toujours les valeurs numériques suivantes, que nous nous dispenserons de reproduire dans les énoncés.

Coefficient de dilatation des gaz :

$$\alpha = \frac{1}{273} = 0,003\,67.$$

Densité de l'air normal : $a = 0,001\,293$.

telle que la pression de l'air qu'il contient s'élève à 222 centimètres. Le coefficient de dilatation de l'air étant égal à 0,00367, on demande de calculer la température de l'air correspondant à cette pression :

1° En négligeant la dilatation du vase ;

2° En en tenant compte, sachant que le coefficient de dilatation cubique de la porcelaine est égal à 0,000016.

447. — *Dans un vase en platine on enferme de l'air à 0° et sous la pression de 76cm. On chauffe, on mesure la pression du gaz, et on trouve qu'elle est de 3100gr,8 par centimètre carré. Calculer :*

1° La température de l'air à ce moment ;

2° La température à laquelle il faudrait chauffer l'appareil pour que la pression devînt double.

Densité du mercure à 0° : 13,6. On néglige la dilatation de l'enveloppe.

448. — *Une vessie à parois infiniment minces et flexibles renferme 4 litres d'air à 30° et sous la pression de 76cm; on descend la vessie à 100 mètres de profondeur dans un lac dont la température est 4°. Que devient le volume de la masse gazeuse?*

449. — *La tige d'un thermomètre ayant été brisée vers sa partie supérieure, on la ferme à la lampe à la division 80 en emprisonnant de l'air, qui est à la pression de 70cm quand le thermomètre marque 0°. Que devient la pression de cet air aux températures 60° et 70°? On négligera la dilatation du verre.*

Coefficient de dilatation des gaz, α.

450. — *Le thermomètre différentiel de Leslie est formé de deux boules égales pleines d'air, réunies par un long tube en U de section négligeable, contenant de l'eau, qui s'élève à la même hauteur dans les deux branches verticales quand les boules sont à la même température. Quelle doit être la pression de l'air intérieur à 0° pour qu'une différence de 1° entre les températures des deux boules s'accuse par une différence de 8cm entre les niveaux de l'eau?*

Densité du mercure : $D = 13{,}6$.

Coefficient de dilatation des gaz : α.

451. — *Le thermomètre différentiel de Rumford se compose de deux boules de même volume V, pleines d'air et réunies par un long tube horizontal, de longueur l et de section s. Un index de mercure, mobile dans ce tube, en occupe le milieu quand les deux boules sont à une même température. On demande le rapport qui doit exister entre le volume V et la section s, pour qu'une différence de 1° entre les températures des boules s'accuse par un déplacement h de l'index.*

452. — *La grande branche d'un baromètre à siphon contient de l'air isolé par du mercure. A 0°, cet air occupe une longueur de 1m sous la pression de 85cm, et l'air atmosphérique, dont la pression est de 76cm, ne pénètre dans la petite branche que sur une longueur de 3cm. A quelle température le mercure remplirait-il complètement cette branche ouverte?*

453. — *Dans un baromètre à siphon, dont les branches sont cylindriques et de même diamètre, une masse d'air, emprisonnée par du mercure, occupe à 0° une longueur* $l = 1^m$, *tandis que le mercure s'élève dans la grande branche de* $h = 8^{cm}$ *au dessus de son niveau dans la petite branche. A quelle température faudrait-il porter l'appareil pour que la pression de l'air confiné devienne égale à la pression atmosphérique* $H = 76^{cm}$?

On négligera les dilatations du mercure et du verre, et l'on prendra pour coefficient de dilatation de l'air α.

454. — *Un baromètre à tube cylindrique contient de l'air qui occupe une longueur* $l = 40^{cm}$ *à* 0° *sous la pression* $H = 30^{cm}$. *La pression atmosphérique restant invariable, la température s'élève à* $t = 27^{\circ},3$. *Calculer la dépression de la colonne mercurielle.*

On donne le coefficient de dilatation des gaz : α.

455. — *Dans un tube cylindrique horizontal fermé à l'une de ses extrémités, un certain volume d'air sec est isolé de l'atmosphère par une colonne de mercure qui, à la température de* 0°, *occupe une longueur* h. *On redresse le tube verticalement, l'orifice en haut. A quelle température faudra-t-il porter l'appareil pour faire reprendre à la colonne d'air sa longueur primitive? On négligera les dilatations du tube et du mercure.*

Application : $t = 31^{\circ}$, $h = 76^{cm}$.

Pression atmosphérique : $H = 76^{cm}$.

Coefficient de dilatation des gaz : α.

456. — *L'air contenu à la pression atmosphérique dans une éprouvette de longueur* l *est chauffé à une température que l'on propose de déterminer, sachant que si l'on retourne cette éprouvette sur la cuve à mercure, dont la température est* t, *et si on la maintient verticalement, enfoncée d'une longueur* l' *jusqu'à ce que l'équilibre de température soit établi, le mercure est soulevé d'une hauteur* h *dans l'éprouvette.*

Application : $l = 25^{cm}$, $t = 10^{\circ}$, $l' = 2^{cm}$, $h = 5^{cm}$.

457. — *La tige d'un thermomètre a été brisée à la division N. On a fait sortir le liquide du réservoir, mais il reste dans le tube un petit index dont l'extrémité inférieure se trouve, à* t°, *en regard de la division* n. *Quelle élévation de température faut-il faire subir à l'enveloppe pour en chasser cette goutte de liquide?*

Coefficient thermométrique de l'instrument : δ.

Coefficients de dilatation de l'air et du verre : α *et* k.

458. — *Un tube en U dont une des branches est fermée contient du mercure en quantité suffisante. La branche fermée contient de l'air sec qui, à* 0°, *occupe une longueur* l *sous la pression extérieure* H. *On porte le tout à* t°. *Dans quel sens et de quelle quantité* x *le niveau se déplacera-t-il dans la branche fermée? Discussion.*

On négligera les dilatations du tube et du mercure.

Application : $t = 100^{\circ}$, $H = 70^{cm}$, $l = 15^{cm}$.

Dilatation de l'air entre 0° *et* 100° : $\frac{11}{30}$.

459. — *Un vase cylindrique A de* 1^{m} *de hauteur et de* 10^{cq} *de section porte à sa partie inférieure un tube latéral B de section négligeable, qui s'ouvre dans l'atmosphère au niveau même de la base supérieure. Ce vase contient de l'air sec et du mercure, qui remplit le fond du vase et tout le tube B. A* 0°, *la hauteur occupée par l'air est de* 50^{cm} *et sa pression de* 125^{cm} *de mercure. On porte tout le système à la température de* 200°, *et l'on demande :* 1° *quelle sera la hauteur occupée par l'air;* 2° *quel poids de mercure se sera écoulé par le tube B. On négligera la dilatation du vase.*

Densité du mercure à 0° : 13,6.

Coefficient de dilatation absolue du mercure : μ.

Coefficient de dilatation de l'air : α.

Mélange des gaz.

460. — *On comprime dans un vase de 10^l, à parois inextensibles : 1° de l'oxygène contenu dans un vase de 2^l à la pression de 5 atmosphères et à la température de 5° ; 2° de l'azote contenu dans un vase de 3^l à la pression de 3 atmosphères et à 15°. Quelle sera la pression du mélange à la température de 20° ?*

461. — *Deux ballons à parois inextensibles contiennent respectivement : $V = 10^l$ d'air à $t = 31°$ sous la pression $H = 190^{cm}$, et $V' = 12^l$ d'air à $t' = 16°$ sous la pression $H' = 133^{cm}$. On les met en communication et on les plonge ensemble dans un bain à 0°. Quelle sera la pression finale du mélange gazeux ?*

Densités et masses des gaz.

462. — *Quel est le volume normal d'un gramme d'hydrogène (densité 0,0695) ?*

463. — *Quelle est la densité du gaz de l'éclairage, sachant que pour gonfler un ballon de 500^{mc}, à 0°, sous la pression atmosphérique, il faut 258^{kg},6 de ce gaz ?*

464. — *Quel est le volume V occupé par p^{gr} d'air à 0° sous une pression de P^{gr} par centimètre carré ?*

465. — *Calculer le poids spécifique, en dynes par centimètres cubes, de l'air sec à $t = 30°$ sous la pression $H = 70^{cm}$?*

466. — *Évaluer, en dynes par centimètres cubes, le poids spécifique de l'hydrogène au pôle, à 0°, sous la pression 76^{cm} ?*

467. — *A quelle pression devrait-on amener l'anhydride carbonique à 15° pour que sa densité fût, à cette température, la même que celle de l'hydrogène à 0° et à 76^{cm} ?*

468. — *Quel est le rapport des densités absolues de l'air sec à $t = 31°$ sous la pression $H = 76^{cm}$, et de l'air sec à $t' = -25°$ sous la pression $H = 43°$?*

469. — *On a pesé successivement deux masses gazeuses dans un même ballon. La première, à t° sous la pression H, pesait p^{gr} ; la seconde, à t'° sous la pression H', pesait p'^{gr}. La densité du premier gaz étant d, calculer celle du deuxième. On donne les coefficients de dilatation α et k des gaz et de l'enveloppe.*

470. — *On a pesé successivement dans le même ballon deux gaz : le premier pesait $7^{gr},425$ à 18°,5 sous $73^{cm},9$; le second, $13^{gr},8$ à 10° sous la pression de 76^{cm}. Calculer le rapport de la densité du premier gaz à celle du second.*

471. — *Un gramme et demi d'éther, introduit dans une cloche verticale en verre pleine de mercure et portée à 80°, a occupé 733^{cc}. A cette température le mercure s'élevait dans la cloche à une hauteur de $15^{cm},2$. La hauteur correspondante du baromètre était 75^{cm}. Quelle est la densité de la vapeur d'éther ?*

Coefficients de dilatation : du mercure, μ ; du verre, Δ ; des gaz, α.

472. — *La densité de l'anhydride sulfureux gazeux à 0° et sous la pression de 76^cm est 2,234; le coefficient de dilatation de ce gaz entre 0 et 100° est 0,0039 sous la pression de 76^cm. Le coefficient de dilatation de l'air dans le même intervalle est 0,00367. On demande la densité de l'acide sulfureux à 100° sous la pression 76^cm.*

473. — *Un ballon ouvert contient* $P = 20^{gr},4$ *d'air sec à 0° et à 76^cm. On le chauffe et on le ferme à une température que l'on propose de déterminer de manière qu'il ne renferme plus que* $p = 18^{gr},2$ *d'air sec.*

On négligera la dilatation du ballon, et l'on prendra $\alpha = \frac{1}{273}$.

474. — *Un ballon de volume V étant plein d'air à 0° sous la pression H, on remplace cet air par un gaz sec à 0° sous la pression H'. Le poids du ballon ayant diminué de* p^{gr}*, quelle est la densité du gaz introduit?*

475. — *Les densités de deux gaz par rapport à l'air étant* d *et* d'*, quelle doit être la différence des températures de* p^{gr} *du premier sous la pression* H*, et de* p'^{gr} *du second sous la pression* H'*, pour que ces deux masses aient la même densité absolue?*

476. — *Dans un baromètre à large cuvette on introduit* 1^{cgr} *de gaz carbonique. De combien baissera le niveau du mercure, sachant que la pression est normale, que la longueur du tube au-dessus du mercure est* 1^{m} *et que la section du tube est* 1^{cq}? *Densité du gaz carbonique : 1,524.*

477. — *Un baromètre à tube cylindrique de section* 3^{cq} *contient une colonne de mercure de* 77^{cm}. *Dans la chambre barométrique, mesurant* 24^{cc}*, on introduit* 1^{cgr} *d'air sec. La température étant 0°, on demande la nouvelle hauteur du mercure dans le tube au-dessus de la cuvette. Celle-ci est assez large pour que le niveau du mercure n'y varie pas sensiblement.*

478. — *Un baromètre a* 1^{m} *de longueur au-dessus du mercure de la cuvette et* 1^{cq} *de section intérieure. Il renferme une colonne de mercure de* 76^{cm} *de hauteur et la température est 0°. On introduit dans la chambre de ce baromètre* 1^{cc} *d'air mesuré dans les conditions normales de température et de pression, et on demande :*

1° *Quelle sera la densité de l'atmosphère qui surmontera la colonne de mercure;*

2° *Quelle sera la hauteur barométrique observée;*

3° *De combien il faudra enfoncer le tube barométrique dans la cuvette pour que la densité de l'air qu'il contient soit égale à celle de l'air extérieur.*

479. — *Quelle est la masse d'air sec contenue dans un tube barométrique dont la section intérieure est* s*, sachant que le mercure s'élève dans ce tube à une hauteur* h *ou* h' *quand la pression atmosphérique est* H *ou* H'?

Application : $s = 1^{cq},9$, $h = 4^{cm}$, $h' = 2^{cm}$, $H = 85^{cm}$, $H' = 74^{cm}$, $a = 0,001\,293$.

Masses et densités des mélanges gazeux.

480. — *Quelle est la pression de l'anhydride carbonique dans l'air, en admettant que* $V = 158^{mc}$ *d'air aux conditions normales contiennent* $p = 0^{gr},431$ *de ce gaz, dont la densité par rapport à l'air est* $d = 1,529$?

481. — *Dans un réservoir contenant* $5^{l},6$ *d'air sec à 0° sous la pression de*

83cm de mercure, on veut introduire, avec une pompe de compression dépourvue d'espace nuisible, 23gr d'air sec pris à 0° sous la pression normale. La densité normale de l'air étant 0,0013 et le volume du corps de pompe 560cc, on demande le nombre de coups de piston à donner et la pression finale dans le réservoir.

482. — *On comprime à 0° sous un volume V : pgr d'oxygène, dont la densité est d, et p'gr d'azote, dont la densité est d'. Quelle est la pression du mélange?*

Application : $V = 5^l$, $p = 27^{gr},64$, $d = 1,1056$, $p' = 20^{gr},022$, $d' = 0,9674$.
Masse du litre d'air : $a = 1,293$.

483. — *Un récipient de volume invariable contient Mgr d'un gaz à la température t°. On en laisse échapper mgr, et l'on porte le récipient à une température x, que l'on propose de calculer de manière que la pression intérieure reprenne sa valeur primitive.*
Le coefficient de dilatation du gaz est α.

484. — *On mélange vcc d'un gaz de densité d mesurés à la température t sous la pression h, avec v'cc d'un gaz de densité d' mesurés sous la pression h'. Quel est le rapport des poids de ces deux gaz contenus dans un centimètre cube de mélange?*

485. — *Deux gaz, de densités d, d' par rapport à l'air et pris aux conditions normales, sont mélangés dans la proportion de n volumes du premier pour n' volumes du second. Quelle est la densité du mélange par rapport à l'air?*

486. — *Un récipient dont la température est maintenue à T° contient pgr d'air sec à la pression H. On y introduit pgr d'un gaz de densité d et p'gr d'un gaz de densité d'. Calculer la pression du mélange.*

487. — *On mélange pgr d'un gaz de densité relative d, avec p'gr d'un autre gaz de densité d'. Quelle est la densité relative du mélange?*

488. — *Calculer les densités relatives de deux gaz, sachant que m volumes du premier avec n du second donnent un mélange de densité d, et que m' volumes du premier avec n' du second donnent un mélange de densité d'.*

489. — *Deux ballons de verre de volumes* $V = 7^l,28$ *et* $v = 5^l,46$ *sont mis en communication. Le second étant maintenu à 0°, à quelle température faut-il porter le premier pour que, l'équilibre une fois établi, les deux ballons contiennent des masses gazeuses équivalentes?*

490. — *Deux ballons de verre communicants, de même volume* $V = 16^l,9$, *contiennent de l'air aux conditions normales. On porte l'un à* $t = 30°$, *l'autre à* $t' = 100°$. *Calculer la différence qui s'établit entre les masses gazeuses qu'ils contiennent.*

491. — *Deux ballons de verre de même volume communiquent par un tube de section négligeable. Ils ont été remplis, à 0° sous la pression 76cm, d'un gaz de densité d par rapport à l'air. On demande les densités absolues que prendra ce gaz dans les deux ballons s'ils sont maintenus le premier à la température t, le second à la température t'.*

492. — *Une chaudière fermée, dont on négligera la dilatation, contient 315gr d'eau et 185gr d'air à 0° et à la pression 76cm. Que deviendra la pres-*

sion intérieure si l'on chauffe à une température de 455°, où l'eau est entièrement réduite en vapeur?

Densité de l'air : a = 0,0013.

Densité relative de la vapeur d'eau : $d = \frac{5}{8}$.

Coefficient de dilatation des gaz : α.

493. — *Un tube en verre très épais est rempli d'anhydride sulfureux à 0°. On le chauffe à 100°. Dans ces conditions, le contenu passe entièrement à l'état gazeux. Quelle est la pression qui règne alors dans le tube, sachant que la densité de l'anhydride sulfureux est, à l'état gazeux, 2,25 par rapport à l'air et, à l'état liquide, 1,491 par rapport à l'eau?*

On ne tiendra pas compte de la dilatation du verre.

Masses des gaz en dissolution.

494. — *On laisse séjourner* P^{gr} *d'un liquide de densité* D *dans un gaz de densité* d, *maintenu à la pression* H. *Quel est le coefficient de solubilité du gaz dans le liquide, sachant que le poids de celui-ci augmente de* p?

495. — *Dans un récipient contenant un volume* $V = 30^l$ *d'eau à la température* $t = 10°$, *on comprime de l'anhydride carbonique sous la pression* $H = 494^{cm}$. *Le coefficient de solubilité à 10° étant* $k = 1,181$ *et la densité de l'anhydride carbonique* $d = 1,53$, *calculer la masse des gaz dissous.*

Poids apparents dans l'air.

496. — *Un ballon de verre subit de la part de l'air une poussée* $p = 15^{gr},7$. *Quelle est alors la pression atmosphérique, sachant qu'à la même température et à la pression normale, cette poussée deviendrait* $p' = 15^{gr},2$?

497. — *On pèse avec des poids en platine de densité 21 une certaine quantité d'eau. On trouve* $151^{gr},202$. *Quel est le poids de cette eau dans le vide? L'air est supposé sec, à la température* $t = 18°$, *sous la pression* $H = 748^{mm}$.

498. — *Trouver le volume d'un corps, sachant que la différence du poids qu'on obtient en le pesant successivement à 0° dans l'air, à 20° dans l'acide carbonique est* 10^{gr}?

Coefficient de dilatation du corps : 0,00003.

Densité de l'acide carbonique : 1,53.

499. — *Quelle est la poussée de l'air sur un ballon métallique dont le volume à 0° est* V *et le coefficient de dilatation linéaire* λ? *La pression atmosphérique est* H, *l'état hygrométrique* e, *la température* t° *(pression saturante* F*). On donne le coefficient de dilatation de l'air* α, *sa densité absolue* a *et la densité relative de la vapeur d'eau* d.

500. — *On a taré un ballon de verre de volume* V *plein d'air sec à 0° sous la pression* H. *Ayant fait le vide dans ce ballon, on y laisse rentrer, à 0° sous la pression* H', *un gaz sec dont on demande la densité relative, sachant que pour rétablir l'équilibre de la balance il faut ajouter* p^{gr} *du côté du ballon.*

501. — *Quel est le volume d'un cube d'aluminium dont le poids apparent est* $P = 1^{kg}$ *dans l'air sec à* $t = 30^\circ$ *sous la pression* $H = 75^{cm}$?

Densité de l'aluminium : $d = 2,5$.

— *de l'air :* $a = 0,001293$.

Coefficients de dilatation : α *et* $k = 0,000069$.

502. — *Deux cubes ayant l'un* 10^{cm} *d'arête, l'autre* 1^{cm}, *sont suspendus sous les plateaux d'une balance; celle-ci est en équilibre quand les cubes sont placés dans le vide.*

On met sur le cube le plus gros une surcharge de 4^{gr}, *et on plonge le système dans une masse d'air à* 15° *dont on demande la pression* x, *requise pour qu'il y ait équilibre.*

Densité de l'air : 0,0013.

Coefficient de dilatation : α.

503. — *Quelle est la masse d'un corps de densité* d *et de coefficient de dilatation* k, *sachant qu'il a le même poids apparent que* Mgr *de laiton de densité* D *et de coefficient de dilatation* K, *dans une atmosphère à la pression* H *et dont l'état hygrométrique est* e *à la température* t (*pression saturante* F)?

La densité de l'air est a *et la densité relative de la vapeur d'eau* δ.

504. — *La densité normale de l'air étant* $a = 0,0013$ *et son coefficient de dilatation* $\alpha = 0,00367$, *la densité du laiton* $d = 8$ *et son coeffficient de dilatation* $k = 0,000018$, *quelle est la différence des poids apparents d'une masse de laiton* $M = 1^{kg}$:

1° *Dans l'air, à* $t' = 36^\circ$, *sous la pression* $H' = 70^{cm}$;

2° *Dans l'air, à* $t'' = -20^\circ$, *sous la pression* $H'' = 78^{cm}$?

505. — *En opérant à* 0° *par la méthode du flacon, sans tenir compte de la poussée de l'air, et en admettant que la densité de l'eau à* 0° *est égale à l'unité, on a trouvé pour la densité d'un liquide le nombre* d. *Quelles corrections faut-il faire subir à ce résultat, sachant que la pression atmosphérique était* H *pendant l'expérience, et que la densité de l'eau à* 0° *est* $e = 0,999873$? *Quel doit être le degré d'approximation des pesées pour que ces corrections ne soient pas illusoires?*

506. — *Une sphère en caoutchouc, extensible et de poids négligeable, contenant de l'hydrogène, est plongée dans de l'alcool après avoir été lestée par un poids de dilatation négligeable. Déterminer la valeur de ce poids pour que le système soit en équilibre dans l'alcool à* 78°.

Rayon de la sphère à 0° : 20^{cm}. *Densité de l'alcool à* 0° : 0,8. *Coefficients de dilatation : de l'hydrogène,* 0,0036; *de l'alcool,* 0,0011.

507. — *Un corps de densité* $d = 2$, *placé dans l'un des plateaux d'une balance parfaitement juste, est équilibré par* $p' = 100^{gr}$ *de poids marqués placés dans l'autre plateau. Sachant que la matière qui constitue ces poids marqués a une densité* $d' = 8$, *et que la pesée est faite dans l'air sec à la pression* $H = 74^{cm}$ *de mercure et à* $t = 30^\circ$, *on demande quelle surcharge on devrait mettre dans le second plateau pour que l'équilibre eût lieu dans le vide.*

Poids normal du litre d'air : $1000a = 1^{gr},3$.

Coefficient de dilatation de l'air : $\alpha = 0,00367$.

508. — *Un ballon en verre plein de gaz carbonique sec à la pression* 76^{cm} *est suspendu à l'un des plateaux d'une balance dans de l'air également sec à la pression* 78^{cm}. *On en fait la tare. On fait ensuite le vide dans le ballon, de telle sorte que la pression du gaz qu'il contient soit réduite à* 2^{mm}. *Pendant ce* *temps, la pression extérieure a varié de 10mm. On trouve alors que, pour rétablir l'équilibre, il faut ajouter sur le plateau de la balance un poids de 15gr. On demande de calculer le volume du ballon.*

Pendant toute la durée de l'expérience la température est restée égale à 0°.

On ne tiendra pas compte de l'épaisseur du verre du ballon.

Densité de l'acide carbonique : 1,52.

509. — *Un ballon de verre d'une capacité de 1500cc, suspendu à la balance, est équilibré dans l'air par 122gr de laiton. On introduit le système sous un récipient à gaz contenant un mélange à volume égal d'air et de gaz d'éclairage à 0° et à 76cm. De quel côté la balance s'inclinera-t-elle? Quel poids faudra-t-il ajouter pour rétablir l'équilibre?*

Densité de l'air, 0,0013; *densité relative du gaz d'éclairage,* 0,6.

Aérostats.

510. — *Une enveloppe de taffetas inextensible et imperméable, de volume* $V = 500^{mc}$ *et de poids* $p = 400^{kg}$, *est remplie d'un gaz de densité* $d = 0{,}069$. *On demande : 1° sa force ascensionnelle au départ dans une atmosphère de densité* $a = 0{,}0013$; *2° la densité absolue de l'atmosphère où elle flotterait sans poids apparent.*

511. — *Un aérostat, de parois inextensibles, complètement gonflé d'hydrogène à la pression extérieure 76cm, et dont les agrès pèsent 100kg, possède au départ une force ascensionnelle de 10kg. A quelle hauteur s'élèvera-t-il, si l'on admet que la température ne varie pas, mais que la pression diminue régulièrement de 1mm par 10m d'ascension. Densité de l'hydrogène,* 0,07.

512. — *Quel est le volume d'un aérostat de poids total* $P = 364^{kg}$, *sachant qu'il flotte en équilibre à une altitude où le baromètre marque* $H = 36^{cm}$ *et le thermomètre* $t = -3°$? *On donne* α *et* $a = 1^{gr},3$.

513. — *L'enveloppe d'un ballon à air chaud pèse* p *et son volume est* V. *A quelle température faut-il porter l'air intérieur pour que la force ascensionnelle soit* f *dans une atmosphère à* $t°$ *et à la pression* H ?

514. — *L'enveloppe d'un ballon sphérique pèse* p^{gr} *par mètre carré. Quel rayon faut-il lui donner pour qu'étant gonflé d'hydrogène de densité relative* d, *il se tienne en équilibre dans une atmosphère sèche à* $t°$ *et à la pression* H ?

CHAPITRE V. — PREMIER CHANGEMENT D'ÉTAT

Chaleur de fusion.

515. — *Dans 900gr de neige en partie fondue, on verse un litre d'eau bouillante. La température finale est de 20°. Quel était le poids de l'eau de fusion mélangée à la neige?*

516. — *Combien faut il de glace à* $t = -20°$ *pour abaisser de* $T = 50°$

à $\theta = 40^\circ$ la température d'un bain d'eau? Le poids de l'eau est $M = 400^{kg}$, celui de la baignoire $P = 120^{kg}$.

Chaleur spécifique du métal : $c = 0{,}12$.

Chaleur spécifique de la glace : $c' = 0{,}475$.

Chaleur de fusion de la glace : 80.

517. — *Ayant fait congeler de l'eau dans l'air liquide, on recueille $P = 625^{gr}$ de glace que l'on projette dans $M = 500^{gr}$ d'eau bouillante. Quand l'équilibre thermique est établi, on constate que le poids de la glace a augmenté de $p = 72^{gr}$. Quelle était sa température initiale? La chaleur spécifique de la glace est 0,47 et sa chaleur de fusion 80.*

518. — *Quel poids de mercure à 100° faut-il introduire avec 10^{gr} de glace à 0° dans un calorimètre contenant 500^{gr} d'eau à $t = 50^\circ$ pour élever cette température de 1°?*

Chaleur spécifique du mercure : 0,03.

Chaleur de fusion de la glace : 80.

Pour quelle valeur de t l'expérience devient-elle impossible?

519. — *On fait fondre du bismuth et on le laisse refroidir jusqu'à son point de solidification. On verse le liquide dans une cavité creusée dans un bloc de glace à 0°. L'eau de fusion pèse $M = 111^{gr}$ et le bismuth solidifié, $P = 425^{gr}$. La chaleur spécifique du bismuth étant $c = 0{,}0306$ et sa chaleur de fusion $f = 12{,}64$, on demande quelle est sa température de fusion?*

520. — *On chauffe du plomb à la température de 1 000° et l'on en verse 1^{kg} dans une cavité creusée au sein d'un morceau de glace. On recueille l'eau de fusion, qui pèse 527^{gr}. Déterminer la chaleur spécifique du plomb, sachant qu'elle augmente d'un tiers en passant de l'état solide à l'état liquide. Point de fusion du plomb, 325°. Chaleurs de fusion du plomb et de la glace, 5,4 et 80.*

521. — *Quelle est la quantité de chaleur absorbée par 50^{gr} d'azotate de soude que l'on chauffe de 10° à 450°? Le point de fusion de cette substance est 310°, sa chaleur de fusion 63 et ses chaleurs spécifiques à l'état solide et à l'état liquide 0,2782 et 0,413 respectivement.*

522. — *Deux échantillons d'un alliage pèsent chacun $P = 250^{gr}$. On les chauffe jusqu'à leur température de solidification, et on les fait tomber l'un après l'autre dans un calorimètre à 0°, équivalent à $M = 440^{gr}$ d'eau. Le premier élève la température à $\theta = 12^\circ$; le deuxième la fait monter à $\theta' = 23^\circ$. On demande la température de fusion de l'alliage et sa chaleur spécifique à l'état solide.*

523. — *Pour déterminer approximativement la température d'un morceau de glace, on l'introduit dans un calorimètre de capacité calorifique négligeable, avec une masse d'eau bouillante suffisante pour la faire fondre entièrement. On constate que la température d'équilibre est $\theta = 10^\circ$. On verse alors dans le calorimètre une seconde masse d'eau bouillante égale à la première et l'on mesure la nouvelle température d'équilibre $\theta' = 48^\circ$. La chaleur spécifique de la glace étant $c = 0{,}474$ et sa chaleur de fusion 80 calories, quelle était la température initiale de la glace soumise à l'expérience?*

524. — *Un calorimètre contient de l'eau et de la glace. Si l'on y fait tomber 1223^{gr} de plomb à 250°, on provoque la fusion de 120^{gr} de glace. Si l'on y verse 801^{gr} de plomb fondu à la température de solidification (335°), la fusion porte sur 159^{gr} de glace. Calculer la chaleur spécifique du plomb à l'état solide, et sa chaleur de fusion, celle de la glace étant 80.*

525. — *Après avoir laissé refroidir un métal fondu jusqu'à son point de solidification* t, *on en fait couler un certain poids* p_1 *dans une cavité pratiquée dans un bloc de glace à 0° dont un poids* p' *entre ainsi en fusion.*

Dans une deuxième expérience, on fait couler un poids p_2 *du même métal dans un poids* P *d'eau à* t_0, *ce qui élève la température à* t'_0. *Sachant que la chaleur de fusion de la glace est égale à* c, *on demande de calculer la chaleur de fusion* x *et la chaleur spécifique* y *du métal considéré.*

526. — *Un corps fond à 59°. On chauffe 100gr de ce corps jusqu'à 70° et on verse le liquide dans un litre d'eau à 4°. L'équilibre thermique s'établit à 15°,4. On retire le corps solidifié et on le jette dans un litre d'eau bouillante. La température du mélange s'arrête à 87°,6.*

La chaleur de fusion du corps étant 94, on demande dans quel rapport croît sa chaleur spécifique quand il passe de l'état solide à l'état liquide.

527. — *Ayant préparé trois puits de glace à 0°, c'est-à-dire trois blocs de glace creusés d'une cavité, on fait fondre dans un creuset de l'étain que l'on chauffe à 350°. On verse une partie du liquide dans le premier puits de glace; puis on laisse refroidir le creuset jusqu'au point de solidification. On verse alors la partie encore liquide dans le deuxième puits, et l'on fait tomber dans le troisième la partie qui reste solidifiée dans le creuset. Quand l'équilibre thermique est établi, on retire du premier puits 165gr,34 d'eau et 380gr d'étain; du second, 142gr,43 d'eau et 420gr d'étain; du troisième, 40gr,25 d'eau et 250gr d'étain. Le point de fusion de l'étain étant 230°, on demande de calculer sa chaleur de fusion et ses chaleurs spécifiques à l'état solide et à l'état liquide.*

Changement de volume pendant la fusion.

528. — *Un dilatomètre à poids est plein de mercure à 0°. On fait sortir* Pgr *de ce liquide et on achève de remplir l'enveloppe avec de l'eau à 0°. Le mercure étant amené vers la pointe du dilatomètre, on fait congeler l'eau à l'aide d'un mélange réfrigérant, puis on ramène la température à 0°. Alors, on constate qu'il est sorti de l'appareil* pgr *de mercure. Quel est le rapport des densités de la glace et de l'eau à 0°?*

Application : $P = 2500^{gr}$, $p = 230^{gr}$.

529. — *Un réservoir thermométrique surmonté d'une tige graduée en millimètres cubes contient un mélange de glace et d'eau liquide à 0°. On l'expose pendant quelques instants au rayonnement d'une source de chaleur; après quoi on constate que le volume du mélange intérieur a diminué de* 200mmc, *sa température étant restée à 0°. Quelle est la quantité de chaleur absorbée par ce mélange?*

Chaleur de fusion de la glace : 80. Densité de la glace à 0° : 0,917.

On admettra que la densité de l'eau à 0° est égale à l'unité.

Surfusion.

530. — *Ayant* P = 1000gr *d'eau en surfusion à* t = —10°, *on y provoque une congélation subite. Sur quelle partie de la masse portera cette congélation?*

Chaleur de fusion de la glace : 80.

Chaleur spécifique de la glace : 0,474.

531. — *Un corps dont la chaleur spécifique est* c, *la chaleur de fusion* C *et le point de fusion* T, *est maintenu en surfusion à* t°. *On fait cesser la surfusion en le mettant au contact d'une parcelle solide.*

On demande quel sera l'état final, en supposant que la transformation s'effectue sans perte ni gain de chaleur.

Application : T = 44°,2, t = 30°;
C = 5,4, c = 0,20.

On admet que la chaleur spécifique du corps au voisinage du point de fusion est la même à l'état solide et à l'état liquide.

CHAPITRE VI. — DEUXIÈME CHANGEMENT D'ÉTAT

Chaleur de vaporisation.

532. — *Quel volume de vapeur d'eau à 100°, sous la pression 76cm, faut-il injecter dans 2mc d'eau à 20° pour élever la température du mélange à 80°?*
Chaleur de vaporisation de l'eau : 537.
Densité de la vapeur d'eau ; 5/8.

533. — *Un récipient métallique du poids de* P = 20kg *contient* M = 50kg *de glace à* t = —10°. *Quel poids de vapeur d'eau à 100° faut-il y injecter pour porter la température du récipient à* θ = 40°?
Chaleurs spécifiques du métal et de la glace :
c = 0,114, c' = 0,474.
Chaleurs de fusion et de vaporisation de l'eau : 80 *et* 537.

534. — *Quel poids de vapeur d'eau à 100° faut-il introduire, avec 100 grammes de glace à —5°, dans de l'eau à 50°, pour que la température finale du mélange soit égale à 50°?*
Chaleur spécifique de la glace : 0,5.

535. — *On évapore de l'eau dans le vide, en présence de l'acide sulfurique qui absorbe la vapeur formée. Quel poids de glace pourrait-on obtenir en opérant ainsi sur* P = 100gr *d'eau à 0°, en supposant que la chaleur de vaporisation soit entièrement empruntée au liquide?*
Chaleur de fusion de la glace : 80.
Chaleur de vaporisation de l'eau à 0° : 606,5.

536. — *On mélange, dans un récipient imperméable à la chaleur,* Mgr *de glace fondante et* Pgr *de vapeur d'eau à 100°. Entre quelles limites le rapport de* M *à* P *doit-il être compris pour que le mélange soit entièrement liquide?*

537. — *Dans un vase en cuivre ouvert, pesant* 1kg,500, *contenant un bloc de glace de* 10kg *à la température de* —10°, *on injecte* 5kg *de vapeur d'eau à* 100°.
On demande la température finale du mélange.
Discuter et interpréter le résultat obtenu.
Chaleurs spécifiques : du cuivre, 0,08; *de la glace,* 0,5.
Chaleurs de fusion de la glace, 79; *de vaporisation de l'eau,* 537.
On demande en outre de déterminer quel serait le poids de vapeur à employer pour que la température finale du mélange soit 100°.

538. — *Dans une cuve contenant* 50kg *d'un mélange de glace et d'eau, on injecte* 2kg,95 *de vapeur d'eau saturante à* 120°. *La température de la cuve s'élève à* 54°. *Quel poids de glace contenait-elle à l'origine?*

539. — *On distille un mélange d'eau et d'alcool qui bout à* 90°. *Le serpentin passe dans un réfrigérant où l'eau arrive à* 10° *et d'où elle sort à la température de l'alcool condensé, qui est de* 40°. *La chaleur spécifique de l'alcool étant* 0,55, *sa chaleur de vaporisation* 202, *et celle de l'eau* 537, *combien devra-t-on faire passer d'eau dans le réfrigérant, pour recueillir* 50kg *d'alcool marquant* 80° *à l'alcoomètre centésimal?*

540. — *Quelle quantité de chaleur faut-il fournir à* 1kg *d'eau prise à* 0° *sous la pression atmosphérique, pour la transformer en vapeur saturante à* $t = 200°$ *et la surchauffer ensuite sous pression constante jusqu'à* $t' = 300°$? *La chaleur spécifique de la vapeur d'eau sous pression constante est* $c = 0{,}48$.

Pressions saturantes. — Gaz saturés de vapeurs.

541. — *Une masse d'air sec à* $t°$ *et* H^{cm} *occupe un volume* V. *Quel volume prendrait-elle sous une pression* H' *si elle était saturée d'humidité à* $t'°$ *(pression saturante* F'*).*

542. — *Un récipient en verre a* 1^l *de capacité à* 0°. *Il contient à cette température de l'air sec sous la pression de* 76cm *de mercure. On porte ce récipient à* 100°, *et, dans ces conditions, sans laisser échapper d'air, on y introduit la quantité d'eau juste suffisante pour le saturer de vapeur. On demande quelle sera la pression finale.*
Coefficient de dilatation cubique du verre : 0,000026.
Coefficient de dilatation des gaz : 0,00367.

543. — *Un ballon de* 12^l *contient* 2^l *d'eau que l'on porte à l'ébullition sous la pression atmosphérique* 76cm. *On le laisse un peu refroidir, et on le ferme à la température de* 95° *(pression saturante,* 63cm,38*). Quel est le volume normal de l'air contenu dans ce ballon?*

544. — *Un ballon de volume* $V = 10^l$, *ouvert à la pression atmosphérique* $H = 76^{cm}$, *contient de l'air saturé de vapeur d'eau à la température* $t = 90°$ *(pression saturante* $h = 52^{cm},54$*); on le ferme, et on le laisse refroidir à* $t = 20°$ *(pression saturante,* $h = 1^{cm},74$*). Que devient la pression intérieure?*

545. — *Dans un ballon de verre de* 12^l, *on enferme de l'air humide pris à la pression atmosphérique* 76cm *et à la température de* 20°. *On refroidit cet air à* 10° *et l'on réduit son volume à* 2^l. *Il est alors saturé de vapeur d'eau, et l'on constate que sa pression est de* 432cm, *la pression saturante de la vapeur d'eau à* 10° *étant* 9mm. *Quelle était primitivement la pression de la vapeur d'eau dans le ballon?*

546. — *Un petit tube en fer dont la section intérieure est de* 4cmq *est à moitié rempli d'éther à* 0°, *sous la pression atmosphérique* 76cm. *On le ferme solidement avec un bouchon de liège, et on le plonge verticalement dans l'eau bouillante. A quelle poussée le bouchon devrait-il pouvoir résister, pour n'être pas projeté au dehors?*
Densité du mercure : 13,6; *coefficient de dilatation des gaz :* α; *pression saturante de la vapeur d'éther à* 100° : 495cm.

547. — *Une longue éprouvette cylindrique, dressée verticalement sur la cuve à eau, contient de l'air saturé de vapeur d'eau qui occupe une longueur de 20cm; le niveau de l'eau dans l'éprouvette est à 1m au-dessus de la cuve. On enfonce l'éprouvette dans la cuve, jusqu'à ce que le niveau de l'eau soit le même à l'intérieur et à l'extérieur. Quelle sera alors la longueur* x *occupée par l'air?*

On admettra que la densité de l'eau est 1 et celle du mercure 13,6. Pression atmosphérique : 76cm. Force élastique maximum de la vapeur d'eau : 30mm.

548. — *Dans une éprouvette graduée retournée sur la cuve à eau, on introduit un volume* V *d'un gaz sec mesuré à* t° *sous la pression* H. *La tension maximum de la vapeur d'eau étant* f *à la température* θ *de la cuve, on demande quel sera le volume occupé à la pression atmosphérique 76cm, par le gaz saturé d'humidité?*

549. — *Une chaudière de volume invariable contient de l'air en présence d'un excès d'eau. A la température* t, *la pression est* H, *la force élastique maxima de la vapeur d'eau à* t° *étant* f. *Quelle sera la pression à* t'°, *alors que la force élastique maxima de la vapeur d'eau est* f'?

550. — *Un tube cylindrique horizontal fermé à l'une de ses extrémités contient de l'air, avec de l'humidité en excès. Cet air est isolé de l'atmosphère par un index de mercure. A la température* $t = 10°$, *il occupe une longueur* $l = 47^{cm}$. *Quelle longueur occupera-t-il à la température* $t = 40°$?

Tensions maxima de la vapeur d'eau à t° : $h = 0^{cm},90$; *à* t'° : $h = 0^{cm},5$.

Pression atmosphérique : $H = 76^{cm}$.

Coefficient de dilatation des gaz : $\alpha = \frac{1}{273}$.

551. — *On comprime une masse d'air humide à moitié saturée d'humidité, à une température constante, où la pression saturante est* $F = 4^{cm}$. *La pression initiale étant 76cm, on demande quelle sera la pression : 1° Quand la masse d'air sera saturée; 2° quand elle aura abandonné la moitié de la vapeur d'eau qu'elle contenait à l'origine.*

552. — *En comprimant du gaz carbonique mélangé d'air, on constate que la liquéfaction ne commence que pour une pression* F, *tandis qu'à la température de l'expérience on sait que l'anhydride carbonique se liquéfie sous une pression* f ($f < F$). *Quelle est la composition volumétrique du mélange que l'on a comprimé?*

553. — *De l'air emprisonné dans un tube de Mariotte à la pression atmosphérique 76cm est saturé d'une vapeur à la pression de 20cm. On réduit son volume de moitié en ajoutant du mercure dans la branche ouverte. Que devient la distance des deux niveaux du mercure?*

554. — *Un tube de Torricelli retourné sur une cuvette profonde contient de l'air saturé d'une vapeur à la pression* h. *La pression atmosphérique est* H *et le mercure est soulevé d'une hauteur* l. *On abaisse le tube de manière que le volume de l'air se réduise de moitié. Que devient la hauteur du mercure soulevé?*

555. — *Un tube barométrique de section constante contient de l'air qui occupe une longueur* l *quand la pression atmosphérique est* H. *La hauteur de la colonne mercurielle est alors* h. *Calculer la dépression que subira cette colonne mercurielle si l'on introduit dans la chambre barométrique un liquide en quantité suffisante pour que sa vapeur y prenne la tension maximum* F.

556. — *La petite branche d'un tube de Mariotte, supposée cylindrique, contient une colonne d'air de longueur* l *saturée d'une vapeur dont la pression saturante est* h. *Le mercure est au même niveau dans les deux branches. Quelle est la longueur de la colonne de mercure qu'il faut verser dans la grande branche pour réduire la colonne d'air à une longueur* l'?

Application : $l = 30^{cm}$, $h = 20^{cm}$, $l' = 15^{cm}$.

Pression atmosphérique : $H = 76^{cm}$.

557. — *Une éprouvette remplie de mercure repose sur la cuve à mercure à la température de 0°; on y introduit un centimètre cube d'un certain gaz recueilli sur la cuve à eau à la température de 15° et à la pression de* 75^{cm} *de mercure. L'éprouvette est cylindrique, à base plane de* 1^{cm} *de diamètre intérieur; la pression est normale; la tension maximum de la vapeur d'eau à 0° et à 15° est* $4^{mm},6$ *et* $12^{cm},7$ *de mercure; le coefficient de dilatation du gaz est* $\frac{1}{273}$.

On demande le volume occupé par le gaz dans l'éprouvette : 1° si la hauteur intérieure h *de l'éprouvette au-dessus du niveau dans la cuvette est* 1^{cm}; *2° si elle est* 76^{cm}.

On négligera la variation de niveau du mercure dans la cuvette.

558. — *Un ballon plein d'air et contenant une petite couche d'eau est placé dans une enceinte à température variable. Il communique latéralement avec un manomètre à air libre. A 0°, les niveaux du mercure dans les deux branches du manomètre sont à la même hauteur. On porte le ballon à 20°, puis on verse du mercure dans la branche ouverte, jusqu'à ce que le mercure de l'autre branche revienne à son niveau primitif. La distance verticale des deux niveaux est alors de* $66^{mm},05$. *On demande quelle est la pression atmosphérique au lieu de l'observation.*

Force élastique de la vapeur d'eau à 0° : $4^{mm},5$, *et à 20° :* $17^{mm},4$.

Coefficient de dilatation de l'air : α.

On négligera la dilatation du ballon.

559. — *Dans une cuve renfermant un liquide de densité 1,50 on plonge de* 80^{cm} *un tube de* 1^{m} *de longueur, effilé à son extrémité inférieure; on ferme alors l'extrémité supérieure et on le retire. La pression atmosphérique étant* 75^{cm} *et la température 20°, on demande à quelle hauteur le liquide se maintiendra dans le tube :*

1° En négligeant la tension de vapeur du liquide;

2° En attribuant à cette vapeur une force élastique maximum de 3^{cm}.

560. — *Un tube barométrique de hauteur* h *et de section* s, *reposant sur une cuve à mercure de section* S, *contient de l'air saturé de vapeur d'eau à* t° *sous la pression* H'. *A quelle hauteur s'élèvera le mercure dans le tube si l'on dessèche complètement cet air en introduisant dans le tube un fragment de substance desséchante?*

Application : $h = 80^{cm}$, $s = 2^{cq}$, $S = 20^{cq}$,

$t = 15°$, $H' = 70^{cm}$.

Pression atmosphérique : $H = 76^{cm}$. *Force élastique maxima de la vapeur d'eau à 15° :* $12^{mm},7$.

On négligera le volume de la substance desséchante.

Mélanges de gaz saturés de vapeurs.

561. — *On mélange 75^mc de gaz saturé d'humidité à 25° sous 76^cm, avec 62^mc de gaz saturé d'humidité à 30° sous 70^cm. Quel sera le volume du mélange mesuré à 50°, sur l'eau, à la pression 75^cm?*

Tension maxima de la vapeur d'eau :

$$\text{à } 25° : 23^{mm};\quad \text{à } 30° : 31^{mm};\quad \text{à } 50° : 92^{mm}.$$

562. — *De l'air saturé de vapeur d'eau à 10° est refoulé par une pompe de compression de 1^l de capacité, dans une enceinte de 2^l primitivement privée d'air et maintenue à 15°. Quelle sera la pression finale après 10 coups de piston?*

Tension maxima de la vapeur d'eau à 10° : 9^mm; à 15° : 12^mm,7.

Pression atmosphérique : 76^cm de mercure.

Coefficient de dilatation de l'air : $\alpha = 0{,}00365$.

563. — *Sous la cloche d'une machine pneumatique on place une soucoupe pleine d'eau. L'air étant saturé, on donne successivement deux coups de piston, assez lentement pour que l'espace reste constamment saturé. Quelle est la pression finale?*

Volume du récipient : $R = 10^l$; *volume du corps de pompe :* $V = 2^l$. *Tension maxima de la vapeur d'eau :* $F = 25^{mm}$; *pression initiale :* $H = 76^{cm}$.

Masses et densités des vapeurs.

564. — *Quel est à 20° le poids de 50^cc d'azote saturés d'humidité sous la pression de 767^mm?*

Tension maxima de la vapeur d'eau à 20° : 17^mm.

Densité de l'azote : 0,97. Densité de la vapeur d'eau : 0,622.

565. — *Quelle différence de poids présente 1^mc d'air à la pression normale, suivant qu'il est sec à 0° ou saturé de vapeur d'eau à* $t = 35°$?

$$a = 1{,}293;\quad \alpha = 0{,}00367.$$

Densité de la vapeur d'eau : $d = 0{,}625$.

Tension maxima à 35° : $f = 4^{cm},18$.

566. — *L'atmosphère étant saturée d'humidité à la température de 26° (pression saturante 25^mm), quel est le poids d'eau contenu dans 1^mc d'air, et quel est le volume d'air qui renferme 1^kg d'eau?*

567. — *On refroidit à 0°, sous une pression constante de* $H = 75^{cm}$, *un volume* $V = 15^l$ *d'air saturé de vapeur à* $t = 50°$ (*tension* $F = 9^{cm},2$). *La tension de la vapeur d'eau à 0° étant* $F' = 0^{cm},4$ *et sa densité* $d = 0{,}625$, *on demande : 1° le nouveau volume de l'air; 2° le poids de la vapeur condensée.*

568. — *A quelle pression faut-il soumettre une masse d'air saturée d'humidité à 100°, pour que l'air et la vapeur aient la même densité absolue? Densité relative de la vapeur d'eau :* $\frac{5}{8}$.

569. — *Calculer la pression d'une masse d'air saturée d'humidité à t°*

(pression saturante F), sachant que la vapeur d'eau constitue le $\frac{1}{n^e}$ de sa masse totale. Densité de la vapeur d'eau : $\frac{5}{8}$.

Application : $t = 100°$, $F = 76^{cm}$, $n = 9$.

570. — *Dans une cloche en verre graduée à 0°, pleine de mercure et reposant sur la cuve à mercure, on introduit 0gr,75 d'éther liquide. La température de la cloche étant portée à 80°, tout le liquide se vaporise et le volume occupé par la vapeur est de 366cc,48; le mercure s'élève dans la cloche à une hauteur de 152mm,16. La pression extérieure ramenée à 0° est 750mm. Quelle est à cette température la densité de la vapeur d'éther par rapport à l'air? On prendra 0,0000276 pour le coefficient de dilatation cubique du verre,* 0,00013 *pour celui du mercure et* 0,00367 *pour celui des gaz.*

571. — *Déterminer la masse de 100l de vapeur d'eau, sachant qu'elle est numériquement égale à sa pression et à sa température. On donne* a = 1,293 *et* d = 0,625.

572. — *Un ballon de 12l maintenu à la température de 50° contient du gaz carbonique sec à la pression de 74cm. On y introduit 10l d'air saturé d'humidité à 15° sous la pression de 76cm. Calculer la pression et la densité du mélange gazeux.*

573. — *Quel poids d'eau faut-il introduire dans un récipient de 100l de capacité, vide d'air, pour que cette eau se réduise complètement en vapeur saturée à 100°?*

Que deviendra la pression intérieure, si l'on élève la température à 200°?
Densité de la vapeur d'eau : d = 0,622.
Poids du litre d'air : a = 1,293.
Coefficient de dilatation des gaz et des vapeurs : $\alpha = \frac{1}{273}$.

574. — *Un baromètre à cuvette a un large tube cylindrique de 2cm de diamètre et dont la hauteur totale au-dessus du niveau dans la cuvette est de 90cm. La pression atmosphérique étant* H = 75cm *et la température* T = 30°, *quel poids d'eau faut-il introduire dans le tube avec une pipette pour que la chambre barométrique soit exactement saturée de vapeur d'eau sans qu'il y ait excès d'eau liquide sur le mercure? Où se fixera le niveau du mercure dans le tube? (On suppose la cuvette assez large pour que son niveau ne varie pas par une variation du niveau dans le tube.) Tension maxima de la vapeur d'eau à 30°,* f = 31mm,5. *Masse du litre d'air, 1gr,293 à 0° et 76cm. Coefficient de dilatation des gaz :* $\alpha = 0,00366$.

Densité de la vapeur d'eau par rapport à l'air : 0,622.

575. — *Dans une éprouvette renversée sur la cuve à eau, on introduit 100cc d'un gaz sec pris à 10° sous la pression atmosphérique de 76cm de mercure. On demande : 1° le volume qu'il occupera à 20° sous la même pression; 2° le poids de l'eau vaporisée?*

Coefficient de dilatation des gaz : 0,0037.
Tension maxima de la vapeur d'eau à 20° : 18cm.
On négligera la dilatation de l'enveloppe.

576. — *On a refroidi de T° à t°, Vl d'air saturé d'humidité, en maintenant constante la pression qui est de Hcm de mercure. On demande le volume du mélange à t° et le poids de la vapeur d'eau condensée?*

577. — *Vl d'air saturés de vapeur d'eau sous la pression de hcm de mercure et à la température t° sont refroidis à 0° sous la même pression. On* *demande : 1° le nouveau volume de l'air; 2° le poids de la vapeur d'eau condensée. On donne les tensions maxima F, F' de la vapeur d'eau à t° et 0°, et sa densité par rapport à l'air :* d.

Application : $V=15, \quad h=75, \quad t=50,$

$$F=0^{cm},2, \quad F'=0^{cm},4, \quad d=\frac{5}{8}.$$

CHAPITRE VII. — HYGROMÉTRIE

Vapeurs non saturées.

578. — *Quel est l'état hygrométrique d'une masse d'air sous la pression* H, *à une température où la pression saturante de la vapeur d'eau est* F, *sachant que cette masse d'air serait saturée à la pression* H' *à une température où la pression saturante est* F' ?

579. — *Quel est l'état hygrométrique de l'atmosphère, sachant qu'il deviendrait égal à* $\frac{2}{3}$ *si la tension actuelle de la vapeur d'eau augmentait de* 2^{mm}, *et à* $\frac{1}{3}$ *si la pression saturante à la température de l'air diminuait de* 1^{mm} ?

580. — *On a de l'air humide à la pression* H. *Son état hygrométrique est* e. *Sa température étant maintenue à une valeur constante* t, *pour laquelle la pression saturante de la vapeur d'eau est* F, *on demande à quelle pression il faut soumettre cet air humide pour amener la liquéfaction de la moitié de la vapeur d'eau qu'il contient.*

581. — *Deux litres d'air à demi saturés d'humidité à* 30°, *et primitivement à la pression de* 76^{cm}, *sont soumis sans changement de température à une pression de* $3^{m},04$ *de mercure. Que devient leur volume ?*
Tension maximum de la vapeur d'eau à 30° : $30^{mm},5$.

582. — *Une masse gazeuse est maintenue à la pression atmosphérique* $H=76^{cm}$. *A la température* $t=20°$ *et à l'état hygrométrique* $e=0,5$, *son volume est* $V=1565^{l}$. *Quel serait son volume si elle était saturée d'humidité à* $t=10°$?
Tension maximum à t° : $17^{mm},4$; *à* t'° : 55^{mm}.
Coefficient de dilatation de l'air : α.

583. — *La pression saturante de la vapeur d'eau à* t° *étant* F, *quel est l'état hygrométrique d'une masse d'air humide qui, sous un volume* V, *à* t° *et à la pression* H, *contient* p^{gr} *d'eau ?*

584. — *En faisant passer un mètre cube d'air atmosphérique dans des tubes contenant de la pierre ponce imbibée d'acide sulfurique, on a trouvé que cet air contenait* 12^{gr} *de vapeur d'eau, la température extérieure de l'air étant* 23° *(pression saturante* 21^{mm}). *Quel est son état hygrométrique ?*
Densité normale de l'air : $a=0,0013$.
Densité de la vapeur d'eau : $d=0,625$.

585. — *On chauffe une marmite de Papin de volume* $V=10^{l}$ *contenant* p = 5gr *d'eau. La soupape ayant une surface de* 4cq, *de quel poids faut-il la charger pour qu'elle se soulève quand la température sera* t = 182° ?

Masse du litre d'air : a = 1gr,3. *Coefficient de dilatation du gaz :* α. *Densité du mercure :* D = 13,6. *Densité relative de la vapeur d'eau :* d = $\frac{5}{8}$.

586. — *Un ballon de verre contient de l'air humide non saturé, à la pression atmosphérique et à la température* t. *A quelle température faut-il le porter, en le laissant communiquer avec l'atmosphère pour en expulser la fraction* f *de l'humidité qu'il contient ?*

Application : $t = 15°$, $f = \frac{1}{4}, \frac{1}{3}, \frac{1}{2}$.

587. — *Un mélange d'air et de vapeur d'éther à 30° sous la pression de 80cm, serait saturé si l'on abaissait la température à 0°. On demande : 1° sa composition centésimale en volume; 2° le poids d'un mètre cube de ce mélange.*

Tension maximum de la vapeur d'éther à 0° : 185mm.
Densité de la vapeur d'éther par rapport à l'air : 2,58.
Coefficient de dilatation des gaz et des vapeurs : α.
Poids du litre d'air à 0° et à 76cm : 1,293.

588. — *Le tube d'un baromètre a une section constante* s. *La hauteur barométrique est 76 et la chambre occupe une longueur* l. *On introduit à l'intérieur* pgr *d'un liquide dont la vapeur a une densité* d *et une pression saturante* F *à la température de l'expérience* t. *Calculer la dépression du mercure.*

On donne le poids du litre d'air a, *et le coefficient de dilatation des gaz,* α.

589. — *Un ballon de verre renferme un poids* p *d'air à 0° et à la pression normale de 760mm. On y introduit un poids* ϖ *d'eau, on le renferme et on le porte à la température de 100°. Trouver les formules par lesquelles on peut calculer : 1° l'état hygrométrique* e *à l'intérieur du ballon ; 2° la pression qui règne dans ce ballon.*

On examinera les cas qui peuvent se produire suivant la valeur de ϖ.
On adoptera les notations suivantes :
α, *coefficient de dilatation des gaz et des vapeurs sèches.*
d, *densité de la vapeur d'eau par rapport à l'air.*
k, *coefficient de dilatation cubique du verre.*

Mélanges de gaz et de vapeurs non saturées.

590. — *Dans un ballon de* 10l, *on mélange* 5l *d'air dont l'état hygrométrique est* $\frac{1}{4}$ *et* 5l *de gaz carbonique dont l'état hygrométrique est* $\frac{1}{3}$. *La température étant 10° et la tension maximum correspondante* 9mm,16, *on demande l'état hygrométrique du mélange.*

591. — *Dans un ballon de* 10l *on introduit* 7l *d'air sec à la pression de 76cm, et* 5l *d'air humide à la même pression et dont l'état hygrométrique est* $\frac{1}{2}$. *La température est constante. Quel est l'état hygrométrique du mélange ?*

592. — *On met en communication deux ballons de volumes* V, V', *maintenus à une température constante et contenant de l'air humide, l'un à l'état hygrométrique* e, *l'autre à l'état hygrométrique* e'. *Quel sera l'état hygrométrique du mélange ?*

593. — *On mélange deux masses d'air humide qui occupaient respectivement un volume v à la température t et un volume v' à la température t'. Le mélange occupe un volume V à la température T. Connaissant les pressions saturantes f, f', F aux températures t, t', T et l'état hygrométrique e, e' de chacune des premières masses, calculer l'état hygrométrique E du mélange; ou bien, si ce mélange est saturé, calculer le poids de la vapeur condensée.*

594. — *Dans une chaudière hermétiquement fermée contenant un volume V d'air sec aux conditions normales, on injecte un volume v d'eau pure à 4°; puis on élève la température à t°. Que devient la pression de la masse gazeuse confinée?*

Coefficient de dilatation des gaz : α; poids normal du litre d'air : a; densité de la vapeur d'eau : d; force élastique maximum de la vapeur d'eau à t° : F. On négligera la dilatation du récipient et celle de l'eau, ainsi que la solubilité de l'air dans l'eau.

595. — *Dans un récipient de 10¹ contenant 1gr d'air et 1gr de vapeur d'eau à 100°, on introduit un bloc de glace de 1dmc à 0°. On demande de calculer la variation de pression qui se produit.*

Coefficient de dilatation des gaz : α.

Densité de la vapeur d'eau : $\frac{5}{8}$.

Masse du litre d'air : 1gr,293.

596. — *Dans un tube de Torricelli de section intérieure s = 1cq et de hauteur l = 93cm,6 au-dessus du mercure, on introduit un volume v = 13cc,6 d'eau saturée d'acide carbonique à la pression atmosphérique H = 76cm. Cette eau émet des vapeurs de poids négligeable dont la tension est f = 1cm, et une partie du gaz carbonique s'en échappe. Le coefficient de solubilité de ce gaz étant c = 1,8, calculer la hauteur où descendra le niveau du mercure dans le tube.*

ÉQUIVALENCE DU TRAVAIL ET DE LA CHALEUR

597. — *En battant l'eau au moyen d'une roue à palettes dans un calorimètre fermé, on constate qu'un travail de T = 3000 kilogrammètres, effectué dans une masse d'eau de M = 5kg, produit un échauffement de θ = 1°,41. Quel serait, d'après cette expérience, l'équivalent mécanique de la calorie?*

598. — *En déterminant le travail produit par une machine à vapeur et la chaleur perdue par la vapeur dans le cylindre, on a trouvé que Q = 5432 calories fournissent un travail de T = 2308600 kilogrammètres. Quel est, d'après cela, l'équivalent calorifique du kilogrammètre?*

599. — *Un travail de T = 2000 kilogrammètres, effectué dans M = 15kg de mercure, produit un échauffement de θ = 9°,42. La chaleur spécifique du mercure étant c = 0,03332, quel est l'équivalent calorifique du joule?*

600. — *L'équivalent mécanique de la calorie étant J = 425 kilogrammètres et la chaleur spécifique du mercure m = 0,0333, de quelle hauteur faudrait-il faire tomber du mercure pour que son énergie potentielle entièrement transformée en chaleur élève sa température de θ = 0°,2?*

601. — *Une sphère métallique de poids P, de chaleur spécifique C, tombe sur le sol d'une hauteur h; elle ne rebondit pas et retient toute la chaleur* *dégagée. Dans ces hypothèses, quelle est cette quantité de chaleur et quel accroissement en résulte-t-il pour la température de la sphère?*

Application : $P = 5^{kg}$, $C = 0,11$, $h = 100^{m}$.

Équivalent mécanique de la calorie : $J = 426$ *kilogrammètres.*

602. — *Avec quelle vitesse une balle de plomb supposée à* $t = 15°$ *devrait-frapper une plaque d'acier pour être fondue par le choc, en admettant que sa force vive soit entièrement transformée en chaleur absorbée par le plomb?*

Chaleur spécifique du plomb : $c = 0,0314$; *température de fusion :* $T = 335°$; *chaleur de fusion :* $F = 5,37$; $J = 425$.

603. — *Une balle de plomb pesant* 10^{gr} *frappe normalement un plan rigide avec une vitesse de* 600^{m} *par seconde, et tombe sans vitesse au pied de la cible. La balle étant supposée à la température initiale de 0°, quelle est sa température après le choc?*

Chaleurs spécifiques du plomb : solide, 0,03 ; *liquide,* 0,04.

Chaleur de fusion du plomb : 6,6. *Point de fusion du plomb :* 325°.

Équivalent mécanique de la calorie : 425. *Intensité de la pesanteur :* 9,81.

604. — *Une chute d'eau de* 100^{m} *de hauteur débite* 1^{mc} *à la seconde. Quelle élévation de température produit-elle et combien de chevaux vapeur peut-elle fournir?*

L'équivalent mécanique de la calorie est 425.

On négligera les vitesses de l'eau avant et après la chute, ainsi que l'évaporation.

605. — *Le fond d'un cylindre à parois inextensibles de* 50^{cmq} *de section est occupé par une couche d'eau à 0° de* 1^{mm} *d'épaisseur, sur laquelle presse un piston pesant* 19^{kg}. *On porte le cylindre à la température de 109°, à laquelle l'eau se transforme complètement en vapeur saturante sous la pression qu'elle supporte. On demande :*

1° *De calculer cette pression ;*

2° *De calculer le volume occupé par la vapeur et la hauteur dont le piston s'est soulevé, sachant que le poids du litre d'air à 109°, sous la pression* 76^{cm}, *est* $0^{gr},92$ *et que la densité de la vapeur d'eau est* $\frac{5}{8}$.

3° *De calculer le rapport de la quantité de chaleur correspondant au travail extérieur accompli par l'eau et la vapeur au cours de l'expérience, sachant que la chaleur totale de vaporisation de l'eau est exprimée par la formule :*

$$q = 606,5 + 0,305t.$$

L'équivalent mécanique de la calorie est 425.

TABLE DES MATIÈRES

PRÉLIMINAIRES

MÉCANIQUE

PESANTEUR

HYDROSTATIQUE

CHALEUR

ACOUSTIQUE

PROBLÈMES

30050. — Tours, impr. Mame.

www.ingramcontent.com/pod-product-compliance
Ingram Content Group UK Ltd.
Pitfield, Milton Keynes, MK11 3LW, UK
UKHW020604230726
13926UKWH00005B/2179

9 782016 119839